気候と生態系でわかる
地球の生物
大図鑑

HABITATS
Discover Earth's Precious Wild Places

河出書房新社

気候と生態系でわかる
地球の生物大図鑑

クリス・パッカム［序文］ 山極壽一［日本語版監修］
Chris Packham

HABITATS
Discover Earth's Precious Wild Places

河出書房新社

Original Title: Habitats: Discover Earth's Precious Wild Places

Copyright © 2023 Dorling Kindersley Limited

A Penguin Random House Company

Japanese translation rights arranged with Dorling Kindersley Limited, London
through Fortuna Co., Ltd. Tokyo.

For sale in Japanese territory only.

Printed and bound in China

執筆者

クレア・エイシャー博士　Dr Claire Asher
生物学者。イギリスのリーズ大学およびロンドン動物学会動物学研究所でブラジルの大西洋岸森林におけるアリの社会的行動を研究。現在はエコロジーや環境保護に注目し、科学ライターおよびコミュニケーターとして活躍。

レベッカ・グリーン博士　Dr Rebecca Green
海洋学者。サンゴ礁の研究を専門とする。西オーストラリア大学において世界でもっとも遠く離れた手つかずの環礁の調査研究を完結させた。現在は科学ライターとして活躍しつつ、NPOでサンゴ礁の研究を続けている。

トム・ジャクソン　Tom Jackson
科学ライター。過去20年で100冊以上の本を執筆。イギリスのブリストル大学で動物学を学び、動物園の飼育員や自然保護活動にも従事している。

クラウディア・フランカ・デ・アブレウ　Claudia Franca de Abreu
ブラジル人の海洋学者、海岸工学者。地球上の生命にとっていかに海が重要かを情熱的に発信している。科学ライターとして活躍する一方で、彼女自身の故郷である西オーストラリアにおいて、科学と先住民の知識を統合させることで実際の海岸工事をよりよくすることに注力している。

主執筆者

デレク・ハーヴェイ　Derek Harvey
博物学者、教師。進化生物学が主たる関心分野。動物学でイギリスのリヴァプール大学を卒業。多くの生物学者を教育し、学生たちを導いてコスタリカ、マダガスカル、オーストラレシアを探検した。現在は、執筆と科学や博物学の書籍のコンサルティングを中心に活動している。

監修者

ジュリア・シュローダー博士　Dr Julia Schroeder
オランダのフローニンゲン大学でPhD取得。2012年から2017年まで、ドイツのマックス・プランク鳥類学研究所で研究チームのリーダーを務める。現在、インペリアル・カレッジ・ロンドンにおいて進化生物学の研究を行い、教鞭をとる。

目次

序文	8
ハビタットとは何か？	10
ハビタットの地図を作る	12
ハビタットには どのような違いがあるか	14
ハビタットのしくみ	16
危機に瀕するハビタット	18

緑の陸地
20

北方林	22
温帯広葉樹林	32
温帯針葉樹林	50
地中海性低木林	64
熱帯多雨林	76
熱帯乾生林	104
熱帯針葉樹林	116
温帯草原	122
熱帯草原	134

隔絶された世界
152

島	154
亜南極の陸地	164
高山地帯	170
流れのある淡水	184
湖と池	198
地下のハビタット	206
淡水の湿地	212

極端な条件下
222

極地	224
砂漠	236
乾生低木林	252
塩湖	262
マングローヴと塩性湿地	270
岩石海岸	280
砂浜と干潟	288

大海原
294

ケルプの森と海草の藻場	296
サンゴ礁	304
沿岸海域	320
外洋	332
海底	342

人為的なハビタット
348

耕作地と牧草地	350
町や都市	356
索引	362
図版出典	374

序文

　動物のすばらしさを讃えるときに、私たちはどうしても彼らを野生の世界から切り離して扱ってしまう。動物たちを台座の上にのせて、その外見や力強さ、あるいは文化的な意義を賛美するのだ。たとえば、トラは世界的なアイコンで、芸術、広告、写真を通して私たちの生活に入り込んでいる。誰もがトラを知っているが、それは私たちの世界にいるトラで、本来の生態からは切り離された姿だ。自然界の最高傑作が、まるで額縁に収められて画廊の白い壁にはめこまれているようだ。

　トラは森という本来のハビタット（生息地）の外でも生きていける。しかし人間に捕獲されてしまうと、その躍動する輝きを放つことは決してない。それは、トラが生態系（エコシステム）と呼ばれる、生き物たちのダイナミックで、機能的で、調和の取れた、大きな集合体の一部ではなくなってしまうからだ。そこでは、あらゆるものが複雑なネットワークの中で、目を見張るような、あるいは繊細な関係で互いに結びついている。私たちが惹かれるトラの持つ美しさは、それをはるかに上まわるほど美しいさまざまな生き物の集合体にこそある。なぜなら、その機能は完璧で、これまで何百万年にもわたって継続されてきたものだからだ。

　本書は地球をおおう多種多様なハビタットを通して、生き物たちがどのように機能しているのかを探り出して紹介する。どれもが目を見張るような命の物語の宝庫であり、すべてが直接的に、あるいは驚くほど間接的な形で結びついていて、そのハビタットの安定性と持続可能性を育んでいる。確かに、死はある。さらには絶滅のケースもある。しかし、それは失敗ではない。全体が機能するためには不可欠なものであり、つねに進化し続けるためのプロセスの一部なのだ。

　悲しいことに、人間が世界のあらゆるハビタットに与え続けてきた影響という、もうひとつのプロセスがある。現在ではその多くが傷つき、あるいは希少になっていて、地球上のハビタット全体が崩壊の危機に瀕している。私たちは本書の中にある豊かさを、すばらしい生き物たちを見て、「本当にこの惨状を許していいのだろうか？」と自分たちに問いかけなければならない。私たちに行動を促すものがあるとすれば、それは本書のページに繰り広げられる驚きの世界にほかならない。

クリス・パッカム
博物学者、キャスター、作家、写真家、自然保護活動家

スマトラ島のグヌン・レウセル国立公園のユニークな野生生物のコミュニティには、オランウータン、トラ、ゾウ、サイなどがいる。すべての植物、鳥、動物は生態系（エコシステム）において重要な役割を果たしているが、その生態系はつねに人間によって脅かされている。

ハビタットとは何か?

進化した多様性の中で、生き物は非常に独創的である。地球上のどんなところにも、そこでの暮らしに適応した生き物がいる。極地から赤道まで、深い海から高い山まで、世界には無数のハビタット（生息地）が存在する。

すべての植物、動物、微生物はどこかで生活しなければならない。そして生き物がある世代から次の世代に生き延びるのを支える物理的な環境が、ハビタット（生息地）である。生き物はその大きさがさまざまに異なるため、彼らを支えるハビタットの大きさにもかなりの違いがある。外洋のクジラでは地球半分に及ぶことがある一方で、ミジンコは浴槽よりも狭い水たまりの中で暮らし、子孫を残して死ぬ。世界規模で見ると、ハビタットは植生と地形によって分類される。陸生生物では砂漠、草原、森、山、水生生物では川、湖、海、外洋である。

変わりゆく条件

陸地の生き物にとって、温度と湿度はハビタットとそこに暮らす生き物に影響を及ぼす2大要因である。極寒の極地や寒冷な山頂は樹木が育つには寒すぎるし、より温暖な気候では、砂漠が草原になり、さらに草原が森になるためには充分な降水量が必要になる。水生生物にとってもっとも重要なのは塩分濃度である。淡水の湖や川の生き物のコミュニティは、沿岸部の海や深海にある塩水のものとは大きく異なる。

生き物がハビタットの一部になるには適応が必要だ。高いところに登る生き物は山で、泳いだり深く潜ったりする生き物は川や海で暮らす。その場所に適応した動植物は、たとえ祖先がまったく異なっていたとしても、そのハビタットを定義するのに役立っている。地球の反対側にある森や海を比べると、似たような見た目の生き物がいるかもしれないが、じつは種がまったく異なるという場合もありうる。世界各地のハビタットは、そこに暮らす生物種と同様、多種多様なのだ。

ニッチを見つける

異なる種がそれぞれの適応と必要条件によってハビタットを占有するのは、生き物の種による独自の役割、つまりニッチ（生態的地位）があるからだ。ゴウザンゴマシジミはタイムの花の蜜を吸い、その幼虫はタイムの葉を食べ、クシケアリの一種に養育してもらう。タイムとクシケアリの種が見られるのはイングランド南部の丘陵地帯の草地のみで、ゴウザンゴマシジミはこのハビタットとこのニッチに限定される。

触角にある嗅覚受容体で蜜のありかを見つける

野生のタイムは成虫に蜜を与え、孵化したばかりの幼虫に食べ物を提供する

ハビタットとは何か？　11

潮が引くと水が作り出した抽象的な模様の砂州が現れる。川を流れる淡水と満ち潮時の海の塩水が陸地でぶつかるこのフランスの海岸線では、コサギが小さな群れを作って集まる。

ハビタットの地図を作る

地球全体では、植生と地形によって10数種類の主要なハビタットに区別される（植生帯）。陸地が森になるか、草原になるか、または砂漠になるかは気候が決定し、海のハビタットは海岸からの深さが増すにつれて変化する。

陸のハビタット

陸の植生の種類に影響を与えるおもな要因は湿度と暖かさである。湿潤な気候では草原よりも森林が優占し、もっとも乾燥した気候になると砂漠が現れる。極地から赤道へ向かうにつれて、ハビタットは氷におおわれた砂漠から熱帯林へと変化する。山脈、河川、湖沼は、この地形の中に存在する高山と淡水のハビタットの「島」に相当する。下の地図には干潟のハビタット（マングローヴ）と海のハビタット（サンゴ礁）もひとつずつ含まれている。

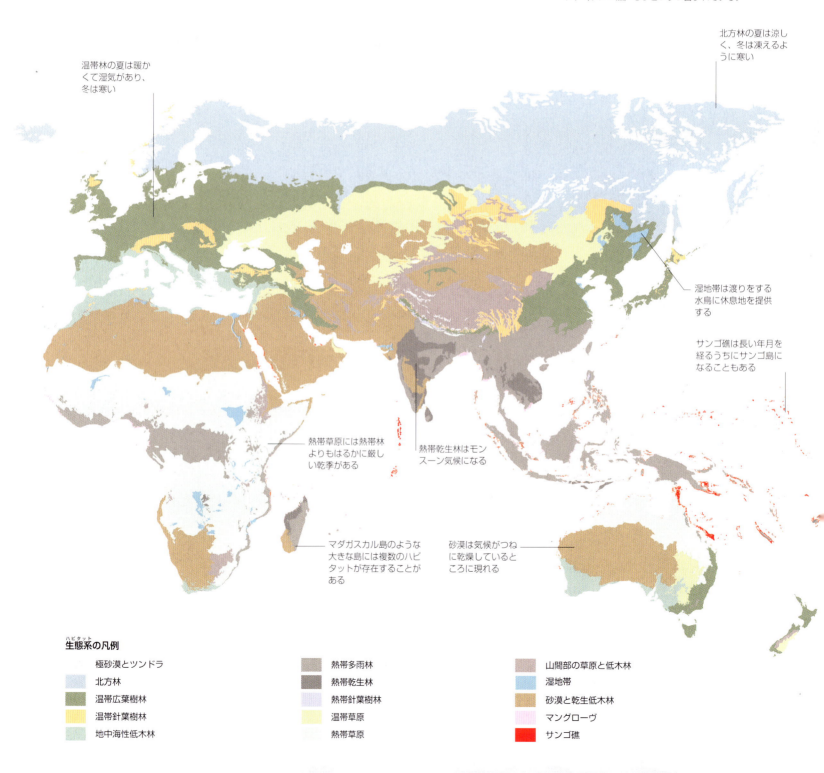

- 北方林の夏は涼しく、冬は凍えるように寒い
- 温帯林の夏は暖かくて湿気があり、冬は寒い
- 湿地帯は渡りをする水鳥に休息地を提供する
- サンゴ礁は長い年月を経るうちにサンゴ島になることもある
- 熱帯草原には熱帯林よりもはるかに厳しい乾季がある
- 熱帯乾生林はモンスーン気候になる
- マダガスカル島のような大きな島には複数のハビタットが存在することがある
- 砂漠は気候がつねに乾燥しているところに現れる

生態系の凡例

- 極砂漠とツンドラ
- 北方林
- 温帯広葉樹林
- 温帯針葉樹林
- 地中海性低木林
- 熱帯多雨林
- 熱帯乾生林
- 熱帯針葉樹林
- 温帯草原
- 熱帯草原
- 山間部の草原と低木林
- 湿地帯
- 砂漠と乾生低木林
- マングローヴ
- サンゴ礁

熱帯多雨林や極地ツンドラなど、地球上の主要なハビタットは「バイオーム」と呼ばれる

植生帯と縄張り
それぞれの種が占める地理的な領域（植生帯）は複数のハビタットにまたがることもある。しかし、多くの種には社会的な構造があり、それが種の拡散を制限している。食べ物を得るために争う動物たちは縄張りを維持して守るので、それぞれの個体は植生帯の中のより狭い地域で活動する。

アノリス・クロリス

移動と渡り
多くの動物はしばしば、あるハビタットから別のハビタットへと、周期的に移動する。このような移動と渡りは季節ごとの場合もあれば、毎日の場合もある。水鳥は夏を北極圏のツンドラで過ごし、冬になると温帯や熱帯の干潟に移る。

インドガン

微小生息域（マイクロハビタット）
多くの生き物は、広いハビタットの中の小さな一部分で生活する。このような微小生息域（マイクロハビタット）の規模は、その生き物の大きさによって変わる。鳥の場合は森の林冠全体になるだろうし、昆虫は一枚の葉の表面だけということもありうる。

カメムシの幼虫たち

極砂漠やツンドラは地表下がつねに凍結している土地に現れる

温帯草原の夏は暖かく乾燥していて、冬は寒い

熱帯針葉樹林は降水量が少なく、気温の変化がやや大きい

熱帯多雨林はアマゾン盆地のような温暖で雨量の多い地域に形成される

草は木に比べてはるかに高い標高でも育つ

南極半島は氷床におおわれている

沿岸海域　　外洋

海のハビタット
「ビッグ・ブルー」はつながったひとつのハビタットに見えるかもしれないが、沿岸海域（大陸棚の上）の多くの生き物はその先の深海の生き物とは異なる。

ハビタットにはどのような違いがあるか

ハビタットは北極から南極にかけて、気候、地形、海の状態によって形作られる。太陽のエネルギーは赤道周辺の熱帯ではもっとも強く、極地ではもっとも弱く、その中間に位置する温帯では穏やかである。暴風雨は湿った上昇気流の発生する帯状の地域に沿って集中して発生し、海は海面近くは気候帯の影響を受けるが、深海はつねに暗くて冷たいままだ。

北極と南極の季節は非常に極端で、夏は1日中昼間なのに対して、冬はずっと夜が続く

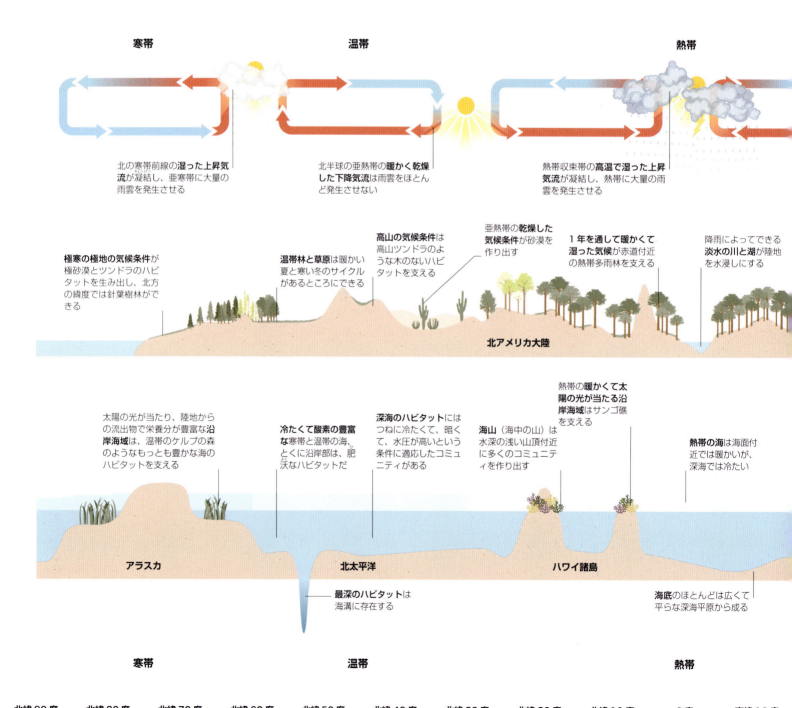

ハビタットを作る者たち

多くの生き物の成長は広範囲に影響を及ぼしていて、それがハビタットの構造を支配している。高木、低木、草は、陸上で森、サバナ、ステップを作り出す。沿岸海域ではサンゴが礁を形成する。それぞれが木と岩からなる森と礁は複雑な3次元の構造を持ち、生き物たちが異なる形で生きていくためのさまざまな環境を与える。動物たちには住処と食べ物を、植物や藻類には生きていくための空間である。その結果、森とサンゴ礁は世界でもっとも豊かなハビタットであり、世界の種のほとんどがそこで暮らしている。

サンゴ礁

ハビタットはどのように変わるのか

ハビタットは地球の地形の移り変わりとともに変化する。火山の噴火や地震で不毛の地となった陸地や海底は、やがてほかの場所からやってきた生き物がコロニーを作り、そのような先駆者たちから新しい森やサンゴ礁が形成される。これを生態遷移と呼ぶ。遷移の各段階が土壌や住処や栄養分や複雑性を築き、次の段階への地ならしをする。充分な時間が与えられると遷移は頂点に達し、どのような物理的な状況下であっても、安定したコミュニティが育つと予測される。人間の影響や局所的な環境などの多くの要因が、遷移がこの頂点に達するのを阻止したり遅らせたりする。

溶岩原の新たな命

太陽の光の強さ

極地がより冷たいのは太陽の光がほかと比べて届きにくく、強くないからで、その理由は一定量の日光が地表のより広い範囲に分散してしまうためだ。その影響は地軸が傾いているため季節によって異なっていて、1年の半分は一方の半球で昼間がより長くなり、夏の太陽の光がより直接に届くのだが、そのときもう一方では冬になっており、届く太陽の光がより少なくなる。

南半球が夏を迎えているとき、北半球では直接の太陽の光から離れる側に傾いていて、それが冬の条件をもたらす

赤道付近では太陽の光が直接届き、集中している

極付近では太陽の光が広い範囲に分散する

太陽のエネルギー

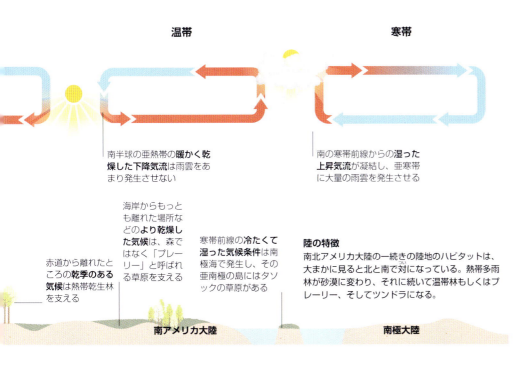

温帯／寒帯

南半球の亜熱帯の**暖かく乾燥した下降気流**は雨雲をあまり発生させない

南の寒帯前線からの湿った**上昇気流**が凝結し、亜寒帯に大量の雨雲を発生させる

海岸からもっとも離れた場所などの**より乾燥した気候**は、森ではなく「プレーリー」と呼ばれる草原を支える

寒帯前線の**冷たくて湿った気候条件**は南極海で発生し、その亜南極の島にはタソックの草原がある

赤道から離れたところの**乾季のある気候**は熱帯乾生林を支える

陸の特徴
南北アメリカ大陸の一続きの陸地のハビタットは、大まかに見ると北と南で対になっている。熱帯多雨林が砂漠に変わり、それに続いて温帯林もしくはプレーリー、そしてツンドラになる。

南アメリカ大陸／南極大陸

外洋（海面と海底の間）は地球上で最大のハビタット

海の特徴
太平洋の場合、北はアラスカから南は南極大陸まで連なる大陸棚上に浅い海がある一方、海底は火山島で分断されている。

極地の海は浮氷でおおわれていて、冬にはその範囲が広がる

南太平洋／南極大陸

温帯／寒帯

南緯20度　南緯30度　南緯40度　南緯50度　南緯60度　南緯70度　南緯80度　南緯90度

ハビタットのしくみ

すべてのハビタットはダイナミックなシステムだ。そこではエネルギーが命を牽引し、物質世界が生き物とその周辺の間でリサイクルされる。海でも陸地でも、異なる種がそれぞれ別個の役割を果たす。

ハビタットなくして存在できる生き物はいないし、すべての生き物はその環境と相互に作用し合う。食べ物は生き物の繁殖と成長の燃料となり、生き物は呼吸によってその食べ物を「燃やし」てエネルギーを放出する。その結果、生き物はハビタットから栄養分と酸素をもらい、排泄物を出す。生き物と非生物（空気、岩、水）がひとつになって生態系を構成する。このシステムの中で、相互に作用し合う種が生きたコミュニティを構成し、それぞれの種の個体が個体群を構成する。植物は太陽の光エネルギーから光合成によって力をもらい、二酸化炭素、水、無機物から自分の養分を作り出す。植物は食物連鎖をスタートさせる生産者で、動物はその食物連鎖における食べ物の消費者だ。つまり、太陽エネルギーは最終的に生物の体内の化学エネルギーに変換されることになる。生き物が死を迎えて初めて、この物質は非生物の世界へとリサイクルされる。

> プランクトンは海流に逆らって泳げないため、その全ライフサイクルにおいて漂い続けることもある

海の生態系

海では漂うプランクトン内の光合成藻類によって栄養分が作られるので、食物連鎖は表層水で始まる。しかし、多くの動物が光合成の不可能な暗い深海で暮らしている。そうした動物たちが生きていけるのは、海面から深く潜る動物がいるからであり、死骸が沈むからでもある。死骸が海底まで到達するには長い時間がかかるので、そのほとんどは沈む途中で分解する——その際に放出される無機物は海水に戻り、藻類が再び使用する。

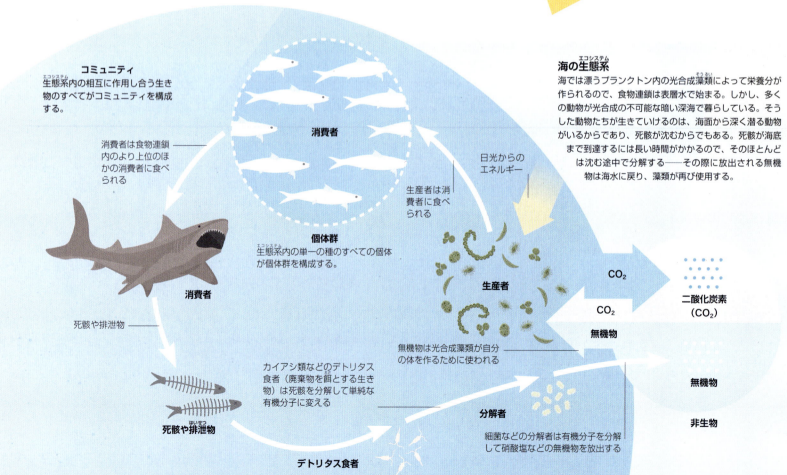

種はどのようにして相互に作用し合うのか

草を食べる草食動物と獲物を狩る肉食動物は、一方の種が恩恵を受け、もう一方が危害を受ける相互作用の例だ。寄生虫と宿主の関係もそれと似ている。けれども、双方が恩恵を受ける相互作用もある。花を受粉させて「お礼に」蜜をもらう動物は、そのような関係の一例に当たる。それに対して、競争は双方を破壊するような相互作用だと言える。2つの種が食べ物をめぐって争えば、たとえ強い方であっても、1つの種しかいないときと比べると少ない量しか得られない。

鮮やかな色が送粉者を引きつける

マルハナバチが蜜を探す

互恵的なパートナーシップ

陸の生態系

陸では光合成をする植物によって栄養分が作られる。そのため、日の当たる地表で植生を支えられるところはすべて、食物連鎖の食物源となる可能性を秘めている。動物は依存している植物と共存する。暗い土壌の中に穴を掘るような生き物は、植物の根から遠く離れることはない。動物や植物の死骸と廃棄物は風化した岩盤からの砂や粒と混ざって土壌を作る。ほとんどの分解は地表の下の土壌内で行われ、そこで無機物は放出されて根によって吸収され、植物が再び使用する。

コミュニティ
生態系内の相互に作用し合う生き物のすべてがコミュニティを構成する。

消費者は食物連鎖内のより上位のほかの消費者に食べられる

消費者

死骸や有機物の排泄

生産者は消費者に食べられる

消費者

個体群
生態系内の単一の種のすべての個体が個体群を構成する

日光からのエネルギー

生き物の呼吸によって放出された不要な二酸化炭素

生産者 CO_2

CO_2

二酸化炭素 (CO_2)

硝酸塩などの無機物は根によって吸収され、植物が自分の体を作るために使われる

無機物

無機物

非生物

死骸や排泄物

デトリタス食者
ミミズなどのデトリタス食者は死骸を分解してより小さなかけらに変える

分解者
真菌類と細菌は有機分子を分解して硝酸塩などの無機物を土壌中に放出する

植物は自分の養分を自分で作り出す独立栄養生物

危機に瀕するハビタット

人間の数が増え続け、資源に限りのある世界では、自然界のハビタットはこれまでに遭遇したことのない危機に直面する。それはほかの種を打ち負かし、地球の気候すらも変える力のある種の存在である。

ハビタットのダメージ

ほかのすべての種と同じように、人類は進化の産物で、自然界の一部だ。50万年にも満たないその比較的短い歴史の間に、人類は地球という生態系の中できわめて支配的な力を持つようになり、今では人類の影響を受けていないほかの種はまったくない。人類の遺産はこれからもかなり長続きすると思われるため、それによって新たな地質年代として人新世が定義された。一方で、環境への意識はこれまでになく高まっている。革新的な技術が自然界を修復するために使われるようになるかもしれない。

取り返しのつかない変化
人間による影響の多くは短期間では修復できない。木々が伐採されると、その形成に何千年もの長さを要したはずの土壌が風雨によって浸食される。回復には何千年もかかるだろう。

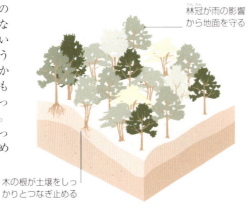

木々はどのようにして土壌を守っているか

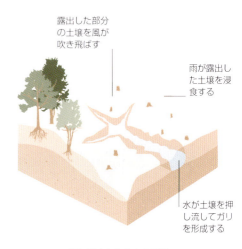

切り倒された木々の影響

ハビタットの転換

最初にハビタットが失われたのは最初期の農耕民が森や草原を農地に変えたときだった。こんにちでは世界の陸地の3分の1以上が農業に使用されていて、生物の多様な自然のハビタットが1種だけの単作地に置き換わった。人工肥料と殺虫剤は汚染を引き起こすおそれがあるが、より持続可能な方法ならば自然のハビタットを保護できる。

農地として伐採された森

生態系の断片化

輸送インフラとハビタットの転換があいまって自然のハビタットが小さな地域に分断され、植物や動物の個体群を引き裂いてしまう。それ以前から希少だった種は、個体群がもはや繁殖の不可能な数になって絶滅に追い込まれるおそれがある。緑の回廊はもっとも影響を受けやすい種が断片化したハビタット間を移動する助けになる。

野生動物用の歩道橋

汚染

現代生活では、排気ガスからプラスチックまで、たえず有害な副産物が生み出されている。多くは重金属などの有害化学物質を含んでいて、植物や動物に直接の危害を加えかねない。そのほかにも肥料など自然界のサイクルのバランスを崩すものもある。副産物に有害な影響が少なく、環境内で分解するような製品を目指す技術革新も生まれつつある。

油膜の中を泳ぐザトウクジラ

灰の中から
地球温暖化で山火事のリスクが増大している。ユーカリ農園のこのオオカンガルーとその子供のような野生動物が火災で死ぬこともある。

地球温暖化

大気汚染は現代における最大の難題を引き起こした。大気中の温室効果ガスが増加して太陽の熱を閉じ込め、そのことが産業革命以降に世界の気温が上昇する原因になっている。地球温暖化はすべてのハビタットに影響を与えていて、それを抑えるためには二酸化炭素の排出量を減らし、大気中の二酸化炭素を吸収する技術を開発するしかない。

都市のスモッグ

乱獲

すべての種は持続可能なやり方で使用されなければならない。ただし、それは「捕獲された」数が繁殖する個体数にあまり影響を及ぼさない程度ならば、という条件付きだ。自然な繁殖で置き換わる以上の数の個体を捕獲することが、乱獲に当たる。年を追うごとに海の中の魚が減っていくような漁業は、持続できない。

破れた漁網

外来種の侵入

人類が世界各地に移り住むのに合わせて、ほかの種もその後を追った。オーストラリアのウサギのように意図的に持ち込まれたものや偶然に運ばれたものもある。外来種の侵入は、競争や捕食に対応する備えが充分にできていなかった自然界に大打撃を与えてきた。近年は影響を受けやすいハビタットの徹底した有害生物駆除による保護が始まっている。

外来種のホテイアオイ

緑の

充分な暖かさと雨があれば、地球上の太陽の光が当たる陸地は植物で緑色になる。植生は私たちの陸のハビタットを定義する。森は木々が光を得ようと争って目もくらむような高さにまで育ち、草原は絨毯のように大地をおおう。しかし、植物はハビタットを作り出すだけではない。太陽エネルギーを使って自らの養分を作り出すことで、陸地のほかの生き物たちを支えている。森と草地は、比類のない多様性を誇る空気呼吸動物にとっての住処であり、食べ物でもある。

陸地

22 / 緑の陸地

フィンランドに冬が訪れると、カラマツは美しい金色に変わる。1年を通して葉を保ち続けるほかの針葉樹とは異なり、カラマツは落葉性で、冬の間は葉を落とす。

北方林

北極地方を取り囲む亜寒帯の森は地球上でもっとも面積が広い。北方林には針葉樹が広く分布していて、北アメリカ大陸やユーラシア大陸のもっとも気候の厳しい地域を占めている。

亜寒帯地方の大部分では、針葉樹林のほとんどをトウヒ、モミ、もしくはマツの少数の種が占めている。それらが密生して影を作る林冠は目の届く限りどこまでも続いている。カバノキ、ヤマナラシ、ポプラなどの寒さを好む広葉樹は、ここでは少数派だ。

限界まで追いやられた生き物

ロシア人は国の北部に広がる亜寒帯地域の暗くて通行をはばむような森を「タイガ（北方林）」と命名した。タイガ全域では、生き物は容赦のない季節によって限界まで追いやられる。短くて涼しい夏のために木々にとっての成長期は非常に短くなり（130日しかないこともある）、長く雪の多い冬は極限の厳しさになる。このような極寒の気候条件でも針葉樹が生き延びられるのは、樹脂が不凍液のような役割を果たすため、そして蠟分を含む針のような形状の葉が雪と氷ばかりの時期でも水分を保つためだ。1年を通して葉を保ち続ける常緑針葉樹は、北方の短い夏に新しい葉を成長させるためのエネルギーを絞り出す必要がない。ロシアでももっとも寒い地域のシベリア北東部だけは常緑樹でさえも気候が厳しすぎる。その代わり見られるのは落葉針葉樹のカラマツで、秋になると葉を落とす。

北方林は地球上の全森林面積の3分の1を占める。森は水と炭素の循環に重要な役割を果たし、木の根は土壌をつなぎ止め、浸食や洪水を防ぐ。寒い気候ではゆっくりと蒸発する雨が岩の多い地形にたまって湖になる。そこでは死んだ植物質が時間をかけて泥炭に変わり、こうしてできた有機堆積物は陸上のどの生態系よりも多くの炭素をため込む。より標高が高くて水はけのよい土地の方が育ちやすい高木がある一方で、低地の沼地でも耐えられる高木もあり、そこでは湿地低木植物がよく育つ。この結果、森だけよりもずっと多くの種が生きられるモザイク状のハビタットが生まれる。こうした場所ではオオカミやクマがヘラジカやカリブーを捕獲できる。

世界的な分布

1,700万km² に及ぶ北方林は面積では陸の生態系（バイオーム）の中で最大だ。北アメリカ、ヨーロッパ北部からロシアに広がり、ほとんどは手つかずの自然が残る。

カナダの森にはおびただしい数の昆虫が生息する

アイスランドのカバノキの森は小規模な名残として存在する

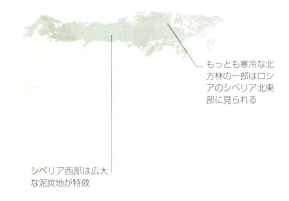

もっとも寒冷な北方林の一部はロシアのシベリア北東部に見られる

シベリア西部は広大な泥炭地が特徴

凡例

■ 北方林

24 / 緑の陸地

北方林のしくみ

広大な北方林のタイガは、もっとも寒い冬の間も緑の葉を保ち、短い夏の間に急激に成長する。密生した林冠が濃い影を作るが、それがずっと連続しているわけではない。低地にある木々のない沼地であるムスケグと呼ばれるハビタットは炭素を豊富に含む泥炭層を形成する。山火事と再生という自然のサイクルは、栄養分の循環とモザイク状のハビタットのバランスを維持するのに役立つ。カナダではタイガがツンドラの南側に帯状に連なる。

湿地帯の鳥
北方林の沼地や川や湖には水がたまり、何百万羽もの鳥の住処になる。春になると繁殖のためここに渡ってくるカナダヅルは、秋にはアメリカ南部やメキシコに帰っていく。

ツンドラへの移り変わり

北の高木限界線（森林限界）
カナダのタイガの北端では森が次第にまばらになって矮性のトウヒが点在する木立が見られるようになり、やがて気候条件が厳しすぎて高木が育たなくなると極地ツンドラに変わる。

カラフトフクロウはムスケグや森の外れの近くで齧歯類を探す

ヒメカンバと匍匐性のホッキョクヤナギは秋になるとその葉でツンドラを金色に染める

カナダレミングは1年を通してツンドラで活発に活動する

ヒメカンバ

クズリは高木限界線沿いでレミングを狩る

常緑でいること
北方林の木々のほとんどは常緑樹で、春の気温がある程度上昇するとすぐに光合成を開始する。カバノキは冬の間に必要となる水分量を減らすために葉を落とすので、春には再び葉を成長させなければならない。

針葉は長い冬の乾燥にも耐性がある
広葉は霜と水分不足の影響を受けやすい
葉を落として休眠中の木は乾燥と霜に耐性がある

マツ　1年中　　カバノキ　夏　　カバノキ　冬

北方林

常緑針葉樹
森はマツ、トウヒ、モミなどの複数の種からなる常緑針葉樹がほとんどを占める。樹脂を含む樹液と針葉が冬を生き延びるのに役立つ。樹形は枝に雪が積もらないしくみである。

移動をする草食動物
秋になるとカリブーがツンドラから食べ物の豊富な森に移動する。メスを求めてオス同士が争うときにも移動することがある。

木は光合成で作った糖を与える
菌類は無機物を分解して養分を吸収する
菌類は木々と養分を分け合う

北方林の木々は菌類と資源を分け合い、この関係は「菌根」と呼ばれる

木と菌類の結びつき

北方林 / 25

物理的条件

雪と降水量は亜寒帯地方全体ではあまり多くないが、低い気温が蒸発速度を遅らせるので水は豊富にある。だが、1年のおよそ3分の1は水のほとんどが凍っているため、森は冬の凍結した乾燥に適応しなければならない。また、森と沼地は多くの有機物を含むものの、寒さが腐敗を遅らせるので、落ち葉と泥炭が堆積する。

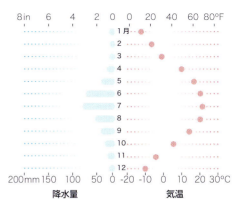

カナダ　フォートマクマレー

温帯広葉樹林への移り変わり

広葉樹
北の針葉樹は南に向かうにつれてヤマナラシなどの広葉樹に取って代わられ、アメリカ大陸の乾燥した内陸部では疎林に変わる。

アメリカカラマツはほとんどの北方林の針葉樹とは異なり、冬になると葉を落とすことによって、ほかの木よりも寒い気候でも生き延びる

樹皮をあさる鳥
アメリカミユビゲラはトウヒの古木の幹をあさり、その樹皮に侵入するキクイムシの幼虫を探す。

ハリモミライチョウは栄養分の乏しい針葉樹を食べる数少ない動物のうちのひとつ

ハリモミライチョウ

ヘラジカは湿地の地面に育つヤナギ、低木、沼沢植物を食べる

ヒグマは雑食性で、秋にはベリー類、木の実、菌類をおもに食べる

ムスケグ

ムラサキヘイシソウ

ワタリガラス

頂点捕食者
ハイイロオオカミは群れで狩りを行う習性があり、カリブーのような大きな獲物とも戦える。

食虫植物
ムスケグは栄養分に乏しいことが多いため、一部の植物は小動物をとらえて消化することで窒素分を確保する。

実をつける下生え
ナナカマド、ブルーベリー、クランベリーなどの低木は林冠が途切れて充分な日光が差し込むところで成長する。その実はカラスからクマまで、種子を運ぶ動物たちの食べ物になる。

巣穴には格好の場所

世界各地

オオカミはたいていは移動して生きる動物だが、毎日巣穴に戻らなければならない場合は同じところにとどまることがある。それは子供がまだ幼くて巣穴から遠くまで移動できないときだ。家族を育てるには腹を空かせた子供たちのための充分な食べ物が確保できなければならないので、正しい場所に巣穴を定めることはとても重要だ。最北の森に生息するハイイロオオカミは高木限界線の近くに巣穴を作るのを好む。そこはツンドラと森の間を移動するカリブーの群れの通り道に当たり、子供たちがいちばん腹を空かせる時期にカリブーはそのあたりに数多くいる。木々はオオカミにとっての隠れ場所になり、その根は巣穴のトンネルの構造を補強してくれる。それと同時に、北にあるツンドラは開けた土地であり、オオカミたちが狙う相手を選んで仕留めるための場所となる。

オオカミの子供は生まれて7か月から8か月になると、大人とともにより長い距離を移動して狩りができるようになる

新しい森が生まれる

カナダ　ハドソン湾南部

亜寒帯の大部分は広大な森がいつも存在しているように見えるが、カナダのハドソン湾沿岸では新しい森が繰り返し成長している。このあたりでは以前に氷河が解けて消え、その重さがなくなった反動で地面が隆起している。その結果、湾に新しい海岸が誕生し、植物が育つための新たな陸地となる。最初は矮性のカバノキ（ベトゥラ・グランドゥロサ）やアカゲノイソツツジの低木（ロドデンドロン・グロエンランディクム）などの沼地の植物が湾との境目にコロニーを作るが、地面が隆起して乾燥するにしたがって北方林の木が発芽・成長して入れ替わる。隆起は断続的に発生するため、この遷移〔植物群の交代と複数の段階〕は繰り返され、海岸沿いに新しい森が帯状に形成される。それが長い年月の間に湾からさらに離れた森と一体化する。

森の遷移
森は、小型の植物から始まって高木へと、遷移と呼ばれる複数の段階で成長する。

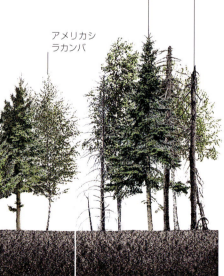

スゲ　低木　低木と高木　背の低い高木　背の高い高木

北方林 / 27

北方林の中の砂丘

カナダ　アサバスカ盆地

サハラ砂漠と勘違いするような巨大な砂丘をカナダの北方林の真ん中で思いがけず目にするが、このアサバスカの砂丘は8,000年前から存在する。砂がたまったのは最終氷期が終わった後で、融解する巨大な氷河から勢いよく流れ出る大量の水が浸食された砂岩の堆積物を押し流してアサバスカ湖をあふれさせた。余分な水が流出して湖の水位が下がると砂が露出し、長い年月の間に風で飛ばされて大きな砂丘ができた。ほかの場所で見られる砂丘と同じように、ここは不安定なハビタットで、植物は砂に埋もれるというつねに存在する危険に対抗できるように、再生する新芽などの特別な適応力を持つ。

砂まみれのウィリアム川
アサバスカの砂丘は広大な範囲に及び、周辺の森にまで達している。最長の砂丘は幅1.5kmあり、高さは30mに達する。ウィリアム川の川床が砂におおわれているところもある。

絆
オオカミの群れのメンバーは互いに強い絆を結ぶ。オオカミは社会性動物で、狩りをしたり厳しい気候条件を生き延びたりするために、ともに活動する群れに依存する。

凍るカエル

北アメリカ

亜寒帯の動物の多くは温暖な気候帯に移動をしたり、地面に深い穴を掘ったりして冬の極寒を避けるが、生まれつき不凍液を持つ動物もいる。アメリカアカガエルなどの一部の両生類は、尿素などの不凍効果のある化学物質を損傷しやすい組織や臓器に集中させ、皮下と生命維持に不可欠な部分から離れた体液を凍らせる。春の雪解けで息を吹き返したカエルたちは雪解け水が作る一瞬の水たまりですぐに繁殖する。

林床の落ち葉には多少の断熱効果がある

凍ったアメリカアカガエル

酔っ払いの木

アラスカ州コッパー高原

亜寒帯の一部では永久凍土（地面がずっと凍っている状態で、寒帯のツンドラで典型的）の南端が北方林にまで及んでいるところがある。永久凍土に生えているクロトウヒなどの木々は、夏に永久凍土の上で解ける「生きた」土の層に浅い根を張ってしがみつく。しかし、アラスカ州のコッパー高原のような場所では、地球温暖化で永久凍土が解け、かたい地面が沈みつつあるまだらな湿地と化して、木が斜めに傾く。このような「酔っ払いの木」の一部は回復して新しい根を伸ばすが、多くは倒れ、水浸しの土壌で枯れてしまう。

アラスカの不安定な森
温暖化する気候がますます多くの土壌の安定を損なうにつれて、この森のような崩れかけた姿がもっと当たり前の光景になるかもしれない。

木はいかに「酔っ払う」のか

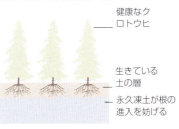

健康なクロトウヒ
生きている土の層
永久凍土が根の進入を妨げる

❶ 健康な木
生きている土の層が夏に解けるため木は成長できる。

根が不安定になり、木は傾き始める
解けた永久凍土

❷ 解けつつある永久凍土
温暖化する気候が永久凍土を解かし、まだらな湿地ができる。

酔っ払いの木

❸ 酔っ払いの木
酔っ払いの木の一部は枯れ、ほかは新しい場所から再び成長する。

針葉樹の種子を好んで食べる動物

世界各地の北方林

針葉樹は鳥などの種子を食べる動物たちに食べ物を豊富に与える。カケスなどの日和見種には食事を補う役割を果たし、イスカなどもっぱら種子ばかりを食べる鳥にとっては事実上唯一の食べ物となる。豊作の年と不作の年が不規則なものもあるが、ヨーロッパアカマツなど多くは3年から6年ごとの豊作が約束されている。種子を食べる鳥のくちばしは餌にする球果や針葉樹の種子の種類に適応しているため、種によって大きく異なる。たとえば、開いていない球果から種子を取り出せる鳥がいる。イスカはくちばしで鱗片をこじ開け、ホシガラスはくちばしを叩きつけて割る。ほかの多くの鳥は、球果が自然に開いて鱗片が広がり、種子が放出されるか、または地面に落ちるまで待つ。不作のときに備えて多くの鳥がその一部を隠しておけるほどまでに種子が多く得られることもある。これらの鳥はユーラシア大陸の森の各地で見られる一方、近縁種が北アメリカ大陸に生息している。

ナキイスカ
ナキイスカのくちばしは球果の鱗片を開けるには格好の道具。

種子は球果上の鱗片の間にある

餌を食べる戦略
スカンディナヴィア半島では、種子を食べる鳥がそれぞれ独自の手法でオウシュウトウヒの種子を餌にする。開いていない球果を食べる鳥、開いた球果を食べる鳥、地面に落ちた球果や種子を食べる鳥のほか、複数の方法を用いる鳥もいる。

アイスランドのカバノキの森

アイスランド

カバノキは寒さにもっとも耐性がある広葉樹のひとつだ。寒帯のツンドラでも育つ矮性種もあり、一部の樹高がかなり低い種は山間部の高木限界線付近だけに見られる。アイスランドではヨーロッパダケカンバがヒメカンバと混交して、同緯度のほかの森林ハビタットとは異なる低い森を形成する。それらはワキアカツグミなどの繁殖する鳴鳥にとってはこの火山島でほぼ唯一の住処に当たる。

低いカバノキの森
このカバノキの木立はかつてアイスランドの森にあった数少ない名残。1,000年以上前、人間がやってきて森を切り開き、栄養分の乏しい火山性土壌で過放牧を行う前には、広い森があった。

オウシュウトウヒ
スウェーデン北部ラップランド地方のムッドゥス国立公園で朝日を浴びる、同じくらいの大きさで同じくらいの樹齢のトウヒからなる森。

トウヒとマツのライフサイクル

ヨーロッパの北方林

北方林の針葉樹は樹齢数百年で、長大な距離にわたってトウヒまたはマツの1種か2種だけがほぼ均一な高さで分布しており、その状況はライフサイクルのヒントになる。北アメリカのクロトウヒやヨーロッパのオウシュウトウヒなど、同じ大きさの木の広大な群生は同じ時期の成長パターンを教えてくれる。老いた親木の自然な大量の立ち枯れによって露出した開けた大地に多くの種子が落ち、それらが発芽して同じ速さで伸び、揃ってほぼ等しい高さの木に成長した。そのような木々の世代は地質学的な隆起によって生まれた新しい陸地（→ P.26）がきっかけになることもある。しかし、亜寒帯の一部ではこのような同期性が見られない。より乾燥していて砂を多く含む高地では、ヨーロッパアカマツやシベリアトウヒなどの木々の樹齢や樹高に大きな差がある。その理由はより乾燥した森は火災のリスクが高いためだが、山火事で一部の木が失われるもののすべてが燃えてしまうわけではない。こうして成長した木々の中に隙間ができ、そこに若い木が育つ。

異なるライフサイクル
マツの森は樹齢や高さの異なる木々からなる一方、トウヒの森は同じ樹齢と高さの木々からなる。

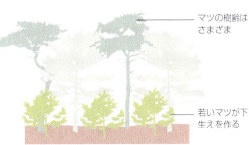

ヨーロッパアカマツ　　オウシュウトウヒ

西と東が出会うところ

ロシア　ウラル山脈

亜寒帯の多くの動植物はとても広範囲に分布していて、ハイイロオオカミやヘラジカは北極を完全に取り囲んでいるが、分布域が途切れたり分断されたりしている場合がある。南北に連なる山脈はとくに重要な障壁になる場合があり、ウラル山脈はそうした障壁のひとつで、西のヨーロッパの種と東のシベリアの種を隔てる。多くの種は標高の高いところまで上ることができず、もっとも頑強な生き物だけが山頂を突破できる。それにより、ヨーロッパとシベリアの種が交じり合う唯一の機会が生まれる。その一例として、ヨーロッパのマツテンが近縁種のシベリアのクロテンと出会い、ウラルの山岳林で交雑することもある。

マツテン
テンは木立の中での狩りが得意で、ふつうは夜に枝から枝に飛び移っては小鳥やリス、そのほかの齧歯類をつかまえる。

環境保全
北方雨林
スカンディナヴィア半島の沿岸部はほかの亜寒帯のハビタットよりも雨が多い。ここでは海からの暴風雨が奥まったフィヨルドに定期的に大雨を降らせ、植生はつねに水が充分な状態にある。その結果、世界でもほとんどここにしかない北方雨林が成長する。ただし、森林破壊のためにほんの一部しか残存していない。赤道付近の熱帯多雨林に典型的なツル植物やランの多様性をもたらすには気温が低すぎるが、花が咲かない植物はかなりの多様性を誇る。枝や葉、倒木がきわめて多種多様なコケ類にとって豊富な微小生息域（マイクロハビタット）を作り出す。こうした湿気を好む植物が、どこにでも見られる地衣類とともに森を緑のブランケットでおおう。

地衣類のコミュニティ

クロテンがマツテンと交雑することはあるが、その結果として生まれる子供はキドゥスとして知られていて、ふつうは繁殖力がない

森と草原が接するところ

モンゴル北部

オスは長さが最大で8cmにもなる犬歯を持つ

北アメリカ大陸とアジアの東海岸のような湿った海洋性気候では、北方林がより気候の温暖な南の温帯広葉樹林と一体化する。しかし、内陸部では海がもたらす雨から離れすぎていて、非常に乾燥しているために森が育たない。そこでは木に代わって、北アメリカ大陸のプレーリーや中央アジアのステップのような温帯草原が優勢になる。2つのハビタットの間にはモザイク状の疎林が存在し、「パークランド」として知られるそのような場所はシベリアジャコウジカなどの種のハビタットとして好まれる。

シベリアジャコウジカ
小型でがっしりとした体格のこのシカは木の葉や地衣類を食べる。オスは2本の長い犬歯を持ち、繁殖期で争うときに使用する。

マツの葉に頼って生きる

世界各地の北方林

蠟と樹脂を含む針葉樹の葉は消化されにくい。北方林の草食動物の多くは針葉には見向きもせず、広葉樹のよりやわらかい若芽を食べる。しかし、針葉だけを選んで食べる動物もいて、その一例がライチョウだ。葉を中心に食べて生きていける鳥はほとんどいないが、ライチョウの場合は針葉と芽が主食で、たまに昆虫やベリーを食べるだけだ。

オスは両目の上の皮膚が赤い

ハリモミライチョウ
カナダのハリモミライチョウは冬になると針葉樹の葉だけを食べる。それ以外の季節にはベリーやほかの木の葉、菌類を餌にする。

西シベリアの泥炭地帯

ロシア　西シベリア

定期的な降水があって気温が低いと、亜寒帯の低地の大部分は水浸しになる。水が集まってムスケグと呼ばれる沼地になり、そこに落ち葉や枝がたまる。死んだ植物がいくつもの層を形成し、そうしてできたよどんだ湿地は空気の循環が悪いために酸素が底まで届かず、分解生物の活動を妨げる。このような湿地の水面にはミズゴケがコロニーを形成し、水中に有機酸を出す。また樹脂を含む針葉からの酸の影響によって、腐敗の速度がいっそうゆっくりになる。何千年もの年月の間に部分的に分解された植物が有機性の泥炭になる。寒冷な気候と水に浸かった植物質という条件が重なる北方林には地球上のほかのどこよりも泥炭湿原が多く、そこに埋もれる有機物は炭素の重要な「沈殿物」になる。

西シベリアの泥炭湿原
レナ川にそそぐ支流沿いに形成された泥炭湿原。この泥炭地は地球上でも有数の広さを誇る湿地帯の一部をなす。

泥炭地は地表のわずか3%を占めるだけだが、土壌炭素の30%を有している

泥炭湿原の形成

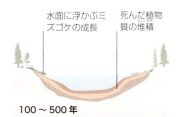

水面に浮かぶミズゴケの成長／死んだ植物質の堆積

100〜500年

❶ 水浸しになった低地
おもに水生植物に由来する死んだ植物質が水たまりの底にたまる。

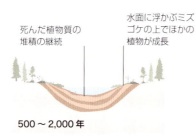

死んだ植物質の堆積の継続／水面に浮かぶミズゴケの上でほかの植物が成長

500〜2,000年

❷ 湿原化
植物の死骸が堆積するにつれて水たまりからの排水が止まり、湿原の状態が広がっていく。

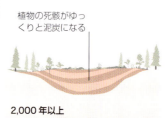

植物の死骸がゆっくりと泥炭になる

2,000年以上

❸ 泥炭の形成
酸素量が少ないため、植物の死骸が湿原の中で長い時間をかけて腐敗する。

世界でもっとも丈夫な木

ロシア　シベリア中部

亜寒帯各地のハビタットでは気温が0℃以下になるが、南極以外で冬の気候条件がもっとも寒いのはシベリア中部で、北方林はほかとはまったく異なり、氷点下60℃以下の寒さにも耐えられる木々からなっている。ここでは冬に葉を保つことができない。地中の水が凍ってブロック状の永久凍土になり、針葉樹であっても枯れずにいるのは不可能だからだ。代わってカラマツの落葉針葉樹が優勢になる。カラマツは耐寒性が非常に強く、極寒の土壌からも水を吸収し続けることができる一方で、真冬に葉を落とした枝を支えるための水分はほとんど必要としないからだ。また、低い気温でも異様なほどの早さで成長する。そのおかげでカラマツは春になると葉を再生できるが、北方林の木々でそれが可能な種はほかにはほとんどない。

針葉樹はどのようにして冬を生き延びるか
ヨーロッパアカマツは年間を通して（雨または雪という形で）降水を受けられる。一方、グイマツはほぼ水なしで冬の月日を乗り切らなければならない。

環境保全
トラの生息地
最大の肉食動物には最大の縄張りが必要で、北方林と温帯林が接する地域では最大のネコ科動物であるトラのハビタットが失われており、シベリアで絶滅の危機にある。ロシア北東部と隣接する中国だけに見られるアムールトラは、近親交配の結果による低い遺伝的多様性のせいで弱体化している。21世紀初めには数が増えたものの、その後は再び減少傾向にある。密猟、トラの獲物となる動物の乱獲、さらには犬から感染した犬ジステンパーが原因となっている。

アムールトラ

シダが密生したオーストラリア大陸南東部の涼しい常緑雨林では、冬の気温が0℃を下回らない。
そのため、オオフクロネコのような肉食性の有袋類が1年を通じて活発に活動する。

温帯広葉樹林

ナラやブナなどの広葉樹は熱帯以外ではもっとも豊かな森の一部を形成していて、涼しくてコケ類におおわれた多雨林や、夏には緑豊かで冬には葉を落とす森などがある。

アメリカ大陸、ユーラシア大陸、オーストララシアの温帯では多種多様な広葉樹が見られる。それらの木々の葉身は針葉樹の葉よりも光のエネルギーをとらえる部分が広い一方で、より多くの水分を失いやすく、成長のためには豊富な降水量を必要とする。

広葉樹は温帯の暖かい夏と寒い冬にうまく適応している。ほとんどは落葉性で、失われる水分量を減らしてエネルギーを蓄えるために冬になると葉を落とす。そして長い夏季と日照時間のおかげで、ゆとりをもって葉を再び成長させ、樹高を伸ばし、繁殖できる。おもに南半球のもっとも温暖な気候にのみ、常緑の広葉樹が見られる。

「北」対「南」

北半球で最大規模の温帯広葉樹林の代表的な種には、オーク、ブナ、カエデ、シナノキ、セイヨウトネリコ、ニレ、ヒッコリーがある。最終氷期の影響をあまり受けていない北アメリカ大陸とアジアの東側では、とくに種が豊富だ。南半球のチリ、オーストラリア、ニュージーランドにも温帯林は存在するが、ナンキョクブナ属などの木々は赤道を挟んだ北側のものとはまったく異なる。世界全体で見ると、こうした森はすべてに、北半球ではマツやモミ、南半球ではマキやカウリマツといった常緑針葉樹が混交している。

動物の生態パターンから、こうした森には連続性がないことがわかる。アメリカ大陸とユーラシア大陸の両方で見られる種はほとんどいないし、南半球とはまったく異なっている。多くの鳥や一部の昆虫は、冬の寒さに対応するため南に渡る。ほかの動物は移動することなく、秋のベリー類や木の実の入手に頼っていちばん寒い時期を乗り切るか、冬眠して過ごす。

世界的な分布
広葉樹やほかの種が混交した森は北半球の温帯ではおもに3つの地域、北アメリカ大陸東部、ヨーロッパ、東アジアで見られ、これらの森のほとんどは落葉樹だ。より小規模の、常緑樹がおもな地域は南半球にある。

温帯広葉樹林のしくみ

季節の移り変わりは温帯落葉樹林の生態系(エコロジー)に劇的な変化をもたらす。ヨーロッパブナの森の春の林床は花が咲き乱れる。やがて新たに育った夏の林冠(りんかん)が影を作る。動物たちは食べ物が豊富な間に競って家族を育てる。毎年秋になると落ち葉が栄養分を土壌に返し、渡り鳥が訪れたり立ち去ったりする一方で、動物たちは森にとどまって寒い冬に備える。

物理的条件

温帯広葉樹林は年間を通して降水量が豊富で、夏は暖かく冬が寒いところに育つ。冬にしばしば霜が降りるところでは落葉樹が優占する。

温帯広葉樹林 / 35

秋　　　　　　　　　　　　冬

オオタカは短い翼を折りたたんで葉と葉の狭い隙間をすり抜け、獲物の不意を突いて襲う

アトリ

キタリスは木の実を集めて土に埋め、冬になってから食べる

菌類の**子実体**は胞子を作り、それが風で拡散されてほかの場所で発芽する

イノシシ

ヨーロッパミヤマクワガタ

林床の菌類
菌類は年間を通して土壌中に存在するが、秋に大量の葉が落ちると、胞子を放出するキノコ（子実体）を出現させる。

葉の分解
秋の落ち葉は菌類、微生物、デトリタス食の動物によって分解される。その過程で放出される無機物がほかの植物の根から吸収される。

森の猛禽類
オオタカは夏に繁殖するが、鳥やリスなどの獲物が1年を通して充分に見つかるので、冬の間も森にとどまる。

頂点捕食者
ヨーロッパの森に今も生息する最強の捕食動物の一種であるオオヤマネコは、シカやイノシシのような大きさの獲物を仕留めることもある。

冬に訪れる鳥
アトリはスカンディナヴィア半島にある夏の繁殖地からやってきて、ブナの実を食べる。

雨水が無機物を浸出させる　さらに無機物が放出される　無機物の放出が減少する　残った最後の無機物が放出される

落ちて間もない葉　葉の分解　もっともかたい部分が腐敗する　葉の残骸

ヨーロッパブナは最終氷期後にヨーロッパ各地の大部分で優勢になった

樹液を吸う昆虫

アメリカ北東部

サトウカエデの樹液を煮詰めたメープルシロップの甘さは、食料源としての樹液の豊かさをはっきりと示すものだ。しかし、樹液を吸う昆虫たちは人間よりもはるかに前からその恩恵にあずかってきた。夏になるとアブラムシ、ツノゼミ、カイガラムシが、木の光合成によって生成された糖を摂取する。そうした昆虫たちは葉の表面や樹皮の下の「師部」と呼ばれる微小な樹液の管を探して糖を得る。通常、サトウカエデに葉のない冬は卵として生き延びる。

ありあまるほどの蜜
アブラムシは余分な樹液を甘露として分泌する。これはオオアリにとってエネルギーの豊富なサプリメントに当たる。

季節限定の樹液
冬になると糖の生成が止まり、樹液の流れも減少する。樹液を運ぶ師部の管も細くなる。このため樹液を吸う昆虫の一部は死に、ほかは餌を求めて遠くに移動せざるをえなくなる。

アブラムシのロンギスティグマ・カリアエは夏の葉や枝を餌にする

ジャガイモヒメヨコバイは葉を餌にする

葉のない木では光合成が止まる

葉が光合成を通じて糖を作る

メラナスピス・テネブリコサは枝や幹を餌にする

師部が糖を葉から木のほかの部分に運ぶ

冬のサトウカエデ　　夏のサトウカエデ

先駆的な木

コロラド高原

多くの木はゆっくりと成長し、何百年から何千年も生き続けるが、成長の早い木の中には周囲のハビタットを人間の一生の間に変えてしまうものもある。ヤマナラシやその近隣種のポプラのようなもっとも成長の早い木は先駆樹種であり、その成長の早さと無性生殖の能力を利用して新しい土地にコロニーを作る。こうした特別な力によってヤマナラシは数十年で森全体を作り上げることができる。先駆樹種の代償は、若くして枯れることだ。ほとんどのヤマナラシは 150 年以内に枯れる。しかし、枯れるのは地上から上の部分だけで、根系は生き続けて新しい木を再生させ、クローンのコロニーを作る。そのひとつ「パンド」は世界最大の無性生殖の木のコロニーで、約 4 万 7,000 本のアメリカヤマナラシからなり、面積は 43ha 以上に及ぶ。遺伝子的には単一の生き物で、樹齢は約 8 万年と考えられている。

親木
クローン
共有された根系

共有された根系
ヤマナラシの根は広範囲に伸びて新芽を作り、それが新しい木に成長する。新しい木はそれぞれ同じく横方向に根を伸ばし、それがまた新しい木を作り出す。

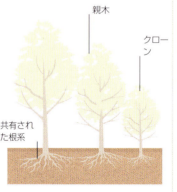

パンド
ラテン語で「私は広がる」を意味するパンドは、コロラド高原の外れにあるヤマナラシのコロニーに与えられた名前。すべての木が同じ DNA を持ち、単一の遺伝的同一性を持つ最大の生き物のひとつである。

ラクウショウ
ラクウショウの緑の針葉は秋になると赤銅色に変わる。長期間に及ぶ水害も生き延びられるが、実生が育つためには空気に触れる必要がある。

昆虫食の鳥のギルド

アメリカ北東部

森の豊富な昆虫を目当てに、多くの種類の昆虫食の鳥がやってくる。しかし、競争を避けるためには異なるやり方で餌を食べることが必要で、北アメリカに生息する50種あまりの食虫性のモリムシクイもそうしている。異なる方法で餌を探す鳥たちのことを、異なる生態学的ギルドに属すると言う。たとえば、落ち穂拾いギルドの鳥は木の葉や落ち葉の上の獲物をついばみ、捜索ギルドの鳥は木の幹の小動物を食べ、飛行中に獲物を捕らえる鳥は空中捕獲ギルドに属している。餌探しの多様な技法の混在は、それぞれのギルドが異なる資源を利用して、ほかのギルドと持続的に共存していることを意味する。

カオグロアメリカムシクイ

ハゴロモムシクイは飛びながら空中の昆虫をつかまえる

カオグロアメリカムシクイは葉の上の昆虫をついばむ

カマドムシクイは食べ物を探して落ち葉をつつく

シロクロアメリカムシクイは樹皮にいる昆虫を探す

餌探しの技法
ムシクイは先端のとがったくちばしを持つ小型の鳥の科で、葉の上の昆虫をついばんだり飛びながらつかまえたりと、多彩な餌探しの技法を披露する。

秋のサトウカエデ

秋の色

ニューイングランド地方の森

自然界でもっとも美しい色には分解とリサイクルの過程で見られるものがある。北アメリカ大陸東部におけるカエデやそのほかの落葉樹の多様性は、とりわけ目を見張るような秋の色合いの景観を作り出す。すべての木々は葉を落とす前に貴重な資源を回収するので、もはや必要のなくなった光合成色素は分解され、その再利用可能な要素は枝に行きわたる。最初に葉緑素が回収され、「カロテノイド」と呼ばれる黄色、オレンジ、赤の補助色素が残り、それが秋の葉に独特の色を与える。

湿地に適応した木々
(スワンプ)

アメリカ南東部

北アメリカ大陸東部の豊かな温帯林で成長するもっとも耐性のある木のひとつが落葉針葉樹のラクウショウだ。この木は乾いたところでも湿ったところでも、日なたでも日陰でも成長し、海水でさえも生き延びる。何よりも驚くべきことは洪水の起きた湿地帯でも力強く育つことだ（→p.215）。板根を成長させることでぬかるみでも幹はまっすぐ立っている。水面から上に向かって突き出た「膝根」と呼ばれる根も、安定に役立っていると考えられるが、これには通気の役割もあるだろう。水浸しのよどんだ自生地での酸素供給量を増やすこのやり方は、マングローヴの木の方法と似ている（→p.272）。

夏の葉

水平に伸びる根

洪水による水

「膝根」と呼ばれる呼吸根

酸素の乏しい泥

ラクウショウ

ナラの木の上の生き物

イギリスとアイルランド

木々の中には森の生態系でとりわけ重要な役割を果たす種類があるが、充分な研究がなされたヨーロッパナラの重要性に匹敵する木はまずない。イギリス諸島でもっとも一般的な木であるヨーロッパナラは、肥沃な土壌でよく育ち、ある程度の浸水にも耐えられる。イギリスでは「イギリスナラ」とも呼ばれていて、微生物を除いても約2,300種を支えていることが判明した。そのうちのほぼ330種は生存と繁殖をヨーロッパナラの種に完全に依存していると考えられる。木のあらゆる部分はほかの生き物にとって食べ物と住処である。その木質部、樹皮、樹液、葉、花、ドングリはいずれも、菌類から昆虫、鳥、哺乳類まですべての生き物の栄養源になる。それによってナラは、ナラを食べる生き物に依存する捕食動物や寄生生物も間接的に支えていることになる。ヨーロッパナラは500年以上生きるが、枯れた後も生態学的な価値は継続し、腐食する木質部が分解生物の新たなコミュニティを支える。

> イギリスのリンカンシャーにあるボウソープオークという名前の樹齢1,000年になるヨーロッパナラは、幹の太さが約13.4mある

ごちそうを探す
アカゲラ（左）とエナガは枯れたオークの枝の樹皮をつついて昆虫を探す。

環境保全
失われた森の巨人

巨大な動物は非常に脆弱な存在でもある。彼らは生きていくために多くの食べ物を必要とするし、それを提供してくれる広い空間も必要になる。ヨーロッパ固有の多くの大型有蹄哺乳類はすでに絶滅してしまったか、絶滅に瀕している。開墾や都市化によって森が失われ、ハビタットも失われてしまったためだ。その中には家畜化された牛の野生の先祖オーロックスがいる。オーロックスははるか昔に失われた古い林の中に生息していて、当時の最大の草食動物のひとつだった。この古い種の牛は遺伝子こそ現在の家畜牛の中で生きているとはいえ、最後の個体は1627年にポーランドで死んだ。

フランスにあるオーロックスの洞窟壁画

テンの生きかた

ヨーロッパ西部と中部

同じものを同じような方法で餌とする動物同士には競争のリスクがあり、強者が弱者を駆逐するため、競争に敗れた方は絶滅のおそれがある。複数の種は異なる方法を採用し、生態的地位を別にすることで共存する。分布域の重なる近縁種、つまり姉妹種は、このような生態的地位の差別化を示す傾向がもっとも高い。

ヨーロッパのマツテンとムナジロテンは、いずれもネコくらいの大きさの敏捷な肉食動物で、獲物を狩るとともに果実やベリーも食べる。マツテンは森が活動拠点で、木々の間で食べ物を確保するのを得意とする。一方のムナジロテン（「ブナテン」の名でも知られる）は森にはこだわらず、開けた田園地方や耕作地を好む。この2つの種が共存するヨーロッパ中部の林では、ムナジロテンがマツテンよりも昆虫や果実を多く食べる。

ムナジロテンはのどに毛の白い部分があり、個体によって大きさは異なる

獲物を求めて歩き回る
ムナジロテンは敏捷なハンターで、高いところに登るのも得意とする。露出した岩の上の獲物に飛びかかったり、林の中の巣を襲うために木によじ登ったりする。この日和見的な雑食動物は果実も食べる。

温帯広葉樹林 / 39

長持ちする
ゲッケイジュの葉

マデイラ島の常緑樹林

温帯内の木々の中には熱帯を思わせるものも存在する。艶のある常緑の葉を数年間も保ち続けるゲッケイジュの仲間は、おもに南アメリカ大陸とアジアの熱帯で成長する。しかし、1,400万年前の、今よりも暖かかった先史時代には、もっと北の方にまで広がっていた。その化石はヨーロッパや北アメリカ大陸でも見つかっている。氷河時代がゲッケイジュの仲間を赤道付近に押し戻したが、北に進出したときの名残が今も穏やかな温帯の気候の地にも生き残っている。

類を見ない常緑広葉樹の森
亜熱帯に生き残っているゲッケイジュの仲間の最大の森は、大西洋のポルトガル領の島、マデイラ島に存在する。そこでは複数の種がほかの場所では見られないような形で進化した。

ガ
いくつかの種のガの幼虫はナラの葉を食べる

ハチ
ハチなどの昆虫はナラの花粉を餌にする

キツツキ
葉

花

サルノコシカケ

アオガラ
幹の穴

ナラの木

樹皮

クワガタ

キノコ
根

ドングリ

枯れた木

カケス
カケスは秋になるとしばしばドングリを主食にする

リス

モリアカネズミ
リスと同じようにあとで食べるためにドングリを貯蔵する

ナラの木の野生生物
この図が表しているのはナラに依存する何百という種のほんの一部で、木の上やそのまわりで生活する生き物の生態学的多様性を強調したものだ。菌類やクワガタなど、一生をその木の上で過ごす生き物もいる。

凡例
微小生息域（マイクロハビタット）
生息する動物

森からステップへの
移り変わり

ヨーロッパ東部と南東部

ヨーロッパ東部の平原地帯では、大陸の内陸部に向かうにつれて降水量が少なくなり、森が育つには気候が乾燥しすぎているため、木々に代わって草原のステップが優勢になる。森とステップの間は移行段階のハビタット、つまり移行帯で、ハビタットの帯状分布の中間に当たる。ナラ、シナノキ、カエデはまばらになり、低木や小ぶりなマメの木、スモモの木などがより乾燥した気候で生き延びる。やがてそれらの木々も草原のステップに変化していく。森からステップに変わる場所は異なる動物の生活環境が出会い、疎林のタカ、ライチョウ、樹上性のリスが、チュウヒ、ツル、ジリスに取って代わられる。

ヨーロッパハタリス
ヨーロッパハタリスは、草地や西の森と東のステップの境目に当たるハビタットに穴を掘る。

灰色がかった茶色の毛にはかすかなまだら模様がある

密生した森のさまざまな高木広葉樹 / より小型で乾燥に強い木々からなるまばらな植生 / 乾燥した気候に適した低木とイネ科の草本

温帯広葉樹林 / 温帯の疎林 / 温帯の低木・ステップ

ハビタットの植生帯
充分な量の雨が降るヨーロッパ西部からより乾燥したユーラシア大陸の内陸部に移動すると、植物のコミュニティはいわゆる環境傾度に沿って、湿潤な森から乾燥した草原に変化する。

菌類に寄生する ラン

ヨーロッパとアジア北部

ほとんどの植物は養分を作るために太陽の光のエネルギーを吸収する緑色の葉を持つ。しかし少数だが、腹をすかせた動物や腐敗物を餌にする菌類と同じように、周囲にある出来合いの養分を手に入れる植物もある。そのひとつがユーラシア大陸のトラキチランだ。このランは根を持っており、水や無機物は自ら吸収することもあるが、光合成に必要な葉緑素を持っていないため、有機的な養分のすべてを協力関係にある菌類に全面的に依存している。ふさわしい種類の菌類が成長する林床ならばどこにでも見られ、菌類が物質を分解して手に入れた養分の一部を盗む。その一方で、菌類はほかの木の根と共生して、「菌根」（→下「森の菌根」）と呼ばれる2番目の協力関係を作る。つまり、トラキチランは間接的にその木にも依存していることになる。

養分を調達する手段

トラキチラン

光合成独立栄養
有機的な養分は光合成によって緑色の葉の中で作られる。

従属栄養
菌類は分解された動植物の死骸から有機養分を吸収する。

菌従属栄養
植物が菌類に寄生して有機的な養分を吸収する。

ユーラシア大陸東部の 頂点捕食者

ユーラシア大陸東部

北の温帯林に住む大型動物の多くは、ユーラシア大陸から東部までの広大な自然分布域を持つ。ハイイロオオカミのように地球を一周する分布域を持つ動物もいる。そのほか、少なくとも歴史的には、ヨーロッパからアジア東部まで分布する動物もいた。そのうちヒョウとトラは異なる気候にうまく適応する種で、地域個体群によっては夏の暑さや干ばつや、長い冬の凍えるような寒さに対応できるものもいる。

ロシアの極東地方や中国と国境を接する地域では、気温が0℃をはるかに下回ることもあり、アムールヒョウやアムールトラは熱帯の仲間よりも体が大きく体毛も濃い。こうした適応は体温を維持するのに役立つ。両者が共存している場所では、ヒョウはトラよりも小型の獲物を、より標高の高いところで狩る。しかし、密猟と森林伐採がその生存への脅威となっている。アムールトラ（→p.31）の個体数は約500頭、アムールヒョウは100頭あまりと考えられている。世界自然保護基金（WWF）などの環境保護団体はロシアと中国の両政府と協力して、密猟の禁止、獲物の個体の増加、これら大型のネコ科動物の現存するハビタットの保護に取り組んでいる。

シベリアトラとしても知られるアムールトラは体重が約300kgで、世界最大・最重量のネコ科動物

森の菌根

世界各地

世界中の温帯広葉樹林（ほかの種類の森でも）で、ほとんどの植物は地面から養分を吸収するために自分たちの根以外のものにも頼っている。菌類から助けられているのだ。菌類は地面の下に無秩序に広がる微小な糸のネットワークとして成長し、そこから無機物に消化酵素を放出して広い範囲から養分を吸収する。キノコ（菌類の子実体）は唯一の目に見える姿だが、植物にとっては菌類の目には見えない糸が生命線だ。菌類の中には根とつながって「菌根」と呼ばれる協力関係を作るものもある。菌類は無機養分の一部を植物に渡す。そのお返しとして植物からいくらかの糖を受け取る。菌根菌の中には木と協力関係を築くものや、草本植物と手を組むものもある。ただ、そのいずれもがいわば栄養分の高速道路を構築し、林床に下に菌糸を長く伸ばしている。

ベニテングダケ
目立つ色のベニテングダケは、カバノキやトウヒなど、多くのさまざまな広葉樹や針葉樹と菌根の協力関係を結ぶ。

異なる種類の菌根の比較

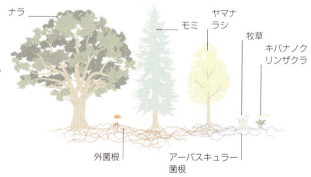

外菌根
キノコにあたる子実体を作る菌類で、木の根のまわりに緩やかなネットワークを作る。

アーバスキュラー菌根
草本植物の根の組織に深く浸透し、その子実体は微小な大きさのまま。

希少なネコ
おそらくもっとも希少なネコ科動物と思われるアムールヒョウは、絶滅危惧IA類に位置づけられていて、個体群は中国北東部とロシア東部のごく一部にしか生き残っていない。

木登りをする
リス

トルコとイラン西部

リスが齧歯類の中でもよく人目につくのは、大きな理由がある。昼間に活動するためだ。ネズミはほとんどが夜行性だ。マーモットなどのジリスは地中に巣穴を掘って生活するが、ペルシャリスなどの木の上で生活する種の方が多い。ふさふさの大きな尾は枝の間を移動するときにバランスを取る役割を果たし、180度回転する脚首は頭を下向きにして木の幹を下りるときに役立つ。脚が後ろ向きになるときには鉤爪で樹皮にしがみつき、体重の負担を軽くする。

リスは優れた色覚を持つ

ペルシャリス

ユーラシア大陸西部の
頂点捕食者

イラン北部

ヨーロッパ東部とカスピ海周辺の森はかつて、ハイイロオオカミ、ヒグマ、ペルシャヒョウ、カスピトラの住処だった。現在ではオオカミとクマの数が減り、ヒョウも1,000頭以下しか残っていない。トラは完全に姿を消した。食物連鎖におけるその位置のせいでもともと数が少なかったうえに、これらの頂点捕食者は人間に恐れられて殺されてきた。自然の獲物がいる充分な広さのハビタットを保護することで、これらの動物たちは人間と共存できる。

インドオオカミ
イラクのカスピ海沿岸部の水が豊富な森をうろつくハイイロオオカミと比べると、その亜種のインドオオカミは体格がほっそりしている。

インドオオカミの夏の体毛は短い

石灰岩の地形
クロアチアのプリトヴィチェ湖群国立公園では、川が石灰岩の地形を削って峡谷や大洞窟や滝のほか、さまざまな森など多様で複雑なハビタットを作り出している。この写真ではモミも見られるものの、ブナが優占し、秋になると黄金色に色づく。

みんなで子供の世話をする
キンシコウはほかの個体の子供も世話をして、厳しい気候と困難な環境で幼い子供が育つのを助ける。

中国の生きた化石の木

中国の温帯林

イチョウには驚くべき歴史がある。恐竜以前に出現した木のグループで唯一の生き残りなのだ。イチョウは独特の繁殖形態を持つ。オスの木が短い穂になった雄花から花粉を落とすと、メスの木は小さいプラムのような形の種子を作る。イチョウは観賞植物として一般的で、世界各地に見られる。自然界での起源は中国の森深い盆地のどこかとされるが、はっきりとはわかっていない。

イチョウの葉

切れ込みが扇型の葉を2つに分けている

ツツジ属のホットスポット

ヒマラヤ地方

ツツジ属は花の咲く植物の中で最大のグループのひとつで、約5,000万年前に出現し、この2,000万年に間に多様化した。現在では1,000種以上に及び、北アメリカ大陸、ユーラシア大陸、オーストラリア大陸北部の各地に分布しているが、これらの種の多くは絶滅のおそれがあるか、もしくは絶滅が危惧されている。ツツジ属は温帯を起源として熱帯に広がったが、最大の多様性が現れたのはアジアとニューギニアの亜熱帯の山間部だった。ヒマラヤ地方の山と盆地が織りなす複雑な地形は、植物のコミュニティをしばしば孤立させる。このような孤立状態は新たな種の進化を育むことになり、現在ではヒマラヤ地方だけで300種以上のツツジ属が見られる。

ヒマラヤ地方東部は世界最大のツツジ属の多様性を誇る

寒さに耐性のある サル

中国中部

アジア東部のシシバナザル属は涼しい森に生息していて、そこは冬になると気温が氷点下に下がり、地面は雪におおわれる。中国中部のキンシコウは、人間以外の霊長類の中でもっとも長くてもっとも寒い冬を生き延びる。夏には標高の高い山に移動し、冬が訪れると積雪の少ない盆地に下りてくる。食べ物は季節によって変化し、夏はマツの針葉や葉、秋には果実やマツの実を食べる。気候がもっとも厳しい冬になると、地衣類や樹皮でしのがなければならない場合もある。ほとんどの時間を地上で過ごし、20頭から30頭、それ以上の数の集団で移動する。このハーレムは1頭のオスと複数頭のメスに、その子供たちのグループからなる。夏になるといくつもの集団がひとつになって600頭以上の大きな群れを作ることもある。

環境保全
シシバナザル属
シシバナザル属に含まれる5種はすべて絶滅が危惧されていて、そのうちの3種は絶滅危惧IA類に位置づけられている。中国、ヴェトナム、ミャンマーの狭い地理的範囲に分布しているため、森林伐採によるハビタットの喪失の影響を受けやすい。あまりにも頭数が少ないために、遺伝的な近親交配の影響を受けていると思われる個体群もある。中国の神農架国立公園にはキンシコウが生息している。

中国の神農架の森

適応力のある サル

日本　本州、四国、九州

温泉に入るニホンザルの母親と赤ん坊

人間を除いた霊長類で最北の地に生息するのがニホンザルだ。日本列島の温帯や亜熱帯の各地の森に暮らしている。暖かい低地でも寒い山間部でも生き延びることができる。気温が低くなると灰色がかった茶色の体毛がよりいっそう濃くなる。日本アルプスではサルたちは身を寄せ合って寒さに耐える。場所によっては温泉に浸かって暖を取り、くつろぎ、寄生虫を洗い流すサルも見られる。山間部のサルは低地のサルと比べて縄張りが広い。とくに冬の間は食料源が少なくなるので、充分な食べ物を探すために広い範囲を移動する必要がある。

ニホンザルの縄張り
さまざまな種類の森がニホンザルの住処になっている。南は亜熱帯雨林、山間部は温帯針葉樹林、低地と標高の低い山腹では温帯広葉樹林。

高山性のシャクナゲ
ヒマラヤ山脈に見られるツツジ属の多くは高山種だ。高木限界線の近くでは広大な低木林を形成し、春には異なる種が鮮やかな色の花をいっせいに咲かせる。

秦嶺山脈の 茶色いパンダ

秦嶺山脈

中国の秦嶺山脈の竹林に生息するジャイアントパンダの個体群は何千年にもわたって孤立していて、その長い年月の間に独自の特徴を進化させた。それがシンレイパンダという亜種であり、小型で、体毛は黒ではなく茶色い。個体数は350頭に満たない。2018年に中国は保護のための国立公園の設立を発表したが、近隣の都市からの重金属汚染がこのパンダの長期的な将来に暗い影を投げかけている。

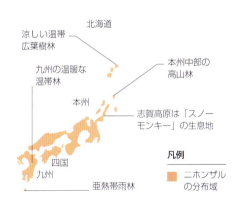

目の周囲ではなく目の下に「涙型」の模様がある

シンレイパンダ

南アメリカ大陸でもっとも高くて最高齢の木

チリ南部

西を太平洋、東をアンデス山脈に挟まれたチリの涼しい沿岸雨林は、広葉樹とヒノキの一種のパタゴニアヒバが混交する。ヒノキ科の木は針葉樹には珍しくかなり広範囲に分布している。針葉を持つマツの方が種の数は多いものの、その分布はおもに北半球に限られているのに対して、うろこ状の葉のヒノキはほぼ世界中に存在する。パタゴニアヒバを含む亜群は南アメリカ大陸のほかに、南アフリカ、オーストラレシア、太平洋にも見られる。このことは今から2億年以上前の、すべての大陸がひとつにまとまっていたときにヒノキが出現したことを示唆している。後になって大陸が分離して移動したとき、ヒノキも分散した。しかし、現在のパタゴニアヒバは数奇な運命をたどってきた。最新の化石証拠から、冷涼な気候に適応したこの種は最終氷期には現在よりもはるかに広く分布していて、より低い沖合の島の海水位にまで広がっていた。気候が暖かくなって氷河が縮小すると、パタゴニアヒバもより涼しい山間部に後退した。近年、この長い歴史のある木は、伐採、森の牧草地への転換、人間由来の気候変動という脅威に直面している。現在、パタゴニアヒバは絶滅危惧種に指定されている。

見上げるような高さの木
パタゴニアヒバは最大で70mの高さにまで育ち、幹の太さが直径5mに達することもある。その樹高はチリの温帯雨林に混生するナンキョクブナやゲッケイジュをはるかにしのぐ。

「曾祖父の木」としても知られる
チリのアレルセ・ミレナリオは、
樹齢5,000年以上と推定される

ユーカリを食べる

オーストラリア大陸東部

ユーカリの葉はかたくて繊維質を含み、「テルペン」と呼ばれる芳香のある油性物質が詰まっている。これらの性質が草食動物を遠ざけてきたが、一方でユーカリを好んで食べるコアラのような動物の進化も促した。この有袋類の食事の大部分はユーカリの葉だ。コアラが注意深くにおいをかいで、食べるのに適した種類と樹齢のユーカリなのかを調べて選別するのは、その必要があるからだ。非常にかたい葉は消化にかなりの時間がかかるうえに、肝臓でテルペンを解毒しなければならないのだ。これらの要因が代謝を緩やかにするため、コアラは1日のおよそ75%を眠って過ごす。消化は口から始まる。畝状の臼歯で葉をすりつぶし、胃、小腸、大腸を通過する間に栄養分を最大限吸収する。もっとも消化しにくい断片は糞として直接排泄される。子供は母親が排泄したバクテリアの豊富な「パップ」と呼ばれる糞を食べることで、胃腸が乳からユーカリ食に移行するのを助ける。

ユーカリの葉の消化
コアラの消化器官はユーカリの葉から栄養分を吸収するが、胃腸が未消化の物質でいっぱいになることはない。栄養分は短時間で吸収される一方、かたい繊維の一部は腸内で発酵させ、時間をかけて栄養分を放出させる。

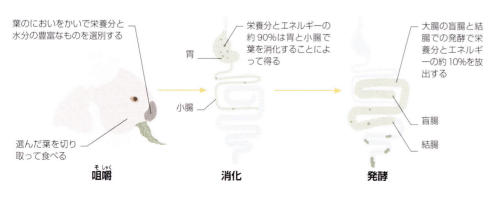

樹上で過ごす時間
上半身の力と強い鉤爪は母親のコアラがユーカリの木に登ることに役立つだけでなく、その子供を最初は育児嚢の中に、その後は背中に背負って、1年中運ぶことにも役立つ。

年輪からわかること

木は樹皮の下の木質部の新しい層を成長させることで幹を太くするので、もっとも古い部分は幹の中心部にある。条件が好ましいときにはたくさんの大きな細胞を加えて成長が早く、色の薄い木質部の層ができる。成長に最適な年は層がもっとも幅広くなる。季節の変化がある気候では、このような色の薄い層が温帯の夏または熱帯の雨季が訪れるたびに形成される。木を伐採すると、幹の木質部の層は輪となって現れる。こうした輪の模様は年輪年代学の手法によって解読され、その木が生きている間に経験した干ばつや山火事、さらには火山噴火などの気候の歴史を再構築できる。

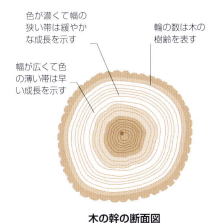

色が濃くて幅の狭い帯は緩やかな成長を示す

輪の数は木の樹齢を表す

幅が広くて色の薄い帯は早い成長を示す

木の幹の断面図

チロエオポッサム

チリ南部

山の有袋類

新世界の南北アメリカ大陸の有袋類ではほとんどがオポッサムと考えられる。これはカンガルーなどのオーストラリアの有袋類とは遠いつながりしかない。しかしヤマネに似ているひとつの種だけは密接に関係している。南半球の大陸がひとつの陸塊だった時代にオーストラリアの有袋類から枝分かれした先史時代の南アメリカの有袋類は多くの種類がいたが、スペイン語で「山の小さな猿」と呼ばれるチロエオポッサムは唯一の生き残りだ。現在見られるのはチリの冷涼な雨林のみで、ナンキョクブナやタケの上で暮らしている。

古代の鳥

オーストラリア大陸東部

スズメ目は鳥のすべての種の半分以上を占めていて、カラス、ムシクイ、ツグミ、アトリなどが含まれる。遺伝子と化石証拠から、この仲間の鳥は先史時代の南半球にあった超大陸のゴンドワナに起源を持つことが判明した。大陸が分裂すると、スズメ目はオーストラリア大陸から世界のほかの地域に拡散した。オーストラリア大陸の温帯林には、コトドリなどの進化史の初期に枝分かれしたスズメ目のグループが見られる。

コトドリ

環境保全
最後の生息地タスマニア

近年では最大の有袋捕食動物だったフクロオオカミは、現在のタスマニアデヴィルの近縁種にあたる。化石証拠から、フクロオオカミやほかの同様の有袋捕食動物は、かつてオーストラリア大陸、タスマニア島、ニューギニアに広く分布していて、森や低木林でカンガルーやポッサムを狩っていたことが判明した。しかし、人間の入植者がやってきて、その数は減少した。19世紀、フクロオオカミはタスマニア島のヨーロッパ人入植者によって狩られつづけた。フクロオオカミが家畜を襲っていると見なされたためだ。1900年代までにその個体群は原因不明の病気の影響も受けた。野生のフクロオオカミが最後に目撃されたのは1933年のことで、捕獲された最後の個体もタスマニア島のホバート動物園で1936年に死亡した。1982年に正式に絶滅が宣言された。

背中の黒い縞模様から「タスマニアタイガー」とも呼ばれる

フクロオオカミ

ゴンドワナ大陸の森

南アメリカ大陸、オーストラリア大陸、ニュージーランド

南半球のチリとオーストラリア大陸の温帯林の木々は、北半球の木々と遠いつながりしかない。南半球の森はナンキョクブナと呼ばれるグループの木が優勢だ。この広葉樹の種とマキ、カウリマツ、ナンヨウスギなどの南半球の針葉樹が混生している。ほとんどが常緑樹のこれらの木々は、いずれも南半球の陸地の縁に沿って分布していて、その起源は先史時代のゴンドワナ大陸の温暖で湿潤な森にある。ゴンドワナはかつて存在した南半球の超大陸で、のちに分裂して南アメリカ大陸、アフリカ大陸、オーストラリア大陸、ニュージーランドができた。それに対して、ユーラシア大陸と北アメリカ大陸の温帯林は北の超大陸ローラシアに由来する。ナラをはじめとするそれらの北半球の木々の落葉性は、その亜熱帯の祖先による乾季への適応が起源の可能性もある。乾燥を生き延びるために葉を落とすということが、子孫たちが北に移動するにつれて、凍えるような冬を生き延びる方法としても有効になったのだ。その一方、南半球の大部分のより温暖な海洋性気候は、赤道の南の温帯林をほぼ常緑樹に保つことになった。

ナンキョクブナの化石の記録は、この太古からの木がゴンドワナ大陸に広く分布していた8,000万年前にまでさかのぼる

ニュージーランド南端の多雨林のペンギン

ニュージーランド南島

湿潤な森はペンギンを見かけることなどなさそうな場所に思えるが、この飛べない海鳥の中には木陰を楽しめるほどの内陸の奥深くに営巣する種がいる。キマユペンギンはそのような種のひとつだ。1年を通してニュージーランドとタスマニア島沿岸の海に見られるが、南半球が冬を迎えると温帯雨林の中に向かう。ニュージーランド南島の南端では、ギンバイカやユーカリの近縁種の常緑樹サザンラタ（ムニンフトモモ属）の枝の下の、根が絡み合ったところに巣を作る。ほかのペンギンの種と比べて群れを作る習性が強くなく、緩やかなコロニー内の巣同士はかなり離れていることが多い。このペンギンの約4分の3は毎年お気に入りの営巣地に帰ってくる。

ペンギンの通り道
沖合で餌の魚を取った後、キマユペンギンは熱帯林の植物の中を抜けて巣に戻る。そのときにたどる落ち葉の積もった通り道を毎年使い続ける。

温帯広葉樹林 / 49

ニュージーランドの森
クレダウ川沿いに連なるロフォゾニア・メンジエシイ。川はマキやナンキョクブナの森を縫うように流れる。

粘液を噴出する カギムシ

ニュージーランド

ゴンドワナ大陸（→ p.48）は常緑樹の太古の自生地だっただけでなく、動物群の住処でもあり、その子孫たちが今の南半球に暮らしている。その中にはカギムシと呼ばれる奇妙な無脊椎動物のグループがいる。やわらかい体表から英語では「ベルベットワーム」と呼ばれるこの小型の捕食動物は、林床をこぶ状の短い脚でゆっくりと移動する。頭部には粘液を噴出する腺があり、動きの速い獲物を動けなくするために使う。カギムシは節足動物（節のある足を持つ昆虫、クモ、甲殻類など、現在の数多くのハビタットで優勢な生き物）との共通の祖先の特徴を残しているとされる。温帯では、乾燥に弱いカギムシの体はニュージーランドの湿潤な森に適しているが、タスマニアとオーストラリア南東部、チリの温帯雨林でも数多く見られる。

カギムシ
ニュージーランドカギムシは暗く湿った条件を必要とする。雨林の林床のコケ類や落ち葉は、獲物を探してうろつくには格好のハビタットである。

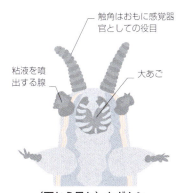

（下から見た）カギムシ
- 触角はおもに感覚器官としての役目
- 粘液を噴出する腺
- 大あご

巨大コオロギ

ニュージーランド

ニュージーランドには固有の哺乳類がいないため、ほかの種類の動物たちに生態的地位を埋める道が開けた。そのひとつが翅のないコオロギの仲間ウェタだ。大型のウェタは世界最重量の昆虫で、中でも最大のリトルバリアアイランド・ジャイアント・ウェタはスズメくらいの大きさがある。これはリトルバリア島のみに生息し、ニュージーランド本土で生態を脅かしている導入種の齧歯類から保護されている。ウェタはニュージーランドの固有種で、ケイブウェタ、グラウンドウェタ、タスクトウェタ、ツリーウェタなど、約100種がある。おもに植物を食べ、虫を襲い死骸をあさる。

- 切断用の大あごは獲物を小さく切り刻む
- 後ろ脚のとげは身を守るために使用する

ツリーウェタ

飛べない鳥が 生息する地

ニュージーランド

ニュージーランドではキーウィとモアという飛べない鳥の2つの科が進化した。ニワトリと同じくらいの大きさのキーウィは森に生息し、長いくちばしで枯れ葉や土壌をつついて小さな虫や昆虫を探す。鳥には珍しく、鋭い嗅覚を利用して獲物をとらえる。ユーラシア大陸のハリネズミと似た生態的地位を占めていると思われる。モアは草食性の鳥で、さまざまな大きさの種がいて、最大のものは人間を見下ろすほどだったが、今ではどれも生き残っていない。モアの種はすべて、移住してきたポリネシア人に狩り尽くされて絶滅した。外見は似ているものの、キーウィとモアは無関係で、異なる祖先から独自に進化した。

オオマダラキーウィ
今では南島だけにしかいないオオマダラキーウィは、ナンキョクブナやマキの森に生息し、高地の草むらにも見られる。

カナダ西部の針葉樹林に見られるシロアメリカグマは、「精霊のクマ」としても知られている。アメリカグマのこの希少な亜種のほぼ20%は、白またはクリーム色の体毛を持つ。

温帯針葉樹林

世界でもっとも樹高が高く、同時にもっとも古い木々は温帯針葉樹林で育つ。寒い冬と温暖な夏が一般的なこの常緑樹の森は、地球上で有数の豊かな場所でもある。

針葉樹は北の北方林（→ p.22-31）のはるかに南でも生息し、もっとも多くの種が見られるのは、夏は温暖で冬は寒い北アメリカ大陸やユーラシア大陸の中緯度の温帯地方である。

針葉樹の豊かさ

マツとトウヒ、モミとシーダー、ヒノキ、ビャクシン、レッドウッド、イチイの森は、気候条件が広葉樹よりも針葉樹に向いている地域に見られる。丈夫な針葉のおかげで、ブナやナラが適さない冬の乾季が厳しい場所でも成長できる。しかし、もっと独特な気候を好む針葉樹もある。セコイアデンドロン（ジャイアントレッドウッド）は温帯雨林の条件下で育ち、ブリッスルコーンパインは乾燥した山間部の盆地でゆっくりと成長する。

針葉樹の葉と幹には樹脂が詰まっているために燃えやすい。場所によっては山火事が頻発するところもある。木々はその対応策としてより厚い耐火性のある樹皮と、火の影響が及ばない高さにまで延びる枝葉を持つようになった。温帯針葉樹林に暮らす動物やほかの植物は針葉樹に合わせて適応している。昆虫、齧歯類、シカなどの草食動物は、かたい針葉を消化するための方法を持たなければならない。球果が作る大量の種子に依存する動物もいる。温帯針葉樹林には非常に多様な種の木が育つので、動物たちは年間を通して充分な種子を必ず見つけることができる。針葉樹林に育つほかの植物を餌にする動物もいて、アジアの森に豊かに茂るタケはパンダの食べ物となる。

世界的な分布
おもな温帯針葉樹林の地域は北アメリカ大陸西部と東アジアにある。南アメリカ大陸とオーストララシアの一部にも多様な針葉樹が見られるが、それらは広葉樹林と混じり合っていることが多い（→ p.32-49）。

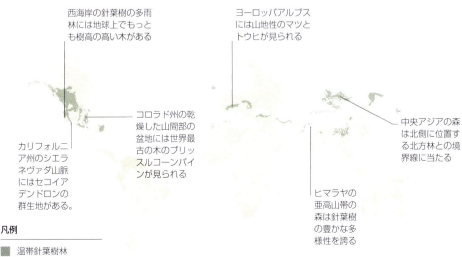

西海岸の針葉樹の多雨林には地球上でもっとも樹高の高い木がある

ヨーロッパアルプスには山地性のマツとトウヒが見られる

コロラド州の乾燥した山間部の盆地には世界最古の木のブリッスルコーンパインが見られる

中央アジアの森は北側に位置する北方林との境界線に当たる

カリフォルニア州のシエラネヴァダ山脈にはセコイアデンドロンの群生地がある。

ヒマラヤの亜高山帯の森は針葉樹の豊かな多様性を誇る

凡例

■ 温帯針葉樹林

温帯針葉樹林のしくみ

常緑針葉樹ははっきりとした乾季のある多くの温帯で優位を占めるが、針葉樹は年間を通して雨の降るほかの場所でも育つ。北アメリカ大陸の西海岸には世界でも有数の豊かさを誇る針葉樹林があり、カリフォルニア州のコーストレッドウッドの多雨林は、コケ類やシダ類に厚くおおわれてつねに湿った大地に高くそびえている。

木の構造
背の高い木はまわりの木の高さを追い抜いて多くの日光を得られるが、太く頑丈な幹が必要になる。木は層状にできていて、木の中心部で重量を支える古い心材を、水分を運ぶ若い辺材が囲んでいる。

モモンガが滑空するための薄い膜は「飛膜」と呼ばれ、前脚の先から後脚の先までつながっている

滑空する齧歯類
フンボルトモモンガは前脚と後脚をつなぐ翼のような皮膚があり、ジャンプして木から木に滑空して移動することができる。

ワピチ

空の頂点捕食者
ニシアメリカフクロウは鋭い聴覚を利用して夕暮れや夜明けに齧歯類をとらえる。とくにセコイアの森のモモンガを狙う。

パシフィック・ロドデンドロンは森の中の空き地に育ち、密生した低木層を作る。

海鳥が森と出会うところ

北太平洋沿岸

ハクトウワシの親鳥とひな
ハクトウワシは古い木や枯れた木を巣の場所として選ぶことが多い。巣の大きさは直径約1.8m。

毎年夏になると、アラスカ州とカナダの太平洋沿岸の森に驚くべき数の鳥が訪れる。マダラウミスズメなど何千羽もの小型のウミスズメ科の鳥がそれまで魚を獲物にしていた海から森にやってきて、ハクトウワシとともに陸地に営巣する。多くのウミスズメ科の鳥は木の根元の穴や岩の裂け目を使用するが、マダラウミスズメは針葉雨林の林冠に巣を作る。ハクトウワシも同じ林冠に営巣し、こうして集まった鳥は餌の豊富な沿岸海域で魚を捕獲する。木々もこの夏の訪問者から恩恵を受ける。窒素を豊富に含む鳥の糞は地面を肥やすので、つまり海の魚の中に含まれていた無機物が最終的に葉の成長を助けることになる。

昆虫を水に落として わなにかける植物

オレゴン州とカリフォルニア州

針葉樹から落ちる樹脂を含む針葉は酸性で、それが林床をおおい尽くすと落ち葉を分解する微生物の活動が妨げられる。その結果、針葉樹林の表土は栄養素が乏しくなるため、一部の植物は栄養分を補うために昆虫をわなにかけるように進化した。

食虫性のランチュウソウはオレゴン州やカリフォルニア州の太平洋沿岸部の森に育つ。また、大西洋岸でもこの筒状の葉を持つ植物の近縁種が見られる。これらの食虫植物はいずれも細長い花瓶のような形の葉を成長させ、その中に獲物を溺れさせる液体をためている。しかし、大西洋側の種は雨を利用して筒状の葉に液体を満たしているのに対して、ランチュウソウは根が吸収した水分をわなの中に分泌する。葉の内側は細かい毛が並んでいてすべりやすくなっていて、昆虫はわなに落ちて溺れ死ぬ。葉の先端はフード状になっていて、雨が内部に入り込むのを防ぐと同時に、わなにかかった虫が逃げられないようにする役目もある。

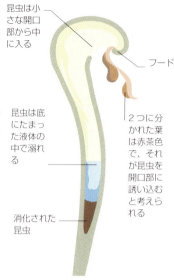

ランチュウソウ

死を呼ぶ植物
ランチュウソウの筒状の葉の内側はとてもすべりやすく、昆虫はもがけばもがくほどわなの奥深くに送り込まれる。液体中のバクテリアと原生動物が獲物の分解を助ける。

レッドウッドの世代交代

太平洋岸北西部

強風や雨で枝葉が濡れて重くなると、非常に高い木が倒れることもある。ほとんどの針葉樹は折れた切り株から再生できないため、倒れることは死を意味する。しかし、カリフォルニア州沿岸のコーストレッドウッドは再生できる数少ない針葉樹のひとつだ。幹が折れると根と葉の間を結ぶ木の生命線が切断され、水分と無機物が土壌から上に向かう流れと、光合成によって作られる糖分が上から下に向かう流れの両方が止まる。倒れた枝葉は枯れてしまうが、幹の組織は木の根によって生き延びる。幹には樹皮の下に形成層という成長組織の薄い層があり、この組織が新芽を生やすことで倒れても再生できる。

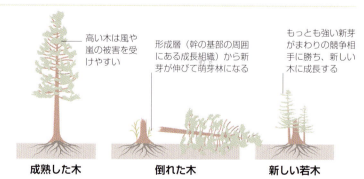

木が倒れた後の再成長
雨が多く風の強い気象条件下では成熟したレッドウッドが倒れて幹が折れることがある。すると新芽が切り株の基部に何本か集まって伸び、自然の萌芽林が生まれる。この若い木のうちの1本が、失われた木と入れ替わる。

温帯針葉樹林 /55

地球上で最大の木

カリフォルニア州とその周辺

木は地球上でもっとも高さのある生き物だ。そんな木の中でもコーストレッドウッド（セコイア・センペルウィレンス）はもっとも丈が高く、基部から樹冠まで100m以上に達することもある。「ハイペリオン」という名前のもっとも高いレッドウッドは116mもある。レッドウッドはもっとも重い生き物のひとつでもある。これは養分を作る光合成のために充分な量の葉を空に向けて支えるだけの強度がなければならないからで、木の成長の大部分は太い幹を作り出すことに向けられる。

木々は太陽の光を得るために周りの木の影から脱しようとして高く育つ。これは年間を通して常緑の葉が生い茂り、影を作る林冠が非常に密生している針葉樹林ではとりわけ重要になる。木が高さと強さを持つのは木質部を成長させるからだ。「導管」と呼ばれる輸送のための微小な管は、成熟するとかたくなって死に、その結果できた中空の管を根からの水や無機物が自由に通過し、これがいわゆる辺材を構成する。しかし、幹の中心部に当たるいちばん古い導管は、輸送の機能を完全に失う。こうしてできた心材は木を支える強度のために維持され、幹の木質部の大部分を占める。

環境保全
レッドウッドの森を救う

セコイア・デンドロン・ギガンテウムには山火事を生き延びられる適応力がある。樹皮には耐火性があり、その途方もない高さは燃えやすい枝葉を炎から守るのに役立つ。しかし、地球温暖化の影響で山火事の頻度と規模が増大しつつある。ここ最近で20％近くの木々が火災によって失われ、レッドウッドのハビタットと、そこに生息するフィッシャーのような樹上性の哺乳類の生存が脅かされている。

鋭い歯で鳥や小型の哺乳類をつかまえる

枝の間のフィッシャー

体積が世界最大の木は「シャーマン将軍の木」と呼ばれるセコイア・デンドロンで、幹の基部の直径は 11m 以上もある

セコイア・デンドロン
アメリカはカリフォルニア州のセコイア・デンドロン「プレジデント」は、樹齢3,200年と推定され、おそらく世界最長寿の現存するセコイア。

地球上で最高齢の木

アメリカ合衆国南西部

ブリッスルコーンパインに匹敵するほどの長寿の生き物は世界にほとんどいない。ロッキー山脈の高木限界線よりも少し低いところに育つこの節だらけのねじれた木は、植物の世界で長生きの代表格といえる。その中でも最高齢は、その種子がストーンヘンジやギザの大ピラミッドが建造された時代に発芽したものだ。だが、長寿だからといって巨大に成長するわけではない。ヨーロッパナラの半分の高さ（約15m）まで達することはほとんどない。

この木は厳しい環境の中で何千年もかけてゆっくりと成長する。乾燥した石灰岩の土壌は腐食性が強すぎるため、ほかの植物はほとんど育たない。また、3,000mに近い標高では冷たい風が山に吹きつける。しかし、ブリッスルコーンパインは信じられないほどまでに丈夫で、その針葉は40年間も枯れずに緑色を保つ。木質部は樹脂を豊富に含むので、ほかの木々なら長い年月の間に蝕んで弱らせてしまう昆虫や菌類にも耐性がある。木質部を腐らせ、再生可能な部分を枯死させてしまうのは気候だけだ。最古の種の中には、幹の大部分が枯れているにもかかわらず、その中を貫く細い帯状の生きた組織だけでかろうじて葉の茂った枝を支えているものもある。

「メトセラ」として知られるグレートベースン・ブリッスルコーンパインは世界最長寿の木で、樹齢は推定で4,850年

古代のマツ
メスの球果を守るとげから命名されたブリッスルコーンパイン（ブリッスルは「剛毛」の意味）は、地球上で最高齢の生き物のひとつ。ほとんど雨の降らない岩の多い地形でゆっくりと成長する。

最大の生き物

オレゴン州中部

オニナラタケ

見た目からは、作り出す菌類の範囲をほとんどうかがい知ることができない。これらの子実体が生えるのは地下の繊維状のネットワーク（養分を吸収する菌糸体）からで、その範囲は地面の下の広大な面積に及ぶ。オレゴン州マルール国立公園内の針葉樹林にあるオニナラタケは世界最大の菌糸体を持っている可能性があり、その面積は9km^{2}にもなる。ひとつの胞子から成長したと考えられ、非群体性の生物として最大かもしれない。

針葉を食べる小さな生き物

オレゴン州とカリフォルニア州

齧歯類のハタネズミは、その大部分が濃い草むらや地面に掘った穴で生活する地上性動物である。しかし、北アメリカ大陸太平洋岸の森に見られるアカキノボリヤチネズミは、高いところでの暮らしを好む。彼らはほとんどの時間を古いベイマツの林冠で過ごす。ほかのハタネズミ亜科の仲間とは違って、ほぼ針葉だけを食べる。食べやすくするためには針葉の樹脂道を取り除かなければならないが、無駄にはしない。アカキノボリヤチネズミはそれらで巣を作り、その場所は高い枝の間のときもあれば、幹の穴のときもある。リスの巣の上に作ることもあり、その場合には2種の哺乳類が同時に巣に入ることもありうる。

アカキノボリヤチネズミ
この樹上性の齧歯類は生態系が限られているため、種としては脆弱だ。オレゴン州とカリフォルニア州北部の沿岸部の狭い範囲にしか分布しておらず、古いベイマツの上にしか営巣しない。

針葉樹の先駆者

北アメリカ大陸西部

北アメリカ大陸西部の山岳地帯には、ほぼコントルタマツ1種からなる広大な森林が複数ある。この針葉樹は先駆樹種で、山火事でそれまでの森が焼けるたびに繰り返しコロニーを作る。針葉樹には燃えやすい樹脂が豊富に含まれているため、コントルタマツも焼けて枯れる。しかし、耐火性のある球果は火で熱せられると種子を放出する。実生がいっせいに成長し、同じ樹齢の木々が育ち、均整のとれた林冠が再生する。このコントルタマツの森は、やがてトウヒやモミに取って代わられるが、そうなるまでは以前に生えていたコントルタマツの枯れた幹があちこちに残った状態になる。それらは木の穴に巣を作るキツツキや、枯れた木を利用するほかの動物たちにとっての重要なハビタットになる。

キツツキはやわらかい木質部に巣穴を開ける

キツツキのしっかりとした尾は木の幹に止まっているときに体を支える

セジロアカゲラ
コントルタマツは、生きている木でも山火事で傷んだ木でも、キツツキにとって役に立つ。キツツキは弱った木の中から餌のカブトムシの幼虫を見つけ、幹の穴は巣として利用する。

世界各地の針葉樹の特徴

世界各地

すべての種子植物のうち針葉樹は1％以下の割合にすぎないが、世界には針葉樹が森のほとんどを占めているところがある。北半球のマツ科はもっとも種の数が多く、マツ、トウヒ、カラマツ、モミは、いずれも針のような形の葉を持つ。世界各地のヒノキ科の植物にはビャクシンやレッドウッドが含まれ、うろこ状の葉を持つものが多い。北半球のイチイ科はその近縁に当たる。ナンヨウスギとマキはおもに南半球で見られる針葉樹の科だ。すべての針葉樹は木質部を持ち、花ではなく球果を作る。オスの球果から放出される大量の花粉は、風によって運ばれる。たいていの針葉樹林には同じ種の針葉樹が数多くあるので受粉の可能性は高まる。

針葉樹の違い
針葉樹のおもなグループが進化したのは約2億年前の恐竜が生きていた時代で、当時は花を咲かせる植物が存在していなかった。現在の針葉樹は被子植物ほどの多様性はないものの、地球上でもっとも高い木、もっとも古い木、もっとも耐寒性のある木が含まれる。

- 束になった針葉 — マツ
- 束になっていない針葉 — トウヒ
- ロゼット状の落葉性の針葉 — カラマツ
- 束になっていない平たい針葉 — モミ
- 短いうろこ状の葉 — イトスギ
- 長くてとがったうろこ状の葉 — ビャクシン
- シダのような配列の針葉 — レッドウッド
- 革のような手触りのとがった葉 / シダまたはブラシのような配列の針葉 — イチイ
- ナンヨウスギ
- かたいやり状の葉 — マキ

水の恵み
カリフォルニア州太平洋岸の乾燥した夏には、夜に発生した霧が内陸にまで達し、沿岸部の歴史あるコーストレッドウッドに貴重な水分を与える。木々は葉を通して水分を取り入れ、樹皮にもため込む。林床に落ちる水滴は生態系全体に潤いを与える。

スコットランドの森をうろつく
グランピアン山脈グレンアイルの針葉樹林をうろつくヨーロッパヤマネコとイエネコの交雑種。

死骸をあさる猛禽類

アナトリア地方北部

トルコのポントス山脈は、乾燥した地中海性気候に適応したヨーロッパクロマツとカラブリアマツの森におおわれている。これらの森の林冠には猛禽類が多く見られ、ユーラシア大陸西部でもっとも多くのハゲワシが生息する場所でもある。クロハゲワシ、ヒゲワシ、シロエリハゲワシは岩地の多い山々の上昇気流に乗って空高くを飛行し、地上の家畜や野生のアイベックスの死骸を探す。

湾曲したくちばしで肉を引き裂く

シロエリハゲワシ

カルパティア山脈のハンターたち

カルパティア山脈

ヨーロッパでもっとも豊かな森のハビタットは、スカンディナヴィア半島の南ではもっとも広大なカルパティア山脈にある。低地のナラやブナが山を登るにつれ針葉樹のマツやビャクシンへと代わり、高地に広がる手つかずの自然には、食物連鎖の頂点に君臨する肉食動物がそれぞれ充分に縄張りを持てるゆとりがある。イヌワシとカタシロワシが空高くを舞う下の陸地には、捕食性哺乳類の安定した個体群が存在する。推定では、これらの森には2,000頭以上のオオヤマネコ、3,000頭以上のハイイロオオカミ、8,000頭ものヒグマが生息している。定住性のシカとシャモア(山地に生息するヤギの一種)などがすべての捕食動物たちの充分な獲物になる。

シカを狩るヤマネコ
より小型のカナダオオヤマネコはおもにウサギを捕食するが、最大種のオオヤマネコはシカくらいの大きさの獲物もとらえる。

スコットランドの森のヤマネコ

スコットランド

スコットランド高地のカレドニア山脈の針葉樹林は、かつてイギリス諸島で優勢だった古代の原生林のうちの数少ない最後の名残で、ヨーロッパヤマネコの最後の生息地でもある。

ヤマネコの姿は、大陸側のヨーロッパの広葉樹林、アフリカの草原、アジア南西部の砂漠の低木地帯など、世界のさまざまなハビタットで見られる。スコットランドでは森林破壊の影響により、今ではほぼカレドニアの森に限られ、齧歯類、ウサギ、鳥などを餌に森から山間部の荒れ地に移り変わる地域に暮らす。ウサギの個体数がかなり多い場所では、より多くのヨーロッパヤマネコが狭い縄張り内でも生きていける。しかし、ここでもまた野ネコとの交雑という別の大きな脅威に直面している。

ヤマネコの尾は野ネコの尾よりも太く、丸い先端部分とはっきりとした環状の模様を持つ

環境保全
ヨーロッパヤマネコを救う
スコットランドのヤマネコにとって交雑は最大の脅威だ。野ネコのイエネコがこれまでに多くのヤマネコと交雑してきたため、人里からかなり離れた場所以外、今では「純血」のヤマネコはほとんどいないと考えられている。自然保護活動家は交雑種をわなで捕えて去勢手術を施し、ヤマネコ同士とだけ繁殖させようとしている。

ヨーロッパヤマネコの保全活動

針葉を食べるサル

アトラス山脈

バーバリーマカク

バーバリーマカクは人間を除くとサハラ砂漠の北部に生息する唯一の霊長類で、モロッコとアルジェリアの山林の固有種だ。ジブラルタルにもマカクがいるが、それらは中世のイスラムの統治者、または1740年のイギリスの兵士ら人間によってその地に移入された。北アフリカのマカクはシーダー、モミ、セイヨウヒイラギガシの森に住み、それらの木の葉などを食べて樹皮を剥がす。樹皮を剥がす習性から古いスギを枯らす犯人扱いされてきたが、干ばつによるやむをえない行動の可能性があり、そもそもは人間による土地の使用でマカクが天然の湧き水に行き来できなくなったり、スギの森の再生が妨げられたことが原因だ。

獲物の音に耳を澄ます

世界各地の北方林、一部の温帯針葉樹林

地上性の齧歯類を狙うフクロウにとっては、雪におおわれた林床は大きな問題だ。多くの種と同じように、カラフトフクロウの鋭い聴覚は左右非対称の頭部のおかげでより優れたものになっている。左耳が右耳よりもかなり高い位置にあり、獲物の音が左右の耳に届く時間差を利用して、フクロウは50cmの深さの雪の下にいる獲物でもその位置を正確に突き止めることができる。フクロウは滑空してから固まった雪の表面を突き破り、鉤爪で獲物をすばやくとらえる。

右耳はより下に位置している　左耳はより上に位置している

固まった雪の表面がネズミを隠す

雪の下の獲物を狙う
厚く積もった雪に隠れて獲物の姿が見えないので、フクロウはその居場所を突き止めるために鋭い聴覚と、左右で位置が異なる耳に頼らなければならない。

カラフトフクロウ

地球上でもっとも深い峡谷の針葉樹

ヒマラヤのヤルンツァンポ峡谷

地形の中に見られる木々の種類は標高が高くなるにつれて変化し、低地の種から冷たくて風の強い気候条件により適した山地の種へと遷移していく。この植生帯のパターンはチベットのヤルンツァンポ峡谷でとくに顕著に見られる。ここは世界でももっとも深い峡谷で、最大で6,000m以上の深さがある。世界のほかの場所と同じように、ここのきわめて急峻な斜面にしがみつくように生えている森は、標高の低いところでは広葉樹、高いところでは針葉樹からなっている。針葉樹帯の内部でも、中程度の標高でのマツや高木限界線でのビャクシンなど、ヒマラヤ山脈特有の種がそれぞれ優勢な地帯に分かれている。

山の植生帯
標高が高くなるにつれて、峡谷の針葉樹はビャクシンやモミなど、厳しい気候条件でも生き延びられるより耐性のある種に変化する。

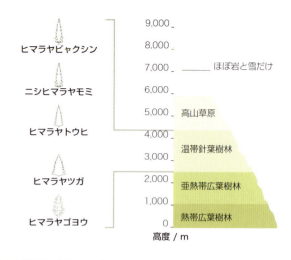

タケを象徴する生き物

横断山脈

中国中部の急峻で岩の多い横断山脈には、広葉樹林と針葉樹林のほか、密生した竹林が見られる。木質化する茎を持つこの巨大なタケの数十種が、中程度の標高のマツやそれより高地にあるトウヒとモミなどの針葉樹林の中で低木層を構成している。横断山脈の標高2,000mから3,000mにかけては、中国の野生動物を象徴する存在のジャイアントパンダのハビタットでもある。パンダはクマ科で唯一のほぼ草食の動物だ。その食事の99%はタケで、もっともタンパク質を多く含んだもっとも消化しやすいタケの種類や部位を選んで食べる。その条件は季節によって変わり、パンダは最適なタケが季節ごとに発芽して成長するのに合わせて、山を登ったり下りたりする。だが、それほど努力してもなお、パンダの生活は主食のタケに大きく振り回されることになる。昼夜を問わず1日の半分を食べて過ごさなくてはならない。しかも、食べたもののほとんどは未消化のまま排泄される。それに加えて、タケは開花すると枯れてしまい、その状態が広範囲で発生するとパンダは食べるために遠くまで移動しなければならず、ときには餓死する可能性もある。

今では野生のジャイアントパンダよりも飼育下で繁殖した個体数の方が多い

環境保全
保全の成功
1960年代以降、中国での飼育下での繁殖プログラムの成功によってジャイアントパンダの数が増え、種の将来の安全を確保するのに役立った。しかし、今では2,000頭以下に減った野生のパンダの状況は依然として厳しいままだ。小さく分断された保護区内に孤立した個体群として分散してしまっているため、近親交配がその長期的な生存の脅威となっている。

ジャイアントパンダ
ほかの一部のクマ科の動物とは違って、ジャイアントパンダは食べ物を見つけるために木に登る必要がない。しかし、危険から逃れるために登ったり、オスはメスの気を引くためにも木登りをする。

温帯針葉樹林 / 63

地球上で最大の
フクロウ

日本　北海道

寒いハビタットで生きるすべての動物は周囲の環境に熱を奪われる。恒温動物は、体が正しく機能するために高い体温を維持する必要があるので、とりわけ寒さの影響を受けやすい。大きな体は小さな体と比べて熱を効率的に保てるので、寒冷なハビタットではより大型の鳥や哺乳類が進化してきた。この現象は「ベルグマンの法則」とも呼ばれ、近縁種同士で比較するととてもわかりやすい。フクロウで見ると、シマフクロウが世界でもっとも体が大きく、日本の北海道の非常に寒い山間部の針葉樹林に生息している。

フクロウの体重の比較
フクロウの最大級の種は世界の寒冷な地域に暮らしている。一方、世界最小のサボテンフクロウは中米の熱帯に生息している。

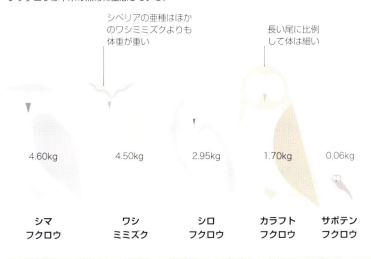

シベリアの亜種はほかのワシミミズクよりも体重が重い

長い尾に比例して体は細い

4.60kg	4.50kg	2.95kg	1.70kg	0.06kg
シマフクロウ	ワシミミズク	シロフクロウ	カラフトフクロウ	サボテンフクロウ

翼開長は約180cm

シマフクロウ
最大体重を基準にした場合のもっとも大きなフクロウで、おもに魚を餌にするが、ライチョウくらいの大きさの鳥を相手にすることもあり、ネコや小型犬をつかまえようとした例もある。

富士山の
モミ

日本　本州中部

モミ属のオオシラビソは日本の富士山の雪が降る森で優占する木で、その場所は針葉樹がいかにうまく生き延びて繁殖しているかという典型的な例に当たる。オオシラビソは「クリスマスツリー」のような円錐形をしており、枝も垂れ下がるため、かなりの量の雪が降っても枝に積もらず地面に落ちる。そしてほとんどの針葉樹と同じように、繁殖の速度は遅い。

　毎年大量の花粉を散布させるので、充分な数の粒子がメスの球果まで無事に到達する。しかし、受粉して種子が成熟するのに6か月以上もかかる。そしてようやくメスの球果が開き、風をとらえるための翼状の部分を持つ種子が空中を漂った後に周辺の山腹に落下し、そこで発芽する。

未成熟の球果は紫がかった青色

オオシラビソ
この写真の球果は未成熟だが、秋には茶色になって翼のある種子を放出する。

キジの
ホットスポット

ヒマラヤ南部

高木限界線よりも低いヒマラヤの豊かな亜高山性の針葉樹林は、マツ、モミ、トウヒからなり、ナラとタケが混生している。開けた林床は地球上でも有数の華やかな野鳥の生態が見られる場所で、オスのキジが色と羽を誇示してメスに求愛する。このあたりの森には、ジュケイとニジキジも含めて、世界でもっとも多くの種のキジが生息する。こうした草食性の鳥の多くは木を食べ物として利用し、葉、種子、木の実、ベリーを食べる。針葉樹を食べる鳥もいて、ミノキジはマツやトウヒの針葉を食べ、ベニキジは冬にマツやビャクシンの新芽を食べる。

ベニジュケイ
オスのベニジュケイの鮮やかな色は、つがい候補のメスを引きつける効果がある。求愛中は頭部の露出した青い皮膚をふくらませて効果を最大にする。

南アフリカ共和国の西ケープ州で花を咲かせたプロテアに止まるオナガミツスイ。この地域はフィンボスと呼ばれる低木林で、ヒース、キルタントゥス・ウェントリコスス、300種以上のプロテアなど、多種多様な植物種が見られるハビタットとして有名。

地中海性低木林

地中海盆地は、高温で乾燥した夏と低温で雨の多い冬があり、種が豊富な独特の低木林と高木林がある。そのような環境は同様の気候に恵まれた世界のほかの場所でも見ることができる。

地球の陸地の中で地中海性気候の恩恵に浴しているのはほんの一部だけだ。そのすべてが中緯度の温帯にあり、おもな大陸の西側に位置している。カリフォルニア州、チリ、アフリカ大陸南西部、オーストラリア大陸南部、地中海盆地の5つの地域がある。乾燥した夏は季節風が吹きつけて植生が燃えやすくなるので、これらのハビタットは秋には山火事に見舞われやすい。その結果、乾燥に耐えることができ、定期的な大火災も生き延びられるような、または大火災が起きても元気に育つような、小型でかたい葉を持つ植物が優占する低木林が生まれた。場所によっては、高木の疎林と、または林冠が隙間なく密生した森と一体化している低木林もある。5つのハビタットそれぞれの動物相と植物相には似た特性があるものの、生物種はかなり異なる。

世界各地でさまざまな種類

カリフォルニア州の森はマツとナラがあるのに対して、「シャパラル」と呼ばれる低木林ではアデノストマ・ファスキクラトゥムとヤマヨモギが見られる。「フィンボス」と呼ばれる南アフリカ共和国の低木林は、季節の訪れとともにプロテアの花が咲き乱れることで有名だ。オーストラリア大陸にはユーカリの林とマリーの低木があり、地中海にはナラの森とオリーヴの林のほか、「マキ」と呼ばれる茂みが見られる。多くの場所で低木林は冬期降雨型の砂漠へと徐々に移行しており、より乾燥した地域に由来する多くの共通した科の植物も見られる。

こうした低木林で育つ丈夫な植物は虫を寄せつけない芳香性の油分を豊富に含んでいることがあるため、それを食べられる特殊な草食動物が多く生息する。その一方で蜜を惜しげもなく提供する植物もいるので、花粉を媒介する昆虫や鳥、哺乳類も数多く見られる。

世界的な分布
地中海性気候は大陸の西側、緯度にして30度から40度の間にもっとも顕著に見られる。隣接する海によってもたらされる冬の雨は、林や低木林のハビタットを作るのに充分な水分を与える。

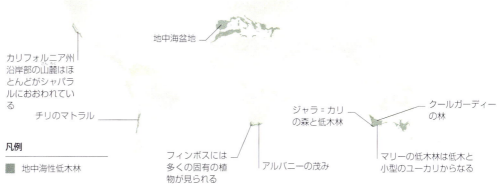

66 / 緑の陸地

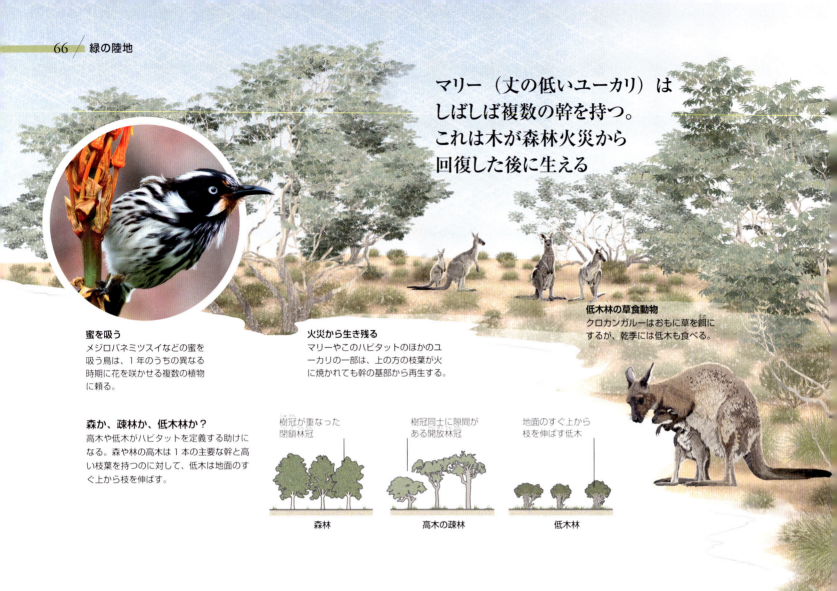

マリー（丈の低いユーカリ）は
しばしば複数の幹を持つ。
これは木が森林火災から
回復した後に生える

蜜を吸う
メジロバネミツスイなどの蜜を吸う鳥は、1年のうちの異なる時期に花を咲かせる複数の植物に頼る。

火災から生き残る
マリーやこのハビタットのほかのユーカリの一部は、上の方の枝葉が火に焼かれても幹の基部から再生する。

低木林の草食動物
クロカンガルーはおもに草を餌にするが、乾季には低木も食べる。

森か、疎林か、低木林か？
高木や低木がハビタットを定義する助けになる。森や林の高木は1本の主要な幹と高い枝葉を持つのに対して、低木は地面のすぐ上から枝を伸ばす。

樹冠が重なった閉鎖林冠　森林
樹冠同士に隙間がある開放林冠　高木の疎林
地面のすぐ上から枝を伸ばす低木　低木林

地中海性低木林のしくみ

低木林と高木の疎林が混交する場所では、植物は夏の日照りにも強い小さな革質の葉を持ち、そして枝葉が乾燥して森林火災で燃え尽きても冬の雨季までに再生できる。オーストラリア大陸南部のマリーの地域はこうしたハビタットの格好の例だ。ここは低木とユーカリの木が優占し、その気候は1万km以上も離れた地中海盆地ととてもよく似ている。

物理的条件
長く乾燥した夏と気温が低くて雨の多い冬が、地中海性気候をもたらす要因に当たる。気温が氷点下になることはめったにないが、夏には30℃を超えることもある。夏の干ばつは秋風が吹くようになると毎年のように火災を引き起こし、多くの動植物は定期的な火災のサイクルを生き延びられるように、さらにはそれを利用できるように適応した。

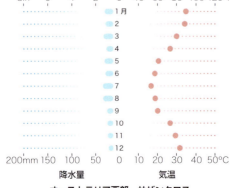

降水量　気温
オーストラリア西部　サザンクロス

夏に失われる葉

世界各地

地中海性気候の地域の木々は葉を落とすことで暑く乾燥した夏に対応する。このような乾季に落葉する木にはカリフォルニア州の太平洋海岸山脈のクエルクス・ダグラシー（ブルーオーク）などがあり、ほとんどの温帯に見られる冬季落葉性の木々とは対照的だ。その枝は夏には丸裸になるが、より気温が低くて雨の多い冬になると葉が青々と茂る。

カリフォルニア州のクエルクス・ダグラシー

カリフォルニア州沿岸部の針葉樹

カリフォルニア州とその周辺（アメリカとメキシコ）

カリフォルニア州とその周辺は、ラジアータパイン、アビエス・ブラクテアタ、ヘスペロキパリス・ゴウェニアナ、モントレーイトスギなど、特異な複数の針葉樹の種の自生地になっていて、今ではおもにモントレー半島とサンタルシア山脈に限られている。これらの木々は気温が低くて湿気の多い冬と、海からの霧で暑さが和らげられる夏という、海洋性の気候下で成長する。

かなり離れた場所で見つかった球果の化石は、かつて木々はもっと広範囲に分布していたが、最終氷期後に気候条件がより乾燥したとき、その分布域が縮小したことを示唆している。個体群が沿岸部に後退するにつれ、海とカリフォルニアの拡大する乾燥地帯との間に挟まれる形になった。これらの針葉樹は現在、ほかのどの樹木種よりも分布域が小さい。

凡例

- 地中海性のハビタット
- 砂漠
- ラジアータパイン
- モントレーイトスギ
- 都市
- アビエス・ブラクテアタ
- ヘスペロキパリス・ゴウェニアナ

カリフォルニアの針葉樹
風に乗って海から内陸に向かう霧が、西の海と東の砂漠の間に閉じ込められた針葉樹の個体群を支える。

モントレーイトスギ
ポイントロボスはラジアータパインの自然林が現存するわずか2か所のうちのひとつで、もう1か所も同じカリフォルニア中部の沿岸にある。多くの木は上部が強い風によって曲げられ平らになっている。

地中海性低木林 / 69

カリフォルニアコンドルの最後の居場所

カリフォルニア州とその周辺、またグランドキャニオン

カリフォルニアコンドル
カリフォルニアコンドルはたいていの場合、同じ相手と一生つがいであり続ける。メスは1年おきに1個の卵を産み、親鳥はひなが完全に独り立ちするまで2羽で世話をする。

カリフォルニアコンドルの現在のハビタットはアメリカ合衆国南西部の低木林の一部に限られてしまい、かつての広い分布域と比べると見る影もない。化石から、かつては北アメリカ大陸の各地に分布していて、草原、半砂漠地帯、セコイアの森など、さまざまな環境に生息していたことがわかる。南アメリカ大陸の仲間のコンドルと同じように、この大型の鳥は暖かい上昇気流に乗って空高く飛翔し、その鋭い視力で死骸を見つける。断崖の上やレッドウッドの高い地点など、そこから滑空を開始できるだけの高さのある場所ならば、どこにでも巣を作る。最終氷期の後、歴史的に見て重要な食料源だったバイソンなどの大型動物の数が減少すると、コンドルの数もそれに合わせて減った。このような大型の鳥がひなを大人にするためには数か月以上もかかり、しかも一度に1個しか卵を産まないため、そのような遅い繁殖ペースでは逆境に直面した場合に個体群を維持できない。最初は狩りの対象になり、続いて餌として食べる死骸に含まれている銃弾からの鉛中毒にかかるという、人間の影響も決定的だった。1980年代までに野生では絶滅し、懸命の取り組みによって完全な絶滅をかろうじて免れた。

環境保全
コンドルを救う
1980年代、最後に残った27羽のカリフォルニアコンドルが卵とともに保護され、サンディエゴとロサンジェルスの動物園の主導による回復繁殖計画が始まった。現在、野生または保護下で550羽以上が生息していて、カリフォルニア州とアリゾナ州の数か所に再導入された。しかし、野生のコンドルの将来は、環境内での有毒な鉛の使用の厳格な取り締まりにかかっている。

カリフォルニアコンドルは北アメリカ大陸で最大の野鳥

冬服を着る植物

カリフォルニア州とその周辺。（アメリカとメキシコ）

地中海性気候の土地に育つ多くの植物は、肉厚でかたく、革のような手触りの硬葉を持つ。このような適応は高温で乾燥した夏の脱水を減らすのに役立ち、ほとんどは1年を通してその葉を保ち続ける。しかし、サルビア・メリフェラ（ブラックセージ）などの一部の植物は2種類の葉を持ち、冬の大きな葉は夏には水分を節約するための小さな葉に生えかわる。このような植物の多くは虫を寄せつけない化学物質を生成するが、その中にはタイム、オレガノ、ミントなど、人間にはおいしく感じる物質を出すものもある。

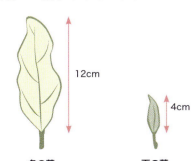

冬の葉 12cm
より大きくて光を集めやすい葉を育てる。

夏の葉 4cm
夏の小さい葉からは蒸発によって水分が失われにくい。

サルビア・メリフェラ
この写真にあるようなより色の濃い夏の葉から英語では「ブラックセージ」の名があり、カリフォルニア州沿岸のマトラルのハビタットでふつうに見られる。

最大のハチドリ

チリのマトラル

オオハチドリは世界最大のハチドリで、アマツバメほどの大きさがある。アンデス山脈の高地でも生きることができ、1年を通して同じ場所にとどまり、蜜は豊富だがあまり密生していない花から餌をもらう。しかし、チリのマトラルのオオハチドリは毎年夏になるとここを訪れ、季節の到来とともに咲き乱れる花から蜜を吸い、ここに巣を作る。

長い翼で効率的に滑空できる

オオハチドリ

コルシカ島の乾燥したマツの森

コルシカ島

地中海地域の一部では、高温で乾燥した夏と低温で雨の多い冬に適応した針葉樹が優占する。クロマツはスペインからトルコにかけてのヨーロッパ南部で生育し、風の吹きつける山間部ではとくに多く見られる。球果は初冬に開いて種子を放出し、それが風に乗って運ばれる。この大量の種子は多くの動物の食べ物になる。コルシカゴジュウカラはコルシカ島山間部のクロマツの林のみに生息する。夏には昆虫やクモを餌にするが、冬になると晴れた日に球果が開くマツの種子を食べるようになる。しかし、コルシカゴジュウカラは全部の種子をいっぺんに食べてしまうわけではない。一部をより寒い雨の日のために保存しておく。種子は樹皮の隙間に挟み込んだり、太い枝の上に置いたりした後、地衣類をかぶせて注意深く隠される。こうして貯蔵された種子はコルシカゴジュウカラにとって大切な保存食で、球果が雪におおわれたときにはとくに重要になる。

コルシカゴジュウカラのほぼすべてが、コルシカ地域自然公園内に生息している

地中海のムシクイのホットスポット

地中海盆地

ヨーロッパのスクラブワーブラーは、人間がナラやマツの林を切り開いた後に地中海盆地全体で一般的になった「マキ」という乾燥したやぶのハビタットに多く見られる。現在では10あまりの種がマキに生息している。茶色と灰色の地味な羽は枝葉の間に身を隠すのに役立つ。しかし、頭部、のど、または尾の白と黒の部分と、大きなかすれた鳴き声で仲間を認識する。そのうちの1種（オナガムシクイ）は分布域を北に広げ、イングランド南部に見られるマキに似たヒースの原野で1年を通して過ごす。

マキのムシクイ
マキのムシクイの中には林に生息する種もいれば、密生した、またはまばらな低木林を好む種もいる。

クロガシラムシクイ

チント山のクロマツ
コルシカ島チント山の山腹ではクロマツが標高2,000mの地点まで育つ。樹高は40mを超える。

オリーヴの核果 （かくか）

地中海盆地

オリーヴは地中海の乾燥した気候に適応したかたい葉を持つ。銀色を帯びた緑色はもっとも暑い日の太陽光線を跳ね返すのに役立つ。実は核果で、その種子は石のようにかたい核に包まれている。野生のオリーヴは栽培種と比べて核果が小さく、ウタツグミやズグロムシクイなどの実を食べる鳥によって遠くまで運ばれる。

銀色を帯びた葉が太陽の光を跳ね返す

オリーヴの実は秋に熟す

オリーヴの葉
ふつう、オリーヴの木の葉は銀色を帯びた緑色をしていて、裏側の色の方が薄い。長さは約2.5cmから10cmまでさまざま。

環境保全
コルクガシの林
コルクガシの厚い樹皮は木を火災から守る役割を果たす。人間への有用性から、コルクガシは地中海の人工的な林のハビタットを広く形成するようになった。代替コルクへの依存が増すにつれて、こうした林やそこに生息するスペインオオヤマネコ（→p.355）などの種の将来が危ぶまれている。

収穫されたコルク

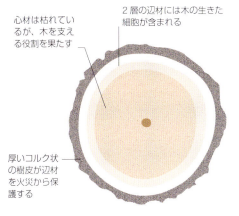

2層の辺材には木の生きた細胞が含まれる
心材は枯れているが、木を支える役割を果たす
厚いコルク状の樹皮が辺材を火災から保護する

コルクガシの断面図

ハチをだます

地中海盆地

多くの地中海の植物は、高温で乾燥した夏を生き延びるためにさまざまな方法を進化させてきた。その一方で、多様性へと導く力が受粉だった植物もある。その中には多くの種類のハチランがある。その名前は性フェロモンでハナバチを誘うことに由来する。花はメスのハナバチに似ていて、花粉を運ぶオスが交尾を試みようとする。ハナバチは種によってフェロモンが異なるため、ハチランのそれぞれの種もそれに合わせて特化しなければならない。ランは花の受粉をその1種のハナバチだけに依存する。

このハナバチはランに受粉しない

ハチランに止まるハナバチ
オフリス・アピフェラが他家受粉するためにはヒゲナガハナバチの一種が必要。このハチがいないところでは自家受粉する。

カナリア諸島のトカゲたち

カナリア諸島

カナリア諸島の動植物は、海からの水蒸気に届く高さにまでそびえ、常緑広葉樹の森（→p.39）とマツの森を支える火山岩の地形に生息する。それよりも標高の低いところでは、ハビタットはより乾燥した沿岸部の茂みや林になる。カナリア諸島が形成され始めたのは7,000万年前で、現在の島でもっとも古いところは2,000万年以上前から存在している。この長い時間をかけて、ここではカナリアカナヘビなどの大型の草食トカゲのグループが進化した。その中でも最大のトカゲは、今では絶滅してしまったが、体長が1mに達した。

頭部と体の長さは20cmに達することもある

カナリアカナヘビ

/ 緑の陸地

南アフリカ共和国の植物区系

南アフリカ共和国　フィンボス

生物学者たちはアフリカ大陸南西部のケープ地方の狭い一部を、地球上の大植物区系のひとつと見る。「フィンボス」と呼ばれるこのハビタットは、ケープ褶曲山脈や沿岸部の平原の不毛な乾燥した土壌に位置する。ほかの地中海性のハビタットと同じように、ここの植物は生き延びるために特化した形に適応しなければならない。ここで育つことのできる植物のほとんどは、エリカ、レスティオ、プロテアのわずか3つの属に分類される。エリカ属（ギョリュウモドキを含む）と草に似たレスティオ属が、大地をおおう常緑の植物のほとんどを占める。一方、プロテアはより丈の高い低木で、その大きな頭状花はフィンボスに鮮やかな色合いを添える。この3種類の植物がフィンボスを高木のほとんどない低木林にし、全域に土壌、標高、傾斜、降水量の異なる微環境がモザイク状に連なっていることも、植物の多様性を高めている。対照的に、動物の生態はやや貧弱で、均一な低木林の造りと低い栄養分にあるからだと思われる。しかし、ここに生息する動物種の多くも特異である。

植生のプロフィール

この地域の地面にへばりつくように生えている常緑の植生は、世界でも他に類を見ないほどの多様性を誇る。ここは高い木のないヒースと低木のハビタットで、もっとも丈の高い低木（ほとんどはプロテア）でも4m以上には成長しない。レノスターフェルトと呼ばれるより標高の低い肥沃な平原では、デイジーに似たアスターや草がおもに見られる。

スパイシーコーンブッシュ
その芳香から命名されたこのプロテアはフィンボスの中の砂地に育ち、花は甲虫によって受粉される。

地中海性低木林 / 73

プロテアの花の間にいる ミツスイ

南アフリカ共和国 フィンボス

南アフリカ共和国のフィンボスに生息する鳥の中には、このハビタットに特化したミツスイの種がいる。オナガミツスイはここに育つプロテアの低木にいろいろな形で依存している。長い湾曲したくちばしで花の蜜を探り、食事のタンパク質を補うために低木の間で虫をつかまえ、プロテアの種子のふわふわした軟毛を使ってその茂みの中に巣を作る。蜜を餌にする鳥の多くと同様に、ミツスイは自分の縄張りの花を守り、オスは繁殖期になるととくに攻撃的だ。オスは長い吹き流し状の尾羽を持ち、メスに求愛するときに空中でその尾羽を上下に振ったり、翼を羽ばたかせて拍手のような音を鳴らしたりする。

長いくちばしで花の蜜を探る

プロテアの上のオナガミツスイ
メスのオナガミツスイ（オスよりも尾羽が短い）は、ほかのミツスイや蜜を餌にする鳥から自分の縄張りを守る。

齧歯類の送粉者

南アフリカ共和国 フィンボス

ナマクアヤブネズミ

アフリカのフィンボスのプロテアの中には、鳥を引きつける色鮮やかで目立つ花を持たない種もある。そうしたプロテアの花は茶色や黒で、地面のすぐ近くに隠れている。これはそれらのプロテアが、ナマクアヤブネズミなどの齧歯類の送粉者を利用することに特化したためだ。強い酵母臭でハツカネズミ、クマネズミ、アレチネズミを引き寄せ、甘いものを好む哺乳類がたっぷり生成される濃厚なシロップ状の蜜を味わっている間に、その頭に花粉が付着する。

環境保全
アルバニーの茂み
南アフリカ共和国ケープ地方東部の深い砂の土壌と極端な気温の高低差は、半砂漠地域に一般的な多肉植物が密集した茂みの低木林を支えている。盆地に集まる霧がアルバニーの茂みを植物の豊かな場所にしてくれるが、そこではゾウも一役買っている。ゾウが餌を探すことで茂みの一角が切り開かれ、その糞に交じって種子が散らばる。鳥やシマウマが多く見られるほか、サイも生息している。アルバニーの茂みはアフリカで最大のクロサイの個体群を支えている。けれども、この茂みは危機に瀕している。すでにハビタットの半分以上は農地などに転用されてしまった。

サバンナシマウマ

山火事後の発芽

南アフリカ共和国やオーストラリア大陸

季節的な山火事が発生する地域の多くの植物は、特定の合図の後にだけ発芽する種子を持つ。やせた土壌では、最適の時期に発芽する。とくにオーストラリア大陸とアフリカ大陸では、秋の山火事が重要なきっかけになる。実生は灰の中の無機物と冬の雨から恩恵を受ける。バンクシアなどの一部の植物は、火災によって木質の果実か球果の中の種子が放出される。アカシアなどの場合は、火災の熱で種子のさやが割れて発芽を助ける。

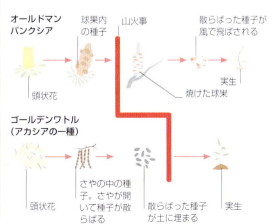

オールドマンバンクシア: 頭状花 → 球果内の種子 → 山火事 → 焼けた球果 → 散らばった種子が風で飛ばされる → 実生

ゴールデンワトル（アカシアの一種）: 頭状花 → さやの中の種子。さやが開いて種子が散らばる → 散らばった種子が土に埋まる → 実生

山火事で燃えたプロテア
フィンボスでは多くのプロテアが、山火事で燃えて焼け残った頭状花から種子を放出する。同じことは世界のほかの場所のマツやバンクシアにも見られる。

種子の保管場所
発芽に最適なときが訪れるまで、種子は保管されて休眠状態にある。オールドマンバンクシアのように親株にくっついているものもあれば、ゴールデンワトルのように土に埋もれているものもある。

寄生する クリスマスツリー

オーストラリア大陸南西部

植物が栄養分の乏しい土地で生き延びるためのひとつの方法が、ほかの植物から栄養分を盗むことだ。ヤドリギの仲間はこの種の寄生生活を得意としていて、オーストラリア大陸南西部にはその中でも最大種のひとつが自生している。南半球の夏のクリスマスの頃に花が咲くことから「クリスマスツリー」として知られるヌイツィア・フロリブンダは、近くの木々に寄生する根を持つ。高い枝にくっつく小型のヤドリギと同じように、その根は宿主の木質部の導管（地面から無機物や水を運び上げる管）に入り込む。これは、ヤドリギと同じように光合成によって糖分を生成するための緑色の葉が必要なことを意味する。ラフレシア（→ p.101）などのほかの寄生植物は別の方法を使う。糖分がたっぷり含まれている宿主の樹液に根を侵入させるため、葉をまったく持たなくても生きていける。その食べ物はすべて宿主の葉で作られているのだ。

花を咲かせたヌイツィア・フロリブンダ

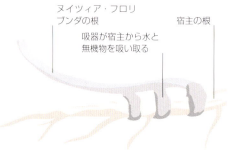

根に寄生する根
ヌイツィア・フロリブンダの根の先端には「吸器」と呼ばれる寄生用の器官がある。これらがほかの木の根にしがみつき、組織に入り込んで水と無機物を吸い取る。

オーストラリア大陸のスキンク

オーストラリア大陸

トカゲ科に属する爬虫類の種の約4分の1はスキンクと呼ばれる。非常に多様なこの種は熱帯にもっとも豊富で、とくに乾燥したハビタットで多く見られる。「皮骨」と呼ばれる骨質の基盤を持つ滑らかで艶のあるうろこのおかげで、乾燥に耐性があり、同時に捕食者にとっては扱いにくい獲物となる。オーストラリア大陸はトカゲのホットスポットだが、その中でも地中海性のハビタットには数十種が生息していて、世界最大のスキンクであるアオジタトカゲ種は55cmにも成長する。アオジタトカゲは雑食性で、果実、花、昆虫を食べるが、厳しい環境下では日和見的にならなければならず、屍肉を食べることもある。四肢が短くて動きが遅いため、青い舌は身を守るために使い、大きく口を開いて相手に見せつけ、捕食動物を驚かせる。

空腹のアオジタトカゲはエミューやカンガルーの糞を食べることもある

花の蜜を吸うフクロネズミ

オーストラリア大陸南西部

コウモリの一部の種を除くと、フクロミツスイほど花に依存している哺乳類はほかにいない。歯とあごが小さくて噛む力が弱すぎるため、このとても小さな有袋類は蜜や花粉しか食べられず、先端に剛毛の生えた長い舌で食物を集める。また、クンゼアの低木の花を主食にしているため、生息地はそれら植物がとくに多様なオーストラリア南西部のヒースの原野や低木林に限られる。四肢の指は対向性で、鉤爪ではなくふつうの爪を持つので、食事中は花につかまっていられる。ここのヒースの原野や低木林では、異なる種類の低木が1年を通して次々に花を咲かせるので、小さなフクロミツスイは食べ物の安定した供給を受けられ、蜜や花粉が尽きることは決してない。

生まれたばかりのフクロミツスイは体が米粒ほどの大きさしかなく、体重はわずか0.004g

クンゼアの花を餌にする
クンゼア・プルケラの蜜と花を食べる2匹の小さなフクロミツスイ。フクロミツスイはオーストラリア大陸南西部の被子植物の多くの種にとって、送粉者として重要な役割を果たしている。

マツカサトカゲ
マツカサトカゲの強いあごはかたい植物を食べるのに適していて、カタツムリの殻や昆虫を砕くこともできる。

やせた土壌で育つ
世界各地

ヒースとそれに関連する植物は一部の場所で非常に多く見られるため、ハビタット全体を指す名前に用いられるようになった。それが「ヒースの原野」で、地中海性気候のやせた砂の多い土壌で一般的に見られる。山腹で育つヒース（→ p.175）と同じく、この丈の低い植物の小さな葉は水分と栄養分を保持しやすく、高温で乾燥した夏の過熱を防ぐ。しかも、その根は地面から限られた無機物を抽出する方法を持っている。ヒースの原野の植物のほとんどは菌類との間で「菌根」と呼ばれる協力関係を作り、根だけから得られるよりも多くの無機物を地面から獲得できるようにしている。その一方で、ふつうは土壌粒子と強く結びついているリン酸塩を手に入れるために、有機酸を用いる植物もある。

くちばしを使って蜜を手に入れる

オーストラリア大陸の蜜を吸う鳥
ギンホオミツスイが餌とするクンゼアの低木の花は、無機質にアクセスするのに有機酸を用いる。

菌根性の根
菌類の一部の種はヒースの原野の植物の根に入り込み、その植物と協力関係を築く。菌類は落ち葉の分解から抽出した無機物を宿主の植物に分け与える。

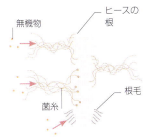

非根菌性の根
クンゼアなどの一部の植物の根は有機酸を分泌する。これらの酸は土壌粒子とくっついているリン酸塩を分離させ、植物が入手できるようにする。

たまらなく魅力的な種子
オーストラリア大陸西部

地中海性気候のハビタットの低木林の多くでは、種子を散布させるためにアリを利用する。種子の付属体には脂肪とタンパク質が豊富に含まれ、アリにとってはたまらなく魅力的だ。オーストラリア大陸西部では、収穫アリの一種が幼虫の餌として巣に種子を運ぶ。「使い切った」種子は放置され、後に発芽する。アリは餌を探す範囲にしか種子を散布できないため、これらの植物は分布域が限られていて、局所多様性が非常に高い。

収穫アリのフェイドレ・ハートメイェリ

熱帯多雨林

陸上のハビタットで熱帯多雨林ほど多くの種が見られるところはほかにない。年間を通して暖かく降水量が豊富な熱帯多雨林は、世界でもっとも豊かな動植物のコミュニティだ。

熱帯多雨林の温室のようなハビタットでは、あらゆる場所で命が生まれる。光を求めて競い合うさまざまな高さの木々には、つる植物や着生植物が繁茂する。ヤシの密生する低木層は、どの森よりも複雑な垂直的な構造を作る助けになる。超出木（林冠から突き出た木）は林冠の上にまでそびえる一方、そのはるか下では大きく広がって絡み合う根に支えられた幹の間にシダ類が育つ。植物は1年を通して葉を保ち、毎月が成長期に当たる。地球上でもっとも豊かな多様性を誇る植物が、絶え間なく花を咲かせ、実をつけ、種子を作る。

脆弱な超多様性

熱帯多雨林の多様性が生まれたのは、ここの生き物たちが特化することを得意としているからだ。限られた資源の中で何千もの種が生きており、それぞれの種が他に類を見ないような狭い生活様式の獲得に優れている。ナマケモノの体毛の中だけで暮らすガ、昆虫から生える菌類、シアン化合物が含まれるタケを食べるキツネザルなどがいる。あらゆるものが利用され、無駄にされるものはまったくない。高温で雨の多い気候条件が動植物の早い成長と繁殖を可能にする。

一方で、熱帯多雨林は脆弱な自立したハビタットだ。多雨林の林冠からあまりにも大量の水蒸気が放出されるため、独自の雲と独自の気候体系が生まれる。生と死と分解のサイクルがあまりにも高速なため、土壌中に栄養分が蓄積する時間はほとんどない。地表の落ち葉からは栄養分が菌類によって奪い取られ、それが木々の根に直接行きわたる。熱帯多雨林が失われると非常に多くの生物多様性が消えてしまうだけでなく、干からびた不毛の土地だけが残ることにもなる。このハビタットの運命は、こんにちでは最大の環境的不安材料のひとつだ。

世界的な分布

熱帯多雨林の3つの大きな地域が赤道にまたがっている。熱帯のアメリカ大陸、アフリカ大陸、そして東南アジアだ。ほかにマダガスカル島東部やオーストラリア大陸東部にも、小規模な熱帯多雨林がある。

単独行動を好み、縄張り意識の強いオセロットは、中央アメリカや南アメリカ大陸の熱帯多雨林をうろつき、木に登り、飛び跳ね、泳いで獲物を探す。夜と薄暮の時間帯に、小型の哺乳類、爬虫類、鳥、魚、甲殻類をつかまえる。

熱帯多雨林のしくみ

雨の多い熱帯地方では植物の成長が早く、光を求める競争が熱帯多雨林の層状構造を作り出す。木々は高く成長し、地面まで太陽の光が届くのは木が倒れたときに限られる。アンデス山脈北部の西側に位置するチョコ熱帯多雨林はとくに生き物が豊富で、ランやアナナスが生い茂る枝の間に、サル、チョウ、クモ、ネコ科の動物たちが生息する。

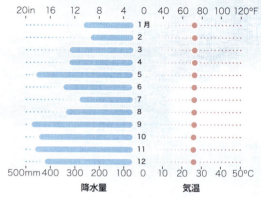

コロンビア　ブエナベントゥラ

物理的条件
赤道付近の熱帯多雨林では季節による気候条件の変化がほとんど見られない。気温は1年を通して高く、豪雨がきわめて湿度の高い状態を作り出す。

果実を食べる動物
1年を通して実がなるので、ワタボウシタマリンはつねに食べ物が得られる。このタマリンは昆虫、トカゲ、カエルも食べる。

低木層

大量の雨が降った後、着生植物やつる植物の重さで倒れた木

林床

植物の上で暮らす植物
木々の枝にはしばしば着生植物（植物の上で暮らす植物）がたくさんついている。それらが水と栄養分を保持し、林冠の生き物を支える。

日当たりのいい空き地では、隙間を埋める一番手になろうと競い合う若い木が早く成長する

太陽の光は木が倒れたときだけ林床まで届き、急速な植生の成長のためのエネルギーを与える

アノールトカゲ

バクは熱帯多雨林で最大の草食動物で、空き地に生い茂る植物を食べる

多様なグループ
ホウセキゾウムシのような甲虫は熱帯多雨林の動物種の4分の1だと考えられる。

タランチュラ

林冠のカエル
ツノフクロアマガエルの名前の由来はメスが袋の中で卵をかえすためで、卵からはオタマジャクシではなく小さな子供のカエルが生まれる。

木によじ登る植物

中央アメリカ

熱帯多雨林の木々は太陽の光を浴びようと競い合ってびっしりと密生しているので、ほかの植物は光に向かって異なる戦略を用いる。そうした植物のひとつがホウライショウなどのサトイモ科だ。これらの多くは、初めのうちは光量の少ないところでも育つことができるが、成熟するには太陽光が必要になる。その種子は林床で発芽し、最初は地面に沿って伸びる。木の基部に到達すると、垂直の支えがあることを検知して側面にくっつき、上に向かって成長する。茎からは気根が伸び、木の樹皮にしがみつく。もっとも密生した葉は、日の当たる熱帯多雨林の林冠の近くで広がる。サトイモ科はそこまで到達してから花を咲かせ、種を下に散布する。

ホウライショウ
成熟した葉にいくつもの穴が開いていることから英語では「スイスチーズの植物」と呼ばれるこのサトイモ科の植物は、湿気の多い空気と宿主の木の樹皮から水分と無機物を吸収するために、絡み合った気根を下に伸ばす。

サトイモ科の成長
サトイモ科の実生は林床を這うように伸びる。新芽は木の基部をよじ登り、密生した中程度の大きさの葉を作る。これが成長の「こけら板」段階に当たる。木の高いところまで登ると先端の割れたより大きな葉が育ち、林冠で花を咲かせる。

- サトイモ科の実生が林床に沿って伸びる
- 新芽が木の基部をよじ登る

若い植物

- 成熟した植物が林冠で花を咲かせる
- 木の高いところではより大きな葉が育つ（拡大して図示）

成熟した植物

スカシマダラ
ツマジロスカシマダラやそのほかのアメリカ大陸の熱帯に生息するスカシマダラの透き通った翅は、捕食者の鳥の目をあざむくためだと考えられる。

種の多様性

世界各地の熱帯多雨林

熱帯多雨林に生息する種の総数と豊かさは、推測することしかできない。哺乳類や鳥類などよく知られているグループの豊かさは、ある程度まで充分な数量化が可能だが、昆虫などの一部のグループに関する知識はあまりにも乏しいため、概算しかできない。しかも、つねに新種が発見されている。だが、多様性とは種の総数だけで測るものではない。熱帯多雨林が多様なハビタットなのは、そこに数多くの種がいるからだけでなく、優位を占める単独の種がいないからでもある。ありふれた種はほとんどなく、木々は希少なものやめったに見られないものばかりなのだ。

甲虫の豊かさ
エクアドルのハムシは、おそらく数十万種はいるとされる熱帯多雨林の甲虫のひとつにすぎない。

島の教訓

バロ・コロラド島は、パナマ運河のために一帯の熱帯多雨林がせき止められた1913〜1914年に形成された。間もなく、島はスミソニアン協会が管理する保護区になった。それ以来、島には世界各地から研究者が訪れている。範囲が狭くなると維持できる存続可能な個体群の数も少なくなるため、多くの研究者は断片化した森の生物多様性がどのように減少するのかに注目してきた。バロ・コロラド島での研究成果は、保護区での「島」効果の影響を最小限にするために役立てられている。

パナマ バロ・コロラド島

多様性の物差し

多様性は種の総数だけでなく、それぞれの種の相対的な豊かさも物差しになる。ひとつの種が支配的になると、コミュニティの種間の相対的「均一性」が減少し、多様性は低くなる。高い多様性は高い豊かさと高い均一性の組み合わせからもたらされる。

① コミュニティ1
種の豊かさは3で、3種の鳥がいるが、そのうちの1種が支配的で、全体の多様性は低い。

② コミュニティ2
種の豊かさは3のままだが、それぞれの種の数はより均一なため、多様性はより高い。

③ コミュニティ3
種の豊かさがより高い4になり、均一性もより高く、種の多様性はここがもっとも高い。

植物からの化学物質

中央アメリカと南アメリカ大陸北部

熱帯多雨林はほかのどのハビタットよりも植物の多様性が豊かで、アルカロイドをはじめとした身を守るための毒を持つ種も数多い。これは窒素を含む化合物で、苦みがあり、動物の生理機能に影響を及ぼす。刺激を与えたり、抑制したり、ときには殺したりすることもある。ナス科の植物の葉にはアルカロイドが含まれるため、多くの草食動物はこれを嫌うが、一部の昆虫はその危険を自分たちに有利になるように変えてきた。チョウのスカシマダラの幼虫は苦いアルカロイドを体内にため込むので、鳥が寄りつかなくなる。アルカロイドは変態後も昆虫の体内に残り、成虫になったチョウが有毒なアスターの花の蜜を吸うことで、さらに毒素が補われる。幼虫や成虫のチョウをつかまえた鳥は具合が悪くなるため、その後は避けるようになる。

アルカロイドには別の用途もある。オスのチョウはそこからフェロモンの香りを生成し、熱帯多雨林の暗がりで放出してメスを引きつける。メスが相手を選んだ時点で、アルカロイドはこの昆虫のライフサイクルが一回りするうえでの役割を果たし終えたことになる。

オスのチョウは求愛の飛翔中にフェロモンを空中に漂わせる

カエルの鳴き声

中央アメリカと南アメリカ大陸の熱帯多雨林

大きな目は夜中でも動きをとらえる

ジョンストンコヤスガエル

熱帯多雨林が静かなことはない。何百もの動物たちが、求愛行動や縄張りの主張のために鳴き声を響かせようと競い合う。南北アメリカ大陸のもっとも豊かな森には大きな鳴き声のカエルが何十種も生息し、鳥と同じように種によってその鳴き声も異なる。深い森では、鳴き声を聞き手の耳に届かせるためには正しい高さと音量が必要になる。カエルはとても粘り強く、断続的な甲高い鳴き声、ベルのような鳴き声、口笛のような鳴き声は、何時間も続く。

トラップライニングをするハチドリ

南アメリカ大陸北部

激しく羽ばたくハチドリは、糖分の豊富な蜜をエネルギー源にしているので、花はとても重要な生命線だ。ホオカザリハチドリは自分たちの暮らす森で、花を毎日ひとつひとつ順番に訪れる。これは「トラップライニング」と呼ばれ、その日に作られた新しい蜜のすべてを確実に利用することができる。

とがったくちばしで花を探る

最適な餌探し
新世界の熱帯多雨林には、毎日の蜜の摂取量を最大限にするためにトラップライニングの手法を用いるハチドリの種が多いが、ホオカザリハチドリはそのうちのひとつ。

毒があると見せかける

世界各地の熱帯雨林

生き残るために必死の状況では、ほかの動物の模倣をすることが役に立つ。捕食動物は害のないふりをして獲物をあざむき、獲物は危険なふりをして捕食動物をあざむく。毒を持つ多くの動物は、無関係な別の有害なグループとよく似た警告の方法を、それぞれ独自に進化させてきた。それはすぐわかる警告の印を送ることだ。しかし、毒素や毒液を生成するには手間と労力がかかるので、毒を持たずに色だけをまねる動物もいる。食べても害がないが、捕食動物が避けたくなるように仕向けるのだ。有毒な動物がほかの有毒な動物を模倣する「純正の」組み合わせは「ミューラー型擬態」というのに対して、無害な動物による模倣は「ベイツ型擬態」という。この2つの関係は、19世紀の生物学者で、南アメリカ大陸の熱帯多雨林で調査を行ったフリッツ・ミューラーとヘンリー・ベイツの名前から命名された。

フタエヘリボシジャコウアゲハ
アメリカ大陸の熱帯に生息するアゲハチョウの鮮やかな色は危険の「純正な」印で、このチョウには食べるとまずい化学物質が含まれている。

凡例
→ 擬態
→ 獲物の候補

2つの擬態、ひとつの種
ベイツ型擬態の例として、ベニボシクロアゲハは無毒だが、オスとメスはそれぞれ本当に有毒な別の種を擬態する。

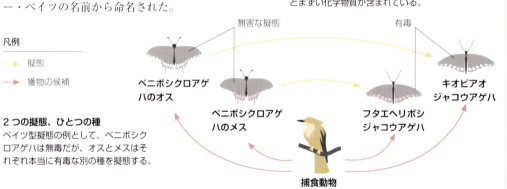

菌類の殺し屋

世界各地の熱帯多雨林

熱帯多雨林は濡れた皮膚を持つ両生類には格好の場所で、ほかのどのハビタットよりも多くの種が見られる。しかし、セントロレネ・ペリスティクタなど、絶滅の危機に瀕している種の割合で見ると、両生類はほかの脊椎動物と比べて多い。個体数減少のおもな原因がカエルツボカビ症で、致死性の真菌感染症が透過性の高い皮膚のせいでとくに影響を受けやすい両生類を殺している。

半透明の皮膚を通して臓器が見える

葉の上に産みつけた卵は湿度の高い森の中でつねに湿っている

セントロレネ・ペリスティクタ

昆虫のゾンビ

世界各地の熱帯多雨林

ほとんどの菌類は土壌中に生息していて、死んだ物質を分解するが、あるグループ（ノムシタケ属など）は生きている昆虫をターゲットにする。呼吸によって体内に入った胞子が菌糸に成長し、それが体内に広がって、ついには脳に影響を及ぼす。これによって昆虫の行動が変化し、高いところにある新芽や葉によじ登り、そこで死ぬ。昆虫の死体からキノコが生え、胞子を放出し、サイクルが繰り返される。

菌類の子実体

菌類に感染したアリ

有害な動物の警戒色

世界各地の熱帯多雨林

多くの動物たちは、自分たちが有害だとほかの動物にはっきり示す同じ種類の合図を進化させてきた。針や毒があることを表す警戒色がその一例だ。とくに赤、オレンジ、黄色、黒などの明るい派手な色は、自然界で危険を表す共通の印で、捕食動物は学習してそれらを避けるようになる。

エクアドルやコロンビアのベニモンヤドクガエルなどの、縞または斑点のような目立つ模様は、完全な色覚を持たない動物の目でも見間違いようがない。そのような模様は相手の体に有害な毒液を注入する針や牙、または直接に触れたり摂取したりすると害のある有毒な皮膚や肉の存在を警告する。捕食動物は刺されたり具合が悪くなったりした後には、同じ色の動物を獲物として狙わなくなる傾向がある。

ガラガラヘビなどの大型の有毒動物は、防御よりも攻撃を中心に考える。隠蔽的擬態によって獲物から身を隠すことで、待ち伏せによる攻撃の成功率が高くなる。しかし、カエルやチョウなどのより小型で弱い動物の場合は、警戒色を使って捕食動物を寄せつけないことが役に立つ。しかも、その警戒色は熱帯多雨林でもっとも派手なのだ。

南アメリカ大陸の有毒なカエルの中でもいくつかの種は、先住民によって狩猟用の吹き矢の先端に塗る毒として使用されている

熱帯多雨林の着生植物

世界各地の熱帯多雨林

多くの熱帯多雨林の植物にとって成長するのに最適な場所は、より多くの光が当たる木の高いところだ。頻繁に降る大量の雨で枝はつねに濡れた状態にあるため、ほかの植物に根を張る植物(「着生植物」と呼ばれる)は楽に育つことができる。着生植物は葉のまわりに落ちてきた有機堆積物から抽出する無機物に依存していて、着生植物の数が多ければ確保できる堆積物の量も多くなり、時間の経過とともに木の梢の庭園がさらに豊かになる。

湿った枝葉のはるか上にあるもっとも高い枝だけは、熱帯の強烈な陽光で植物がからからに乾いてしまいかねないが、そこでもよく育つ着生植物もある。「エアプランツ」は、砂漠の植物と同じような水分をためる組織(→p.241)と、まわりの湿った空気から水分を直接吸収できる微小な鱗片を持つ。受粉はガ、チョウ、ハチドリ、コウモリが担う。

高い場所での暮らし
約650種が存在するエアプランツのティランジアは、アメリカ大陸の熱帯多雨林で典型的に見られる着生植物。

滴下尖端の葉

世界各地の熱帯多雨林

熱帯多雨林では雨が頻繁に降るために湿度がかなり高く、何かが乾き切ってしまうということがない。表面が濡れていると、コケ類や地衣類など、微小な葉で水分を直接吸収できる小さな植物は、より大きな植物の葉の上で育つことができる。低木層や一部の木を含む多くの熱帯多雨林の葉は、滑らかなクチクラと「滴下尖端」を持っていて、葉の表面を雨水が流れ落ちやすくなっている。そのしくみのおかげで、光合成に必要な太陽の光が遮られにくくなっている。

短時間での排水
滴下尖端の葉は、太陽の光によって葉が短時間で乾く林冠よりも、サトイモ科のつる植物アンスリウムなどの低木層の植物の方がより一般的だ。

雨水は葉の中央の溝に沿って滴下尖端に流れていく

多彩な色のカエル
ベニモンヤドクガエルは鮮やかな警戒色を持つが、その色はかなり変化に富んでいる。ほとんどが赤とオレンジ色の個体もいれば、黄色、茶色、黒、白の個体も見られる。

木の梢でのごちそう
ブラジルの大西洋岸の熱帯多雨林に見られる先駆植物セクロピアの新芽と若い葉は、ノドチャミユビナマケモノにとっての良質な食料源だ。ナマケモノの長くてごわごわした体毛内では緑色の藻類が育ち、林冠を移動する際にはある程度のカムフラージュになる。

アリの世界の農民たち

中央アメリカと南アメリカ大陸

昆虫の中には人間と同じように自分たちの育てた「作物」に頼る農民がいる。アメリカ大陸の熱帯の森に生息するハキリアリは、自分たちが集めてきた葉の断片を肥料として使用し、その巣の奥深くでしか育たない種類の菌類を栽培する。コロニー内では、異なるカーストのアリたちがそれぞれの役割を果たす。葉を探すアリもいれば、人間の農民たちが雑草を抜くように、食料源をだめにする汚染要因を取り除くなどして、菜園の手入れをするアリもいる。そして無事に育った菌類を食べる。アリも菌類も、相手がいなければ生きていくことができない。菌類が生成する葉をやわらかくする酵素は、アリの体内を経てしずくとして排泄され、それが葉の断片の分解を助けるので、結果として菌類のための肥料の質が向上する。

ハキリアリ
ハキリアリの働きアリは自分よりも何倍も重い葉の断片を運べる。葉を噛み切るときに少量の液体を飲むものの、栄養分のほとんどは巣の中の菌類から摂取する。

ハキリアリの菌類農場
働きアリは菌類の中でもっとも栄養に富む部分を食べ、同時にそれらを幼虫や女王アリに与える。そのお返しとして、菌類は葉の断片の分解物から栄養分をもらう。

- 荒れた地域の先駆植物の葉が好まれる。耐陰性のある種よりも栄養分が濃縮されているためだ
- 「メディア」と呼ばれる働きアリが葉を切って巣に運ぶ

季節的に水があふれる森、バルゼア

アマゾン川流域

熱帯多雨林の一部では降水量があまりにも多いため、1年のうちのもっとも雨が降る時期には木の幹が水没し、林冠部の葉だけが水面の上にあるような深さにまで川が氾濫する。アマゾン川流域の一部では川岸が定期的に決壊し、「バルゼア」という浸水した森が生まれる。ここは木々の生き物と川の生き物の距離を近づけるハビタットだ。ピラニア、テトラ、ナマズなどの多くの魚が幹の間を泳ぎ、水没した植物に卵を産みつける。木から落ちる種子、実、果実は、パクー（→ p.217）のような草食性の魚によって散布される一方、幼鳥など木の梢にいる弱い動物が水中に落ちてピラニアの餌食になることもある。洪水による土壌の栄養分の再生は、バルゼアの森の大いなる多様性に寄与している。

浸水した森は川岸から20kmの距離にまで及ぶこともある

一変した地形
アマゾン川流域の一部で発生する季節的な氾濫では、10mから15mも増水するため、ブラジルのタパジョス川の流域などでは森の様相が一変する。

熱帯多雨林 / 87

実のなる幹

アマゾン川流域

熱帯多雨林は種子や花粉の散布を動物に依存する植物であふれている。葉と枝の間の静かで湿った世界では、風が運べるのは微小な胞子だけだ。花や果実に引き寄せられる動物たちは風よりも頼りになる散布者・送粉者だが、その協力を得るためには競争が存在する。ほとんどの木は活気のある森の林冠に花を咲かせるが、カカオのように幹に直接花を咲かせて実をつける木もあり、「幹生花」と呼ばれる。カカオの場合は昆虫が受粉するが、一部の幹生花の植物は林冠よりはるか下に花を咲かせることで、木々の間の低いところを飛行するコウモリにその役割を託すことができる。

低いところに育つカカオの実

環境保全
絶滅の危機に瀕するピラルク
アマゾン川流域の浸水した森は、世界最大の淡水魚のひとつで体長3mになるピラルクのハビタットだ。川の捕食動物の頂点に君臨するこの魚は、水没した植物の多い高温で酸素の少ない水中でも、空気呼吸をすることで生きられる。しかし、乱獲と森林伐採によって、その生息域のほとんどでピラルクの将来が危ぶまれている。

ピラルク

タンクブロメリアのミニ生態系（エコシステム）

中央アメリカと南アメリカ大陸

熱帯多雨林の林冠における豊かな多様性の多くは着生植物（木々の枝の上で育つランやシダなど）のおかげだ。その多くはバトミントンのシャトルコックのような形状の葉を持ち、落ち葉や上からの水滴までも集めて自らの栄養分と水分にする。着生植物のブロメリアの多くは葉がぴったりと重なり合っているため、そこに水が集まると木のてっぺんに水たまりができる。このようなタンクブロメリアの最大のものは、5ℓもの水をためることができ

林冠の水たまり
タンクブロメリアは、昆虫の幼虫、さらにはカエルのオタマジャクシなどの水生動物に微環境（マイクロハビタット）を用意する。その多くは木の梢を離れることなく一生を終える。

る。着生植物は宿主の木からの栄養分を必要としないが、その存在は宿主にとって脅威だ。樹冠に多くの着生植物が育つと、そこにたまった堆肥と水の重量で木の上部が重くなり、倒木の危険が生じる。

グンタイアリの後を追う

南アメリカ大陸

南アメリカ大陸には、捕食動物のグンタイアリの生態を利用する鳥の種が多くいるが、ズアカアリツグミもその一種だ。グンタイアリは隊列を組んで林床を移動し、集団でほかの動物たちを襲う。アリツグミやそのほかのアリを追う鳥たちは近くで待ち伏せをして、グンタイアリの襲撃から逃げるコオロギやクモなどの無脊椎動物をついばむ。これは食虫性の鳥がきわめて一般的な熱帯多雨林のハビタットで、直接の競合を避けるために鳥たちが採用した多様な餌探し戦略の一例に当たる。

羽毛の色は林床に差し込む太陽の光が作るまだら模様の影に溶け込む

葉を裏返す鳥
ズアカアリツグミはアリドリやそのほかのグンタイアリを追う鳥たちの仲間で、林床の木の葉を裏返してアリの隊列から逃げる昆虫をつかまえる。

木を支える根
世界各地の熱帯多雨林

板根が張ったイチジク

ほとんどの熱帯多雨林の木々は、栄養分が土壌の表面近くに集中しているために浅い根しか持たない。しかし、支えがしっかりしていないと倒れるおそれがあり、多くの木は安定のための板根を持つ。これらの根は地面に沿って外側に広がり、高さと強度を増していくため、木がどちらかの側に傾いても支えられる。それぞれの板根の下には枝分かれした根が土壌中に垂直に伸び、それによって支える力だけでなく無機物の吸収力も向上する。

アメリカ大陸の新世界ザルの多様性
中央アメリカと南アメリカ大陸

開けたサバナに暮らす種もいるアフリカ大陸のサルとは違って、アメリカ大陸のサルはすべて木の上で生活し、そのほとんどは成熟した熱帯多雨林に完全に依存していて、地面からはるか高いところでの暮らしに完璧に適応している。メキシコからパラグアイにいたるまで、サルはほとんどの森のハビタットに見られるが、もっとも種の数が多いのはアマゾン川流域だ。多くの新世界ザルは分布域が限られていて、絶滅危惧種も少なくない。

熱帯のアメリカ大陸は尾で物をつかむサルがいる唯一の場所だ。オマキザルとクモザルは5本目の手足として尾を使う能力が非常に優れていて、食べ物を探すときに枝からぶら下がるためによく使う。毛深いサキも長い尾を持つが、つかむことはできない。木の葉だけを食べるアメリカ大陸のサルもいるが、ほとんどは雑食性で、小動物を獲物にするほか、果実、木の実、花を食べる。マーモセットとタマリン（体重約120gのピグミーマーモセットという世界最小のサルを含むグループ）は、しばしば樹皮を食い破って糖分の豊富な樹液や粘着物質を摂取する。

鳴き声がいちばん大きなホエザルと、唯一の夜行性のサルのヨザルも、熱帯のアメリカ大陸に生息する。ヨザルは目が大きく、夜に餌を探すときもよく見える。南アメリカ大陸は知能が高いサルの住処でもある。オマキザルは体の大きさと比較した場合、人間を除いた霊長類の中でもっとも大きな脳を持つ。

サルの科
アメリカ大陸のサル186種は5つの科に分類できる。それぞれの代表的な種を下に示した。ホエザルはクモザル科に属する。

| ピグミーマーモセット | シロガオオマキザル | ヨザル | ホオジロクモザル | サキ |

頭を180度回転させることができる / 物をつかむことができる尾 / 大きな目は夜でもよく見える / 物をつかむことができるとても長い尾 / ふさふさの毛

南アメリカ大陸の森の「鳥を食べる」クモ
中央アメリカと南アメリカ大陸の熱帯多雨林

18世紀のこと、ある画家がハチドリをつかむクモを描いたことがきっかけとなり、そのような「鳥を食べるクモ」が実在するのかという議論が起こった。画家は決して誇張していたわけではなかった。クモの中のタランチュラとして一般的に知られるグループは、毛の生えた大きな体を持つように進化し、巣を張らずに大型の獲物をつかまえることができ、一部の木に登る種は小型の鳥やコウモリをつかまえることもある。熱帯地方には1,000種以上が生息していて、最大の多様性が見られるのは南アメリカ大陸の熱帯多雨林だ。ここの種のほとんどは身を守るために体毛を使用する。脚で腹部をこすることで空中に毛を飛ばし、攻撃してきた相手の皮膚や目に炎症を起こさせる。

世界最大のクモ
脚を広げると大皿くらいの大きさがあるルブロンオオツチグモは、南アメリカ大陸北部の熱帯多雨林の林床に生息し、昆虫のほか、ときにはトカゲやカエルもつかまえる。ただし、鳥を獲物にすることはめったにない。

環境保全
熱帯多雨林の針葉樹
ブラジル南部の大西洋岸熱帯多雨林が変わっているのは、パラナマツという針葉樹が見られることだ。これは南半球だけに分布している「モンキーパズル」の木のひとつで、ほかの広葉樹の森よりも抜きん出て高い超出木としてそびえ、ほかの場所では見られないサルや鳥にとっての独特の亜熱帯のハビタットを構成する。森林伐採と広範囲にわたる農地のための開拓でパラナマツの森は大きく減少し、今では絶滅が危惧されるハビタットになってしまっている。

パラナマツの森

シロガオサキ
ほかの新世界のサルと同じように、サキの鼻孔は下ではなく横を向いている。写真の左がメス、右がオス。

ナマケモノと藻類とガ

ブラジル南部

藻類におおわれたタテガミナマケモノ

ナマケモノは体毛に付いた緑藻類を摂取することで、栄養分の乏しい食事を補う。藻類は体毛内に住み着いたガの排泄物から栄養を得る。ナマケモノが地面に排便すると、ガは糞の中に卵を産みつける。卵からかえったガの幼虫は食べ物がたっぷりある中で育ち、変態して成虫になると、林冠に飛んで別のナマケモノの体毛の中に住みつく。

霊長類が適応した樹上での生活

ブラジル南部とパラグアイ

熱帯多雨林の一部の動物は一生のほぼすべてを木の上で過ごす。高い場所での生活はジャガーのような地上や低い枝で狩りをする捕食動物から身を守ってくれるが、一方でワシなどの上からの危険を警戒しなければならない。アメリカ大陸のサルは手と足、一部は尾で木につかまるが、枝の間を上下左右に移動するには優れたバランス感覚も必要になる。

サル、鳥、リス、トカゲなどの樹上性の動物は一般的に前方視界を頼りにしていて、枝から枝に飛び移るときに大切な距離をしっかりと見極める。ホエザルのようにとても大きな鳴き声を利用して、密生した木々の間でコミュニケーションを取るサルもいる。

いちばん大きな叫び声

この写真のマントホエザルなどのホエザルは、アメリカ大陸の熱帯多雨林でもっとも体の大きなサルのひとつだ。木の梢から大きな声で鳴くことによって、高木が密生した森の中でも縄張りを主張できる。

見晴らしのいい場所
熱帯多雨林の林冠から突き出た超出木の樹冠は、極端な気候条件にさらされるが、多彩な野生生物を支えている。アマゾン地方では、果実を食べるペルークロクモザルの群れが枝の間で休息を取る。そして種子をばらまくことで、生態系をさらに豊かにする。

92 / 緑の陸地

寄生する塊茎

アフリカ大陸西部と中部

植物が光の届かない熱帯多雨林の林床で生き延びるひとつの方法が、光合成を放棄してほかの植物に寄生することだ。アフリカ大陸の熱帯では、トニンギア・サングイネアが多くの種類の熱帯の木々に寄生している。英語名はグラウンド・パイナップルだが、アメリカ大陸の本物のパイナップルとは無関係だ。ピンク色で先端のとがった花びらを持つ花が地面のすぐ上の、鱗片状の葉におおわれた短い茎の先端に咲くが、葉には葉緑素がまったく含まれていない。地面の下ではそれぞれの花の穂がほかの木の根にくっついたこぶから成長する。そこから吸い取っている糖分やほかの栄養分は、太陽の光が当たる高い林冠部分にある宿主の葉の光合成によって作られている。

トニンギア・サングイネアと送粉者のアリ

オナガザルのギルド間での異なる餌探しの戦略

アフリカ大陸西部と中部

アフリカ大陸のサルのほとんどは「オナガザル」と呼ばれるグループに属する。広々としたサバナに生息するいくつかの種を除くと、オナガザルは熱帯多雨林に暮らす動物だ。20以上の種が体毛の色と模様（多くの場合ははっきりと目立つ顔と鼻の模様）の違いで分類されている。オナガザルは果実と木の葉のほか、ときに動物も食べるが、決まったものだけを食べる種はほとんどいないと思われる。異なる種のオナガザルは異なる方法で餌を探すことによって競合を避け、別個の生態学的ギルドに属している。林冠のギルドが木の梢から下りることはめったになく、地上性のギルドは地面から近い範囲で生活する。

餌探しの戦略
アフリカ中部では森の中の同じ地域に最大で十数種のグエノンが生息する場合がある。木の上層か下層から離れない種もいれば、森の中の空き地を好む種もいる。

アカオザル
中層の林冠で餌を探す

低木層

上層の林冠

カンムリグエノン
上層の林冠で餌を探す

中層

ブラッザグエノン
低木層で餌を探す

高いところでの暮らし
ダイアナモンキーは林冠だけで暮らし、地上に下りることはまずない。おもに果実を食べる。

熱帯多雨林 / 93

マウンテンゴリラ
若いマウンテンゴリラのがっしりとした胸は年齢とともに毛が抜け、ドラミングの音が大きくなる。その音の大きさは縄張りの主張、外敵への威嚇、不満や興奮などを意味する。

草食性の類人猿

アフリカ中部

ゴリラは霊長類の中でもっとも体が大きい。その体の大きさは植物以外をほとんど食べない霊長類にとっては有利になる。アフリカのヴィルンガ山地の斜面の山地多雨林はコンゴ盆地よりも涼しく、そこに暮らすマウンテンゴリラは低地のローランドゴリラと比べて体毛が長い。森の低木層にはタケ、野生のセロリ、イラクサが密生している。また、ジャイアントグラウンドセネシオやジャイアントロベリアという、アフリカ大陸の亜高山性のハビタットに特有なメガハーブも見られる。マウンテンゴリラはこれらの植物のすべてを食べ、たくさんの果実を食べるローランドゴリラよりも多くの木の葉や茎を食べる。

ほかの草食動物と同じく、ゴリラはかたい植物を消化するための適応がある。人間と同じような白歯を持ち、それで葉や茎をすりつぶすが、消化のほとんどは体内のもっと奥深くで行われる。ゴリラの大腸内には植物の繊維の分解を助けるための酵素を出す微生物がいる。ゆっくりと放出される栄養分を機能させるため、ゴリラは1日の大半を休息と消化に費やす。

たった3種類の植物がマウンテンゴリラの食事の75%を占めている

環境保全
野生動物の肉

人類はアフリカ大陸に出現してからずっと、野生動物をタンパク質源として狩り続けてきたが、その技法はより効果的になり、より多くの動物たちが殺され、そのやり方は持続不可能になった。現在ではサハラ砂漠以南からの野生動物の肉が、推定で毎年500万トン取引されている。その中にはレイヨウ、霊長類、そのほかの森やサバナの哺乳類が含まれ、多くの種が絶滅の危機に瀕している。

野生動物の肉を食べる習慣は病気が動物から人間に感染するリスクも高める。「動物原性感染症」の中には、壊滅的な打撃をもたらすウイルス感染症も含まれる。日常的に感染する病気や、エボラ出血熱のように大流行して多くの人々が死ぬ病気もある。そのため、野生動物への依存は環境保全だけでなく、公衆衛生上の問題でもある。だが手頃な価格での代替手段がない限り、規制の実効は難しい。

プークーの野生肉

巨大な昆虫

アフリカ大陸中部

ほとんどの昆虫が小さい理由はその呼吸方法にある。空気は体壁の穴から管を通じて組織に浸透する。この距離が長すぎると酸素が到達できない。しかし熱帯の高温は成長を促す。拳ほどの大きさのゴライアスオオツノハナムグリは体の筋肉を使って空気を呼吸管に送り込み、酸素の量を増やす。

微小な気門から空気が入る

長くとげのある脚で上手に枝にしがみつく

ゴライアスオオツノハナムグリ

熱帯多雨林の技術者たち

アフリカ大陸西部と中部

熱帯多雨林の動物たちの中で、なかなか見つけにくい動物がもっとも体が大きいという場合もある。アフリカ大陸中部では、オカピと、ボンゴと呼ばれるレイヨウ類が、マルミミゾウとともに生息している。アフリカ西部ではコビトカバがゾウの近くに見られる。オカピは首の短いキリン科の動物で、草地に生息する背の高いキリンと同じようにオカピも長い舌を持ち、舌で葉を食べる。大きさの割にはキリンよりも耳が大きく、左右の目もより横向きなので、密生した森の中で音がよく聞こえるし、全方向をよく見ることができる。森に生息する大型哺乳類が植生を踏み荒らして隙間を作ると、そこにほかの植物が育つ場合もある。マルミミゾウはサバナのゾウよりも小柄で、短い牙は植物と絡まるおそれが少ない。ボンゴも同じ危険を避けるために、走るときには長い渦巻き状の角を背中にくっつける。

若い葉がオカピの食べ物のほとんどを占める

臀部と脚には明るい色と暗い色の縞模様がある

オカピ
オカピのはっきりした模様は、太陽の光がまだらな影を作る森でその姿を見えにくくする働きがあると思われる。人間よりも体高があるにもかかわらず、オカピは密生した森にすばやく溶け込むことができる。

有毒なカエルの警告

マダガスカル島

かたい皮膚を持つ爬虫類とは違って、両生類はつねに皮膚の水分を保つ必要があり、呼吸のための浸透性も維持する必要がある。両生類はこのような方法で半分近くの酸素を直接取り入れ、半分以上の二酸化炭素を外に出す。皮膚が乾かないようにするため、カエルの皮膚には粘液を分泌する腺がある（私たちの肺の中にも同じ腺がある）。皮膚がやわらかく、鋭い歯や鉤爪を持たないことから、カエルは捕食動物の格好の獲物になる。しかし、多くのカエルは弱点を武器に変えた。一部の腺から毒を分泌するようになったのだ。自分たちの有毒性を黄、オレンジ、赤、黒などの鮮やかな色で見せつけ、熱帯多雨林の中でももっとも鮮やかなこの「警戒色」は、もっとも強い毒を持つカエルに見られる。

南アメリカ大陸のヤドクガエルや、それほど知られていないマダガスカル島のアデガエルは、攻撃者の皮膚からも吸収される毒をつくりだす。こうしたカエルの一部はこのような防御のために熱帯多雨林の自分たちのハビタットが欠かせない。カエルはダニや昆虫を食べて毒を得るが、そのダニや昆虫は有毒な植物から毒を得ていると考えられる。

脚に鉤爪がないので身を守るのが難しい

鮮やかな色が有毒だと警告する

アデガエル
マダガスカル島のバロンアデガエルの毒は昆虫由来のアルカロイド。

アデガエルが日中に活動するのは、警戒色が捕食動物にはっきりと見えるから

シアン化物への耐性

マダガスカル島

キンイロジェントルキツネザル

植物が進化させた化学物質による数多くの防御方法の中に、シアン化合物を生成する能力がある。細胞呼吸に干渉する致死性の物質だ。ほとんどの草食動物はその苦い味を避けるが、対処法を進化させてきた動物も多くいる。シアン化合物に耐えられる細胞を持っていたり、代謝によって無害な物質に変えてしまったりする。マダガスカル島の熱帯多雨林では、キンイロジェントルキツネザルがシアン化合物を含むタケを食べるが、どちらの能力も備えているので、人間ならば死んでしまう量でも消化できる。

マダガスカル島のカメレオン
オショーネシーカメレオンはマダガスカル島南部の人の手が入っていない熱帯多雨林の、比較的狭い範囲に生息している。

テンレックと進化的収斂

マダガスカル島

生き物があらゆる好機を利用できるように適応してきた熱帯多雨林では、世界の異なる場所の動植物が似たような形で進化する場合もありうる。マダガスカル島にはテンレックという哺乳類がいて、この地でしか見られない。この島にはハリネズミとトガリネズミが存在しないが、テンレックはその空白を埋めるように進化してきて、昆虫やミミズなどの無脊椎動物を餌にする地上性の捕食動物となった。

こうした進化的収斂のほかの事例と同じく、テンレックとトガリネズミには完全な一致は見られず、多くのテンレックはトガリネズミよりも雑食性が強い。しかし、その存在は世界の別の場所が同等の役割を持つ種によって満たされうることを示している。

ハリネズミと似た存在
このシマテンレックはとげをこすり合わせて出す音によって集団内でのコミュニケーションを取る。

キリンクビナガオトシブミ

マダガスカル島

オスはメスよりも首が長い

キリンクビナガオトシブミ

甲虫はどの動物のグループよりも多様性に富み、その中でもゾウムシのグループは最大の多様性を誇る。この草食性の甲虫は10万種近くが存在し、ほとんどは熱帯多雨林に生息している。マダガスカル島はその長い首からキリンクビナガオトシブミと名づけられたグループのホットスポットだ。オスはメスより長い首を持ち、その名前の由来になった哺乳類と同じように、メスをめぐって争うときにその首を使う。受精したメスはノボタンの葉を袋状に折り、その中に卵を1個産む。葉は孵化した幼虫の食べ物になる。

カメレオンのホットスポット

マダガスカル島

世界各地の熱帯多雨林のコミュニティの形成には歴史的な経緯が重要な役割を果たしてきた。マダガスカル島には世界のカメレオンの種の半数近くが見られるが、その理由はカメレオンがこの島を起源にしているからではないかと考えられる。マダガスカル島の熱帯多雨林は世界最大と最小のカメレオンが生息していて、最小の種は世界最小の脊椎動物でもある。昆虫のつかまえ方はきわめて特徴的で、擬態によってひそかに獲物を待ち伏せし、相手が充分に近づいたところで長い舌を伸ばしてとらえる。林床で1日中過ごし、枯れ葉の色に溶け込む種もいるが、多くは木の上で生活している。すべてのカメレオンは脚の指が融合して2本になり、枝をつかめる。このことと、物をつかめる5本目の脚である尾により、上手に木に登ることができる。

環境保全
ペットとしてのカメレオンの取引
多くの珍しい動物の例にもれず、カメレオンは特別な世話が必要にもかかわらず、風変わりなペットとして人気がある。パンサーカメレオンなどのいくつかの種は飼育下での繁殖に成功しているが、多くがわなによる違法な野生種の捕獲や森林伐採で危機にさらされている。もっとも絶滅のおそれの高い野生動物は、「絶滅のおそれのある野生動植物の種の国際取引に関する条約」(ワシントン条約)という国際条約によって保護されているが、カメレオンには「そっくりな」種がとても多いため、希少種がより一般的な種と間違えられる可能性がある。

最大のカメレオンの種
パーソンカメレオン

皮膚は鈍い色から鮮やかな色に変わる

パンサーカメレオン

特有の白い縞模様

マロジェジピークカメレオン

最小のカメレオンの種
ヒメカメレオン

高いところでも低いところでも
マダガスカル島のカメレオンの多様性は、島内の熱帯多雨林やほかのハビタットでもはっきりと見て取れる。パーソンカメレオンやパンサーカメレオンなど、ほとんどは熱帯多雨林の林冠に生息しているが、木の葉に擬態する小型のカメレオンは林床をうろつき、マロジェジピークカメレオンは山間部の低木によじ登る。

パンサーカメレオン

伐採の名残(なごり)
20世紀、アンダマン諸島の木々は伐採者たちに注目された。アジアゾウが荷役用の動物として島に連れてこられ、産業がすたれるとそのまま島に放置された。そのハビタットで暮らし続けている野生のゾウの個体群は減少しつつあり、数少ない。

チョウの
パドリング

世界各地の熱帯多雨林

熱帯多雨林の目にも明らかな豊かさとは裏腹に、無機物は不足しがちだ。激しい雨が土壌から無機物を押し流してしまうため、多くの植物は菌類と根をつないで「菌根」と呼ばれる協力関係を作り、菌類の分解する物質から直接に無機物を得る。カルシウムとナトリウムはとくに少なく、糖分のほかはほとんど何も含まない蜜を吸う昆虫の場合はとくにその傾向が強い。このため、局所的に岩盤が露出したところのほか、動物の尿までも、無機物の豊富な地点にはチョウなどの昆虫が数千という数で集まる。昆虫たちは花の蜜を吸うように、泥からしみ出た無機物を含む液体を吸う。

鳥やサルなどのほかの動物が同じ行動を取ることもある。しかし、よりバランスの取れた食べ物を摂取する彼らがそうするのには、別の理由があると考えられる。鳥やサルの多くは、毒を含む果実、種子、木の葉、新芽などを食べる。その対処法が粘土を食べることで、粘土に含まれるケイ素の豊富なカオリライトは毒素と結合し、体に害を与えることなく動物の消化系を通過させる。

土を食べるチョウ
黄色のチョウやアゲハチョウなど、複数の種のチョウが群れをなして、無機物を豊富に含むボルネオ川の川岸に集まる。この「マッドパドリング」の行動は、糖分を含む蜜ばかりになってしまうチョウの食事のバランスを取るのに役立つ。

種子の
散布

世界各地の熱帯多雨林

熱帯多雨林は年間を通して暖かく雨が多いため、植物も1年中花を咲かせ、実をつけ、種子を作る。そのため果実を食べる動物たちには、季節に合わせて移動をしなくても、継続的に食べ物がある。そのお返しとして、植物は多様な動物たちに種子を散布してもらえる。

熟した果実は芳香と水分の豊富な果肉で動物たちを誘う。また、多くは赤、青、黄などの色に変わり、鳥やサルなどの種子を散布する動物を見た目で引き寄せる。果実の内部の種子は消化系にも耐えられるかたい種皮を持つこともある。そのため、影響を受けることなく動物の体内を通過する。しかし、消化が必要ない場合も珍しくない。多くの鳥やコウモリは、果実を離れたところまで運んだ後、果肉をのみ込む前に種子を捨てたり、食べた後に種子を吐き出したりする。いずれにしても、果実を食べる動物たちは親木から離れたところまで移動しているため、種子は競争相手から遠い場所で発芽する。

一部の植物は種子が消化管を通過することで恩恵を受ける。種皮が傷つくことで発芽の可能性が高まることがあるのだ。種子が発芽するためには特定の動物の消化液にさらされる必要がある木々や低木も存在する。また、糞と一緒に排泄された種子は、発芽のために必要な栄養分がすでに用意されていることになる。

熱帯多雨林の種子は果実を食べるサイチョウやテナガザル（ギボン）の体内を通過することで、より発芽しやすくなる

遠くまで届く
キタカササギサイチョウの大きなくちばしは枝からぶら下がる果実まで届く。食べ物をつかむときにはくちばしをピンセットのように巧みに使う。

葉を食べるサル

旧世界の熱帯多雨林

木の葉には食料源として利点がある。熱帯多雨林の中ならばどこにでもあるということだ。しかも、餌を探すのに頭を使う必要はない。アフリカ大陸のコロブスやアジアのラングールなどの旧世界の葉を食べるサルは、ほかの雑食性のサルと比べると、体の大きさと相対的に見て脳が小さい。

一方で、葉にはかたい繊維質のセルロースがたくさん含まれ、多くの植物は草食動物が嫌う苦い化学物質を持つ。コロブスとラングールは牛に似た複数の胃を持つことでそれに対応している。胃の中には繊維の発酵と植物の毒の解毒を助ける微生物がいる。一部のラングールは牛のように食べたものを吐き戻し、もう一度噛んでから消化する。

葉食性のサル
東南アジアのアカアシドゥクラングールはアジアに生息するラングールの一種。食べ物の80%が木の葉という葉食性のサルで、もっともタンパク質を多く含む若い葉を選ぶ。

宿主を殺す「絞め殺しイチジク」

世界各地の熱帯多雨林

熱帯多雨林の木々の中には、びっしりと密生した林冠部分を確保するために極端な方法を使う種もある。競争相手を絞め殺し、その場所を乗っ取るのだ。その犯人はイチジクで、最初は木の高い位置の枝に落ちた鳥の糞の中の種子から始まる。発芽したばかりの若いイチジクは着生植物として宿主にくっつく。しかし、下に伸びた根はやがて地面まで届き、宿主の幹を閉じ込める。最初は宿主の木を強くする絞め殺しイチジクもいるが、イチジクの葉が樹冠をおおい尽くすと、宿主は枯れる。

絞め殺しイチジクのライフサイクル
イチジクの根が分岐して融合すると、宿主の木を閉じ込める。林冠部分でイチジクの葉が宿主の葉との競争に勝つので、宿主は枯れる。宿主の幹が腐敗して崩れた後も、イチジクの「かご」は残る。

シダレカジュマルのかご

巨大なランのちっちゃな種子

タイとマレーシア

グラマトフィルム・スペキオスム

重さ1トンを超えることもある東南アジアの巨大なグラマトフィルム・スペキオスムをはじめとして、何千種ものランは熱帯多雨林の着生植物だ。受粉するとひとつのランの花から何百万もの種子ができることもあり、その非常に小さな種子は空気中にちりのように散らばる。しかし、そのような軽い種子には発芽を助ける栄養分の蓄えが少ない。種子は新しい根とつながって重要な栄養分を伝達し、成長を助けてくれる菌類の手伝いが必要になる。

環境保全
発見と喪失

インドシナ半島は戦争と紛争によって傷つき、その多くの森のハビタットが失われた。多くの大型動物が絶滅し、スマトラサイやジャワサイもインドシナ半島からは姿を消してしまった。しかし、残った森には人がほとんど立ち入ったことがなく、この数十年の動物学的調査から驚くべき発見もあった。その一例がサオラで、1990年代になって初めて知られるようになったこの動物は、レイヨウに似ているが遺伝的には牛に近い。2000年以降、ヴェトナム、ラオス、カンボジアでは、カエル、爬虫類、鳥類、齧歯類などの新たな種が発見され続けている。

緑の陸地

林冠の巨人

スマトラ島とボルネオ島

ボルネオオランウータン
オスはメスにはない「フランジ」と呼ばれるほおの出っ張りが成長するほか、体もメスより大きくなる。大人のオスの体重は100kgに達することもある。

オランウータンはほかのどの類人猿よりも木の上で多くの時間を過ごす。腕が相対的にもっとも長く、地面よりも高い場所での生活に向いた体である。オランウータンが東南アジア全域に分布していた過去には、樹上での生活には大きな利点があった。トラをはじめ大型の地上性捕食動物の危険から距離を置くことができたのだ。

現在、オランウータンの分布域はスマトラ島とボルネオ島の一部に限られ、トラはその2つの島からほとんど姿を消した。体の大きなオスのオランウータンは林床で過ごす時間が以前よりも長くなり、とくに森や林冠が騒がしいときにはそうだが、それを除くとオランウータンはおもに樹上性で、巣も枝の間の高いところに作る。おもに果実を食べ、森が季節の食べ物を与えること、つまり1年の各時期には各植物の花が咲くことを学ぶ。

オランウータンはおもに単独行動をする唯一の類人猿だ。メスは1頭の子供を自分だけで育てるが、年上の子供たちの助けを求めることもある。森の中で生き延びるためのスキルを学習するには長い時間が必要なため、「子供時代」は人間以外の哺乳類ではもっとも長く、母親と7年以上の期間をともに過ごす。

環境保全
絶滅危惧IA類の類人猿

アジアの熱帯多雨林を代表する動物の中でも、オランウータンはもっとも絶滅のおそれが高い。高い木があって人の手の入っていない原生林に依存した生活のため、これまでになく絶滅の可能性が高まっている。スマトラ島の2種とボルネオ島1種の3種すべてが、絶滅危惧IA類に指定されている。

熱帯特有の硬木の需要を満たすために多雨林の多くの木が伐採されたほか、おもにギニアアブラヤシなどプランテーション用に切り開かれた森もある。ギニアアブラヤシは東南アジアの大部分で単作農業用に植林され、その実からとれる油は加工食品、化粧品、バイオ燃料、家畜用の食料に広く使用されている。

ボルネオ島の森林伐採

熱帯多雨林 / 101

世界最大の花

スマトラ島とボルネオ島

東南アジアの熱帯多雨林には世界最大の花であるラフレシアが見られる。もっとも大きなものは直径が1m以上、重さは生後4か月の子供と同じくらいになることもある。ラフレシアのつぼみはブラウンキャベツのように地面からじかに伸び、開花すると現れる肉のような色の花びらは温かく、腐肉のような悪臭を放つ。それによっておびき寄せられたハエが花を受粉させる。この花に葉や茎や根はない。これはラフレシアが寄生植物で、本体は宿主となる特定の種のツル植物の内部にあるためだ。

ドーム状の隔壁が生殖器官を取り囲む

死体花
スマトラ島やボルネオ島に見られるラフレシア・アノルディイはラフレシアの中でも最大の花を咲かせるが、咲いているのは数日間だけ。

林冠を滑空する動物

東南アジア

ツノトビトカゲ

樹上性の動物が捕食者に追われ、枝の先端で行き場を失ったとき、リスやサルは隣の木に飛び移るが、そのほかにジャンプして滑空するものがある。ヒヨケザルやモモンガなど複数の哺乳類は体の側面に翼のような皮膚を発達させ、それを使って木から木に移動する。東南アジアでは爬虫類や両生類も同じように進化してきた。トビガエルは非常に大きな水かきを使い、ツノトビトカゲは皮膜でつながった長い肋骨を広げて翼として使用する。体を平たくして同じ効果を生み出し、滑空するヘビもいる。

自前の堆肥

東南アジア

多くのハビタットでは、植物はアリとの協力関係を進化させてきた。種子を散布したり（→p.75）、葉を守ったり（→p.147）するアリのほか、熱帯多雨林には栄養分を供給するアリもいる。木の上で成長する着生植物の一部は、アリに対して根の近くに巣を作るように促し、アリが集めた有機廃棄物から無機物を得る。しかし、つる植物のディスキディア・マヨル（アケビカズラ）はこれをさらに一段階進めた。その葉は中が空っぽの袋状に成長し（「花つぼ」）、木の上で暮らすフィリドリス属のアリの巣になる。この植物は木にしがみつくために一定の間隔で気根を伸ばすが、そのうちの一部が袋状の葉の中に入り、巣の中にたまる「堆肥」から栄養分を吸収する。

ディスキディア・マヨル
ディスキディア属はすべての種が樹上性のアリから栄養分をもらっているが、ディスキディア・マヨルは特化した葉に巣を作らせるという点で珍しい。

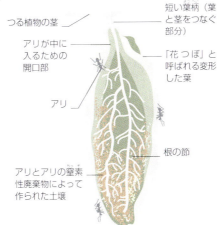

つる植物の茎
短い葉柄（葉と茎をつなぐ部分）
アリが中に入るための開口部
「花つぼ」と呼ばれる変形した葉
アリ
根の節
アリとアリの窒素性廃棄物によって作られた土壌

「花つぼ」型の葉の断面図

植物にしか見えない擬態

東南アジア

熱帯多雨林に植物の一部を擬態する動物が数多くいるのは、捕食動物から隠れるためや、獲物から隠れるためである。昆虫の中には目を疑うような植物の擬態を見せる種があり、コノハムシは葉の間に溶け込み、ナナフシは茎と一体化する。東南アジアのハナカマキリは体の色と形で花の中に溶け込む。花びらの色に合わせて、体色も種によってピンク色、白、黄色の違いがある。花の上で待ち伏せをして、蜜を吸いにきた昆虫をつかまえる。

脚にある平たい部分が花びらに似ている

ハナカマキリ
このハナカマキリは擬態を使用することで、ランをはじめとするさまざま種類の植物のうち、同じ色の花の中に隠れる。

目立ちたがり屋の鳥

ニューギニア島

世界でもっとも目を見張る鳥はニューギニアに生息するフウチョウ（ゴクラクチョウ）だ。その祖先はカラスに似た鳥で、熱帯多雨林におおわれ、大型の捕食動物がほとんどいない島に適応して、大いに目を引く求愛のディスプレイを進化させた。厳しい性淘汰があり、オスは羽の色と派手な求愛のダンスを見せつけ、一方で地味な茶色の羽を持つメスは繁殖の相手を選び、1羽の子供を育てる。

オスのフウチョウの飾り羽はほかのどんな鳥もかなわない。オジロオナガフウチョウの尾は相対的に見ると、ほかの鳥と比べても長い。フキナガシフウショウは青い旗が並んだような形の2本の吹き流しを持つ。ほかの数十種も色や形が多種多様な飾り羽を持つ。

ほどんどの種が羽を見せつけるために複雑な振り付けを用い、その中でももっとも目を見張るディスプレイは、「レック」と呼ばれる求愛中のオスの群れが披露する。

フウチョウの中でもっとも希少な種の一部は、野生の交雑種であることが判明した

レックのディスプレイ
2羽のオオフウチョウのオスが飛び跳ねたり頭を下げたりして求愛している間、1羽のメスはじっと見つめてディスプレイを審査してから、つがいの相手を選ぶ。

鳥をだますラン

ニューギニア島

植物は送粉者を誘い、蜜という報酬が取引の一部になる。しかし、糖分の豊富な蜜を生成するのは大変だ。鳥を満足させるだけの量を作り出すとなると、さらに手間がかかる。ニューギニア島の高地ではセッコク属のランのうち数種がツツジの大きな赤い花をまねる。ツツジは送粉者の鳥に蜜を与えるが、それをまねるランは蜜を出さない。鳥はだまされ、ランもツツジも受粉させることになる。

赤い花がタイヨウチョウやミツスイを誘う

ペテン師のラン
デンドロビウム・クトベルトソニイは蜜が出ないのにツツジをまねる種のうちのひとつ。蜜の豊富なツツジのある山地の熱帯多雨林の木の上に育つ。

鳥の装飾者

ニューギニア島とオーストラリア大陸東部

多くのオスの鳥は鳴き声やディスプレイを披露してメスの気を引き、つがいの相手を得る。しかし、ニューギニア島やオーストラリア大陸の熱帯多雨林に生息するオスのニワシドリは、建築技術でメスを感心させる。メスはオスが作った「あずまや」（巣）を判断し、お気に入りのあずまやを作った相手と繁殖する。オウゴンフウチョウモドキのように草と棒切れを平行に並べて「アヴェニュー」型のあずまやを作る種もいれば、チャイロニワシドリのように小さな木のまわりに「メイポール」型のあずまやを作る種もいる。様式を問わず、どのニワシドリも装飾にとてもこだわり、自分のあずまやを花や果実、ときには人間のゴミで飾りつける。

「アヴェニュー」型の建築家
ニューギニア島の熱帯多雨林では、鮮やかな色のオスのオウゴンフウチョウモドキが「アヴェニュー」型のあずまやをベリーの実で飾る。つがい候補のメスが訪れると、オスは瞳孔を拡大させたり収縮させたりして相手の気を引こうとする。

雲の中の森

ニューギニア島

熱帯地方では低地だけでなく標高の高い山間部でも降水量が多いため、多雨林も高い地点にまで広がる。しかし、涼しい山地の熱帯多雨林に見られる動植物は、低地とは異なる。場所によって違うが、一定の標高に達すると気温と湿度の組み合わせ次第で雲霧林が発達する。そこでは1日のほとんどが霧と雲におおわれている。ふつうは水が蒸散によって植物の中を引き上げられる。太陽の光による葉の乾燥効果が、根による水の吸い上げを助けるためだ。しかし空気が霧で湿っていて、しかも雲が太陽を隠していると、このシステムは機能しない。雲霧林の葉はそれに代わって空気中から直接水分を吸収する。

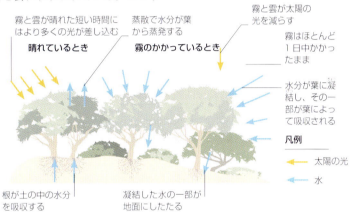

空気中からの水
雲霧林は凝結した霧が葉からしたたり落ちることで湿った状態に保たれる。ここの植物はほぼいつも、地面からよりも空気中からより多くの水分を吸収する。

雲霧林の着生植物
地衣類のサルオガセはニューギニア島の山間部の木から成長する。雲霧林では凝結した水があらゆる場所を湿った状態に保つため、着生植物が豊かに育つ。

締めつけるヘビ

ニューギニア島

ほぼすべてのヘビは生きた獲物を捕食する。そのため、できるだけ短時間で獲物を殺せるように、脚のない動物としての身体的な限界を克服する方法を進化させてきた。多くのヘビは毒を使用し、獲物を嚙んで牙から毒を注入する。しかし、力任せに締めつけるヘビも多い。獲物の体にきつく巻きつき、血流を妨げて心臓を止めてしまうのだ。

ヘビの中での最大の種はいずれも締めつけるタイプで、南北アメリカ大陸、アフリカ大陸、アジアのボアは子供を産むのに対して、アフリカ大陸とインド太平洋地域のニシキヘビは卵を産む。ニューギニア島の熱帯多雨林は、両方の大蛇の分布域が重なり合う数少ない場所のひとつだ。

ミドリニシキヘビ
ニューギニア島の熱帯多雨林に見られるミドリニシキヘビは締めつけるタイプの捕食動物で、木の枝の間で暮らし、木に登ってくる哺乳類や爬虫類のほか、ときには鳥も狙う。

尾で物をつかむことができる

環境保全
太平洋のカタツムリ
ポリネシア諸島の熱帯多雨林はかつて、空気呼吸をするポリネシアマイマイのハビタットで、70種以上のきわめて多様な種が見られた。珍味としてアフリカマイマイが持ち込まれると、この草食性のカタツムリが害虫として問題になったため、今度はその駆除用に肉食性のヤマヒタチオビも持ち込まれた。しかし、ヤマヒタチオビはポリネシアマイマイの個体数を大幅に減らし、3分の2の種を絶滅させてしまった。

モーレア島のポリネシアマイマイ

熱帯乾生林

熱帯性のモンスーンにさらされる森ほど、年間を通しての変化が激しいハビタットはほとんどない。緑が雨で潤ったかと思うと、砂漠のように乾燥した季節的な干ばつにさらされる。

熱帯地方の高温は、そこに育つ森の木々の種を豊かにしてくれる。だが、年間を通して実りのある状態が続くのは、つねに湿度が高い熱帯多雨林だけだ。世界の熱帯の森の3分の1は雨が降ったり降らなかったりする。そのような森は熱帯多雨林と比べると赤道から距離があり、北に向かって、続いて南に向かって吹く嵐を生む気候条件が、1年のうちの一部しか当てはまらない。「モンスーン」と呼ばれるこの季節的な降水量の変化は、場所によって異なる。つまり、モンスーンの森では、1年の半分は雨量が多いところもあれば、2、3か月しか雨が降らないところもある。1年の残りの期間は厳しい乾燥に見舞われる。

極端な季節

雨が降るとこれらの森はもっとも雨量の多い多雨林とほとんど区別がつかなくなる。そして生き物たちはこのような豊かな条件を最大限に活用する。植物は成長して実をつけ、昆虫は群れをなし、鳥は巣を作る。しかし、乾季の始まりとともに干ばつの数か月が訪れる。常緑樹はかたい葉をつけたまま持ちこたえるが、多くの木々が温帯での冬のように葉を落とす。乾季がとくに厳しいときにはさらに多くの木が葉を失う。多くの動物はその厳しさに耐えられず、ほかの場所に移動したり、眠って乗り切ったりする。昆虫や果実を食べる鳥はもっと雨の多いハビタットに渡りをする。活動を続けるためには水分が必要なカエルは、地中に繭を作り、夏眠して乾季を過ごす。湿潤から乾燥への季節の変化は激しいが、生き物の歩みが止まることはない。植物の中には乾燥が開花と新たな成長のきっかけになるものもある。これは林冠の葉が枯れることで地面までより多くの光が差し込むようになるので、それを利用するためと考えられる。熱帯地方の季節的な乾生林は多様性がつねに変化するハビタットなのだ。

世界的な分布

熱帯地方では季節によって乾燥する森が、緯度にして北も南も10度から20度の間に集まっていて、熱帯のアメリカ大陸とカリブ海、アフリカ大陸中部の南寄り、マダガスカル島西部、南アジア、太平洋の島々に見られる。

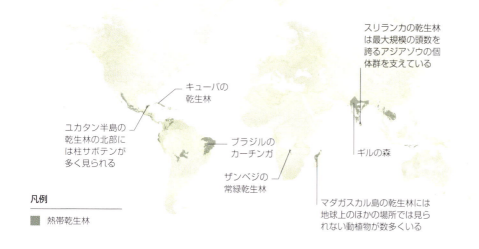

キューバの乾生林

ユカタン半島の乾生林の北部には柱サボテンが多く見られる

ブラジルのカーチンガ

ザンベジの常緑乾生林

スリランカの乾生林は最大規模の頭数を誇るアジアゾウの個体群を支えている

ギルの森

マダガスカル島の乾生林には地球上のほかの場所では見られない動植物が数多くいる

凡例

■ 熱帯乾生林

森に暮らすフォッサはマダガスカル島に固有のネコに似た哺乳類。夜または昼間に獲物をつかまえ、キツネザルを主食にしている。獲物を見つけにくい乾季には狩りのためにより長い距離を移動する。

熱帯乾生林のしくみ

熱帯地方の一部では、モンスーンによる大量の雨に続いて干ばつがやってくる。雨季には木々が緑豊かで、動物の食べ物が豊富にある。しかし、インドのチョーター・ナーグプル高原などでは乾季が1年の半分以上も続く。このような干ばつ時には、植物は葉を落とし、多くの動物は夏眠に入るか、ほかの場所に移る。

雨季

果実を食べる鳥
オオサイチョウは雨季の間に木の穴に巣を作り、乾季にはより広範囲に行動して食べ物を探す。

万能な肉食動物
小型で日和見的なジャングルキャットは開けた草原のほか、疎林でも狩りを行い、森の外れにもしばしば姿を見せる。

トラは水を飲むため水たまりを訪れるシカに忍び寄ることが多い

雨季になると葉が生い茂る
雨がその前の干ばつで失われた葉の成長を促し、森の林冠にはすぐに葉が生い茂る。

草も葉も食べる
アクシスジカの群れは森の外れに生息し、草だけでなく高木や低木の葉も食べる。

ムネアカゴシキドリは果実や大型の昆虫を食べる

インドニシキヘビは雨季には活発だが、乾季になると活動が鈍くなる

カササギヒタキは昆虫やクモを餌にする

インドタテガミヤマアラシは複雑な巣穴を掘り、深いところに部屋を作る

熱帯乾生林 107

物理的条件
熱帯のモンスーンの森ができるのは乾季が最長で8か月続く場所。気温は1年を通して高いが、降水量は大雨または干ばつのどちらかになる。気候と地質によって森の様相は地域ごとに異なる。

タカサゴダカ

タカサゴダカは空の捕食者で、しばしば小型の鳥を追いかけて飛行中につかまえる。

小型の落葉樹、とげのある低木、サボテン

比較的大きな落葉樹

ブラジル　　インド

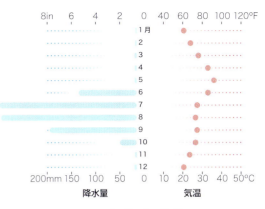

インド　ナーグプル

乾季

葉のない木々
乾季になると木は葉を落とす。落ち葉が堆積することで土壌に有機物と栄養分がおもに循環する。

サラソウジュは季節的な干ばつに見舞われる場所では落葉性、年間を通して雨が降る場所では常緑性

サラソウジュ

水たまりには雨季でも動物たちが集まる

落ち葉が厚く積もる

長い乾季には**水たまり**が小さくなる

乾季の訪問者
ブラックバックなどの草原の種は、乾季の盛りになると水を求めて木々におおわれた地域にやってくる。

雨季に繁殖する生き物
ヒメアマガエルは乾季を深く積もった葉の下で過ごし、雨季になると姿を現して池で繁殖する。

群れで屍肉をあさる動物
ドールと呼ばれるイヌ科の野生動物は、もっとも乾燥した時期には狩りをやめて死骸をあさることもある。

昆虫を専門に食べる動物
ナマケグマは長い舌を使ってアリやシロアリをなめ取り、ほとんどそれだけを食べる。乾季にはアリが豊富にいる。

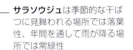

1年中得られる蜜
マメハチドリは1年を通して蜜を必要とする。アンティゴノンなどのハチドリに適応した植物は、雨季にも花を咲かせなければならない。

結実を遅らせる

メキシコ、中央アメリカ、南アメリカ大陸北部

中央アメリカや南アメリカ大陸北部に固有のマメ科植物のエンテロロビウム・キクロカルプムは、送粉者のハチの数が多い雨季の初めに白い玉房状の花をつける。しかし、それでは同じ雨季の間に大きなさやが成熟し、若木が発芽するだけの充分な時間が取れない。そのため、この木は種子の生育を遅らせる。さやは乾季が始まると同時に成長を開始し、再び雨季が訪れてから、つまりハチが受粉して丸1年が経過した後に、成熟して地面に落ちる。発芽するためには草食動物によってさやが割られ、その中の種子の表面に傷がつかなければならない。それが可能な固有種の動物は存在しないため、この役割はメガテリウムなどのはるか昔に絶滅した哺乳類が担っていたと考えられる。

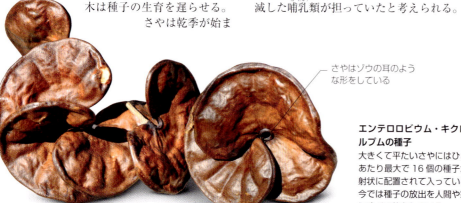

さやはゾウの耳のような形をしている

エンテロロビウム・キクロカルプムの種子
大きくて平たいさやにはひとつあたり最大で16個の種子が放射状に配置されて入っている。今では種子の放出を人間や家畜にすべて依存している。

貯水タンクとしての幹

メキシコ北部

熱帯乾生林の北限はメキシコのソノラン砂漠の外れとバハ半島沿いで、そこでもっともうまく干ばつに適応している種のひとつがゾウノキだ。その名前は驚くほど太い幹に由来する。1日の水分の必要量を最小限に抑えるため小さな葉をつける。幹の髄に蓄えられた水が、もっとも多く必要とされる時期のための貯水タンクとして機能する。

ゾウノキ

乾季の開花

キューバ

乾生林の一部の植物は乾季に花を咲かせる。たいていの場合、これは受粉のために昆虫ではなく鳥を引きつけようという戦略だ。昆虫は乾季になると雨季よりも数が減るが、鳥の数は多いままで、鳥にとって花から得られる蜜は乾季における生命線に当たる。アメリカ大陸の熱帯地方の全域で、乾生林にハチドリが多く見られるのは乾季に花が咲くためだ。カリブ海の大きな島で多雨林よりも乾生林の方が多いのはキューバだけで、この島には体長がわずか5cm、体重は2g以下という世界最小の鳥のマメハチドリが生息している。この鳥は乾季に繁殖し、メスは植物の繊維と地衣類から作った小さなカップ状の巣に2個の卵を産む。エネルギーの豊富な蜜を求めてマメハチドリが訪れる乾季に咲く花としては、ナス科のつる植物のラッパバナなどがある。

マメハチドリの巣は指ぬきほどの大きさ

巣穴を掘るカエル

メキシコと中央アメリカ

中央アメリカの乾生林では、雨季になると奇妙なカエルが地中から姿を現す。短い脚、小さな頭、たるんだ皮膚というメキシコジムグリガエルは、一時的にできた水たまりに向かい、集まったオスがメスの気を引こうと鳴き声をあげる。受精卵は水に沈むとすぐに孵化し、水たまりが干上がる前にオタマジャクシからカエルに変態する。そしてカエルは鍬のような形のかかとを使って穴を掘りながら、少しずつ後ずさりして地中に潜り、乾季の間は土の中で過ごす。

アリを食べるカエル
メキシコジムグリガエルは口が小さくて歯がなく、舌を前に突き出せる。これは地中で生活している間にシロアリやアリを食べるための適応である。

豊かな蜜のもと / 長い吻で蜜を吸う

ホウジャクの一種（アエロポス・ティタン）

受粉者のガ

メキシコ西部

ガのほとんどの種類は夜行性だが、スズメガ科のうちの数種は昼間に飛び、小型版のハチドリのように花の上で羽ばたきながら蜜を吸う。大きな目、細長い体、すばやい羽ばたきは、蜜を吸うときにも捕食者をかわすときにも役立つ。透き通った羽を持つ一部の種は針で刺すハチをまねることもある。南北アメリカ大陸各地に広く分布するホウジャクの一種は中央アメリカの乾生林のどこでも見られる受粉者で、マダー・ブドウやヴァーヴェナの花が咲き乱れる森の空き地で蜜を吸う。

木の味方と敵

メキシコ中部

メキシコアグーチは齧歯類で、長い脚を使って林床を速く走れる。アメリカ大陸でももっとも重要な植物の捕食者である。種子、木の実、若い木を食べるため、新たに生えた木々が大きく成長するのを妨げてしまう。けれども、その行動は木々に恩恵ももたらす。熱帯のアメリカ大陸の齧歯類の中で、種子や木の実を隠す習性があるのはアグーチだけで、とくに乾生林では毎年必ず訪れる干ばつの時期になると保管しておいた食べ物が役に立つのだ。豊作の年では、1匹のアグーチが広い範囲に散らばった多くの保管場所に何千個もの種子を少しずつ埋めることもあり、こうして埋められた大量の種子の多くはアグーチが忘れてしまい、やがて発芽して成長する。

また、アグーチはブラジルナッツのかたい殻を噛んで割ることのできるほぼ唯一の動物でもある。そのため、ブラジルナッツは殻の中から種子を取り出す作業を、ほぼアグーチだけに頼っている。

中心的存在の齧歯類
メキシコアグーチをはじめ、熱帯のアメリカ大陸に生息する十数種のアグーチは森の生態系では中心的な役割を果たす。アグーチは植物を食べ、種子を散布し、発芽を促進し、肉食動物の食べ物になる。

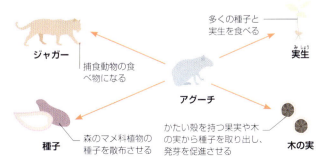

ジャガー ← 捕食動物の食べ物になる
多くの種子と実生を食べる → 実生
アグーチ
種子 — 森のマメ科植物の種子を散布させる
かたい殻を持つ果実や木の実から種子を取り出し、発芽を促進させる → 木の実

メキシコアグーチ

乾燥したベリー

コロンビアのカウカ盆地とマグダレナ盆地

世界の乾生林の多くは山頂の雨陰に位置する。嵐の雲が山腹にぶつかると大量の雨を降らせるが、山頂を挟んだ反対側は乾燥したままだ。アンデス山脈の複雑な地形は複数の雨陰盆地を形成した。その中でも最大のマグダレナ盆地とカウカ盆地には、南アメリカ大陸でも有数の豊かな乾生林がある。干ばつに適応したそこの動植物は、周囲を湿潤な多雨林に囲まれて隔絶された中で進化してきた。その一方で盆地としての役割も果たし、乾生林の種が中央アメリカからさらに南に到達するのを助けてきた。ギンミドリフウキンチョウはこの乾燥した低木の盆地に多く見られる種のひとつだ。

果実と昆虫を餌にする **ギンミドリフウキンチョウ**

雨陰の森
アンデス山脈には西は太平洋からの、東はアマゾン盆地からの雨が大量に降る。

浸水した森か、それとも乾生林か

ブラジル マットグロッソ州

アマゾン盆地のほとんどは1年中雨が降るが、熱帯多雨林が熱帯草原に移り変わる南東部に向かうと季節性が高まる。ブラジルのマットグロッソ州の木々と草地の境目の近くでは、森には木々が水没するような豪雨に見舞われる雨季と、干ばつの時期が交互に訪れる。乾季になると、高い場所では多孔質の土壌から排水されるため、植生はとても乾いた状態になり、もっと南のセラードの熱帯草原（→ p.139）と同じように、火災が発生しやすい。

こうした森に生息する多くの動物たちは、地面よりも高い林冠でつねに過ごすことによって、雨季の洪水と乾季の干ばつを乗り切る。ときにはダスキーティティのようなサル、オビオマイコドリのような鳥をはじめとする簡単に場所を移動できる動物が、あちこちに動かなければならないこともある。この地域の植物は異なる場所で1年の異なる時期に実をつけたり、花を咲かせたり、成長したりするためだ。

ブラジルのマットグロッソ州にはアマゾン盆地で最大の乾生林がある

エルニーニョによる雨の増加

ペルー北西部

ワタボウシミドリインコ

南アメリカ大陸の赤道付近の太平洋岸は、風が西側の海に向かい、雨雲が陸地まで到達しないので乾燥している。北の熱帯多雨林は赤道付近で乾生林に移り変わる。だがエルニーニョの年にはこの風が弱まって陸側に多くの雨が降り、森により多くの果実が実るため、動物やインコなどの鳥に恵みとなる。

乾生林の起源と運命

ボリビア東部とブラジル南西部のチキタニア地方

先史時代、すべてのハビタットは気候の自然な変動に合わせて変化した。大地に残る証拠から、南アメリカ大陸も含めて乾生林はかつて今よりも広範囲に及んでいたことがわかっている。アマゾン盆地南端のチキタニア地方を中心とした研究から、南アメリカ大陸がもっと涼しくて乾燥していて、熱帯多雨林が今ほど広大ではなかった時代には、乾燥に適応した植物の花粉の化石や木炭の堆積物が顕著に見られることが明らかになっている。それらの堆積物の分析から、現在の乾生林は数千年前と比べて多様性が低いことも判明している。

アメリカバク
アメリカバクのような適応性のある森の種は、先史時代の乾生林から多雨林への環境変化を生き延びた。

アカオビチュウハシ
チュウハシは果実の種子を散布させる重要な鳥だ。アカオビチュウハシは乾生林と多雨林の林冠で餌を食べる。

小規模な湿潤な森が
カーチンガを豊かにする

南アメリカ大陸でもっとも広大な乾生林はブラジルのカーチンガ地域だ。ここは生物多様性が世界一高い乾生林のひとつでもある。南に向かうにつれて環境がより厳しくなる乾生林は、サボテンがふつうに見られる森を作り出した。絶滅が危惧されているコスミレコンゴウインコなど、多くの動物はこのハビタットでしか見られない一方、海からの暴風雨が吹きつける標高の高い場所には小規模な熱帯多雨林の飛び地がある。

ブラジル北東部

オスはメスよりも鮮やかな色の羽毛を持つ

アラリペマイコドリ
1996年に発見されたこの鳥は、アラリペ高原の中を貫く盆地内にあるカーチンガの湿潤な飛び地にのみ見られる。そこには約800羽しか生息していない。

ボトルツリーは林冠の上に出ている

落葉樹の林冠

とげのある低木層

サボテンなどの多肉植物

森の構造
カーチンガの乾生林は複雑な構造を持つ。高木の林冠は乾季になると葉を落とし、その下のとげを持つ低木層はアカシア、ヤシ、サボテンが中心。

ネコ科のホット
スポット

ボリビア中部

アンデス山脈の雲霧林は地球上で有数のつねに雨の多い地域だが、それより南では熱帯のモンスーンが乾季をもたらす。そこにはサボテンやほかのとげを持つ植物からなる乾燥した森や、南北アメリカ大陸でもっともネコ科の動物の多様性に富む場所があり、ジョフロワネコ、ピューマ、ジャガー、オセロット、コロコロなどが生息している。

斑点模様の体毛がカムフラージュの役割を果たす

オスのジョフロワネコ

モンスーンはなぜ発生するのか

南アジア、東南アジア、熱帯のアフリカ大陸、オーストラリア大陸

インド洋地域における季節ごとの降水量の劇的なまでの変化が、熱帯地方各地で発生するより広い範囲でのモンスーン現象の一因になっている。赤道付近の真上に位置する太陽が、海洋風によって湿度が高まった空気を暖めて雲を作り、熱帯多雨林帯に大量の雨を降らせる。赤道から離れるにつれ、太陽の光は季節によってより左右される。暖かく湿った空気の帯が1年の間に行ったり来たりするため、夏の雨季をまずは北に、続いて南にもたらす。そのほかの時期には、これらの地域には冬の乾季が訪れる。この効果は南アジアで見られるように、北と南の境目が大陸と海洋で分断される場合に著しくなる。その原因は太陽が陸地を海よりも早く暖め、冬には陸地が海よりも早く冷たくなるからだ。

南アジアのモンスーン
南アジアで激しいモンスーンが発生する理由には、季節ごとの降雨帯の移動と、陸地の過熱と冷却という2つがある。

凡例
- → より冷たい空気
- → より暖かい空気

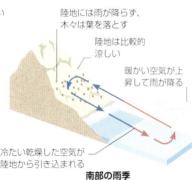

北部の雨季 / **南部の雨季**

常緑性乾生林

ザンビア 西ルンガ国立公園

小さな葉が集まった複葉

白い花にはそれぞれ本当の花びらが1枚ある

小さな花が固まって成長する

クリプトセパルム・エクスフォリアトゥム

アフリカ大陸の熱帯で乾季がある地域のほとんどでは、草原の間に木々が点在するサバナが優勢だ（→ p.135）。しかし、コンゴの熱帯多雨林の南にあるザンビアの西ルンガ国立公園には、耐乾性のあるクリプトセパルム・エクスフォリアトゥムがほとんどを占める高さ15mから18mの密生した林冠を持つ乾生林があり、その下には低木が生い茂って低木層を作っている。

ほかの乾生林の木々とは違ってこの木は常緑樹で、葉が年間を通して、森に生息する小型のレイヨウのコシキダイカー、イノシシの一種のアカカワイノシシなどの動物たちにとっての大切なハビタットと住処を用意する。

石灰岩の大聖堂
ユネスコの世界遺産に登録されたツィンギ・デ・ベマラ厳正自然保護区は最大規模の広さを誇るツィンギで、面積は1500km² に及ぶ。

アジアで最後の
ライオンの王国

インド　ギルの森

インドのカシアル・ギル地域は雨季になると、アカシアやチークなどの乾生林の木々を充分に維持できるだけの雨が降る。だが、ここには近くの乾いた低木林の多肉植物も見られる。その結果、ハビタットはアフリカの疎林のあるサバナに似たものとなり、アジアの種のほかにアフリカで優勢である動物も見られる。その中には2万年前にここに移動してきたと考えられるアジアライオンの小さな個体群が含まれる。この地の気候条件は厳しく、夏のもっとも暑い時期には気温が45℃以上になる一方、冬の夜には氷点下になるが、乾生林は南アジアでの減少しつつあるハビタットの現存するもっとも重要な部分に相当する。

アジアライオン　ギル国立公園

環境保全
人間との摩擦

グジャラート州のギル国立公園には700頭以下のアジアライオンしか残っていないが、環境保全の取り組みでこの10年間に数が増えつつある。歴史的に見ると、ライオンはトルコやアラビア半島まで分布していたが、人間がこの大型ネコ科動物を狩るようになると数は激減した。現存するひとつだけの個体群では近親交配の懸念がある。また、観光客用に家畜の死骸を餌にしておびき寄せることは、捕食動物としての習性を阻害しかねない。自然界ではアクシスジカがアジアライオンのおもな食料源のひとつ。

アジアライオンとアフリカライオン

ギルの森だけに生息するアジアライオンは、アフリカライオンよりもいくらか小柄で、体毛が薄い。アジアライオンとアフリカライオンは、ともにライオンの亜種に当たる。その違いは2万年にわたって互いの接触がなかったことで生じた。

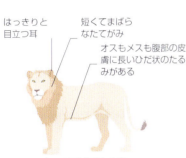

アクシスジカ

マダガスカル島の
「針」の上の森

マダガスカル島西部

マダガスカル島の乾燥した西部には世界でも有数の目を見張るようなハビタットがある。マダガスカル語で「裸足では歩けない場所」を意味するツィンギは、先端のとがった柱が連なる地形だ。二酸化炭素で酸性化した地下水と雨水が、何千年もの歳月をかけて石灰岩を浸食していくつもの深い亀裂を刻み、急峻な「針」からなる地形ができた。そうした針の中には高さが50m以上のものもあり、側面はほぼ垂直の壁になっている。

ツィンギの植生はバオバブやとげのある「ゾウノキ」（p.108のメキシコのゾウノキとは無関係なパキポディウム属）などの多肉植物の乾生林で、ため込んだ水で幹は太い。モザイク状の複雑なコミュニティがあり、川の水が流れる深い峡谷では多湿を好むシダやタコノキが見られ、乾燥した突端部分ではより耐乾性のある植物がしがみつくように生えている。

ツィンギのハビタットはマダガスカル島西部に分散していて、現地の動物たちの多くは人間がまず立ち入ることのできない地域を住処にしている。その中にはキツネザルの数種のほか、ネコに似たフォッサ（→ p.104, 259）や尾に輪の模様のあるワオマングースなどのマダガスカル島固有の肉食動物がいる。ツィンギはコウモリにとっても重要で、マダガスカル島のコウモリの種の半数が、とくに岩が浸食されて広大な洞窟群を形成している場所を、お気に入りのハビタットにしている。

ツィンギの森の石灰岩に生えている植物の350種以上は、マダガスカル島以外では見られない

脂肪の詰まった尾

マダガスカル島西部

インド洋西部のマダガスカル島では、11月から4月にかけて東部に大量の雨が降るが、西海岸は比較的乾燥したままだ。西側の乾生林に見られるキツネザルの中には、フトオコビトキツネザルがいる。名前は脂肪を蓄えた太い尾に由来していて、その脂肪で1年のうちの乾燥した期間を乗り切る。驚くべきことにこの夜行性の動物は、温帯の寒い時期に冬眠する哺乳類と同じように、乾季になると最長で6か月間もの休眠に入る。このような1年間のサイクルを持つことが知られている霊長類はフトオコビトキツネザルしかいない。

尾だけで体重の40%を占めることもある

フトオコビトキツネザル

苦い種子

ハワイ諸島。

ハワイ諸島の山腹は、風上に当たる東側には多雨林、風下に当たる西側は乾生林というように、異なる種類の森が見られる。ハワイ諸島の乾生林は、とくに食料が乏しくなる乾季には、草食動物を寄せつけないための防御手段を持つ。マーマネが作り出す苦い種子は、種子を食べる動物のほとんどが嫌がる。しかし、ハワイミツスイの一種のキムネハワイマシコは、ほとんどの食べ物をマーマネの木から得る。毒素がもっとも少ないと考えられるいちばん若くてやわらかい種子を選び、とがったくちばしを使ってさやを開く。

強くてとがったくちばしで種子を砕く

マーマネを好む鳥
絶滅が危惧されているキムネハワイマシコは、少量の昆虫を食べるほかは、食べ物をほぼマーマネの木に依存している。この木はハワイの乾生林のみに見られる。

砂丘林

ヴェトナム沿岸の平地。

世界の一部では気候と地質が結びついて乾生林ができる。ヴェトナム沿岸の平地は内陸のアンナン山脈の雨陰に当たり、砂の土壌に風が吹きつけて高い砂丘が形成される。砂は非常に水はけがよく、動くために不安定なこともあって、とくに根の浅い植物にとって砂丘は生息環境としてふさわしくない。根の浅い植物の一例がフタバガキで、その多くは栄養分のほとんどが地表の直下にあるローム層の土壌によりうまく適応している。コバノブラシノキ属のような砂丘でよく見られる植物には、地表からかなり下に位置する地下水面を利用するための深い根が必要になる。

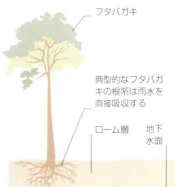

フタバガキ／典型的なフタバガキの根系は雨水を直接吸収する／ローム層／地下水面

砂丘林
コバノブラシノキ属などの地下水植物は、地表からかなり深い地下水に届くような長い根を持つ。地表近くの根も、雨が降った後の水たまりが乾いてしまう前に水分を吸収する。

砂／コバノブラシノキ属／地下水植物の根系

小さな花／微小な針状の葉

砂丘を手なずけた植物
ベッケア・フルテスケンスは乾燥した砂地でも平気で、インドシナ半島の砂丘でも生き延びられる。

乾生林を移動する動物たち

フィジー。

動植物を乾生林の干ばつにも耐えられるようにした適応は、多くが真水のない海での長距離の移動を生き延びるうえでも役立っている。トカゲ、ヘビ、カメなどの陸生爬虫類は、流木や植物の塊の上に乗って海を渡ってきた。こうしてこれらの動物たちは遠く離れた島にコロニーを作り、新たな種へと進化していく。

島のトカゲのじつに驚くべき例が、フィジー諸島に生息する色鮮やかなタテガミフィジーイグアナだ。ほかのイグアナの種は遠い祖先のものも含めて、すべて南北アメリカ大陸に生息している。つまり、フィジーのイグアナは南アメリカ大陸から途方もない距離を流木などで島まで渡ってきた。西向きの南赤道海流に乗って太平洋を横断したのだと考えられる。

フィジーのイグアナの先祖は流木などをいかだ代わりにして9,000kmも移動したと思われる

失われた森の巨人

東南アジア

インドシナ高地中部の乾生林は丈の高いフタバガキが優勢で、林床は草におおわれている。木々の多くが厚いコルク状の樹皮を持つのは、頻発する山火事を生き延びるための適応による。これらの森はかつて、大型哺乳類の豊かなコミュニティという独特のハビタットだったが、森林伐採と密猟が野生動物に壊滅的な影響を及ぼした。かつてこの地には、森に暮らす大型のウシのコープレイのほか、ジャワサイとスマトラサイも生息していた。コープレイは1970年代以降、目撃されておらず、ヴェトナムで最後に確認されたジャワサイは2010年に密猟者によって撃ち殺された。

スマトラサイ
ほかの大型野生動物と同じように、スマトラサイは林床を踏み荒らし、つねに森の構造を変化させる。これらの動物はかつてインドからインドシナ半島にかけて広く分布していたが、今ではアジアの大陸から姿を消し、スマトラ島とボルネオ島のみに生息している。

環境保全
ビルマホシガメ

食用や漢方薬、またペット用の売買目的で狙われたことで、ビルマホシガメは絶滅危惧IA類に指定されている。カタツムリやミミズのほか、植物も食べるこの雑食性の爬虫類は、ミャンマーのアラカン山脈の雨陰に位置するイラワジ川流域の乾生林や低木林にほぼ限られている。

2000年までに野生では実質的に絶滅した。しかし、飼育下繁殖プログラムの成功で種は救われ、20年未満で1万4,000匹の個体が誕生した。そのうちの2,000匹が野生動物保護区に再導入され、厳重な警備のもとでかつての脅威から守られている。現在では多くが再び野生でも繁殖している。

甲羅には独特の星形の模様がある

前脚にはとがったうろこがある

ビルマホシガメ

ティモール島、アジアとオーストラリアが出会う地

ティモール島

アジアとオーストラリア大陸の間には、ジャワ島からティモール島まで島々が連なり、東に向かうにつれて熱帯モンスーンがより大きな影響を及ぼす。そのため、ジャワ島西部の固有のハビタットは緑豊かなアジアの熱帯多雨林なのに対して、ティモール島では乾生林と低木林が見られる。ティモール島と近隣の島々は、こうした異なる種類のハビタットに暮らす両方の世界の動物たちが出会う場所で、アジアの熱帯多雨林に見られるツグミとヒタキが、オーストラリア大陸のサバナの林に見られるオウムやミツスイと混交している。何百万年もの間、ティモール島で隔絶されていた個体群は、ほかのどこにも見られない新種に進化した。

東と西からの影響
ティモール島の乾季落葉樹林だけにしか見られない約20種の鳥には、アジア由来の種とオーストラリア大陸由来の種がいる。

タテガミフィジーイグアナ
この種の明るい緑色は、低木の葉の間では格好のカムフラージュになる。林床に下りることはめったにない。

チモールジツグミ / スンダ大陸棚 / ジャワ島 / チモールヒメヒタキ / アジアの動物相 / アジアの種の東への移動の限界 / アジアやオーストラリア大陸を起源に持つ種が混交する地域 / オーストラリア大陸の種の西への移動の限界 / ティモール島 / サフル大陸棚 / オーストラリア大陸の動物相 / アカマユインコ / チモールオリーブミツスイ

116 / 緑の陸地

11月から3月にかけて、数百万羽のオオカバマダラがメキシコの西シエラマドレ山脈にあるアビエス・レリギオサの深い木立ちで冬を越す。
暖かい日にはチョウたちが活発になり、水を飲むために水場まで飛ぶ。

熱帯針葉樹林

熱帯や亜熱帯の一部では、林や森で針葉樹が優占する。そうした場所はメキシコの高地、カリブ海の島々の砂地、ヒマラヤ山脈の山腹など多岐にわたる。

針葉樹林が赤道の近くで育つことは数少なく、その場合も多くは気候条件が広葉樹にとって厳しすぎるところに限られる。冬に極寒の気温になることはないものの、顕著な乾燥が見られる亜熱帯気候では、中央アメリカの山脈などの山間部で針葉樹が存在感を主張する。そこでは針葉樹が常緑のナラと混交し、地球上で最大の多様性を誇る針葉樹のある森が形成される。

そこに生息する動物たちも同様に、南アメリカ大陸のハチドリと、カナダやアメリカ合衆国のモリムシクイの両方が見られる。冬のいちばん寒い時期を逃れてここに渡ってくる鳥や昆虫たちもいる。

差のある多様性

新世界の熱帯針葉樹林とは対照的に、アジアの熱帯針葉樹林は変化に乏しい。ヒマラヤ山脈の一部やインドシナ半島、フィリピン、スマトラ島の山間部など、針葉樹が優占するところは、ほとんどが1種類のマツからなる。このような違いはそれぞれの歴史を反映したものだ。新世界の熱帯針葉樹は、北アメリカ大陸の太平洋岸のマツとレッドウッドの森という豊かな温帯に起源を持ち、中央アメリカで数多くの異なる種に進化してきた。しかし、アジアでは、広葉樹が豊かな多様性を誇る中で競合できるマツの種が数少ないのだ。

世界的な分布
熱帯針葉樹林の中でも最大で、有数の多様性が見られるのは、メキシコやグアテマラのマドレのマツとナラの森だ。このハビタットのより小規模なものは、カリブ海の島々、バミューダ諸島、南アジアや東南アジアの山間部にも見られる。

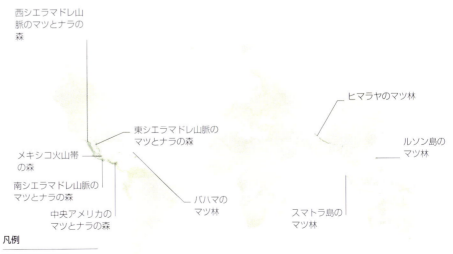

熱帯針葉樹林のしくみ

負荷の大きい気候条件を生き延びられる力のおかげで、針葉樹は地球上でもっとも寒い場所やもっとも乾燥した場所で優位を占めている。しかし、熱帯ではその力は標高の高いところで低地の広葉樹林と入れ替わるうえで役立っている。熱帯の針葉樹はとくにメキシコのシエラマドレ山脈の常緑のマツとナラの森で多様性に富む。

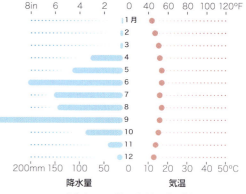

メキシコ　サンクリストバル

物理的条件
ほとんどの熱帯針葉樹林はモンスーン気候で、短期間の大雨の後に長い干ばつが訪れる。標高が高いので低地の熱帯多雨林よりも涼しい。

標高の高いところ

メキシコムクドリモドキは食虫性の鳥で、毒のあるオオカバマダラを食べる数少ない種のひとつ

メキシコムクドリモドキ

マツとナラのコミュニティ
豊かな多様性を誇る高木として、ハートウェグズパイン、シチゴサンマツ、チリショオークや、より標高の低いところにはチアパスパイン、ホワイトオークなどがある。

林冠の雑食性の鳥
メキシコキヌバネドリは大型の昆虫をつかまえるほか、それぞれの季節で実をつける果実を食べることで、種子の散布を助ける。

イススムラ・ボネティ

種子を散布する動物
アカハラハイイロリスはおもにマツの実やドングリを食べるが、蓄えの中に傷ついていない実が充分にあると、そのうちの一部が発芽する。

サンショウウオのホットスポット
肺を持たないサンショウウオは、涼しくて酸素の多い気候条件下で皮膚呼吸ができる亜熱帯の高地で多様化した。

シエラ・フアレス・ブルック・フロッグは山間部の小川で産卵する

シエラ・フアレス・ブルック・フロッグ

標高の低いところ

ホワイトオークが葉を落とすのは春の短い間だけなので、1年のほとんどは葉が茂っている

チアパスパインはハビタットが1年中霧からの水分を得られるところに育つ

ホワイトオーク

チアパスパイン

オジロジカは草食動物で、若い葉、芽、小枝、さらには果実も食べる

草やそのほかの草本植物は、林冠に隙間のある林で太陽の光がたっぷり届くので育つ

捕食動物の頂点
オジロジカを獲物にするピューマは分布域が広く、熱帯のほかにアメリカ大陸のより涼しい地域にも生息する。

送粉者
ガーネットハチドリは蜜を餌にするほかの鳥と同じく、ポインセチアなどの赤い花にとくに引き寄せられる。

ポインセチア

熱帯針葉樹林

亜熱帯のオウム

メキシコ北部

メキシコの西シエラマドレ山脈のマツとナラの森にのみ見られるハシブトインコは、南北アメリカ大陸でもっとも北に生息するオウムだ。その「姉妹」種のクリムネインコは、メキシコ北東部の似たハビタットに生息する。どちらの種も針葉樹を好み、マツの種子を主食としている。メキシコの針葉樹の豊かな多様性のおかげで、1年中少なくともひとつの種は必ず種子を与えてくれる。涼しい高地というオウムのハビタットの利点と思われるものとして、低地よりもヘビが少ないということがある。捕食動物のヘビは穴に巣を作るこの鳥のひなをしばしば獲物にする。

きちょうめんな食べ方
クリムネインコは球果を引き抜いてから、種子を無駄にしないよう注意深く扱う。この絶滅危惧種はリュウゼツランの種子も食べる。

越冬する鳥たちの避難場所

メキシコ オアハカ州

メキシコの高地にある温暖な針葉樹林は越冬する鳥たちにとっての重要なハビタットだ。そうした鳥の中には食虫性のモリムシクイがいる。キムネズアカアメリカムシクイのように温帯の北にある同じようなマツ林からやってくる鳥もいれば、キホオアメリカムシクイのように夏はナラの林、冬は高地のマツ林で過ごす鳥もいる。鳥たちが訪れる亜熱帯のメキシコでは冬でも餌の昆虫が豊富で、そこにはズキンベニアメリカムシクイなどの留鳥も生息している。

細いくちばしがモリムシクイの特徴

ズキンベニアメリカムシクイ

巨大な群れを作って越冬するオオカバマダラ

メキシコ ミチョアカン州

毎年冬になると、メキシコのシエラマドレ山脈を数百万羽のオオカバマダラが訪れる。驚くべきことに、このチョウはより温暖な気候を求めて北アメリカ大陸東部から3,000km以上を移動してくる。メキシコでは冬の気温が氷点下になることはまずなく、びっしりと密集することによる体温でチョウたちは冬を乗り切る。そのままこの地にとどまり、春になって暖かくなると交尾をして卵を産む。そして次の世代のチョウたちが北に向かって飛ぶ。

南への渡りのときとは違って、一気に元の場所まで戻るわけではなく、途中で止まって繁殖する。3世代はまたは4世代をかけて北に向かい続けた後で元の場所に戻り、そこから再び南に渡りをすることになる。

飲みたくてたまらなかった水
オオカバマダラは越冬地に到着するとすぐ、非常に長い距離の渡りの間に失われた水分を補うために水たまりの水を飲む。

環境保全
チョウにとって大切な場所
長距離の渡りをするということは、その動物が世界の異なる場所での複数のハビタットに依存していることを意味する。オオカバマダラが種として不安視されているのは、その越冬地が夏の分布域と比べてはるかに小さく、より脆弱なためだ。複数の研究は、越冬するメキシコのオオカバマダラの数が減っていることを示している。そのため、北アメリカ大陸東部の個体群を監視する必要がある。

メキシコウサギ

メキシコ中部

メキシコ中部の火山の山腹にあるマツ林だけに見られる、世界でもっとも希少なウサギがいる。おもにシチゴサンマツからなるここの林冠は、充分な隙間があるので林床まで光が届き、草が生い茂る。人間の胸くらいの高さにまで成長する草の間にウサギの巣穴が隠れていて、それらはアルマジロやアナグマが放棄した巣穴を再利用したものであることが多い。ウサギはその草を餌としても利用する。メキシコウサギの飼育下繁殖は、ある程度は成功しているが、ハビタットの喪失と狩猟がこの脆弱な動物とっては今も大きな脅威で、その個体数は減少を続けている。

小型のウサギ
メキシコウサギは体重が375〜600gで、ヨーロッパのアナウサギの半分以下しかない。メキシコウサギの方が耳と脚が短く、目も小さく、鼻と口はより丸みを帯びている。

適応可能なテン

ヒマラヤ山脈西部

ヒマラヤ山脈の山腹の熱帯針葉樹林のほとんどはヒマラヤマツである。この木は長大な山脈の一部に広がる乾燥した雨陰気候でよく育つ。このハビタットでは近隣の森よりも低木の下生えが少ないため、周辺の広葉樹林よりも支えられる種が少なくなる。気候変動と森林伐採の影響で、ヒマラヤマツの森は種がより豊富なほかの木々の森に代わって拡大している可能性がある。

ヒマラヤマツの森に生えるブラックベリー、ラズベリー、スグリは、ユーラシア大陸西部のマツテンの近縁種に当たるキエリテンの食べ物になる。キエリテンは東アジアのほかのハビタットにも生息している。ほかのテンと同じようにキエリテンは雑食性で、ネズミ、トカゲ、地上に営巣する鳥から、若いシカ、イノシシ、野生のヤギの一種のゴーラルまで、多岐にわたる大きさの動物も捕食する。ゴーラルを相手にするときには3匹以上の群れで狩りをするとされる。

テンはトラの後をつけて獲物を横取りすることでも知られている

バミューダ島のビャクシン

バミューダ島

自然の分布域が大西洋のこの島に限定されているジュニペルス・ベルムディアナ（バミューダビャクシン、ネズミサシ属）は、世界でもっとも希少な針葉樹のひとつだ。ビャクシンの一種で、かつてはバミューダ島の特有の「マツ林」のハビタットを形づくっていた。この種は海中のサンゴからできた石灰岩の地形での生育に適応している。しかし、造船の木材用としての大規模な伐採と、害虫のカイガラムシの偶発的な持ち込みが原因でほぼ絶滅しかけた。現在ではカイガラムシに耐性のある木々の植林で種の回復が見られるが、外来種の木々との競合と、ジュニペルス・ベルムディアナが成熟には2世紀を要することから、絶滅の脅威は今も残っている。

環境保全
裏目に出た害虫駆除
ジュニペルス・ベルムディアナへのカイガラムシの感染を抑える目的でバミューダ島に外来種の動物が持ち込まれたことで新たな問題が発生した。まず、カイガラムシを減らすために捕食性の甲虫が持ち込まれた。だが、甲虫がトカゲに食べられてしまうことがわかると、トカゲを抑えるために肉食性の鳥キバラオオタイランチョウが放たれた。だがその鳥が弱い固有種のハチやバミューダゼミを獲物にしてしまい、計画は失敗。実質的な捕食動物がいなかったため、キバラオオタイランチョウの数は爆発的に増え、卵やひなを盗むなど、ほかの鳥たちの脅威になった。この生物学的害虫駆除の試みは、ハビタットの種のバランスがいかに繊細かを自然保護活動家たちに教えることになった。

減少する依存者たち
ジュニペルス・ベルムディアナに依存している動物たちは木とともに数が減少した。バミューダゼミは絶滅したと考えられ、メジロモズモドキも減ってしまった。

バミューダゼミが樹皮に卵を産む
メジロモズモドキが木の中で営巣し、餌を探す
カイガラムシが木を落葉させる
ジュニペルス・ベルムディアナ

毒を持つ哺乳類

キューバとヒスパニオラ島

長くて曲がりやすい鼻は隙間の中の獲物を探すために使う

ハイチソレノドン

カリブ海にある島々の陸地の大部分は砂と石灰岩のカルストというやせた土地だが、カリビアマツはここでも生き延び、頻繁に襲うハリケーンにも耐える。林床の洞窟や空洞は、ラットほどの体長のトガリネズミに似た動物で有毒な唾液を持つソレノドンの巣穴になる。ソレノドンにはキューバに固有のキューバソレノドンと、ヒスパニオラ島のハイチソレノドンの2種しかない。かつては北アメリカ大陸全域に生息していて、もっと大型だった類似の哺乳類の遺存種に当たる。

親子
キエリテンが子供を注意深く見守っている。この雑食性の動物は岩の隙間や木の穴を利用した巣で暮らす。

山間部のキジ

ヒマラヤ山脈西部

ほとんどのアジアの熱帯針葉樹林は、より広大な広葉樹林に見られるよりも種の数が少ないが、マツ、モミ、ビャクシンが点在する疎林を好む動物もいる。その一例がヒマラヤ山脈西部のカンムリキジで、露頭の多いこのハビタットでも生い茂る草やバラ、メギを食べる。長い尾を持つこのキジは、標高3,050mまでの急峻な岩肌に巣を作る。ネコ、キツネ、オオカミなどの夜行性の捕食動物を避けるため、ヒマラヤマツの枝の高いところをねぐらにして、しばしば少数の群れを作る。

顔の赤い皮膚はオスの方が明るい色

単黄色と灰色の縞模様の羽毛はキジが捕食動物から身を隠すのに役立つ

よく通る鳴き声
カンムリキジは明け方と夕方に遠くまで届く鳴き声を張り上げ、自分たちの存在を伝える。とても警戒心が強く、毎日同じお気に入りの場所で餌を食べる。

樹皮の間から生えるラン

スマトラ島とフィリピン

南アジアや東南アジアの高地の一部には、周囲を低地の多雨林に完全に囲まれて孤立した針葉樹林が存在する。スマトラ島やフィリピンの山間部などで、そこには赤道の南に自生する唯一のマツのメルクシマツが生えている。マツから落ちた樹脂を含む針葉で林床がおおわれるため、多くの植物の成長が阻害されるが、着生植物のランにとっては無関係だ。これらのランは針葉樹の幹や枝にコロニーを作り、広葉樹の幹に着生するよりもうまくいく。

樹皮にしがみつく
デンドロビウム・サンデラエのような着生植物は、宿主から栄養分を吸い取ることなく木にくっつく。肉厚の根で樹皮にたまった水分や無機物を吸収する一方、森のより高い場所に位置することでより多くの光を得られる。

122 緑の陸地

モウコノウマはかつて野生では絶滅してしまったが、モンゴルと中国において本来のハビタットへの再導入に成功した。この写真はユーラシアのステップで草を食べているメスの群れ。

温帯草原

広大な緑の絨毯（じゅうたん）は、地上と地下の動物たちの両方にとってのハビタットであり、食べ物である。しかし、木々におおわれていない草原は、凍てつくような寒さの冬、焼けつくような暑さの夏、強烈な風に見舞われる場所でもある。

森が育つには乾燥しすぎているが、砂漠ほどは乾き切っていない気候条件の場所にはイネ科の草が生える。より雨の多い気候では、草原がやがて木々の影になってしまうが、それ以外の場所、とくに海の湿気から遠く離れた内陸の中心部では、草原が何百万年も続く極相生態系（クライマックスハビタット）になる。単一の科の植物がここまで優占する陸上のハビタットはほかにない。イネ科の草が匍匐（ほふく）する茎や株立ちになって地面をおおうことができるのは、その驚異的な回復力と再生力にある。エネルギーのほとんどを下向きの成長に費やすことで、根と根茎は貯蔵庫としての役割を果たし、冬は植物の資源がその中に引き込まれ、春に新芽の準備ができる。草原では地上の緑よりも地下のバイオマスの方がはるかに大きい場合もある。

新しいハビタット

北アメリカ大陸のプレーリー、パタゴニア地方のパンパス、ユーラシア大陸中部のステップが、最大規模の温帯草原である。しかし、広々とした草原は比較的新しいハビタットでもある。恐竜の時代には広い草原は存在しておらず、草が生い茂るようになったのは恐竜が絶滅した後の気候が乾燥していった時期だ。それ以降、進化的軍拡競争が草原の拡大と新しい食料源を利用する有蹄（ゆうてい）草食動物の台頭を促した。草はケイ素の断片で葉を固くして一方的に食べられるのを防ぎ、上から食べられたとしても基部から再生する葉身（ようしん）を進化させた。一方で草食動物は、それらを消化するための方法を進化させた。その結果としての広大な草原と草食動物の巨大な群れは、両者の成功のあかしとなっている。

世界的な分布
南極大陸を除いたすべての大陸の内陸部には草原がある。温帯草原の最大規模の広がりは北アメリカ大陸、南アメリカ大陸、ユーラシア大陸に見られる。おもに標高の高い場所で見られる小規模なものは、アフリカ大陸南部とオーストラレーシアに存在する。

緑の陸地

温暖で穏やか

温帯草原の典型的な気候は、気温と降水量が頂点に達すると穏やかで暖かい夏になる一方、冬には氷点下の凍えるような寒さと乾燥が待っていることもある。しかし、これらのハビタットはもっとも乾燥した大陸中央部のステップからもっとも雨の多い牧草地まで、地形によってかなりの幅がある。

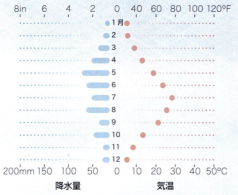

アメリカ合衆国カンザス州　ガーデンシティ

すばやい食虫性の鳥

草を食べる昆虫と植物の送粉者の豊富さにひかれて、食虫性のエンビタイランチョウが飛来する。

西部のショートグラスプレーリー

乾燥した気候はバッファローグラスやブルーグラマなどの丈の低いイネ科の草を支え、東部の地域に比べるとイネ科以外の植物が少ない。

ショートグラス（短茎草）
バッファローグラスはストロン（走出枝）と呼ばれる水平の茎を広げ、広大な範囲をおおい尽くす。

キシカクは茎が地面に倒れても再生可能で、小さく密生して成長する

長い体と短い脚のおかげで、クロアシイタチは獲物の巣穴の中で狩りができる

ケインチョーヤ

スイフトギツネ

ユッカ・グラウカは常緑の多年生植物で、乾燥した気候条件によく適応している

巣穴への侵入者
絶滅が危惧されるクロアシイタチはほぼプレーリードッグだけを獲物にする。

ユッカ・グラウカ

日光浴をする爬虫類
セイブガラガラヘビは小型の哺乳類や鳥をつかまえる前に、太陽の光を浴びて体を温める。

ブルーグラマ

バッファローグラス

巣穴を掘る齧歯類
オグロプレーリードッグの広大な巣穴はこの齧歯類だけでなく、ほかの地上性の動物にも住処を用意する。

コロニーには多くの出入口がある

穴を掘ったときに出る土は見張り用の高い場所になる

草が断熱材になる

プレーリードッグの巣穴は地下数mにまで達することもある

巣穴を掘る捕食動物

このハビタットには隠れ場所となる木がないため、スウィフトギツネも捕食動物から逃れるための巣や巣穴を自ら掘る。食べ物は季節によって手に入るもので変わってくる。

成長しては食べられる

イネ科の草の中には栄養繁殖によってマットのように地面をおおう種類もある。これは土壌中の水平方向に伸びる地下茎が新芽を出す方法だ。また、葉の付け根からも成長するので、食べられても再生できる。イネ科の草は草食動物とともに進化し、食べられることで恩恵を受けてきた。

コスズメノチャヒキ（イネ科） — 短い地下茎が密生し、連続したマットを形成する

ロングストロンセッジ（カヤツリグサ科） — 走出枝（ストロン）と呼ばれるつながった茎が地上で成長する

東部のトールグラスプレーリー

春から夏にかけての嵐で地面は水浸しになるので、メリケンカルカヤなどのより丈の高い草に適していて、イネ科以外の植物の多様性に富む。

最大の草食動物
バイソンはかつてプレーリーに何百万頭も生息していたが、今では各地の保護区や私有地内に限られている。

樹液を吸う昆虫
アワフキムシをはじめとした草原の昆虫の多くは、餌として植物の汁を吸う。

トールグラス（高茎草）
メリケンカルカヤは深い根を持ち、3mの高さに育つこともある。

豊かなプレーリーの土壌
草が成長するしくみのおかげで、プレーリーの有機物は地上よりも地下の方が豊かだ。そのためプレーリーの土壌は農業に理想的で、農地に転用される傾向が強い。

プレーリーに花が咲く
春と秋にはトールグラスの間でヒマワリなどの植物が花を咲かせる。

地上に巣を作る鳥
ほとんど木のないハビタットでは、ソウゲンライチョウは求愛と巣作りを地面で行わなければならない。

ヒマワリ　リアトリス

有機物は枯れた草と死んだ動物質からなる

有機物で豊かになった表土は、トールグラスプレーリーの草の深く伸びる密生した根によってより厚くなる

底土では下層の岩盤からの無機物と上からの有機物が混じり合う

風化した岩石は下層の岩盤から分離した粒子からなる

温帯草原のしくみ

温帯草原のほとんどが、地下の匍匐茎と、風で飛ばされた種子によって広がったイネ科の草である。しかし、草原のハビタットの豊かさには気候が大きな影響を与える。北アメリカ大陸の東部のプレーリーは、ロッキー山脈の雨陰から離れているので雨が多く、より丈の高いイネ科の草とともにほかの植物も支えていて、春には色鮮やかな花が咲き乱れる。対照的に西部のプレーリーはしばしば干ばつに見舞われるため、植生の丈の高さは多岐にわたる。

草食動物の後を追う者たち

北アメリカ大陸

バイソンの背中に止まるコウウチョウ

「バッファローバード」としても知られるコウウチョウは、かつてはショートグラスプレーリーでバイソンの群れの後を追い、踏み荒らされて飛び立った昆虫を食べていた。今ではバイソンがほとんどいなくなったため、適応力に富むこの鳥は畑や町中でも餌を探すようになった。だが、ほかの鳥の巣に卵を産む習性があるので、北アメリカ大陸全体に広がり、今度はモリムシクイやウタスズメなど巣を取られた多くの鳥たちが脅かされている。

地下からやってくる獲物

アメリカ合衆国テキサス州エドワーズ高原

ナラやビャクシンが点在するエドワード高原のサバナの下には、やわらかい岩盤の中に複雑な洞窟のネットワークがある。夏になるとその場所は最大規模のコウモリのコロニーの住処となり、何百万匹ものメキシコオヒキコウモリが越冬地のメキシコからここに渡ってくる。コウモリたちは高原の洞窟内で子供を産み、毎日暗くなると夜行性の空を飛ぶ昆虫をつかまえるために巣からいっせいに飛び立つ。アレチノスリなどのサバナの猛禽類は、近くの木々に止まって無数の獲物が現れるのを待つ。そして飛び立ち、群れの中から1匹のコウモリをつかまえる。

コウモリの大群
約2,000万匹のメキシコオヒキコウモリがテキサス州のブラッケン洞窟で夏を過ごす。知られている限りでは世界最大のコウモリのコロニーで、脊椎動物全体で見ても地球上で最大規模の集まりである。

移動生活を送る群れ

イエローストーン国立公園

草原のハビタットにおける植物性の食べ物の質は場所によって、また1年間の時期によって大きく異なる。その結果、多くの大型草食動物は季節ごとに最良の餌場を求めて、決まった場所に移動をしたり、放浪したりする。「アメリカヤギュウ」と呼ばれることもあるアメリカバイソンは、歴史的にはこの両方に当てはまり、草原の資源が予測可能な形で変化する場所では、巨大な群れが夏と冬の分布域の間をかなりの長距離で大移動をした。

それ以外の場所では、群れは放浪性がより高かった。現在生き残っている群れはかつて北アメリカ大陸全域で見られたバイソンの名残で、ハビタットの喪失によって群れは伝統的な移動のルートをたどることが困難に、または不可能になった。イエローストーン国立公園では、群れは保護された公園内を移動する。群れの大きさは20頭から200頭以上までさまざまだ。頭数の少ない群れは母系社会で、年上のバイソンが率いる。頭数の多い群れは複数の家族から構成されている。春と夏の間、群れは毎年同じルートを使って、草やほかの植生の質がよりよいイエローストーンの盆地に移動をする。そして冬になるとより気候の温暖な低地に移動する。

イエローストーンを移動する群れ
アメリカバイソンはイエローストーン国立公園とその周辺で、夏と冬の分布域の間の移動のために100km以上という長い距離を移動する。

サバナのハエトリグサ

中部大西洋岸のサバナ

大西洋沿岸に位置する南北カロライナ州の亜熱帯のサバナには、成長の緩やかなダイオウマツが点在している。この植物はやせていて砂が多い土壌でもよく育つ。こうした条件は、無機物の摂取を動物性タンパク質の消化で補う食虫植物にも有利に働くため、そのサバナにはハエトリグサが野生で生育している唯一の場所だ。ハエトリグサのような方法で獲物をとらえる陸上の食虫植物はほかにはいない。葉の内側の感覚毛から発する電気信号により、わなを閉じるようにという指示が送られる。このようにしてハエトリグサはさまざまな昆虫をつかまえる。

植物の中で動けなくなる
アシナガバチが動くと獲物のまわりで葉がよりきつく閉まり、わながぴったりとふさがることで消化液がより効果的に働くようになる。

ハエトリグサのわなは、わずか10分の1秒で閉じる

続けて2本の毛に触れられるとわなが作動する

① 獲物の感知
昆虫が赤い色をした葉の表面の縁に生えている感覚毛に触れる。

細胞内の水圧の変化でわなが閉じる

② わなの作動
動く毛が電気刺激を発生させ、ちょうつがいのような主脈が獲物をとらえたままわなを閉じる。

葉の中の腺が液体を分泌し、獲物を消化する　主脈

③ 獲物の捕獲
2枚の葉からなるわなが昆虫を包むように閉じ、中に閉じ込める。それから消化が始まる。

もがく昆虫が感覚毛を刺激し続ける

雪の中を突き進む
厚い毛が真冬の寒さの中で一列になって進むバイソンを保護する。バイソンが頭を振ることで植物から雪が払いのけられる。

環境保全
バイソンの大虐殺(ぎゃくさつ)

アメリカバイソンの頭数は人間のハンターのせいでこの数世紀の間に激減した。先住民によって持続可能な形で狩られていたが、1880年代後半にヨーロッパからの入植者たちがバイソンを大量に殺した。食肉や毛皮の拡大する市場がその要因だった。バイソンの群れの大量殺戮は先住民の遊牧的な生活様式にも影響を与えた。20年の間にアメリカバイソンの数は1,000頭以下に減ってしまった。1890年代から始まった保護プログラムのおかげで、種は絶滅の危機を脱した。しかし、現在ではほとんどのアメリカバイソンはなかば家畜化されていて、個別に管理された商業的な群れとなっている。

山積みされたバイソンの頭蓋骨(ず がいこつ)

開けた草原に住む飛べない鳥

南アメリカ大陸

草原は南アメリカ大陸で最大の鳥であるレアの住処だ。飛べなくなった大型の鳥で、開けた草原での生活に合わせて走れ、集団で地上に営巣するように進化した仲間を平胸類といい、レアはその典型的な一種だ。高木のない湿潤なパンパスでは、アメリカレアが低地と中程度の標高の平原に広く分布している。より温暖な北部の高木のあるサバナにも生息する。ダーウィンレアはおもに南の低木が生えた半砂漠地帯を好み、標高3,500mの「プナ」というアンデスの草原にまで分布している。

パタゴニアのアメリカレア
春と夏の間、若いアメリカレアは2歳くらいになるまで群れを作って一緒に過ごす。

小さな頭とくちばし

灰色がかった茶色の羽毛

絶滅した飛べない鳥
レアの南アメリカ大陸の住処には、ニワトリほどの大きさのシギダチョウという同じ仲間の鳥も暮らしている。シギダチョウは弱々しいながらも飛ぶことができるが、DNAの証拠はレアがシギダチョウのもっとも近い仲間ではないことを示唆している。シギダチョウの近縁種はモアで、この絶滅した飛べない平胸類は地球の反対側に当たるニュージーランドの草原と森に生息していたが、人間の入植者によって滅ぼされてしまった。このことから、飛行能力を失う前の共通の祖先は長い距離を飛ぶことができたと考えられる。

モア

飛びかかるピューマ
群れによる監視はグアナコを捕食動物から守るのに役立っているが、ピューマによる攻撃はその死のかなりの割合を占めている。

ステップで生き延びる
パタゴニアのステップ

季節ごとの大きな変化、少ない降水量、強風は、多くの温帯草原が直面する問題だ。パタゴニアのステップも例外ではない。この地域の植物は成長が遅いので、グアナコのなどの丈夫な草食動物だけが生き延びられる。だが、開けていて荒涼とした地形にも利点がある。ピューマが身を隠せる場所がほとんどないのだ。グアナコは海抜0mからアンデス山脈の標高4,500mまで分布している。家畜として理想的なグアナコは、荷物の運搬用や食肉用として飼育され、家畜化されてリャマとなった。山間部に生息する別のラクダ科の野生種でより小型のビクーニャは、家畜化されて体毛用のアルパカになった。

南アメリカ大陸のラクダ科
グアナコとビクーニャ、それぞれよりも体が大きくて家畜化された子孫に当たるリャマとアルパカは、いずれも寒さと風から身を守るための体毛を持つ。

サバナのヤシ
カンポスのサバナ

南アメリカ大陸のカンポスのサバナでは、北の熱帯草原とより南の温帯のパンパスが接している。この中間域の気温は穏やかで、この地域だけにほぼ限定されるヤタイヤシにちょうど適している。場所によってはこのサバナのハビタットをヤタイヤシが独占していて、その果実と種子はオウムなどの動物にとって重要な食料になる。ハビタットは牧草地として切り開かれることで脅かされていて、ヤタイヤシは種の再生を目的とした環境保全プロジェクトの中心になっている。

エルパルマル国立公園

欲張りなカエル
アルゼンチンとウルグアイ

南アメリカ大陸のパンパスでの厳しい暮らしは意外な動物から貪欲な捕食者を誕生させた。ほかの両生類と同じように、ベルツノガエルは寒くて乾燥した冬を地中の繭の中で過ごし、春になって目覚めたときには食べ物に飢えている。そのとてつもなく大きな口でほかのカエルをのみ込むほか、齧歯類ほどの大きさの動物も獲物にできる。

ベルツノガエル

穴を掘るアルマジロ
南アメリカ大陸のパンパス

南アメリカ大陸のパンパスには5種のアルマジロが生息していて、無脊椎動物のほか、種によっては植物性のものも食べる。草原には高木という隠れ場所がないため、これらのアルマジロは極端な温度から逃れるための場所として穴を掘る。最小の種のヒメアルマジロは一生のほとんどを地中で過ごす。大型のケナガアルマジロのように、広範囲を移動する日和見的な種もいる。より乾燥したハビタットだけに生息し、砂漠の哺乳類に見られるような適応を持つ種もいる。ピチアルマジロはパンパスの南端の乾燥したところに見られる小型種で、寒さを生き延びるために冬眠する南アメリカ大陸で唯一のアルマジロでもある。

ケナガアルマジロはおびえると人間の赤ん坊のような鳴き声を出す

日和見的なアルマジロ
大型のケナガアルマジロはアルゼンチンの草原でもっともよく見かけるアルマジロの種だ。耕作地で数が多いことから、農業から恩恵を受けている数少ない種のうちのひとつと考えられる。

大陸を貫く ステップ

ユーラシア大陸

南北に伸びるアルタイ山脈が世界最大規模の草原地帯を二分している。西側は「花のステップ」で、毎年春になると深くて豊かな土壌に新たに成長する植物であふれる。ナガホハネガヤが高く伸びるが、ほかの植物の花をつけた茎がもっと高く成長し、チューリップ、トウダイグサ属などが色鮮やかな花を開く。山脈の東側はユーラシア大陸の中心部で、モンゴルから中国東北部の気候条件はより厳しい。植物の開花はもっと遅く、夏のモンスーンが少量の雨を運ぶ時季で、花の多様性は西側と比べてはるかに低い。その結果、ウシノケグサやナガホハネガヤが優占する乾燥地形が広がる。冬は長く乾燥し、気温は氷点下43℃まで下がる。場所によってはこの「草のステップ」が温帯砂漠と一体化する。こうしたユーラシア大陸のステップ各地には似たグループの動物たちが見られる。ヒバリやサケイなどの草原の鳥が、ウマ科の動物、ヤマネコ、穴居性のメクラネズミとともに生息する。何千年も前から、とくに西の雨の多い地域は農地に転用されてきた。

凡例
- 西のステップ
- 東のステップ

西のステップと東のステップ
ハンガリーから中国東北部のユーラシア大陸のステップは、地球上でもっとも広大な草原地域のひとつ。

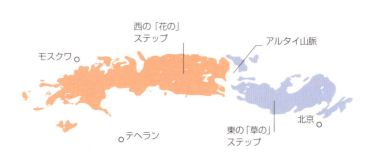

楽しそうに遊ぶノウマ
モンゴルのタヒンタル国立公園の草原でじゃれ合うモウコノウマのオスとまだ若いオス。野生動物の再導入用に保護されている地区。

風から身を隠す

ユーラシア大陸

シロハラヒメメクラネズミ

草原のハビタットの地中で生活することには利点がある。穴居性の動物は強風から守られるし、土壌が極端な気温を和らげてくれる。また、木の根という大きなバイオマスが1年中の食料源を約束してくれる。ユーラシア大陸の温帯に生息するメクラネズミは目が見えず、左右に触覚用の剛毛が竜骨状に生えている幅のある頭部を使って土を掘り進める。大きな下の門歯で土を削りながら、根、塊茎、鱗茎、昆虫を食べる。

乾燥したステップで砂ぼこりを濾過する

カザフステップ

中央アジアの広大なステップには特別な種類の適応が求められる。レイヨウの一種のサイガはステップに特化した動物だ。絶滅が危惧されているサイガの群れが良質な牧草を探して長い距離を移動すると、乾燥した大地から土壌の粒子が舞い上がる。走るときも頭を地面に近い位置に保つことで、砂ぼこりを多少は避けることができる。サイガは吸い込む空気を濾過するための毛が連なった大きな鼻腔も持っている。

サイガ

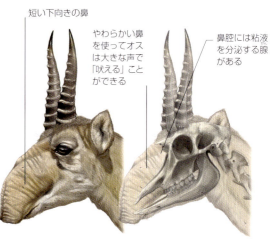

短い下向きの鼻 / やわらかい鼻を使ってオスは大きな声で「吠える」ことができる / 鼻腔には粘液を分泌する腺がある

表面の構造 / **内部の構造**

鼻腔
すべての哺乳類は粒子を濾過できる鼻腔を持つが、サイガの鼻腔はとくに大きい。内側に連なる毛が砂ぼこりを集め、肺が詰まるのを防ぐ。そしてくしゃみによって定期的に排出される。鼻腔内に連なる腺が分泌する粘液も、砂ぼこりを集めるのに役に立つ。

ワシを使うステップのハンター

イヌワシは北半球で最大の、同時にもっとも広く分布する猛禽類で、地球全域に広がる分布域の各地では、草原、砂漠、山間部の開けた地形を象徴する種でもある。アジアでは、馬に乗ってワシを用いて狩りをすることが何世紀も前からのモンゴルでの伝統になっている。現在、ワシを使うハンターはモンゴル西部に数十人しかいない。各ワシはひとりの師匠によって訓練され、飛行の指示を受ける。ワシはキツネやシカを殺せるほど力が強く、背骨を折って仕留めるため、獲物の毛皮はほとんど損傷を受けない。

イヌワシを使うハンター

塩類平原での耐性
アナトリア高原

ユーラシア大陸の平原は夏の太陽を浴びて乾き切っているうえに、塩分を含んでいるので、植物にとって条件がとりわけ厳しくなる。散発的に降る雨が溶けた無機物を押し流して水たまりを作り、水が蒸発すると塩分が濃縮する。アナトリア高原のオカヒジキなどの地域の植物は塩生植物で、塩を細胞内の液胞に集めることにより、高い塩分濃度にも耐性がある。これによって水分が植物から塩分を含む土壌に流出するのを防ぎ、根から葉への上方向の水の流れを保つ。

とげは最長で3cm

とげによる防御
ノアエア・ムクロナタは中東の塩類草原に見られる塩分に耐性のある植物。かたいとげは食べようとする草食動物を追い払う。

ツルの求愛のホットスポット
ダウリヤ

ステップの上を飛翔する
繁殖のために湿原のハビタットを必要とする典型的なツルのマナヅルは、近年のモンゴルでの干ばつによって数が減っている。

北の森がより南の木々のないステップに移行するモンゴルのダウリヤ地方では、草原と湿原が混ざり合い、鳥類が豊富に暮らすモザイク状のハビタットを作り出す。餌を探し、繁殖し、子育てをするために、広々としていてさえぎるもののないハビタットが必要なツルにとって、こうした条件はとくに適している。ここで繁殖する4つの種のうち、マナヅル、クロヅル、タンチョウは湿原に、草、アシ、イグサからなる塚状の巣を作る。アネハヅルはより乾燥した草原でも問題なく、草の生えていない小石だらけの地面にしばしば卵を産む。

絶滅が心配される アジアチーター

イラン

チーターはかつて中東からカザフスタンを経てインド全域まで、アジアの草原地帯に広く分布していた。独立した亜種に属するアジアチーターは、アフリカのチーターよりも体が小さく、体毛が濃い。密猟とハビタットの喪失でアジアチーターは絶滅の瀬戸際まで追い込まれていて、今ではイランの温帯のサバナにかろうじて十数頭が生き残っているだけだ。科学者と自然保護活動家はアジアチーターの保全のために、個体の監視や人々の意識を高めることに徹底して取り組んでいる。これまでのところ、オスとメスのチーターを持ち込んだイランの国立公園のひとつで、飼育下繁殖プログラムによって無事に子供たちが生まれている。

高速の追跡
アジアチーターの生き残りはとても数が少なく、そのすべてがイラン国内に生息している。この年老いたオスがノウサギを追いかけているミアンダシュ野生生物保護区では、数頭のチーターしか生息していないと考えられている。

不自然な 草原

アイスランド、イギリス諸島、ニュージーランド

長い年月の間に、ハビタットが別の種類に移行する遷移が起きる。最終氷期中、ニュージーランドでは巨大な氷河が陸地のほとんどをおおい尽くし、それまでのハビタットを破壊した。だが世界が暖かくなるにつれて、氷河は解けて後退した。氷河が岩盤を浸食して新しい土壌を形成し、生き物たちが新たに露出した陸地に再びコロニーを作った。最初は、岩盤や裸地でも生き延びられる地衣類やコケ類などの先駆者だった。続いて草本植物が草原を作った。木々が育つには乾燥しすぎている地域では自然な遷移がここで止まることもあるが、ニュージーランドの湿った気候では低木と木々が育ち、最終的には極相として森が形成された。各地で、低木や木々を食べる家畜によって遷移がこの自然な流れから外れ、タソックの草原になった。こうした偏向的極相は、人間の影響が非常に大きな場所で一般的に見られる。イギリスではスコットランドの荒れ地やイングランドのチョーク・メドウが典型である。

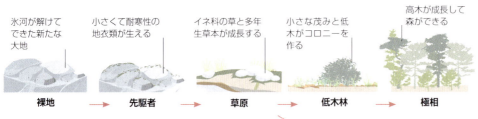

氷河が解けてできた新たな大地 → 小さくて耐寒性の地衣類が生える → イネ科の草と多年生草本が成長する → 小さな茂みと低木がコロニーを作る → 高木が成長して森ができる

裸地 → 先駆者 → 草原 → 低木林 → 極相

放牧が草原の先への発達をさまたげる

偏向的極相

自然な遷移と偏向的極相
森は究極の極相といえる。草原から森への遷移は充分な降水量があると起きる。しかし、人間の影響がそれをはばむこともあり、その場合には偏向的極相ができる。

タスマニア島の タソック

タスマニア島

タスマニアバン

森林の伐採は全体的な生物多様性を減少させるものの、恩恵を受ける種もいる。タスマニア島の先住民たちは1万2,000年以上にわたり島の森を燃やしてきたが、それによってサバナのハビタットが生まれ、火に適応した植物が増えた。ヨーロッパ人が入植するとハビタットが再び変わり、山火事が減って低木が多くなった。この島だけに生息する飛べない鳥タスマニアバンは開けた土地に生息する種で、この時期に分布域を広げ、農地にも進出し、移動のための開けた「回廊」として道路を使用するようにもなった。

環境保全
馬の祖先の可能性

動物学者の間では、飼いならされた馬の野生の祖先が絶滅したユーラシア種のターパンで、約5,500年前に2つに分かれたのではないかと考える人もいる。ターパンは家畜化された現在の馬よりも体が小さく、がっしりしている。ヨーロッパからロシア中部にかけて、草原や林に広く分布していた。しかし、ターパンは肉目当ての狩りの対象になり、より価値のある家畜化された馬の群れと交雑するのを防ぐために殺された。1800年代の後半頃まで、ロシアのステップの南部で生き延びていた。野生の最後の個体が殺されたのは1879年のことで、これは捕獲を試みて失敗したためだった。飼育されていた最後のターパンが死んだのは1917年か1918年のことだった。

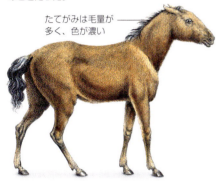

たてがみは毛量が多く、色が濃い

ターパン

トアトアのタソック
ニュージーランド
オタゴ地方

強い風が吹きつける亜寒帯の島々（→ p.164-169）には丈の高い株立ちになるイネ科植物が自然に成長するが、森におおわれた土地の近くにそれが存在するのには2つの理由がある。南島の一部、オタゴ地方は、南アルプス山脈の雨陰に当たるので気候が乾燥していて木の成長が阻害されていると考えられる。だがタソックの草原がそれ以上の範囲に広がっているのは人間のせいだ。湿地の林や南半球の針葉樹が生育していた場所にポリネシア人入植者が沿岸部の森を切り開いた。

タソック草原

冬のワラビー
アカクビワラビーは冬になると雪が降ることもある標高の草原や低木林に生息している。

有袋類の草食動物が暮らすところ

オーストラリア大陸

オーストラリア大陸はほかの大陸と比べて肥沃な土壌ではないが、スキンクなどのトカゲを含む独特の草食動物のコミュニティが進化してきた。有袋類はこの地域の草食哺乳類のほとんどを占めていて、一般的な哺乳類と同じようにかたくて繊維の多い食べ物を消化するための方法を進化させてきた。ワラビーとカンガルーは大きな胃を持ち、その中の微生物がかたい草の繊維の発酵を助ける。これは複数に分かれた牛の胃とよく似ている。それに対して、ウォンバットはウマに近い後腸発酵動物で、大腸内の微生物が同様の役割を果たす。

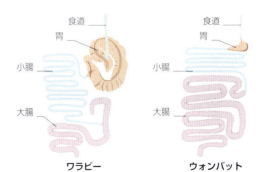

有袋草食動物の胃腸の比較
ワラビーとウォンバットの胃腸は同じ順序で並んでいるが、部分は違う。ともに繊維状の植物性物質の分解を微生物に依存する。

134 / 緑の陸地

疲れたライオンたちはうだるような暑さの中で日陰を探して、また、地上で虫に刺されるのを避けようとして、
開けたサバナに点在する高木に登ると考えられている。

熱帯草原

高木の点在するサバナの草原と大型の動物たち。そうした熱帯の象徴的な風景を作りだしているのは、高温、夏の大雨、冬の干ばつなどの気候条件である。

熱帯の草原はもっとも生産性の高いハビタットと言えるかもしれない。赤道の太陽の下に位置していて雨も多いため、ここの草の多くは二酸化炭素を食べ物に変換するのが効率的な特殊な光合成を行っている。そのおかげで草は成長が早く、大型の草食動物の群れを支えるのに充分な栄養分を生み出す。アフリカでは、数百万頭のヌーをはじめとする有蹄類(ゆうてい)が草だけを頼りにして生きている。ほかの多くの哺乳類(ほにゅう)も低木を食べるが、重要な栄養補助として草に頼っている。

生き残りと再生

赤道周辺では大雨をもたらす熱帯の嵐が毎年決まって北と南に移動するため、強い雨が降り、そしてやむ。その後には乾季が訪れ、草が茶色く枯れて動物たちが飢える厳しい干ばつになる場合もある。

カエルやハイギョのような多くの動物は地中に穴を掘って干ばつを乗り越えるが、ほかの場所の緑豊かな草地を求め、嵐の後を追うように移動をする動物もいる。移動しない動物たちは食べるものを変えなければならず、乾燥した茎を食べたり、根を掘り起こしたりする。

熱帯草原では温帯草原に比べて多くの草食動物たちが木々によって支えられている。アフリカ大陸のアカシアとオーストラリア大陸のユーカリは、強烈な熱帯の陽光を浴びても枯れることなく生き延びる。高木の点在する草原はサバナと呼ばれ、動物たちに隠れ場所を与えてくれるが、これは高木のない平原では難しい。また、高い枝の葉を食べる草食動物にとっては、木は食べ物も提供する。そのおかげで熱帯草原は豊かな多様性を誇る場所になり、植物、草食動物、捕食動物の間で劇的なまでの生存競争が繰り広げられる。

世界的な分布
熱帯の草原はほとんどが季節的に雨の降る大陸中央部のハビタットだ。その中でも大きな地域は南アメリカ大陸、アフリカ大陸、オーストラリア大陸にある。

熱帯草原のしくみ

熱帯地方の草原は、その年々や地形によって変化する。夏の雨季は緑豊かなイネ科の草が乾季になると茶色になるため、草食動物は食べ物を求めて広大な距離を移動する。アフリカ大陸東部のセレンゲティ・マラ地域に乾季が訪れると、ヌーの大群が高木のない平原を離れ、アカシアの木が優占するサバナを目指して北に移動する。

熱帯草原 / 137

舌でつかむ
キリンの舌は長さがあってつかむのに適しており、アカシアの鋭いとげを避けながら、枝からそっと葉を引きちぎることができる。濃い色は日焼けから保護するためと思われる。

乾季のピーク
乾季がピークを迎えるまでに、群れは高木が点在する北のサバナへの移動を終えていて、そこの方が草を食べるのに適している。再び雨が降るようになると、群れは南に戻る。

屍肉を食べる鳥
草原には多様な種類の屍肉食動物がいて、コジロハゲワシは捕食動物が食べ残した死骸がないかを見張る。

ハゲワシ

カバ

マウマ

生態系のエンジニア
アフリカゾウには上の方の枝の葉を食べようとして木を倒してしまうほどの力がある。

アカシア

キリン

高い枝の葉を食べる動物
木の葉を食べて食べ物を得る草食動物もいる。キリンは高い枝葉にも届く。

ゾウ

地上と地下の食べ物
イネ科の草は少なくとも地上と同じくらいに地下でも成長する。葉が大型の草食動物を支える一方、根はより小型の穴を掘る動物たちにとっての重要な食料源になる。

ツチブタは昼間の熱さを避けて穴の中で過ごし、夜になると外に出てアリやシロアリをつかまえる

北のセレンゲティ地方では土壌がより深いので、より下の方まで根を張る植物の成長を助ける

干ばつとモンスーン
熱帯草原のモンスーンはほかの赤道付近のハビタットに典型的な気候で、大量の雨と乾季の両方に見舞われる。雨季は3月から5月にかけて、また、より短くて不確かではあるが、冬にも雨季がある。しかし、全体的に見ると降水量は森と比べて少ない。もっとも雨の多い草原は高木の点在するサバナだ。もっとも乾燥しているのはより荒れた平原で、場所によっては半砂漠に近い。

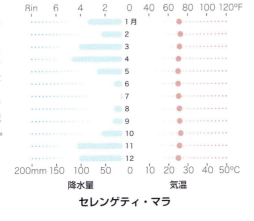

セレンゲティ・マラ
降水量／気温

サバナの高木
高木の点在する草原は「サバナ」と呼ばれ、ふつうは熱帯に見られる。サバナの高木の中心的な種類は世界の各地で異なり、中央アメリカではマツ、南アメリカ大陸ではヤシ、アフリカ大陸ではアカシア、オーストラリア大陸ではユーカリで、それぞれのサバナを特徴づけている。

かさの形をした林冠　／　ユーカリは成長が早い　／　マツは常緑樹　／　大型の葉は常緑

アカシア　ユーカリ　マツ　ヤシ

ナックルウォーク
アリやシロアリの巣をこじ開けるために使うオオアリクイの鉤爪はとても長いので、歩くときには邪魔にならないように関節を地面につけなければならない。

絶滅のおそれがある生きた化石

南アメリカ大陸　グランチャコ

チャコは草原が林に移り変わる地域に当たり、典型的なサバナよりも植生が多い。そこでは植物が密生していてとげを持つので、野生動物をなかなか見つけることができない。ほかの場所には生息していない種のひとつがチャコペッカリーで、長い間化石でしか知られていなかったが、1970年代になって生きた個体が発見された。ペッカリーは熱帯のアメリカ大陸のみに生息する哺乳類で、ブタに似ているが脚は長くて細く、牙もより短くて下向きについている。

チャコのサボテンを食べる動物
現存する3種のペッカリーのうちで最大のチャコペッカリーはサボテンを食べ、水分のほとんどをそこから得る。

火に耐性のあるヤシ

ベネズエラ　グランサバナ

グランサバナの草原を特徴づけているのがヤシで、そこはやせた土壌と頻発する火災のせいでほかの木が育たない。火への耐性は木の幹の性質によって違いがあり、ヤシの茎はほかの高木の幹よりも有利な点がある。ヤシは単子葉植物で、樹液を運ぶ管が茎全体に散らばっているのだ。それに対して、木質の木は双子葉植物で、管が幹の外側の層に集まっているため、火災には比較的弱い。

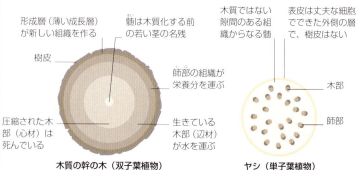

木質の幹を持つ木とヤシの木の断面図
ヤシの茎には木質の組織がないため、厳密には草本植物に当たるが、もっとも丈の高いヤシの種は高木を上回る高さにまで育つ。

熱帯草原 / 139

アリ塚を襲う

中央アメリカと南アメリカ大陸

草原には相当数のアリやシロアリが生息している。そのコロニーには数百万の個体が集まることもあり、昆虫を餌にする動物にとっては格好のターゲットである。ただし、刺されたり噛まれたりすることに耐えなければならない。オオアリクイの体の大きさからして、アリを食べることがいかに有益なのかがわかり、とくに成虫と一緒に脂肪分の詰まった幼虫を食べると効果的である。個々のアリやシロアリは小さく、狙うのに手間がかかるため、アリクイは効率的に処理するための方法をとっている。オオアリクイは粘着性のある唾液のついた非常に長い舌を伸ばし、ひとなめで多くのアリをつかまえる。強い筋肉のおかげで舌を高速で出し入れできるので、短時間で何度もなめ取れる。

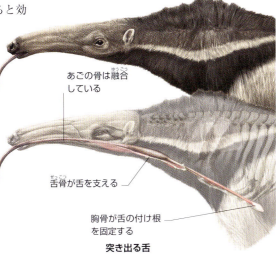

特化した道具
オオアリクイの61cmの舌は、その胸腔の奥深くに固定点があり、小さな丸い口から突き出る。

後ろ向きの乳頭状突起（剛毛）が昆虫をつかまえるのに役立つ

あごの骨は融合している

舌骨が舌を支える

胸骨が舌の付け根を固定する

突き出る舌

火災に見舞われやすいサバナ

ブラジル　セラード

「セラード」として知られる南アメリカ大陸の熱帯サバナは、ほかのどの草原よりも豊かな種を誇る。ほかの熱帯草原と同じように、草はC4光合成というとりわけ効率的な方法で二酸化炭素を使用する。短時間で二酸化炭素を組織内にため込むことで、草は雨の降る短い夏の間に急成長できる。その後に訪れる長い冬には干ばつがいつまでも続き、草が乾き切ってしまうため、可燃性の火口が大量にできる。頻発する山火事が残した灰は無機物となって土壌に返り、新たな草の成長を促す。火災と再生のサイクルは木々の包囲と森の形成を妨げるため、サバナの開けた地形が保たれる。

火災を生き延びる
炎が乾いた植生に広がる中で、点在する木々の多くは内部の組織がひときわ熱い樹皮によって守られるために生き延びる。かたくて滑らかな葉は干ばつを乗り切るうえで役に立つ。

ヤシの木の「島」

ボリビア　ベニのサバナ

ほとんどのコンゴウインコの種は種子と木の実を砕くためにとても強力なくちばしを持つ。だが、熱帯多雨林に囲まれて隔絶されているベニのサバナでは、絶滅のおそれのあるアオキコンゴウインコは、植生の「島」として平原内にそびえるヤシの実をおもに食べる。また、熟していないアッタレア・ファレラタの種子をこじ開け、中の液体を飲む。

強力な黒いくちばし

ヤシの実を食べるインコ

肉食のブロメリア

ギニアとブラジルの高地

南アメリカ大陸の高地の一部には、点在する岩のいただきの間に浅くて石の多い土壌が存在する。ここではより標高の低い地域の豊かなサバナに代わって、やせた土壌でも育つより乾燥に耐性のある植物からなる草原のハビタットが見られる。ここの植物の中には肉食性に進化することで対応したものもあり、その一例がブロメリアだ。ほとんどのブロメリアの種は多雨林の植物で、木の枝にくっつき、花びんのような形に付いた葉で雨水を集める。しかし、地上性のブロッキニア属のブロメリアは、紫外線を出す鱗片と甘い香りで昆虫を近くにおびき寄せる。そして腐敗する死体から養分を吸収する。

滑りやすい場所
昆虫をわなにかけるブロメリアは、アマガエルなどの昆虫を食べる動物も引き寄せる。アマガエルは害を受けずにその葉の中に身を隠すこともある。

ブロメリアはパイナップル科の植物

アマガエルが中に避難する

葉は蠟質の鱗片でおおわれている

湿地帯の島
ブラジル　パンタナル

ボリビア、ブラジル、パラグアイの国境が接する地域には低地の草原が広がり、雨季になると洪水が発生してそこに世界最大の湿地帯、パンタナルが生まれる。しかし、パンタナルの約20%はいくらか高いところにあり、雨季に増水しても水没を免れる。そこは季節的な湿地帯に代わって、より乾燥したサバナの森が島のように残る。それらはジャガーのような陸生動物の避難場所になる。

草の中に身をひそめるジャガー

拡散する病気

熱帯のアフリカ大陸

サハラ砂漠以南のアフリカ大陸には、ほぼ固有の吸血性の昆虫ツェツェバエが生息している。このハエに嚙まれるとトリパノソーマという微生物に感染するが、アフリカの哺乳類の一部はそれに対する耐性を進化させてきた。しかし、トリパノソーマは人間にアフリカ睡眠病を引き起こし、家畜と作業する人たちを危険にさらしており、ツェツェバエが一般的な地域では農業も制限されている。

カルシウムを食べるカメ
アフリカ大陸東部と南部

アフリカ大陸の爬虫類は肉食のヘビやトカゲが多くを占めているが、草食性のカメもいる。カメはどれもかたい殻の卵を産み、そのためにカルシウムの摂取を補う必要がある。ヒョウモンガメは肉食動物が食べ残した死骸の骨をあさることでカルシウムを得る。ときにはその中に含まれる骨の量で白い色をしているハイエナの糞を食べることもある。

左右1枚ずつの翅
ツェツェバエ

ヒョウモンガメ

セレンゲティ・マラの大移動
セレンゲティ・マラ

地形と季節的な降水量という2つの理由から、セレンゲティ・マラ地方は地球上で有数の規模を誇る大移動の目的地になっている。北部のマサイ・マラには深い土壌と点在する高木の豊かなサバナが広がる。南部のンゴロンゴロ・クレーターの雨陰は木の生えない平原をより乾燥した土地にしているが、火山灰に由来する無機物のおかげで肥沃でもある。1年の始まりに南部で降る雨が草を緑に変え、それを目当てにヌーが北からやってきて子供を産む。南部で干ばつが始まると北のマサイ・マラに帰っていく。

❻ 7月
乾季のマラ川の横断には水が浅い中でクロコダイルを避けなければならない

❺ 6月
子供を連れて移動をする群れはグルメティ川を横断するという最初の難関に直面する

❹ 4月から5月
北に移動する群れはより多くの捕食動物の脅威にさらされる。疲れて死ぬ個体もいる

ライオン　ハイエナ
ヒョウ　チーター

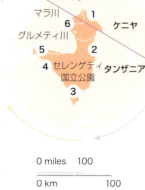

❶ 8月から10月
乾季には群れが北部のもっとも緑豊かな草原に集まる

❷ 11月から12月
間もなく訪れる雨季とともに豊かになる草原を目指して群れが南に移動する

❸ 1月から3月
群れは草がより豊富で捕食動物の少ない南部で子供を産む

決死の横断
移動の途中でマラ川に飛び込むオジロヌーの大群。ここはマサイ・マラにたどり着く前の最後の難関に当たる。

過放牧と砂漠化

サヘル

北はサハラ砂漠から南はアフリカ大陸の森までの間には「サヘル」と呼ばれる乾燥した草原地帯が広がる。ここの乾季はとくに長く、干ばつが長引くことも珍しくない。ハビタットの大部分は畑や牧草地に転換されたが、短期間の降水と最小限の放牧に適した自然の草原の代わりを集約農業によって務めることはできない。植生が伐採され、穀物が植えられ、家畜が放牧されると、浸食によってたちまち条件が悪化し、サヘルは砂漠化に見舞われている。かつては本来のハビタットを通じてリサイクルされていた栄養分が土地から完全に失われ、かたい不毛の大地だけが残る。

困難な気候条件
過剰耕作によって地面から栄養分が奪われる一方、家畜に踏まれた土壌が圧縮されるとともに地表の下の無機物が太陽によって固められ、大地がかたくなる。

栄養分の豊富な表土／穀物／家畜／無機物が固まってできた地表のかたい層は「表面固化物」と呼ばれる

① 森と疎林
自然の植生が土壌を保護し、栄養分と水分の継続的なリサイクルを促す。

② 穀物と牧草
植生の伐採で露出した地面が浸食され、表土が取り除かれる。農業で栄養分が枯渇する。

③ 砂漠
露出した地面が太陽の光で固められると雨は浸透できなくなるので、土地は乾燥してやせた状態のままになる。

サヘルは大西洋から紅海まで広がっている

人類の起源は草原だった

ほぼ50万年前、アフリカ大陸東部の気候が大きく変動し、ハビタットは湿潤な森から乾燥した草原に変わった。このことは人類の進化にとって大きな試練だった。ヒト上科が現生人類になる過程で、より大きな脳を持つホモ・サピエンスは世界の激変を生き延びる必要があった。280万年前のものとされるヒト属の最初期の化石はエチオピアで発見された。しかし、アウストラロピテクスと呼ばれるそれ以前のヒト上科は、400万年以上も前からこの地域に暮らしていて、彼らの化石は堆積物の中に保存されている。

長いドーム状の頭蓋骨
かたい食べ物を削るための門歯

アウストラロピテクスの頭蓋骨

ドカのサバナ

アフリカ大陸西部

アフリカ大陸のサバナのそれぞれの種類は、モンパネやミオンボなど、優勢な木から命名されている。アフリカ大陸西部のドカのサバナは、イソベルリニア・ドカからその名前がついている。このハビタットは雨の多いサヘルとでも言うべきところだ。ここの草は乾季の間も良質な餌を用意し、イソベルリニア・ドカの葉はジャイアントイランドが食べる。

角は最長で1.2mにまで育つ

大型の草食動物
ジャイアントイランドは世界でもっとも大きなレイヨウの仲間のひとつで、葉を食べるために角でイソベルリニア・ドカの枝を折ることができるくらいの体高がある。

草を発酵させる
さまざまな方法

アフリカ大陸のサバナ

アフリカ大陸の草原に生息する草食動物は、それぞれ異なるやり方で餌を食べて競合を避ける。木々の生えるサバナでは、ヌーやシマウマなどの草食動物が草を食べる。ヌーは反芻動物で、シカ、レイヨウ、ウシなどを含む角と蹄のある哺乳類のグループだ。この仲間には胃が4つあり、もっとも大きい第一胃にはセルロース（植物繊維）を消化する微生物がいる。また、反芻動物は食い戻しをする。口に含んだ植物をのみ込み、第一胃で処理した後、それを吐き戻してからもう一度噛み、再びのみ込むのだ。このように2度にわたって処理することで草からより多くの栄養分を抽出できる。それに対してシマウマは後腸発酵動物で、微生物が大腸内に存在するため、草のかたい部分でもうまく分解できる。そのため、シマウマはより茎が多くて丈の高い草をおもに食べて生き延びることができる。

シマウマとヌーの胃腸のしくみ
微生物は動物の消化系の異なる部分に存在する場合がある。これらの微生物はセルロースを分解する酵素を出す。

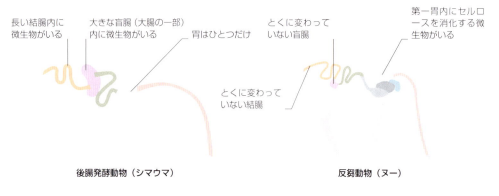

後腸発酵動物（シマウマ）　　　反芻動物（ヌー）

草食動物の体内の微生物は老廃物としてメタンを発生させ、動物はそれをげっぷとして出す

栄養分を探す
シマウマはヌーよりもかたい植物を消化できるので、2つの種は同じハビタットでも競合しない。

微環境としての
アリ塚

マイクロハビタット

アフリカ大陸のサバナ

見張り中のマングース　粘土でできているアリ塚

シロアリは熱帯地方でもっとも数の多い昆虫のひとつで、ミミズと同じく土壌をかき混ぜるという重要な役割がある。落ち葉や糞などのデトリタスを食べるシロアリもいれば、草を食べるシロアリもいるが、アフリカとアジアだけには食べ物として菌類を栽培して貯蔵するシロアリもいる。シロアリの複雑な社会集団は土壌の粒子を接着させて巣を作り、ときにはまわりにいるもっと大きな動物を上回る高さの巨大な塚を作る。シロアリは昆虫を餌にする幅広い動物たちの食べ物となるほか、彼らの作った塚は、穴に営巣する鳥、日光浴をするトカゲ、マングースなど、塚を間借りする動物の役にも立つ。

マングースの見張り
コビトマングースの群れは、夜に寝るときや日中に身を隠すためにアリ塚の地下の穴を使用する。高い塚は捕食動物を発見するための見張り場としても使用する。

環境保全
人間が締め出される
保護区はアフリカのハビタットとその種の保全のために重要だ。しかし、それが現地の人たちを犠牲にしてしまうこともある。マサイ族はアフリカ東部で何千年も前から農業と狩猟に従事してきたが、保護区の制定は多くのマサイ族の人たちが伝統的な草地から締め出されることでもある。マサイ・マラ国立保護区などのマサイ族が関わる環境保全プロジェクトは、人間と野生動物の間の摩擦を減らすために役立っている。

マサイ族の村

熱帯草原 / 143

エンジニアとしてのゾウ

アフリカ大陸

すべての種はハビタットにとって重要な意味を持つが、「キーストーン種」と呼ばれる種はその相対的な数が示唆する以上の影響を及ぼす。アフリカゾウはアフリカ大陸のサバナにおけるキーストーン種だ。ゾウはほかの草食動物よりも多くの木本植物を食べ、糞で種子を散布し、木を傷つけたり倒したりしてハビタットの構造を作り変えることすらある。木の喪失や損傷は林冠による覆いを減らすため、地上の植生が光を浴びてよく多く育つようになる。傷ついた木や折れた枝も、木に住む無脊椎動物、爬虫類、営巣する鳥、木を分解する生き物たちにとっての微環境である。

木を揺らすゾウ

孤立した残丘

アフリカ大陸のサバナ

アフリカ大陸の山岳地帯には、岩盤が地表に露出して周囲の草原や森林よりも高くそびえているところが見られる。これは「残丘」と呼ばれ、かつてあった広大な山々が夏の嵐によってもたらされる鉄砲水によって浸食された名残だ。残丘はアフリカ大陸の東部と南部のより乾燥した地域でよく見られ、そこにはかつて周囲の草原や砂漠に生息していたものの、今では岩の上での生活に特化した多様な動植物が存在する。ケープハイラックス、齧歯類、鳥、トカゲなどである。もっとも目を引く動物のひとつが、岩の間を飛び跳ねながら移動する小型のレイヨウのクリップスプリンガーだ。

すばしこい登山者
クリップスプリンガーは蹄の丸みを帯びた先端で立つことにより、岩によりしっかりと接地できる。急勾配のハビタットをシロイワヤギのような敏捷さで飛び跳ねながら移動する。こわばった体毛は岩などにぶつかったときにクッションの役割を果たす。

サイの餌

グレートリンポポ・トランスフロンティア・パーク

モパネは低木または高木として成長し、「大聖堂」モパネ林ではかなりの高さにまで達している。グレートリンポポ「メガパーク」は、リンポポとクルーガー国立公園をひとつにつなぎ、クロサイやシロサイなど、アフリカのサイの半数を支える広大なモパネの林を保護することになる。

草を食べているシロサイ

おおあわてで逃げる
南アフリカ共和国のクルーガー国立公園内の水たまりには危険が潜んでいる。干ばつの時期になると、水を求めてやってくるのどのかわいた獲物をクロコダイルが待ち伏せする。この写真のインパラは幸運なことに、3mの高さまでジャンプできるので、噛みつこうとするクロコダイルの口から逃れることができる。

誰が最初に食べるのか？

南アフリカ共和国　クルーガー国立公園

食べ残しをめぐる争い
ハイエナなどのほかの屍肉食動物を数で圧倒するコシジロハゲワシ。ハゲワシは食べ物をめぐって争うときにけたたましい鳴き声をあげて威嚇する。

ライオンに殺されたヌーの死骸は、ライオンたちが去ってしばらくしてから注目を集めはじめる。アフリカ大陸のサバナのほとんどの地域では、複数種のハゲワシが同じ獲物のまわりに集まる。南アフリカ共和国では、一番乗りでやってくるミミヒダハゲワシがもっとも大型で、新鮮な肉のまわりに集まるハイエナと争うほどに気性が荒い。そこに加わるより小柄なカオジロハゲワシとズキンハゲワシは、離れたところにとどまり、落ちてきた肉を横取りする。皮が切り裂かれると、ケープハゲワシとコシジロハゲワシが長い首を中に突っ込んで内臓をついばむ。ときには肋骨の中にまで潜り込むこともある。皮膚と骨だけが残ると、ミミヒダハゲワシが戻ってきて、今度は大きなくちばしと丈夫な胃腸を利用して死骸のいちばんかたい部分をたいらげる。

死骸をめぐるハゲワシの序列

死骸から食べ物の分け前を得るときには、大柄なハゲワシが小柄なハゲワシよりも優先される。しかし、死骸が食べられていく過程では、異なる種が異なる段階で食べるようにも適応してきた。

ライオンに殺された新鮮な死骸	もっとも大型の種が場を支配する	小柄な種が食べ物をかすめ取る	最小の種は残り物をあさる	長い首は死骸の中まで届く	小さな体は獲物の肋骨の中に入れる	丈夫なくちばしでかたい皮を引き裂く
ヌー（獲物）	❶ ミミヒダハゲワシ	❷ カオジロハゲワシ	❸ ズキンハゲワシ	❹ ケープハゲワシ	❺ コシジロハゲワシ	❻ ミミヒダハゲワシ
	新鮮な死骸			露出した肉と内臓		皮、骨、角

日和見的な
ハイエナ

アフリカ大陸のサバナ

アフリカ大陸のサバナのほとんどに生息するブチハイエナは、屍肉食動物として知られているが、その食べ物の多くは狩りによって手に入れる。ハイエナは恐るべき捕食動物だ。大勢の血に飢えた群れで自分たちよりも大きな獲物を襲い、噛んだり引っ張ったりしながら、相手が疲れるまで攻め続けて圧倒する。襲われた動物はショックまたは失血で息絶えるのがふつうだ。集団での戦術は捕食以外にも用いられる。ハイエナはほかの捕食動物を威嚇するときにも数の力を利用し、ライオンのような大きな相手に挑むこともある。執拗な攻撃はしばしば功を奏し、四方からつきまとわれたときにはライオンが獲物をあきらめざるをえなくなる。

ライオンにちょっかいを出す
数頭のライオンがいればふつうならブチハイエナの群れを獲物に寄せつけないが、さらに多くのハイエナが集まってくると力のバランスが逆転する。

つかまえた昆虫を止まり木にぶつけてつぶす

高い場所
エンビハチクイは高い場所にある止まり木から飛び立ち、獲物の昆虫を空中でつかまえる。

ガンスの
林

アフリカ大陸南部

カラハリ砂漠は乾いた砂の多い土壌からなる半乾燥のサバナだ。しかし、このハビタットのザンビアチークは非常に深く伸びる根を持つため、地下深くの湿潤部から水分を得ることができる。そのためザンビアチークはとても高く育ち、「ガンスの林」というサバナのハビタットを形成する。「ガンスの林」は、草木のない地形に暮らす木に依存する多くの動物にとって重要なハビタットだ。そんな動物のひとつがエンビハチクイで、チークの花に受粉するミツバチを目当てにやってくる。

草を編んで作った
住処

アフリカ大陸南部

シャカイハタオリの村

シャカイハタオリはスズメよりも少し大きな鳥で、同程度の大きさの鳥の中ではもっとも大きな巣を作る。その秘訣は共同作業にあり、数百羽の個体からなるコロニーで生活する。草原は多くの草を与えてくれるので、シャカイハタオリはくちばしと脚を器用に使って巧みに草を編み、多くの捕食動物が届かない高さに枝からぶら下がったハンドバッグのような形の巣を作る。そして長くてかたい草スティパグロスティス・キリアタを使い、コロニーでの共同作業によってはるかに大きな規模の巣を作る。できあがった巨大な巣では複数の家族が別々の部屋で生活する。巣はあまりにも大きいため、フィンチやボタンインコが居候することもある。

シャカイハタオリの巣の最大のコロニーでは約100組のつがいが暮らせる

とげのある木を
守るアリ

アフリカ大陸のサバナ

アフリカ大陸の草原では、一部の種のアカシアとアリが双方に利益のある関係を築いている。木に成長するこぶ状の構造はアリが巣を作る場所になる。アリはこぶの内部をくりぬいて中に入り、見返りとして木はアリから恩恵を受ける。葉を食べに来る草食動物から巣を守るべく、アリが噛んだり刺したりするからだ。この関係はうまくいっているようで、アフリカ大陸のサバナにあるアカシアの木のほぼすべてにアリが巣を作っている。

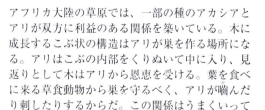

内側が空洞になっている巣

世界一丈の高い草原

ヒマラヤ　テライ・ダウル

インドサイ
草を食べるときにはふつうは頭を下に動かさなければならない。だが、ワセオバナは非常に高く育つので、インドサイはどこを向いても食べ物に囲まれている。

ネパールとインド側のヒマラヤ山麓に位置するテライ・ダウルのサバナには世界でもっとも丈の高い草原が広がり、インドサイよりもはるかに高く成長するサトウキビの種などがある。モンスーンの時期の洪水とともに山から流れ落ちてくる無機物の豊富なシルトが草原の栄養分になる。洪水のために森がしっかりと確立することはないが、草は水が引くとすぐに再生する。インドサイにはこのハビタットがいちばん合っている。丈の高い草が身を隠してくれるし、湿地のハビタットはぬた場（動物が寄生虫などを落とすために泥を浴びる場所）にちょうどよく、餌としての草を補う水草もある。洪水で水位がもっとも高くなったときには、サイはより標高の高い場所に移動してサラソウジュの林に逃れる。丈の高い草はベンガルトラや、その獲物のイノシシや多種のシカの住処でもある。また、世界最小のイノシシで絶滅が危惧されているコビトイノシシや、ノガン科の地上性の鳥で急速に数が減りつつあるベンガルショウノガンの貴重なハビタットでもある。

インドサイは指のように物がつかめる唇を使って草をむしる

環境保全
インドのハゲワシを見舞った危機
1990年代、インドのケオラデオ国立公園の監視団から、ハゲワシの個体数が減少していると世界に伝えられた。後にその原因は牛の死骸に蓄積した獣医薬のジクロフェナクに関連があるとされた。調査の結果、薬がハゲワシには有毒なため大幅な個体数の減少となり、複数の種に絶滅のおそれがあると判明した。現在ではアジア全土を含む地域でも多くのハゲワシがこの毒で絶滅に瀕している。また、屍肉食動物の数が減ると動物の死骸が環境内に長く残留し、野生動物と人間にとって健康上のリスクになる。

死骸をあさるハゲワシ

草原の
オオトカゲ

コモド島とフローレス島

オーストラリア大陸のペレンティーオオトカゲや、インドネシアのコモド島とフローレス島のコモドオオトカゲ（トカゲの中で最大種）など、オーストララシア一帯に生息するオオトカゲは、広々としたハビタットの頂点捕食者のひとつに進化してきた。ここのモンスーン気候は乾季がとくに長引くため、サバナがより西の地域に見られる多雨林に取って代わる。先史時代のコモドオオトカゲは、かつてこの島々にもいたボルネオゾウを食べていたのではないかと考えられる。現在ではシカ、スイギュウ、ブタを獲物にするほか、人間を襲ったという記録もある。

決死の戦い
メスをめぐって争う2頭のオスのコモドオオトカゲ。相手を地面に押し倒そうと、後ろ脚で立ち上がっている。

環境保全
ベンガルトラを救う

ベンガルトラはネコ科動物全体でもっとも大型の種のひとつで、インドのほか、隣接するバングラデシュ、ブータン、ネパールに見られる。インドには世界最大の個体群がいて、推定で3,300頭が生息しているとされる。しかし、トラたちは孤立した公園内に点在し、自然保護活動家は多くの地域で存続可能な頭数に足りていないと憂慮している。無線付きの首輪でトラを追跡すれば、トラが生息するハビタットの数、また存続可能な必要数を知ることができる。歴史的に見ると、人を食べる個体は迫害され、トラを殺すための報奨金が出ていた。トラによる攻撃への恐怖は今でも問題になっている。また、自然のハビタットと獲物の数が減るにつれて、トラと人間の対立が増えた。シカなどの有蹄類の獲物の個体数が豊富で充分に広いハビタットを作れるかどうかが課題だ。

縄張りのマーキング

咲き乱れる
花

ニューギニア島とオーストラリア大陸

熱帯多雨林におおわれるニューギニア島だが、南部の低地の平原にはサバナが広がっている。オーストラリア大陸北部にも同じハビタットがあり、そこでも雨季と乾季からなる同じモンスーンのパターンが見られる。モンスーンがもたらす雨の季節にはどちらの地域にも相当な数の水鳥が集まり、サバナのコバノブラシノキ属がいっせいに花開くと、蜜を吸う昆虫や鳥も多くやってくる。

ミツスイが木を受粉させる

蜜を求めて
花の咲いたコバノブラシノキ属は、ヨコジマウロコミツスイをはじめとして、甘い蜜を求めて花を探る鳥の群れを引きつける。

太平洋の島の
サバナ

太平洋 レイサン島

ハワイ諸島のほとんどは多雨林におおわれているが、火山の山頂は風下側の斜面に雨陰を作る。また、レイサン島やミッドウェー島などの北に位置する平坦な島は、より乾燥した気候である。このような場所の植生は低木の多い草原になる。多くの内陸部の植物はほかの場所では見られない種に進化したが、沿岸部には太平洋諸島に広く分散する草や植物が見られる。

営巣地のアホウドリ
コアホウドリは草の多い沿岸部に巣を作る。

木の育たない草地

オーストラリア大陸の熱帯サバナ

オーストラリア大陸北東部の海岸沿いの森と、砂漠が広がる内陸部との間には、木が育たないほど乾燥している広大な熱帯草原の平原がある。ここの植生は長期の干ばつを休眠で乗り切れるアストレブラ属の茂みがほとんどを占める。オーストラリア大陸だけに自生するこれらの草は、地下水に届くほどまで深く伸びる根を持つ。降水は季節的だが、必ず降るとはあてにできず、動物たちはそれに対応するように進化してきた。フクロネズミはアストレブラ属数種のタソックの中に避難し、鳥たちは大雨の後に低地に出現する一時湖（一時的にできる湖）に集まる。セキセイインコをはじめとするこの地の多くの鳥は、しばしば移動する。この小型のインコの大きな群れは、雨を追って種子をつける植物を餌にしながら、別の場所までかなりの距離を移動する。アストレブラ属の種子がセキセイインコの食べ物の大部分を占めるが、大陸のより乾燥した内陸部にかけては、ハマアカザ属やイセイレマ属など、半砂漠地帯でより多く見られる植物も食べる。セキセイインコの繁殖は散発的な大雨をきっかけとして始まるが、ひなの栄養分になる種子をつける植物が多くなる時期に当たる。

6万羽という大きな数になったセキセイインコの群れがこれまでに目撃されている

刃物形のアリ塚

オーストラリア　ダーウィン

アリ塚は良好な風通しと温度管理の面では模範的だ。熱帯の太陽を浴びると100万匹以上の生きたシロアリが暮らす巣はかなりの高温になるが、その中には食べ物も維持・保管されている。シロアリは種によってさまざまな方法でアリ塚を管理するが、もっとも驚くべき種のひとつ、牧草を集める種のジシャクシロアリ（アミテルメス・メリディオナリス）は、刃物形のアリ塚の平面を東西向きに作る。真昼には太陽光線が狭い先端面に当たるので温度の上昇を最小限に抑えられる。

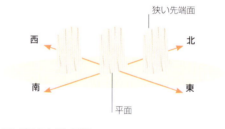

コンパスのように正確
方角を合わせて作られたアリ塚は、東から昇って西に沈む太陽の光が東西の側面にしっかりと当たるので、気温の低い朝と夕方に暖められる。

磁気を利用したアリ塚
研究によると、ジシャクシロアリは地球の磁場を検知することで、最適な温度管理ができるような向きで自分たちのアリ塚を作っているらしい。

岩の避難場所

オーストラリア　キンバリー

キンバリー地方ではモンスーンに浸食された山々が深い渓谷からなる地形を形成している。乾燥した平坦な地形が広がる地域の中で、そこは動植物にとっての湿った避難場所になる。短い雨季には渓谷を水が流れ、草の間に湿気を好む低木が育つ。ここはイワワラビーのハビタットで、この動物はより豊富な植生を食べ、岩の間に身を隠し、強靭な脚首を利用して渓谷の向かい側に飛び移る。

大きな後脚

シマオイワワラビー

熱帯草原 / 151

セキセイインコの群れ
セキセイインコの群れは空が暗くなるほどの数になることもある。一般的にセキセイインコの羽は明るい緑色と黄色である。

放浪する鳥
オーストラリアの熱帯サバナ

アオツラミツスイ

オーストラリア大陸の乾燥した北の「先端」に暮らす多くの鳥にとって、放浪生活は都合がいい。大陸のサバナ最大の広がりはノーザンテリトリーの大部分とクイーンズランド州の北部に及び、ユーカリが点在している。より乾燥した大地にはアストレブラ属数種が生え、多雨地域ではよりやわらかい種のアカヒゲガヤが優勢になる。異なる微環境からなるこの地形ではフィンチやミツスイなどの多くの鳥がつねに移動していて、蜜を求めてユーカリの花を探し、アカヒゲガヤを巣の材料に使い、水を求めて雨の後を追う。

火災を生き延びる
オーストラリアの熱帯サバナ

嵐を伴うモンスーンの季節の始まりとともに危険な雷が訪れ、乾季の間にからからになった植生に落雷すると引火のおそれがある。山火事が低木層の間に急速に広がると、ユーカリ属は厚い繊維質の外側の層のほとんどを犠牲にし、樹皮は燃えるものの中心の組織は無傷で残る。しかし、より大規模な山火事になった場合でも、ユーカリ属は幹の基部のふくらんだ部分（「リグノチューバ」と呼ばれる）と吸枝状の根から再生できる。多くのサバナの植物の場合は、山火事そのものが再生の合図になる。種子を放出するためにはさやが焼かれなければならない木もある。

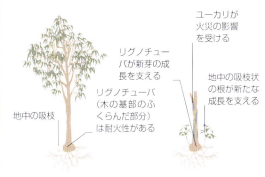

火災に適応したユーカリ / 再生

トカゲの王国
オーストラリアの熱帯サバナ

オーストラリア大陸の哺乳類は、カンガルー、コアラ、ワラビーなどの有袋類がほとんどだが、ほかの大陸に比べて哺乳類の種類が少ない。それは、オーストラリア大陸のハビタット、とくに乾燥したサバナと砂漠では、より多くの爬虫類が哺乳類の代わりに進化してきたことを意味する。オーストラリア大陸はトカゲの多様性が信じられないほど高く、場所によってはトカゲが食物連鎖の中の主要な捕食動物と草食動物の両方を担っている。大陸北部のサバナと疎林で一般的に見られるエリマキトカゲは、木や草の間で無脊椎動物を追いかける。自分よりも大きな捕食動物を驚かせるために、首のひだを広げてシューッという音を出す。この作戦が敵に通用しない場合でも、広大な土地を利用した効果的な逃げ方がある。二本脚で高速で走り、安全な木にたどり着くまで止まらない。

エリマキトカゲ
危険を感じると、筋肉を使ってひだ状の皮膚を支える骨を立て、扇形に広げることで自らをより大きく見せる。

二本脚での走り
トカゲの脚は関節が体の横側を向いているので、立って走るためには後脚をすばやく回す一方で、尾を伸ばしてバランスを取らなければならない。

隔絶された

私たちの惑星の壮観な地質は、この星を豊かで多彩なハビタットの世界にしている。外洋には島が点在し、陸地には山、湖、川が存在する。とても多くの生き物が孤立した中で進化する場所だ。局地的な条件に適応した生き物はほかのハビタットから切り離され、新たな種になる。湖には独自の魚が泳ぎ、山には奇妙な「メガハーブ」が生え、島には巨大なカメが生息する。しかし、このような驚くべき脆弱なハビタットは外来種の侵入の影響を受けやすい。

世界

ガラパゴス諸島は火山群島で、もっとも近い陸塊である南アメリカ大陸からやってきた外来種に由来する種がいる。
エスパニョラゾウガメとフッドマネシツグミはエスパニョラ島にしか見られない。

島

島が独特のハビタットなのはその孤立した状態によるものだ。ほかから隔絶されているので、動植物は海を渡ってくることのできた種に限定されていて、それらが独自の進化をとげ、ほかのどこにも見られないコミュニティが誕生した。

島はおもに2つに分類される。海底火山の噴火によって形成される海洋島と、陸地が本土から分離して誕生する大陸島だ。プレートの境界線に沿って分布することの多い海底火山が溶岩を噴出すると、海中でたちまちのうちに冷えて固まる。それが徐々に新しい岩となり、ついには海面から顔を出す。このような海洋島は波と風によってしだいに浸食され、最終的には海山（海面下に沈んだ岩の層）となる。この過程は高い山のある島、浸食された環礁、海山からなるハワイ諸島に見ることができる。けれども、そうした島々は成長することもあり、火山活動が継続するとアイスランドやガラパゴス諸島のようなしっかりと確立された島になる。

海洋島はまっさらな岩盤として誕生し、そこに大陸や近くの島から海を渡ってきた動植物がコロニーを形成する。最初にやってくるのは、鳥、空を飛ぶ昆虫、風に飛ばされたり海に浮かんだりした種子など、空や海を移動できる種だ。溶岩と火山灰のおかげで海洋島は栄養分の豊富な土壌を持ち、それがコケ類、地衣類、植物のコロニーの形成を助け、ほかからやってくるより複雑な生き物のコミュニティに適した土壌が徐々に作られていく。

大陸島

大陸島は海面が上昇し、低地が沈んでより高い場所と分離することで形成される。氷河期がそうだったように、海面が低下すると再びつながることもある。マダガスカル島のように、地殻変動によって陸地がはがれて形成された大陸島もある。

海洋島とは異なり、大陸島は本土の動植物がすでに存在している状態で誕生する。しかし、小規模なハビタットとして隔絶されると、絶滅する種もあれば、新たな形に進化する種もある。

世界的な分布

海洋島はつねに出現している。アイスランドのように、火山活動が新しい地殻を形成する中央海嶺の高い地点に当たる島がある。一方で、ハワイ諸島のように、地球のマントルの「ホットスポット」上にできる島もある。この地図では大陸島も示している。

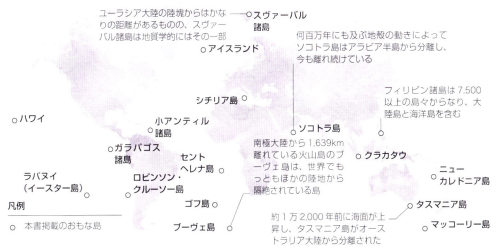

島のしくみ

火山活動が作り出した新しい陸地に動植物がコロニーを形成する。やがて「遷移」と呼ばれる過程によってむき出しの岩が植生におおわれたハビタットに移り変わり、密生した森のように緑豊かになることもある。いちばん近い陸地から距離がある島ほど、その変化には時間がかかる。そこまで到達して個体群を確立できるような、丈夫な大陸の外来種が数少ないからだ。火山のホットスポットではハワイのような列島が作られることもあり、同じ列島の古い島からやってきた種が誕生間もない新しい島にすぐコロニーを作る。

島 / 157

噴火からわずか6か月後には、多くの維管束植物が溶岩の上に根づいているかもしれない

長く湾曲したくちばしのおかげで、ベニハワイミツスイはハワイの固有種の花の深い蜜腺まで届く

充分な時間があれば、草が低木林の成長に適した条件を作り出し、そして低木林が「極相」としてのハワイの森への道を開く

成熟した森はまっさらな岩からの遷移の終着点。森がハワイの山々をすっぽりとおおい、標高1,250m以上のところでベニハワイミツスイなどの森に特化した生き物を支える

ベニハワイミツスイ

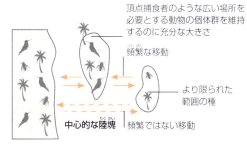

大陸島と海洋島
海面の上昇、海岸線の浸食と堆積、または地震の結果として、大陸地殻の上に島ができる。海洋地殻の上の島は海底火山の噴火によって形成される。

頂点捕食者のような広い場所を必要とする動物の個体群を維持するのに充分な大きさ

頻繁な移動

より限られた範囲の種

中心的な陸塊　頻繁ではない移動

種の豊かさ
島の種の数はその大きさとほかの陸塊からの距離、また形成されてからの時間に左右される。より大きな島はハビタットの多様性もより大きく、そのため種の数もより多い。もっと距離のある島への移動はそれほど頻繁に起きないため、種の数はより少なくなる。

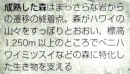

蜜を吸う鳥
ベニハワイミツスイは、約600万年前に最初のコロニーを作ったフィンチから進化した40種近いミツドリのうちのひとつ。森林伐採や外来種によって16種が絶滅した。

オオグンカンドリ

海に浮かぶ種子
ココナッツのように大きくて浮力があり、耐水性を持つ種子は、海流に乗って短い距離を浮かんだままでいられるので、しばしば海洋島の最初の外来種になる。

ハワイモンクアザラシは多くのハワイの種と同じく、ほかの場所では生息しておらず、絶滅のおそれがある

ハワイモンクアザラシ

coast

海の捕食動物
島が確立されると、アザラシがやってきて海岸で寝そべるようになる。ハワイモンクアザラシは海に潜り、海岸沿いの礁湖の中や海山の上で魚、イカ、甲殻類をつかまえる。メスは砂浜で子供を育てる。

新しい火山島の周囲でサンゴ礁がすぐに成長を始めるのは、サンゴの幼生が海流に乗って運ばれるため

島のハチドリの多様化が始まる

カリブ海 小アンティル諸島

蜜を吸うとても小さなアンティルカンムリハチドリは、カリブ海東部の島々にだけ生息している。小さな体にもかかわらず、オスはとても攻撃的で、蜜や縄張りをめぐって争うほかのハチドリを追い払う。オスは頭頂部に冠羽がある。それぞれの島のアンティルカンムリハチドリの亜種は冠羽の色で区別が可能で、北アンティル諸島では青で先端が緑、セントヴィンセント島では青みを帯びた緑色、バルバドス島では金色、グレナディーン諸島とグレナダ島では紫色と多岐にわたる。これらの違いは、この鳥が最初にここの島々にやってきてから長く隔絶されていたことで、それぞれの個体群の羽の色が微妙に異なるように進化してきたことを示している。

オスの冠羽はメスを引きつけるために使われる

アンティルカンムリハチドリ
アンティグア島に生息するオスのハチドリは亜種のオルトルンクス・クリスタトゥス・エクイリスで、先端が青い緑色の冠羽を持つ。

デイジーツリー

ガラパゴス諸島

デイジーツリーの森

火山性のガラパゴス諸島には、キク科のジャイアントデイジーツリーのスカレシア属15種が自生する。この種は島で低木として成長し、先祖はアンデス山脈に由来する。そのうちスカレシア・ペドゥンクラタは最大で20mの高さにまで育つ。この木が山腹のより湿った側をおおい、特有の森を形成する。

生き物が定着するのを観察する

スルツェイ島は島のコロニー化とエコシステムの発達を調査した最良の例のひとつだ。1963年に島が形成され始めた後、科学者たちはそのすべての段階を監視した。スルツェイ島は誕生以来ずっと保護されていて、新たなエコシステムがどのように形成されるのかを研究するための希少で手つかずのままの「自然の研究所」となった。1965年に最初の被子植物が砂浜で見つかり、その2年後には溶岩原でコケ類が確認された。それ以降、島では62種の植物と、クモ、チョウ、甲虫など140種以上の無脊椎動物が見つかっている。海鳥の大きなコロニーからの糞は、豊かな草原の形成に貢献する肥料となっている。

鳥が陸地に種子をまく

アイスランド スルツェイ島

アイスランドの沖合に位置する火山島のスルツェイでの新しい植物のコミュニティの発達には、鳥が不可欠な役割を果たしてきた。最初の植物の種子はおそらく海流に乗って大陸から運ばれてきたと思われるが、植物の種の約75%は海鳥によって島に持ち込まれたもので、鳥の脚にくっついて運ばれてきたか、糞の中に入っていた。島で最初に巣作りを始めたのはフルマカモメとハジロウミバトで、1967年に噴火が止まってからわずか3年後だった。1985年までにはニシセグロカモメが島にコロニーを確立し、現在ではセグロカモメ、ニシツノメドリ、キョクアジサシも含めた11種の鳥が島で営巣している。新しい植物を持ち込んだほかにも、海鳥の糞は窒素、リン、カリウムを豊富に含む肥料の役目を果たし、形成されつつあった草原の育成を助けた。また、海鳥はひなの餌として一度のみ込んだ魚や海洋無脊椎動物を吐き出すが、その際にコロニー内でこぼれた分が土壌に海洋由来の栄養を与えることにもなった。

新しい植生が定着する

緑色に変わる
海底火山の噴火が小さなスルツェイ島を形成した。溶岩の流出が止まる前から、すでに植物は新たにできた砂浜にコロニーを作り始めていた。

海鳥はスルツェイ島の植物の多様性を高め、土壌中の炭素を増やした

空を飛ぶクモ

太平洋　ロビンソン・クルーソー島

長距離移動のための独特の方法を持つクモは、新しい島にコロニーを作る最初の種のひとつになることが珍しくない。多くのクモは高いところに登り、脚と腹部を持ち上げ、数本の細い糸を出すことによって空を飛ぶことができる。その糸が風をとらえると、クモの体が宙に浮く。この行動は「バルーニング」として知られる。条件がよければ、クモはバルーニングで長距離を移動できる。チリ本土から670km離れたロビンソン・クルーソー島に生息するフィリスカ属のクモの数種は、バルーニングによって島までやってきたと考えられる。

クモが空を飛ぶしくみ
クモの吐糸管から放出される糸は負の静電荷を帯びているため大きく広がり、風をとらえることができる。

成虫のフィリスカ属　　子供のクモのバルーニング

島での適応

ガラパゴス諸島

ガラパゴスフィンチは13種がそれぞれ、好みの食べ物に合わせてくちばしが独特の形をしている。これは種がそれぞれの役割に特化した新しい形態に枝分かれする「適応放散」の例に当たる。たとえば、コダーウィンフィンチは円錐形のくちばしで昆虫をつかまえる。オオガラパゴスフィンチは大きくて短いくちばしで木の実を割る。サボテンフィンチはサボテンの蜜や果肉を食べるのに理想的なとがったくちばしを持つ。

くちばしは小さいが強い

コダーウィンフィンチ

コケ類の野原

アイスランド南部

アイスランド南部では、火山の溶岩原がシモフリゴケでおおわれていて、この地形は何百年もの間、ほとんど変わっていない。このような不毛の地形ではしばしばコケ類が最初にコロニーを作り、その後に草や被子植物が優勢になる。だが、アイスランドの溶岩原では、厚くおおったシモフリゴケが草や低木や木の成長を妨げ、ハビタットの草原への、さらには森への移行を遅らせている。広大なコケ類の野原はトビムシ、ワムシ、線虫、ダニ、クマムシなどの微小な無脊椎動物のハビタットである。

アイスランドのコケ類のクッション
1783年の噴火で形成されたスカフタレルダフロインの溶岩流など、アイスランド南部の溶岩原ではシモフリゴケのクッションが50cmの厚さにまで成長することもある。

巨大化する外来種の
ハツカネズミ

南大西洋　ゴフ島

島の動物に共通する変わった特徴は、大陸の近縁種よりもはるかに大きく進化することである。南大西洋のゴフ島は、19世紀にヨーロッパの船員によってうっかり島に持ち込まれたハツカネズミが生息する。わずか数百世代のうちに、それらのハツカネズミは大陸の仲間と比べて体がほぼ2倍の大きさになった。これは「島嶼巨大化」として知られる現象で、この場合は捕食動物がいなかったために、小型の生き物に捕食動物としての役割へと成長する機会が与えられたことが原因と考えられる。ゴフ島のハツカネズミは、ゴウワタリアホウドリ、パクプティラ・マクギリウライ、ズキンミズナギドリなど、島固有の海鳥の卵を食べ、壊滅的な影響を及ぼしてきた。巨大化したハツカネズミがひなや成鳥を襲うこともある。

2017年から2018年にかけての繁殖期には、ゴウワタリアホウドリのひなのうち無事に育ったのは21％だけだった。それ以来、駆除計画によってハツカネズミの数は減少し、海鳥の数の回復につながっている。

成長の早いネズミ
ゴフ島のハツカネズミの体重は平均すると大陸の仲間のほぼ2倍あり、最大の個体は50g近くに達する。科学者たちの調査から、島のハツカネズミは生まれてから最初の6週間の成長がとくに早いことが判明している。

脆弱な種
島は捕食動物がまわりにいない中で進化してきた独特の種の住処であることが多く、そのため非固有種の捕食動物が人間によって持ち込まれると影響を受けやすい。南大西洋にある火山島のセントヘレナ島でもそれが起きた。その島にはセントヘレナチドリをはじめとして500以上の固有種が生息している。地上に営巣するこの鳥の習性はとくに影響を受けやすく、ネコが持ち込まれたことによって絶滅寸前にまで追いつめられた。保全対策によって近頃では個体数が回復しているが、島には成鳥が545羽しかいない。

ススイロアホウドリ
絶滅のおそれがあるススイロアホウドリの全世界の個体数のうち、3分の1がゴフ島に巣を作っていて、島ではハツカネズミがひなを食べることが知られている。

平均体重は36g　　平均体重は20g

ゴフ島のハツカネズミ　　大陸のハツカネズミ

セントヘレナチドリ

回復力のある
生き物

インドネシア　クラカタウ

地衣類とコケ類が草に取って代わられ、続いて草が木に取って代わられるという生態遷移の段階的な過程を、火山噴火がリセットしてしまうこともある。クラカタウは活火山の上にあり、この島々は噴火によって何度となく不毛の地にされてきた。1883年の噴火で島の一部が吹き飛んだが、およそ15年以内に複数の砂浜が草におおわれた。しかし、1900年代の初めから1980年代の初めにかけて、噴火によってコロニーを形成中の植物が周期的に破壊され、そのたびに過程が繰り返されている。

クラカタウの火山

島の小さなゾウ

マルタ島とシチリア島

マルタ島はシチリア島と北アフリカを結ぶ海嶺の上に位置していて、海面の変化に合わせて孤立したりつながったりを繰り返してきた。いちばん最近では1万1,000年以上前の最終氷期中に、シチリア島とつながる陸橋が存在した。

約45万年前まで、マルタ島とシチリア島には、知られている中で世界最小のファルコナーゾウ（パレオロクソドン・ファルコネリ）が生息していた。体高はわずか1m、体重は250kgだった。このゾウは大陸のゾウよりもゆっくりと成長し、成熟するまでに15年かかった。これは大型の種が島にコロニーを作ると小型化する「島嶼矮化」という現象の極端な例に当たる。島嶼巨大化（→p.160）と同じように奇妙な特徴の説明のひとつとして、島に到達した「創始者」個体群に小型の個体が多いという偏りがあり、それが新しい方向への急速な進化につながるのではないか、という仮説がある。

絶滅した島の矮小種のゾウは、かつてギリシャのティロス島とクレタ島、カリフォルニアのチャンネル諸島（コビトマンモスの旧生息地）にも生息していた。

大小の差
マルタ島のファルコナーゾウの体高はアフリカゾウのわずか4分の1しかなく、そのほかの絶滅した島の種もアフリカゾウに比べると小さい。

アフリカゾウ 3.5〜4m／ファルコナーゾウ 1m／ティロス島のファルコナーゾウ 1.2m／コビトマンモス 1.7m／クレタ島のコビトマンモス 1.1m

北極圏に閉じ込められて

北極海　スヴァールバル諸島

スヴァールバル地方のトナカイ

スヴァールバルは北極海に浮かぶ諸島だ。氷河におおわれた島にはトナカイが生息する。本土のトナカイは冬になると南に移動することができるが、スヴァールバル諸島のトナカイは北極の厳しい寒さから逃れることができない。しかし、そのハビタットと生き方は気候変動によって変わりつつある。冬の降水量の増加で氷の層が作られると、トナカイが食べ物を探して地面を掘ることは難しくなる。その一方で、気温の上昇は夏の植物の成長を高め、短い夏の間に脂肪を蓄えるトナカイにより多くの時間を与えている。

ベニイロリュウケツジュ

イエメン　ソコトラ島

インド洋のソコトラ島はソマリアの東225kmに位置する。最後に大陸とつながっていたのは約2,000万年前のことだった。長い孤立の歴史から、島には多くの変わった動植物が見られ、植物の3分の1は地球上のほかの場所では見ることができない。

そんな種のひとつがベニイロリュウケツジュで、名前はベリーと樹皮に含まれる濃い赤色の液体に由来する。小さなベリーは鳥に食べられ、その鳥が糞をすると中の種子が散布される。この植物はとても珍しい成長のしかたをする。葉はいちばん若い枝の先端だけにしか生えず、3年または4年ごとに入れ替わる。かさのような形の樹冠が作り出す影はその下での新しい木の成長を助け、複数の木が一緒に成長することも珍しくない。ゆっくりと成長する木は何百年も生きるが、その緩やかな成長のせいで気候変動には脆弱で、若い木の場合はヤギなどの外来種の影響を受けやすい。

夜明けのベニイロリュウケツジュ
かさのような形をしたベニイロリュウケツジュの樹冠は、密生したかたい葉から失われる水分の量を減らし、海からの霧の湿気を閉じ込めるのに役に立つ。

ベニイロリュウケツジュの樹脂は染料や薬として使われてきた

送粉者を持たない植物

ハワイ諸島

北アメリカ大陸から3,000km以上離れたハワイ諸島では、隔絶された地理的関係から、カウアイ島とニイハウ島の断崖に生える大型多肉植物のアールラなど、多くの独自の動植物が誕生した。アールラは持ち込まれたブタやネズミに食べられたり、外来種の植物との競争に敗れたりもした。しかも、それ以上に深刻な脅威にも直面した。繊細な薄い黄色の花の受粉をスズメガに依存しているが、ハワイ固有のスズメガ3種のうちの2種が絶滅に瀕しているか絶滅してしまったのだ。花粉を散布するガがいなくなった場合、人間による介入がなければアールラも同じ運命をたどることになるかもしれない。

この多肉植物を救うため、自然保護活動家は人工授粉を開始し、ときには植物のいる断崖を懸垂下降することもあった。だが2014年までには、野生で生き残っているのはカウアイ島の1株だけだと判断された。現在、苗床での人工授粉の取り組みに力が傾けられている。

アールラへのさらなる脅威として、気候変動やハリケーンなどがある

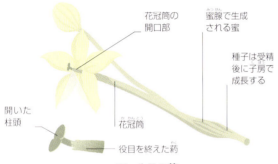

アールラの花

トランペット型の花
花粉を生成する雄しべは、自家受粉を避けるために雌しべよりも早く成熟する。雄しべが花粉をすべて放出した後、雌しべの柱頭が開いてほかのアールラからの花粉を受け取る。蜜はトランペット型の花の付け根の近くで作られる。

ハワイ固有のアールラ
アールラの星型の花は最長で10cmある花冠筒とつながっている。その基部にある蜜まで届く長い吻を持つのはスズメガだけである。

タスマニアデヴィル

タスマニア島

オーストラリア大陸の沖合に位置するタスマニア島は、タスマニアデヴィルやフクロオオカミなど、大陸では絶滅した動物たちに最後の住処を与えてきた。タスマニアデヴィルは有袋哺乳類で、子供を育児嚢の中で養育する。フクロオオカミが狩猟によって1930年代に絶滅（→p.47）した後、タスマニアデヴィルは世界最大の肉食有袋類になった。犬とディンゴがオーストラリア大陸からタスマニアデヴィルを駆逐し、今ではタスマニア島でも病気、外来の捕食動物、昔から続く迫害によって絶滅の危機にさらされている。

死骸を取られまいとするタスマニアデヴィル
タスマニアデヴィルは攻撃的に見えるかもしれないが、この行動は餌を食べるときの習性、またはおびえたときの反応の一種であることが多い。

トロミロの木

太平洋 ラパヌイ（イースター島）

トロミロは太平洋の火山島ラパヌイ（イースター島）で固有の花を咲かせる木だ。17世紀に人間の入植者たちがやってきた後、島の森はすべて伐採された。最後のトロミロが切り倒されたのは1960年のことで、今ではこの木は植物園でのみ現存している。イギリスとスウェーデンの科学者たちが本来の島の自生地に木を再び戻すための計画を主導している。

花を咲かせたトロミロ

変わった鳥

太平洋 ニューカレドニア島

ニューカレドニア島は古代のゴンドワナ超大陸の一部で、島が生物多様性のホットスポットになっている。少なくとも6,000万年以上は隔絶された状態にあり、きわめて特異なグループが進化するための充分な時間が与えられた。その中には世界最古の被子植物の系譜につながるアンボレラ、巨大なヤモリ、主要な鳥類のグループのどれとも関係が近くない白くて飛べない鳥のカグーなどが含まれる。

警告するカグー

危険にさらされている島の捕食動物の居場所

フィリピン ミンダナオ島

食物連鎖の頂点に位置する捕食動物は、充分な獲物の供給を維持するためには広い場所が必要になる。島の場合にはそれが問題になることがある。最大の島だけが最大の捕食動物を支えることができる。フィリピン諸島には7,000以上の島々があり、ほとんどは火山島だが大陸島も含まれ、カエル、トカゲ、齧歯類、トガリネズミ、コウモリなど、固有の小型脊椎動物のホットスポットでもある。しかし、フィリピンに生息する最大の哺乳類はシカや小型のスイギュウのミンドロスイギュウで、どちらも草食動物だ。頂点捕食者に君臨するのは鳥で、フィリピンワシはマレーヒヨケザル、ジャコウネコ、サルを獲物にするほど体が大きく、ルソン島やミンダナオ島など最大規模の島の熱帯多雨林の広大な領域に依存している。だが今では全域が森林伐採によって脅かされている。

フィリピンワシ
世界最大の猛禽類のひとつで、翼長は2m、体重は最大で8kg。

たてがみのような毛深いとさか

環境保全
外来種による壊滅的な打撃

新しい捕食動物の移入は島の種を全滅させる可能性がある。ミナミオオガシラは意図せずに船で太平洋のグアム島に運ばれた。競合する固有の捕食動物がほとんどいなかったため、このヘビは急拡大し、捕食動物の脅威に慣れていなかった固有種の鳥や哺乳類に壊滅的な打撃を与えた。ヘビが近隣の島々に運ばれるのを防ぐために、訓練を受けた犬が島を離れる船や飛行機を検査している。

ミナミオオガシラ

巨大な草本植物

マッコーリー島とキャンベル諸島

プレウロフィルム・スペキオスム

オーストラリア大陸とニュージーランドの南の亜南極の島々は「メガハーブ」(→ p.167)という大型の草本植物の自生地だ。その一例がプレウロフィルム・フッケリで、マッコーリー島とキャンベル諸島に見られるこのキク科は90cmの高さにまで成長する。また、キャンベル諸島のプレウロフィルム・スペキオスムは高さ50cm、直径1mに育つ。大陸の祖先から隔絶され、低い位置に生える大きな葉が強風に対する錨の役割を果たして進化してきた。固有の草本植物がなかったことも、この植物の生長を促した。鮮やかな色の花が送粉者を引きつける。亜寒帯の島の植物がここまで大型化した具体的な理由は完全には解明されていないし、隔絶された熱帯山地(→ p.180, 182)に自生する理由もわかっていない。

マッコーリー島の広大な繁殖地に集まるロイヤルペンギンは、子育てに最適な営巣地を探して内陸に1.6kmも移動する。

亜南極の陸地

冷たい南氷洋上に点在する島々には強い風が吹き荒れ、木のない独特の陸のハビタットが見られる。そこでは海鳥が丈の高いタソックの茂みに巣を作り、南極のアシカたちと場所をめぐって争う。

地球の北端は陸地に囲まれ、大陸は北方林におおい尽くされているが、それとは対照的に南極点からほぼ同距離の南半球一帯はほとんどが海になっている。パタゴニア地方の南端よりも南に位置するこのあたりの緯度の陸地は、サウスジョージア島やケルゲレン諸島などの島だけで、海の緩和効果のおかげで大地が凍結しない。南極収束線に近いこの周辺では、冷たい南極の水が赤道からやってくるより暖かい水の下に沈み込むため、水温と気温がもっと南の極地よりも高く保たれる。

海鳥の楽園

この荒れた海域では地球上でも有数の変化の激しい天気が発生する。南極大陸周辺を何にもさえぎられることなく吹き荒れる強い西風のせいで、高木や低木は育つことができず、島々は1年の大半を雲におおわれている。これらの島のほとんどをひとつの植物（大きなタソック）が占めていて、巣作りをする鳥や成長中のひなに隠れ場所を与える。

タソックの草におおわれた島は海鳥にとっては安全な場所で、大陸の捕食動物からは充分な距離があり、南氷洋の豊かな資源に囲まれている。ハビタットは無脊椎動物と陸鳥の食物連鎖を支えるが、南極大陸と同じように、大型の動物は海に依存する。亜南極の陸地には世界最大のペンギンのコロニーがあり、代表的な海鳥のアホウドリの生活にも重要な意味を持つ。

アホウドリは空を飛べるもっとも大きな海鳥で、翼長の最大長で匹敵するのはコンドルしかいない。アホウドリには滑空を助けるために強い風が必要で、その風を利用して何日間も空を飛び続けることができる。ほとんどのアホウドリの種が亜南極の島に巣を作り、何千羽も集まって繁殖している理由はそのことで説明がつく。

亜南極の陸地の分布

亜南極のハビタットは南極収束線の周辺、またはそれよりも南の島々に見られる。南極収束線を境にして、極地の気候がより穏やかな亜南極の気候に移り変わる。

南アメリカ大陸南端のパタゴニア地方は、南極収束線の北側ではもっとも南に位置する大陸塊

ブーヴェ島／プリンスエドワード諸島／サウスサンドウィッチ諸島／クローゼー諸島／フォークランド諸島／サウスジョージア島／ケルゲレン島／ハード島とマクドナルド諸島／冷たい南極の水とより暖かい亜南極の水がぶつかる南極収束線／キャンベル諸島／オークランド島／マッコーリー島

凡例
— 南極収束線
○ 亜寒帯の陸地

亜南極の陸地のしくみ

亜南極の陸地は南氷洋に点在する島で、南極大陸よりも豊かで氷のない土壌を持つ。この土壌は丈の高いタソックの草や、さらに内陸部ではヒースの草原を支える。サウスジョージア島などの島に吹きつける強風は木の成長を妨げるが、そのおかげでアホウドリは空中を飛び続けることができる。

嵐が吹き荒れる
これらの小さな島々は、熱帯からの表層流に温められる広大な海に囲まれている。そのため、北半球の同緯度と比べると気候条件が温暖になる。冬に氷点下の気温になる期間が短すぎるために永久凍土は形成されないが、嵐が年間を通して強風と降水をもたらす。

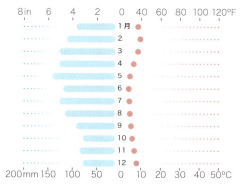

サウスジョージア島 グリトヴィケン
降水量　気温

解けた氷河から流れ出る水が湿った草地を形成する

内陸の丘陵地帯では最終氷期からの氷河が残る

ワタリアホウドリ

湿った草地

ヒースの草原

雑食性の屍肉食動物
陸地では食べ物が乏しいので、サヤハシチドリは死んだ動物の肉もあさる。

タソック

巨大な草
タソックの長細い葉には風への耐性があり、強風でも傷つかない。

サウスジョージアタヒバリはタソックの中に巣を作る

留鳥
サウスジョージアタヒバリは世界でもっとも南に生息する鳴鳥で、内陸や沿岸部で昆虫やクモを食べて暮らす。

沿岸部

繁殖のためのコロニー
ナンキョクアシカは集まって巨大なコロニーを作り、その一部はタソックの中に隠れる。

ペンギンは1年を通してここで暮らすが、コロニーを形成するのは繁殖期だけ

繁殖のために訪れる
ペンギンなどの沿岸部で繁殖する動物は、まわりの海から取る獲物に食べ物をすべて依存している。

オウサマペンギンは海に潜って魚やイカをつかまえる

亜南極の陸地 | 167

タソックでの巣作り
亜南極の島々

亜南極の島々には世界の22種のアホウドリのうちの10種が生息する。その中で最大のワタリアホウドリは子育てにひと夏以上の長さをかけるので、2年に1度しか子育てをしない。入念な求愛を経てつがいの相手が決まると、ほとんどの種はドーム状の巣を作り、その際にしばしばタソックの茂みを利用する。ここの草は巣の安定を助け、悪天候から卵やひなを守ってくれる。孵化してから最初の数週間、一方の親鳥がひなを荒れた天気から守るため巣に残り、もう一方が海で魚やイカをつかまえる。成長したひなは、親鳥が2羽とも数日間にわたって餌を探す間、巣に1羽だけ取り残される。それでも、ひなは栄養分と油分の豊富な食事で大きく育つ。ほとんどのアホウドリは同じ相手と生涯にわたってつがいとなり、繁殖期のたびにタソック内のお気に入りの巣に戻ってくることもある。

子育てに一生懸命の親鳥
フォークランド諸島のタソックの草の中で、1羽のひなの毛づくろいをしながら餌をやるマユグロアホウドリの親鳥。

アホウドリの求愛のダンス
アホウドリのもっとも入念な求愛のダンスはお決まりの動作からなり、新たにできたペアの絆を結ぶ。

2羽がくちばしをぶつけ、拍手のような大きな音を立てる	くちばしを空に向け、大きな鳴き声をあげる	2羽が翼を大きく広げる
くちばしのぶつけ合い	空への呼びかけ	翼を扇状に

南の屍肉食動物
フォークランド諸島

海で獲物をつかまえる能力を持たない亜南極の鳥は、すべての食べ物を陸地から得て生き延びなければならない。フォークランド諸島のフォークランドカラカラはじつに日和見的だ。夏には海鳥のコロニーの死んだ成鳥やひなの肉をあさったり、カモメを襲って餌を横取りしたりする。繁殖期のアシカのコロニーで胎盤を食べることもあれば、仲間と協力して集団でガン、カモ、ウを襲ったりもする。

上空からの脅威
守られていない卵やひなを探してジェンツーペンギンの繁殖コロニーの上空を飛行するフォークランドカラカラ。

巨大なメガハーブ
オークランド諸島

強風が吹き荒れる亜南極の島々には低木や高木はないが、草や葉を食べる固有の哺乳類がいないため、一部の草本植物は巨大な形に進化できた。ニュージーランドのオークランド諸島とキャンベル諸島のブルビネラ・ロシーなど、多くはイネ科の草に似ていて、強風に耐えるには適している。丈夫なロゼットに育つものもある。草を食べる家畜の持ち込みにより、多くが脅威にさらされている。

金色に近い黄色の花

ブルビネラ・ロシー
多肉植物のアロエと遠い関係にあるブルビネラ・ロシーは、ほかの亜南極のメガハーブよりも食用に適さない。そのため、タソック内で大きなコロニーを形成して生い茂っている。

火山のホットスポット

南大西洋 サウスサンドウィッチ諸島

サウスサンドウィッチ諸島は火山由来で、陸地は噴気孔（高温のガスや水蒸気を噴出する活動中の火口や裂け目）がいたるところにある。こうした地熱の発生源が、それ以外は冷たく荒涼とした陸地でのホットスポットになっている。当然のことながら、噴気孔周辺の地面の暖かさは島の生き物に影響を与える。噴出する水蒸気は噴気孔から大股で1歩離れたところでも土壌温度を60℃まで上昇させ、そこには熱に耐性のある植生が育つ。熱源から離れると温度も下がるため、それに合わせて植物の種のコミュニティも変化し、帯状分布のパターンができる。噴気孔にいちばん近いところでは熱にもっとも耐性のあるコケ類が繁茂し、離れるにつれて耐性のないコケ類が環状に広がる。ヒゲペンギンのコロニーもこの火山性のハビタットを利用する。

南極の火山の一部は氷底火山で、氷床におおわれた下にある

ヒゲペンギンのコロニー
亜南極の典型的な種のヒゲペンギンは、100万羽以上がザヴォドフスキー島の海岸で営巣する。

強風の吹き荒れる島

南大西洋 ゴフ島

亜南極の陸地の風が強い気候は海に原因がある。地球が地軸を中心に自転するのに合わせて、赤道から極地方向への風が亜南極の周辺では西から東に向かって吹くように変わる。「吠える40度」「狂う50度」「絶叫する60度」のように、高緯度になるにつれて風力が強くなる。広大な南氷洋ではさえぎるものがない中を強風が吹くため、風速は時速100kmを超える。細い革ひも状の葉を持つタソックやそれに似た植物は、葉が風の強さの抵抗をほとんど受けないので、しっかりと根づいていられる。ほかの植物は「クッション状」の構造を持ち、地面にずっと近いところで小さな芽や葉を密生させた塚のような形に育つ。

ゴフ島に打ち寄せる大波
「吠える40度」は大きな波を発生させるので、島の沿岸部は荒れて生き物には適さない場所になることもある。しかし、南緯40度に位置するゴフ島には海鳥の巨大なコロニーが存在し、繁殖と子育てのために毎年戻ってくる。

ねじれた枝

オークランド諸島

亜南極の森

ほとんどの亜南極の島はあまりにも気温が低く、風が吹き荒れているために、タソックの草よりも丈の高い植物を維持することができない。だが、ニュージーランドの南にある起伏に富んだオークランド諸島には、世界最南の森のひとつがある。ここの木はサザンラタで、オーストラリア大陸のユーカリの遠い仲間に当たる。風の陰でよく成長するが、亜南極特有の気候で大陸の同じ種よりも丈が低く、樹冠は風の影響でねじれていることが多い。

亜南極の陸地

環境保全
地雷原での生活

戦時中のままに残された地雷原は、野生動物にとっては思いがけない安息の地になる。1982年の紛争時にフォークランド諸島に埋設された地雷は、人間の接近を長年はばみ続けた。そのため、地雷が撤去されるまで、ヨーク湾などの場所は非公式な保護区になり、体重が軽いために地雷を爆発させないジェンツーペンギンやマゼランペンギンの大きな繁殖コロニーができた。しかしヨーク湾の地雷が撤去された今、人間の侵入という新たな可能性が島で働く自然保護活動家の懸念材料になっている。

ジェンツーペンギン

環境保全
害獣の駆除

ニュージーランドの南に位置するマッコーリー島がユネスコの世界遺産に登録されたのには理由がある。豊かな多様性があり、地球のマントルが地表に露出している唯一の場所でもあるからだ。この島にしか見られない種のロイヤルペンギンのほか、イワトビペンギン、ジェンツーペンギン、オウサマペンギンが生息している。島には珍しいパラキートとクイナもいたが、外来の齧歯類、ウサギ、ネコ、ニュージーランドクイナ（地上性の鳥）によって絶滅に追いやられた。しかし、世界でも最大規模と思われる駆除計画によって外来種の撲滅に成功した。その結果、植物と海鳥のコロニーなど、残っていた固有の野生生物の個体数がゆっくりと回復しつつある。

ハイイロアホウドリ

風に乗って飛ぶ

亜南極の島々

アホウドリがはるか遠い亜南極の島々まで到達できるのは、「ソアリング・フライト」という飛び方を用いるからだ。アホウドリは翼を羽ばたかせるのではなく、滑空しながら気流に乗ることで高度を増していく。海上では、水面からの高さが増すにつれて吹く風の強さも増す現象を利用する。波の荒い海では、2つの波の間の谷に向かって後ろから風を受けながら降下し、方向転換して前から風を受ける。こうして体が押し上げられ、速度を増しながら波頭まで上昇する。そして再び次の波の谷に向かって降下し、同じことを繰り返す。このダイナミック・ソアリングによって、アホウドリは羽ばたくことなく長い距離をジグザグに飛び続けることができる。しかしこのやり方に頼り切っているため、風のない気象条件下では飛び立てずに海を泳ぐしかなくなる。

ニュージーランドアホウドリ

ソアリング・フライト
アホウドリがジグザグに飛行するのは、風に向かって飛んで高さと距離を稼いでから、横風を受けて降下するため。波が鳥の上昇と下降を最大限に生かす助けになる。

スイスのベルナー・オーバーラントで高い尾根を横切るアイベックスの群れ。この野生のヤギは山登りに秀でていて、標高 3,300m の起伏ある地形にもうまく対応する。

高山地帯

山や高原に生息する動植物は、極地の動植物と同じように寒さと風の強い気候条件を生き延びる。多くの種は周囲の世界から隔絶された中で進化してきた。

世界最高峰の山々はあまりにも高さがあるため、その山頂はふつうに呼吸できる大気よりもさらに上に位置している。標高が高くなるにつれて気圧が低下すると、酸素も減って気温も下がる。まわりにさえぎるもののない高さには強い風が吹きつけ、生き物に大きな影響を及ぼす厳しい条件がさらに増すことになり、高木林は低木林に取って代わられる。さらに高い地点になってより寒くなると、木本(もくほん)植物は姿を消し、草原が取って代わる。地球上でいちばん高い山頂には露出した岩と氷くらいしかない。

空にある島

世界各地の山は地球の地質活動によって形成された。大陸が移動するのに合わせて陸地が衝突してゆがみ、大地が隆起する。アンデス山脈のような長大な山脈はプレートの境界上に作られ、キリマンジャロなどの孤立した山は火山噴火によって誕生した。標高の高いところが必ずしも急角度の山腹を持つ山とは限らず、チベットのように平坦な高原になっている場所もある。

高地の種の多くは、もともとは低地にいた種が高いところに移ってきたもので、何百万年もの間、隔絶された状態で進化してきた。その結果、山間部の動植物は広大な海の中に浮かぶ孤島の種と同じように、独自の特徴を持つことがある。世界の各地で、ヤギやアイベックスなどそのグループ全体が山に特化してきた例もある。しかし、先史時代には、山の生き物たちは変化する気候に合わせて繁栄と衰退を繰り返してきた。寒さに適応した動植物は氷河期にその分布域を広げたが、より暖かな間氷期になると分布域が縮小した。

現在では、人間による化石燃料の使用と森林伐採を原因とする気候変動が、山間部の生き物を驚くべき速さで変えつつある。山の種を徐々に山頂へと追いやり、分布域と利用できる資源を狭め、固有の動植物に絶滅のおそれを引き起こしている。

世界的な分布

高木限界線よりも上の高山ハビタットは、南極大陸を除いた地球の陸地の約3%を占める。そのほとんどは温帯の北アメリカ大陸とユーラシア大陸の山と高原だが、ほかの大陸にもかなりの高さの山頂が見られる。

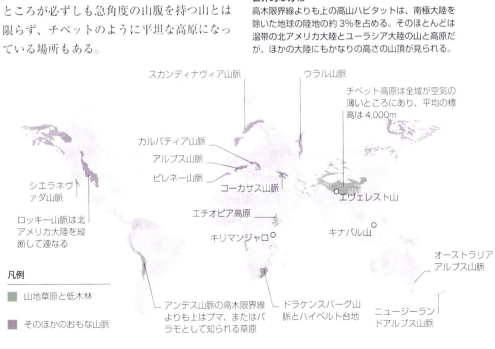

- スカンディナヴィア山脈
- ウラル山脈
- チベット高原は全域が空気の薄いところにあり、平均の標高は4,000m
- カルパティア山脈
- アルプス山脈
- ピレネー山脈
- コーカサス山脈
- シエラネヴァダ山脈
- エヴェレスト山
- ロッキー山脈は北アメリカ大陸を縦断して連なる
- エチオピア高原
- キリマンジャロ
- キナバル山
- オーストラリアアルプス山脈
- アンデス山脈の高木限界線よりも上はプマ、またはパラモとして知られる草原
- ドラケンスバーグ山脈とハイベルト台地
- ニュージーランドアルプス山脈

凡例
- 山地草原と低木林
- そのほかのおもな山脈

隔絶された世界

高高度の植生帯

低地と山頂の間の植生の分布にはパターンがあり、異なる高度では異なる植物が成長するように適応している。もっと高温の熱帯では、ほかの地域と比べて森がより高いところまで広がり、一部の熱帯の山々には一風変わった「メガハーブ」がある。標高が高くなるにつれて気圧が低くなり、それが気温の低下の要因にもなる。全体的な気圧が低くなるのに合わせて、大気の構成気圧も下がり、酸素と二酸化炭素の利用可能量の減少につながる。動植物には呼吸と光合成のために適応した生理機能が必要になる。

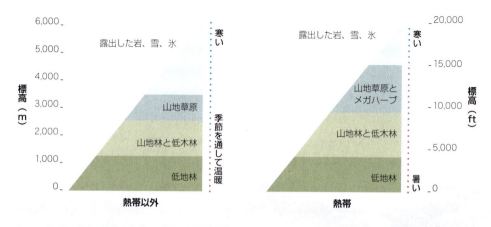

山地林

標高の低い山腹では、もっとも高さのある山地林でも低地の森より林冠が低く、針葉樹などの寒冷な気候により適した高木からなる。

山地低木林

高木限界線の上では、植生は丈の低い低木林が優占し、ヒマラヤ山脈では多種多様なシャクナゲがとくに目を引く。

山地草原

低温と強風で木本植物が成長できない標高では、山腹はヒース、カヤツリグサ科、イネ科の草など、草本植物におおわれる。

カザノワシは森に巣を作るが、林冠を離れて地面が露出した山麓の丘の上空を飛行し、獲物を狙う

空気は上昇するにつれて温度が下がり、厚い雲を作る

湿った空気が山脈に沿って押し上げられる

ターキンは高木限界線よりも上の露出した山腹で草を食べる

滑空する猛禽類

イヌワシは標高の高い岩のガレに巣を作るが、木のない山腹まで降下し、滑空しながら小型の哺乳類や鳥をつかまえる。

ヒマラヤモミ

ターキン

山の花

ツツジの花は中高度で蜜を餌にする昆虫や鳥を支える。

カヤツリグサのタソック

単独行動をする捕食動物

あまり姿を見せることのないユキヒョウは、低温で岩の多い山地でヤギなどの大型哺乳類を獲物にする。

メギ

コノハチョウは羽を広げると目立つが、閉じると目立たなくなる

イワヒゲ

プリムラ

高山地帯 / 173

世界一高いところに暮らす生き物
ヒマラヤハエトリグモはエヴェレスト山の標高6,000m以上のところに生息していて、風に飛ばされるハエやトビムシなどの微小な昆虫を餌にしている。

山地の気候は
非常に寒く、風も強いので、
ここで育つ植物の多くは凍てつく
極地ツンドラの植物と似ている

インドガンは標高約7,000mの山頂を越えて渡りをする

亜恒雪帯のガレ
「ガレ」と呼ばれるもろい落石が山腹や傾斜の緩やかな場所に積み重なると、その隙間に草やコケ類が成長する。

水分が放出され、「地形性降雨」として、または雪となって降り、山頂とその向こう側の空気は乾燥する。

恒雪帯
雪におおわれる地域では、風で吹き上げられる有機物に頼って生きている動物もいれば、露出した岩の上に藻類や地衣類が育つこともある。

滑空する屍肉食動物
ヒマラヤハゲワシなどの腐肉を食べる鳥は、死骸を探して上昇気流に乗り、山の上を滑空する。

タール

ウシノケグサ属

草を食べるヤギ
ターキンやタールなどの多様な有蹄哺乳類がイネ科やカヤツリグサ科の草、ヒースを食べる。

小さなカヤツリグサ
ピグミーセッジ（ヒメアオガヤツリ）のような地被植物はかたい葉を持ち、水分の喪失を防ぐ。

山地のハビタットのしくみ

山頂に向かって標高が高くなるにつれて、気候条件が厳しすぎて木は育たなくなる。低木林が山地性のヒースや草原に代わり、もっとも標高の高いところでは露出した岩、さらには氷だけになる。ヒマラヤ山脈では、インドの低地の多雨林がツツジの低木とシロイワヤギの住む岩がちの山腹に入れ替わる。さらに標高の高いところでは、もろい岩の間からコケ類や草がどうにか顔をのぞかせ、そこを住処にしている動物はほとんどいない。

地中での長い冬眠

世界各地

シラガマーモット
地上性のリスの一種のマーモットはどれも冬眠するが、シラガマーモットは巣穴の中で7か月から8か月を過ごし、豊富な体脂肪の蓄えで生き延びる。

はるか北の山地は低温の山地気候にさらされるが、北極に近いことで寒さにさらに拍車がかかる。ここの冬はとくに厳しく、気温が何週間にもわたって0℃を下回ることもある。1年を通して活動する動物もいて、レミングやハタネズミは雪の下の穴を使って丈の低い植物や根を食べ続け、ナキウサギは干し草や種子を蓄えておく。地上性のマーモットは1年の半分以上を冬眠することで寒さを避け、暖かい季節になると繁殖して、山間部の草地で作られる春の食べ物で子供を育てる。

共同の巣穴
アルプスマーモットの巣穴は10mの範囲に広がることもあり、たくさんの入口がある。

雪の上での生活

スコットランド高地

冬毛のライチョウ

世界各地の山々はたとえ熱帯であっても山頂は雪におおわれ、年間を通して雪が降るほど気候条件が寒いこともあり、「恒雪帯」と呼ばれる地域に当たる。ここでの植物の成長は積雪の少ないより高い地域に限られるが、動物にとって雪は利点にも妨げにもなりうる。雪は地中の穴居性の動物に断熱効果をもたらすが、食べ物を隠してしまう。スコットランド高地のような積雪がより季節的な場所では、冬になるとライチョウなどの動物が捕食動物や獲物から身を隠すため白い毛に変わる。

高山草原

世界各地

標高が高くなるにつれて気候条件がより寒くなり、風も強まると、樹木の成長が困難になる。やがて低地の森が途切れ、木本植物に代わって地被性の草本植物が現れる。急峻な岩場の斜面では、こうした植物が水分や栄養分を集めやすい裂け目や亀裂に固まっているが、水分を保持する土壌がもっと深くまである平坦な土地では、きわめて生物多様性の豊かな高山草原が広がる。ヨーロッパアルプス山脈とヒマラヤ山脈のような遠く離れた場所で、ユキノシタやランなどの植物が湿った草原に生い茂る。これらの植物が支える昆虫の多くは、この開けた山地のハビタットにおける重要な送粉者でもある。

環境保全
危機に瀕する高山草原
高山植物は寒さ、霜、風に耐性があるが、そのハビタットは気候変動によって脅かされている。地球温暖化が進むにつれて、現在の標高で生き延びられる植物の数が減り、その実生の多くがより高いところで成長するようになる。しかし山頂までの高さには限りがあり、自然保護活動家は多くの高山植物が限界まで追いやられ、いずれは完全に姿を消してしまうことを不安視している。

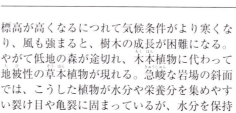

生物多様性の豊かな草原
高山草原は生物多様性のホットスポットだ。ヨーロッパアルプス山脈では4,500の植物種が記録されていて、そのうちの10分の1はほかの場所では見られない。

貯蔵器官

地中海の山間部

地中海地方では、冬は寒くて雨が多く、夏は暑くて乾燥している。山地の植物は冬の間、鱗茎や根茎のような貯蔵器官として地中で休眠し、ため込んだ栄養分を春の成長のためのエネルギーにする。チューリップやアヤメなどの人気のある園芸植物は、今も地中海の山間部に見られる野生種に由来している。

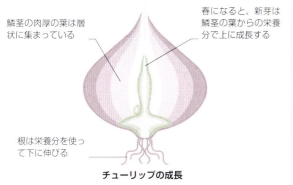

- 鱗茎の肉厚の葉は層状に集まっている
- 春になると、新芽は鱗茎の葉からの栄養分で上に成長する
- 根は栄養分を使って下に伸びる

チューリップの成長

乾燥した土地をさまよう動物

チベット高原

アジアの大陸は非常に大きく、その中心部は海からかなり距離があるため、広大な内陸部の大部分には降水の範囲がほとんどない。チベット高原では、高い標高と干ばつという2つの要因があいまって、風の吹き荒れる過酷なハビタットが形成される。この高原ではとても丈夫なイネ科の草やカヤツリグサが育ち、緑の土地は氷河の雪解け水で支えられている。しかし、ここでどうにか生きている草食動物もいて、食べ物を探して高原内のかなりの距離をさまよう。野生のヤクは断熱性のある厚い体毛と、丈の短いカヤツリグサもこすり取れるようなざらざらとした舌で、寒さ、干ばつ、乏しい餌に対処できるように適応した。

全速力で走るヤク
家畜のヤクは何千年も前から飼育されていて、性格がおとなしいことで知られているが、野生のヤクはとくに発情期の場合、人間にとって危険な存在になりうる。

足もとが確かな動物たち

ヒマラヤ山脈西部

山腹の起伏に富む地形は安全な場所にも危険な場所にもなる。動物たちは冷たい風から逃れるための避難場所を岩の間に見つけることができるし、傾斜の急な山頂にはほとんどの捕食動物が到達できない。一方で、動き回るためには敏捷さと、命にかかわる落下を防ぐための技術が要求される。野生のヤギとヒツジはとくに足もとが確かだ。おそらく中央アジアの高地を起源としていて、乾燥したヒマラヤ山脈西部はとりわけ種が豊富だ。そこでは、ゴーラル、シーロー、タール、アルガリなどがいる。2つに分かれた蹄は岩場の斜面を上るのに適していて、ゴムのようにやわらかい足の裏もしっかりとつかむのに役立つ。捕食動物はチベットオオカミやユキヒョウなど、山地に特化した種だけだ。

しっかりとつかめる蹄
シロイワヤギは脚先が2つに分かれている。脚先を広げ、吸着力のあるゴムのような脚の裏の助けも借りて傾斜の急な岩をしっかりとつかむことができる。

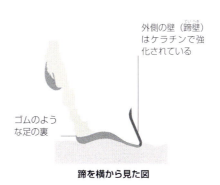

- 外側の壁（蹄壁）はケラチンで強化されている
- ゴムのような足の裏

蹄を横から見た図

- やわらかい脚の裏は吸着盤のように働く
- かかと
- 蹄壁がそれぞれの脚先のまわりにU字型の壁を形成する
- 脚先を広げるとよりしっかりとつかめる

蹄を下から見た図

アイベックスは捕食動物を避けるために最適な非常に急勾配の地形で子供を産む

高いところでも平気
エチオピア高地にのみ見られるゲラダヒヒは、標高4,400mでも生きられる。きわめて地上性の高い霊長類で、ほとんどの時間を地面で草を食べるか、断崖で眠って過ごす。

滑空するコンドル
翼長3m以上のコンドルは空を飛ぶ世界最大の鳥のひとつ。屍肉をあさるための死骸を空から探す。

大きな植物の下に隠れる

アンデス山脈

世界各地のほとんどの山頂付近は丈の低い植生がまばらにあるだけだが、湿潤な熱帯ではメガハーブ（見上げるような高さのロゼットになるように進化した草本植物）が見られる山々もある。アンデス山脈北部の湿潤な山地草原のパラノでは、キク科の巨大な仲間エスペレティア属の数種が見られる。さらに南の乾季があるプナでは、プヤ・ライモンディが同じくらいの標高で育つ。これらのメガハーブの葉は、齧歯類、鳥、昆虫などの隠れ家となり、その排泄物が植物の栄養になると考えられる。

花穂は10mの高さにまで育つこともある

プヤ・ライモンディのロゼット

薄い空気に合った血液

南アメリカ大陸

高高度での薄い空気は、海抜0mで吸う空気よりも含まれる酸素の量が少ない。ビクーニャのような高山動物には、空気から酸素を取り込むのにとくに適した血液が流れているので、食べ物からエネルギーを引き出すのに充分な量が細胞まで届く。酸素を運ぶ赤血球の数が多く、しかもより効率的な細胞を持つ。これはこの動物たちのヘモグロビン（血液を赤くして酸素に結合する物質）が、より薄い空気からでも酸素をうまく取り入れることができるためだ。

暖かさを保つ
滑らかな質感の長くて細い毛に厚くおおわれているため、ビクーニャは標高の高い場所の低温にも耐えられる。

高山地帯 / 181

気流に乗って渓谷の上空を滑空する

ペルー　コルカ渓谷

アンデス山脈の上空からは地形が一望のもとに見渡せるので、空を飛ぶコンドルが食べ物を探すのに役立つ。コンドルは屍肉食動物で、すぐれた視力を使って食べ物を見つけ出す。コンドルはすべての鳥類の中で最重量の種のひとつで、翼を羽ばたかせてその大きな体を空中に保つにはかなりのエネルギーが必要なため、飛ぶときには滑空をよく利用する。浮かび続けるためには風に乗るが、3,400mという世界でも有数の深さを誇るコルカ渓谷はそのために最適な条件を与えてくれる。コンドルは断崖または急傾斜の山腹に沿って押し上げられる風に乗ることができる。また、暖かい上昇気流も利用する。太陽によって地面が熱せられると、その上の暖かい空気が上昇し、コンドルの体を充分に持ち上げられるだけの流れが発生する。コルカ渓谷のあるアンデス山脈は地形が起伏に富んでいて、急峻な山腹があり、日当たりのいい尾根には暖かい場所があるので、コンドルは山腹に沿った滑空と暖かい気流を利用した滑空を組み合わせ、上昇気流から別の上昇気流へと移動できる。

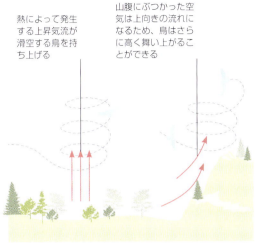

熱によって発生する上昇気流が滑空する鳥を持ち上げる

山腹にぶつかった空気は上向きの流れになるため、鳥はさらに高く舞い上がることができる

滑空戦術
鳥は風のエネルギーを利用して、より遠く、そしてより高く滑空する。気流から気流へと伝うことで、鳥はほとんど力を使うことなく長距離を移動できる。

上空を飛ぶコンドルの餌(えさ)になる死んだ動物の多くは雪崩(なだれ)の不運な犠牲者

草を食べるサル

エチオピア高地

おもに木の葉を食べるサルは多くの種がいるが、草だけを食べるのはエチオピアに固有のゲラダヒヒしかいない。ほとんどのアフリカの低地の草原は季節によって豊かさに違いがあり、草食動物たちは乾季になると移動したり、餌の食べ方を変えたりする。ゲラダヒヒは1年を通して、エチオピア高地の草の茂った高原という同じ場所で草を食べる。草を食べたり、捕食動物から逃げるために高い断崖の岩棚に登ったりするときは、たこの発達した尻をつけて歩く。長くて厚みのある爪で草をむしり、乾季には地面を掘って根や根茎を探す。

集団での食事
ゲラダヒヒは1頭のオス、メスのハーレム、その子供たちという家族集団で生活する。とくに草の状態がいいときには、複数の家族集団が集まってより大きなグループを作ることもある。

火山性のメガハーブ
アフリカ　大地溝帯

アフリカ大陸東部の大地溝帯の地質は、世界でも有数の豊かさを誇る高山植物のコミュニティがある火山群を形成した。多くの種はほかにはどこにも見られない。アフリカの山には木の幹のような茎を持つジャイアントグラウンドセネシオやロベリアがある。これらの植物は古い葉を保ち、落ちることなく枯れてしまうが、冷たい高山の気温から中心の組織を保護する役目を果たす。

茎は古い葉の層でおおわれている

緑色をしたロゼット状の新しい葉

ジャイアントグラウンドセネシオ

花粉の散布
アフリカ大陸の山地草原

アフリカ大陸の蜜を餌にする鳥タイヨウチョウは、熱帯のアメリカ大陸のハチドリと同じような方法で花を受粉する。多くは山地のハビタットで高山植物の花から餌をもらい、気温の低い標高でエネルギーの豊富な蜜から栄養を得るように進化してきた。植物もタイヨウチョウとともに進化し、長く湾曲したくちばしが内部の蜜に届くような管状の花をつけるようになった。タイヨウチョウが餌をもらうときにひたいに花粉が付着し、ほかで蜜を飲もうと移動するのに合わせて、花粉もほかの花に運ばれる。これらの植物のほとんどは高木限界線の近くに育つ低木だが、タイヨウチョウは地面の近くでも受粉を行う。ニーカ高地のタイヨウチョウはディサ・クリソスタキアの小さな花を探り、その花粉のほとんどを脚につけて運ぶ。

プロテアの花に止まるミドリオナガタイヨウチョウ
ミドリオナガタイヨウチョウはアフリカ大陸の東部と南部に多く見られるプロテアの花の蜜を餌にする。くちばしを花に突っ込み、長い管状の舌で毛細管現象を利用して蜜を吸う。

ミドリオナガタイヨウチョウの分布域はタンザニアのハビタットの海岸沿いから標高 3,000m にまで広がる

巨大なピッチャープラント
ボルネオ島　キナバル山

キナバル山の山頂は多くの植物の種に適していない。岩の多い山頂は土壌が浅く、またはまったく存在しないため、一般的な高山草原は育たない。また、金属の鉱物を含む土壌は多くの植物にとって有害でもある。その代わりに、ここではレプトスペルムム・レクルウムのような丈夫な木が、岩の隙間にたまった土壌や泥炭にしがみつくように生え、高木限界線の近くではイネ科の草やカヤツリグサ科の草の間に世界最大の囊状葉植物（ピッチャープラント）が育つ。これらの食虫植物の水さしに似た形の葉は、カエルなどの小型の脊椎動物をとらえて消化できるほど大きい。巨大なネペンテス・ラジャは甘い液体を分泌して昆虫をおびき寄せ、ヤマツパイも引きつける。このネズミと同じくらいの大きさの哺乳類は大きすぎてわなの中には落ちないが、糞が囊の中の液体の栄養分になる。

ヤマツパイのトイレ
巨大な囊状葉植物のふたの蜜をなめることで、ヤマツパイは甘いごちそうを得られる。蜜を摂取したヤマツパイは囊の中に糞をする。

高山のフクロネズミ
オーストラリアアルプス山脈

オーストラリア大陸で最小の有袋類のひとつは、高山での生活に特化した大陸で唯一の哺乳類でもある。ブーミラスが生息しているのは大陸南東部の高山で、岩とガレの間に低木が生えている地形は、冬になると雪におおわれる。この小型の動物は寒い時期を、雪が熱を閉じ込めてくれる岩場の奥深くで冬眠して生き延びる。春になると太ったボゴンモスが洞窟内で休眠して夏を過ごすために群れをなして山間部に移動してくるので、腹を空かせたブーミラスはごちそうにありつける。

ブーミラス

高山に生息するオウム

ニュージーランド南島

オウムは賢い日和見的な鳥で、世界各地の熱帯の森にホットスポットがあるが、より温帯に近いハビタットに分布する耐寒性のある種もいる。ニュージーランドにはほかの場所には見られない3種の大型のオウム（カカ、ミヤマオウム、飛べないフクロウム）が生息している。カカの分布域は南島と北島の両方で、低地と中高度の天然林でもっともよく見られる。ミヤマオウムとフクロウムは高山地帯にも分布を広げてきた。絶滅危惧IA類のフクロウムは高木限界線に近い亜高山性の草原から動かないが、ミヤマオウムはより日和見的だ。秋になるとニュージーランドアルプス山脈に移動することで、ミヤマオウムはちょうど実をつけるベリーを食べられるほか、根などの地面に埋まった食べ物も掘り出す。ミヤマオウムは長い距離を飛べるため、高山植物の種子の散布にとって重要だが、この鳥は人間の活動にも引き寄せられる。駐車場やスキー場に集まり、観光客の残飯をあさる。また、開けた牧草地のヒツジを襲うことでも知られ、この習性は死骸をついばんだことから身についたのではないかと思われる。

掘るための道具

ミヤマオウムの上くちばしはほかのオウムと比べてかなり大きく、食べ物が少ないときにニュージーランドアルプス山脈で根や根茎を掘り出すのに役立っていると考えられる。メスのくちばしはオスと比べて短く、それほど湾曲もしていないが、嚙む力はどちらも強い。

急角度で曲がった上くちばし

オス

緩やかに曲がった上くちばし

メス

絶滅のおそれがあるミヤマオウム

ニュージーランドのアーザーズ・パス国立公園で鮮やかな色の翼を広げるミヤマオウム。まれに迷鳥として見かける例を除くと、現在、ミヤマオウムが見られるのはニュージーランドの南島に限られている。かつては北島にも分布していたことが化石からわかっている。

長く湾曲した上くちばし

飛ぶときにはおもに初列風切羽を使う

オレンジ色の雨覆羽は翼の表面の空気の流れを滑らかにする

流れのある淡水

高地のちょろちょろと流れる小川から広いデルタ地帯まで、淡水は地球上のほとんどの地形で流れている。水の絶え間ない動きは、地形とそこに暮らす動植物に大きな影響を及ぼす。

流れのある淡水は地球上の水のうちのほんのわずかで、淡水の全地表水の約0.5%にすぎない。白く泡立つ急流から曲がりくねる河口にいたるまで、川は地球上でもっともダイナミックでもっとも変化に富むハビタットだ。

川は標高の高いところに端を発し、ほとんどの場合は雨水または氷河の雪解け水が、低い方に向かう流れの水となる。そこから先は川の深さと傾斜が水の流れの速度に影響し、その速さが今度は川が堆積物を運ぶか沈殿させるか、どれだけの酸素を含むか、どんな生き物がそこで生きていけるかを決める。高地の激流はたくさんの酸素を含み、カワゲラの幼虫のような繊細な昆虫は酸素量の豊富な水の中でしか生きられない。それに対して、ゆったりと流れる成熟した川、とくに暖かい熱帯地方では酸素の量が少なく、有機物を豊富に含む。魚の中には水面から口を突き出して空気を吸い、呼吸を補う種もいる。川は季節によってかなり変化することもある(「間欠的な」という)。涼しい時期の大雨で水量の少ない小川が流れの速い急流に変わることもあれば、夏の暑い時期に小川が完全に干上がり、動植物が太陽の光にさらされることもある。

通り道と障壁を作る

陸地を横切る川は魚のための移動ルートを用意し、栄養分の豊富な堆積物を源流から氾濫原まで運ぶ。大きな川は陸生動物の障壁としても働き、ときには異なる種を川の両側に隔てる。しかし、川は生物多様性のホットスポットでもあり、水生生物の豊かなコミュニティのハビタットとなっている。

世界の川

河系はすべての大陸を貫いている。アフリカ大陸には長さ約6,600kmという世界最長のナイル川がある。南アメリカ大陸のアマゾン川は世界最大の川で、地球上の淡水の地表水の約20%が流れている。

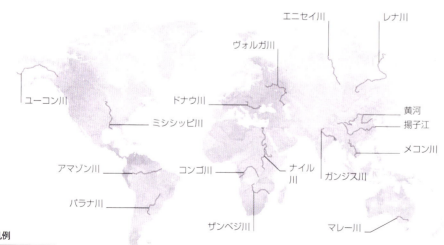

凡例

主要河川

流れのある淡水 185

浅くて水がすんでいて、底に砂利のある川や小川は、北アメリカ大陸のオンコリンクス・クラルキ・プレウリティクスなどの
トラウトやサケの産卵に理想的なハビタット。

186 / 隔絶された世界

カプアス川はボルネオ島で最長の川で、水源から海までの長さは 1,143km

水源
水源は河口からいちばん遠いところで、雨水、雪解け水、または湧き水が地表をちょろちょろと流れる。

水は透明で流れが速く、酸素を豊富に含むので、カゲロウのような酸素量に敏感な生き物を支える

源流

速い流れを得意とする魚
ドジョウは流れの速い川に住み、吸盤として特別に適応したひれを使って岩にしがみつく。

流れる水が岩と堆積物を浸食して運び去る

アナツバメは滝の横または裏側の岩棚に巣を作る

水中から現れる
水生幼虫として水中で成長した後、トビケラは空を飛ぶ成虫となって交尾する。しばしばほかの生き物の餌になる。

オニアナツバメ

水の勢いで浸食されて滝つぼができる

滝つぼ

ホマロプシス・ギイイ

川岸のミズヘビは小型の両生類をつかまえる

ぴったりとはりつくカエル
カエルたちは滝の中やその周辺に生息している。腹部、ふともも、特殊な脚の裏を使って濡れた岩にはりつく。

細い川

支流は本流に流れ込むより小さな川

浅い水が岩の上を流れ落ちる湿潤ハビタットには、藻類、コケ類、昆虫の幼虫が見られる

湿潤ハビタット

分断されたハビタット
陸生生物にとって川は障壁になりうる。カプアス川沿いの木に暮らすミケリスは、川の両岸の個体群をはっきりと区別できる。

流れのある淡水 / 187

川のしくみ

川は地形の間を縫ってエネルギー、水、栄養分を運び、山地の小川、滝、低地の盆地など、数多くの水のハビタットにまたがる。湧き水や山の雪から勢いよく流れ出る源流は、流れながら岩を浸食し、堆積物を低地に運ぶ。インドネシアでは、カプアス川がボルネオ島のミュラー山脈の細々とした源流から西に向かい、広大な湿地の広がる河口で南シナ海に注ぐ。

革ひものような形　分かれた形

流れる水に対する植物の適応
速い流れの水の中に生える草は、水流で傷ついたり押し流されたりするのを防ぐための適応を持つ。薄い革ひものような形の葉、または細かく分かれた葉は、流れる水から受ける抵抗がもっとも少なくなる。

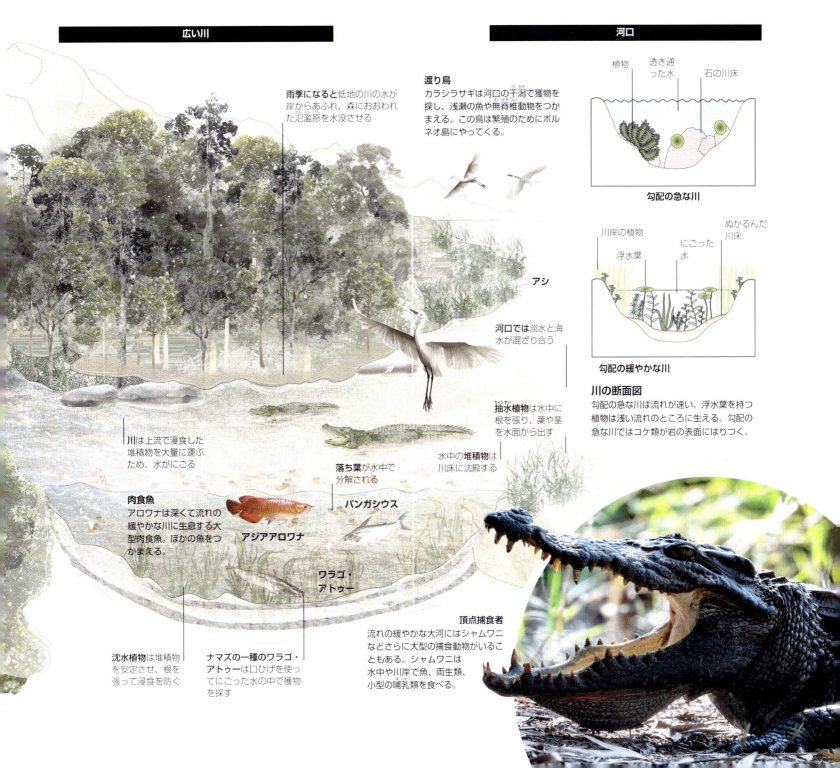

広い川

渡り鳥
カラシラサギは河口の干潟で獲物を探し、浅瀬の魚や無脊椎動物をつかまえる。この鳥は繁殖のためにボルネオ島にやってくる。

雨季になると低地の川の水が岸からあふれ、森におおわれた氾濫原を水没させる

アシ

河口では淡水と海水が混ざり合う

抽水植物は水中に根を張り、葉や茎を水面から出す

水中の堆積物は川床に沈殿する

川は上流で浸食した堆積物を大量に運ぶため、水がにごる

落ち葉が水中で分解される

肉食魚
アロワナは深くて流れの緩やかな川に生息する大型肉食魚。ほかの魚をつかまえる。

アジアアロワナ

パンガシウス

ワラゴ・アトゥー

沈水植物は堆積物を安定させ、根を張って浸食を防ぐ

ナマズの一種のワラゴ・アトゥーは口ひげを使ってにごった水の中で獲物を探す

頂点捕食者
流れの緩やかな大河にはシャムワニなどさらに大型の捕食動物がいることもある。シャムワニは水中や川岸で魚、両生類、小型の哺乳類を食べる。

河口

植物　透き通った水　石の川床

勾配の急な川

川岸の植物　ぬかるんだ川床
浮水葉　にごった水

勾配の緩やかな川

川の断面図
勾配の急な川は流れが速い。浮水葉を持つ植物は浅い流れのところに生える。勾配の急な川ではコケ類が岩の表面にはりつく。

保護ケースとシェルター

世界各地

多くの昆虫は高地の小川で水生幼虫として成長する。トビケラの幼虫は小さな流れの底で暮らした後、水中から現れて空を飛ぶ成虫となり、交尾する。幼虫のときには口の中の腺から粘着力のある糸を分泌する。ケースを作る種類のトビケラはこの糸を使い、川床の砂、小石、小枝、落ち葉などをつなぎ合わせて携帯型のシェルターを築く。このシェルターの中に入って動き回り、藻類を食べたり微小な生き物を餌にしたりする。網を作る種類のトビケラはあまり動かず、シェルターを岩に固定する。入口は糸でできた細かい網になっていて、そこに藻類や小型の無脊椎動物がひっかかるので、絶えず食べ物が与えられる。これらのシェルターはとても小さいが、そのサイズ以上の大きな影響を小川に及ぼす。幼虫がいる場所の上流と下流ではどちらも流れが遅くなるので、川床の浸食が抑えられる。

口器で噛みつく

砂利でできたケース

ケースを作るトビケラの幼虫
この例のオドントケルム・アルビコルネのケースの材料は砂利だが、川床で手に入るものは何でも使用される。そのためケースはうまくカムフラージュされる。

コケ植物（蘚類と苔類）

世界各地

コケの間を流れ落ちる滝

浅くて流れの速い高地の小川は大型の水生植物には小さすぎるが、光合成をする生き物は豊かに見られる。珪藻などの藻類やコケ植物は、温帯または熱帯の小川の食物連鎖の基盤を作る。蘚類と苔類は正式な根を持たない単体植物で、「仮根」と呼ばれる糸状の組織で岩に固着する。やわらかい羽のような葉は、源流を捕食動物から隠れるために利用する小型の水生昆虫や大型魚の幼魚に、食べ物と避難場所を用意する。

流れに逆らって進む

アラスカ湾沿岸

サケ、バス、チョウザメなど多くの魚は、自分が生まれたのと同じ上流の浅瀬で産卵するために川を遡上する。毎年、タイセイヨウサケ、マスノスケ、ベニザケなどの多くのサケが、「サーモンラン」のために北アメリカ大陸の川にやってくる。マスノスケの場合、これは一生に一度の巡礼のようなもので、強い流れと闘って滝をよじ登る。滝の下に発生する波を利用して体を直立させることで、滝登りが可能になる。生まれ故郷にたどり着くと、サケは川底の「産卵床」として知られる砂利の巣の中に産卵して死ぬ。

サケの死骸は屍肉食の魚や無脊椎動物の食べ物になるので、コロンビア川の場合は距離にして3,000km、標高差にして1,500mにもなるこのような遡上は、海洋の栄養分をはるか遠い川のハビタットまで運ぶことにもなる。

凡例
- ブリティッシュコロンビア州北部の個体群
- ピュージェット湾の個体群
- アラスカ州南東部、または国境を越える個体群
- ブリティッシュコロンビア州南部の個体群

海での放浪
ほかのサケと同じように、マスノスケは二重生活を送っていて、成魚としてのほとんどの期間を海の捕食動物として過ごす。海でそのDNAを採取することにより、科学者たちはマスノスケが向かう先をたどれるようになりつつある。マスノスケは平均して3年から4年ほど海で過ごした後、においと地球の磁気に導かれて自分の生まれた川に帰る。

クマにとっての大漁
夏になってサケがやってくると、クマも姿を見せる。ふつうは単独で行動するヒグマも、アラスカの川で魚をつかまえるときには何頭も集まる。

エビを探して

世界各地

水しぶきをものともしない
ムナジロカワガラスは流れの速い川に飛び込み、まるで水中を飛ぶかのように泳ぎながら、エビや小魚に襲いかかってつかまえる。

ムナジロカワガラスは小柄な丸々とした鳥で、ヨーロッパや中央アジアの流れの速い川で獲物をつかまえる。英語名の「ディッパー(「ひしゃく」の意味)」は、川岸で短い尾を上に傾け、頭を上下させる習性に由来しているが、その本領は水に入ったときに明らかになる。この鳥は急流に飛び込んだりその中を走ったりしながら、エビ、昆虫、カタツムリ、魚をつかまえる。川岸または露出した岩などの安全な場所から川の中に入ると、まず脚で川床をしっかりとつかみ、続いて翼を推進力として使って気泡を出しながら水面に浮上する。

環境保全
川の連続性の分断

ダムは水力で発電するが、多くの淡水種にとっての大きな脅威にもなる。川の連続性を分断することで、遡上する種が上流の産卵域まで到達するのを妨げてしまうからだ。ハシナガチョウザメは残念なことに2022年に絶滅が宣言されたが、その一因は揚子江に建設された2つのダム(葛州ダムと三峡ダム)で遡上ができなくなったことにある。

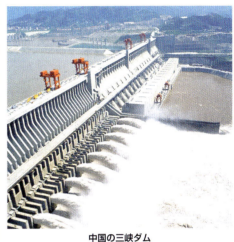

中国の三峡ダム

急流ガモ

アンデス山脈

ヤマガモは流れの速い水を得意とする鳥で、「トレント・ダック(急流ガモ)」というふさわしい英語名を持つ。南アメリカ大陸のアンデス山脈の急流に生息し、昆虫の幼虫を餌にする。魚雷のような体型をしたこのカモはとても力強く泳ぎ、水かきのある大きな脚は滑りやすい岩もしっかりととらえる。長くてかたい尾は陸上でも水中でも体を安定させるのに役立つ。流れの速い川から休憩したいときには、巣のある川岸の洞窟に戻る。

岩の上に立つメスのヤマガモ

ダムの建設

世界各地

ふわふわの毛におおわれた丸い体で、オールのような形の尾を持つアメリカビーヴァーは、強い歯で噛んで木を切り倒し、枝を集めて作った大きなダムで川をせき止めて池を作る。ダムが完成して水がたまると、その中心に「ロッジ」と呼ばれる巣を作り、入口が水中にあるのでオオカミやピューマなどの捕食動物から守られる。池は子育てをするための安全な場所であると同時に、水鳥、魚、両生類、無脊椎動物のハビタットにもなる。

川のエコシステムへの大きな影響から、ビーヴァーは「エコシステムのエンジニア」としても知られる。ビーヴァーのダムは水中に浮遊する沈殿物や汚染物質をとらえるので、川の水質が改善される。貯水池としての役割もあり、雨季には流出した水がたまるので氾濫のリスクが減るし、地下水の量も増えるので乾季の水の流れを保つうえでも役立つ。ダムにはビーヴァーによる定期的な手入れが必要で、ふつうは冬に備えて秋に行われる。

ビーヴァーによる建設地
ビーヴァーの精巧な住処は前方のダムと中央のロッジからなる。入口が水中にあるので陸生の捕食動物は近づけない。

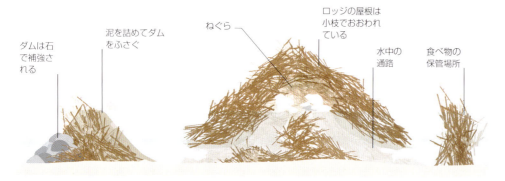

ダムは石で補強される / 泥を詰めてダムをふさぐ / ねぐら / ロッジの屋根は小枝でおおわれている / 水中の通路 / 食べ物の保管場所

働き者のビーヴァー
ビーヴァーは北アメリカ大陸で最大の齧歯類。ダムが森を水浸しにすることで枯れる木もあるが、一部の種は水がたまった状態でも生きていけるように適応した。

環境保全
外来種のザリガニ

ヨーロッパザリガニはヨーロッパのきれいな川に生息し、ミミズ、カタツムリ、水草を食べる。川岸の巣穴は捕食動物から守ってくれるが、病気には役に立たない。その生存は、「ザリガニペスト」として知られる感染性の水カビを持つ北アメリカ大陸の種ウチダザリガニが1960年代に持ち込まれ、危険にさらされている。このカビは自分には害がないが、ヨーロッパザリガニが感染すると死んでしまう。

節に分かれた体 / 大きなはさみ

ウチダザリガニ

低い位置になる果実

パラグアイ川上流

果実を食べる魚のピラプタンガはブラジルのパラグアイ川上流域に見られ、エコシステムでは重要な役割を果たす。無脊椎動物や小魚を食べることもあるが、植物、果実、やわらかい種子の方を好む。川の上にかかる枝から落ちた小さな果実は簡単に食べることができるが、この魚はしばしば水中からジャンプして果実を枝から直接取る。果実の種子の一部は鋭い歯で砕かれてしまうが、多くは無傷のまま魚の体内を通り抜けるので、ピラプタンガはそのハビタットに生えている熱帯の木にとっては遠くまで種子を散布してくれる重要な存在だ。だが、ピラプタンガはスポーツフィッシングや商業漁業での人気のある魚のため、この繊細な関係が脅かされている。

運動選手も顔負けの跳躍
水面からジャンプしているところをよく目撃されるピラプタンガは、最大で1mも水面から飛び上がり、はさみのような歯を使って川の上にかかる枝からやわらかい果実をもぎ取る。

スキューバダイビングをするトカゲ
コスタリカ

ウォーターアノールはコスタリカとパナマの低地の岩の多い川岸に見られる。捕食動物による身の危険を感じると、このトカゲは食べられないよう水に飛び込む。鼻先に気泡をくっつけ、中の空気を「再呼吸」と呼ばれるしくみで吸ったり吐いたりすることで、危険が去るまで水中にとどまることができる。耐水性のある皮膚に気泡をくっつけておくことで、約16分間も潜り続けていられる。この方法を使って、ふつうのトカゲでは手の届かない水生の昆虫を食べることもできる。

隠れるため水に飛び込む

落ち葉の分解
世界各地

森と接する小川には、上の木から落ちてくる葉が水の流れに貴重な有機物をもたらすので、しばしば水生生物の豊かなコミュニティが見られる。水面に浮かぶ葉はガガンボ、カワゲラ、トビケラなどの無脊椎動物の幼虫によって分解される。このような葉を切り刻む生き物は、クモ、魚、両生類、鳥、哺乳類の主要な食料源になり、川の食物連鎖のその先を支える。

分解しかかった植物を食べるガガンボの幼虫

水中に潜ったままのカメ
オーストラリア大陸　メアリー川

カクレガメはオーストラリア大陸のメアリー川の流れが速くて浅い川底で、何時間も身を隠すことができる。ぴくりとも動かずに、魚またはカエルが通りかかるのを辛抱強く待つ。獲物が充分に近づくと、姿を隠していたカメはすばやくつかまえる。それだけの長い時間を水中に潜ったままでいるために、カクレガメは総排出腔（尾の下に位置する穴で、尿と糞の排泄や生殖に用いる）を通して呼吸するという変わった能力を持つ。総排出腔にあるえらに似た構造のおかげで、このカメは何日も続けて水中に潜ったままでいられる。

巧みな変装
カクレガメの頭部の飾りはエコシステムそのものだ。カメの頭や体のあちこちに藻類が成長し、捕食動物や獲物から身を隠すうえで役に立つ。

**場所を
めぐる争い**
アメリカ合衆国テネシー州の
リトルピジョン側にある
リヴァーチャブの巣の上の場所は、
繁殖期には大人気になる。
明るい赤とオレンジ色のテネシー
シャイナーとサフランシャイナーが
川床の上で産卵するために集まり、
その一方でオスのストーン
ローラーが自分たちの
巣を守ろうとする。

194 / 隔絶された世界

飛行中の食事
水中から獲物をつかまえるウオクイコウモリ。魚を捕獲する数少ないコウモリの種のひとつで、そのためにきれいな流れと池を必要とする。

大量発生
ハンガリー

ハンガリーのティサ川でのオナガカゲロウ（パリンゲニア・ロンギカウダ）の大量発生のように、酸素を豊富に含む川の上は毎年、空を飛ぶ何百万匹もの昆虫でいっぱいになる。このカゲロウの幼虫は水生で、川底の堆積物の中に生息し、より大型の昆虫、魚、両生類に食べられる。数日の間に脱皮し、空を飛ぶ成虫となって水面から現れる。成虫もまた、鳥や魚、トンボのような無脊椎動物にとってのごちそうになる。成虫は何も食べることができない。24時間以内に死ぬその前に、交尾をして川に卵を産むことだけが務めなのだ。交尾した後の成虫は川に落下し、その体も魚の餌になる。

ティサ川の群れ
オナガカゲロウはヨーロッパの最大種で、体長10cmにまで成長する。ハンガリーのティサ川にはその巨大な群れを目当てに毎年多くの観光客が集まる。

毒を持つトガリネズミ
ユーラシア大陸

長くて先細の鼻

川岸の捕食動物

ミズトガリネズミのやわらかい毛とカリスマ性のある顔からは、危険な捕食動物としての本性がうかがえない。ヨーロッパ西部からシベリアにかけての池や小川に見られるこの小型の哺乳類は、あごの下の腺から有毒な唾液を出し、甲殻類、昆虫、小魚、両生類などの獲物を麻痺させる。泳ぎが得意なミズトガリネズミは尾のかたい毛と力強い後脚を使って水中で体を前に進める。水をはじく厚い体毛は冷たい水から体を保護し、空気を閉じ込めるので体が浮く。体毛に残った水は巣穴の狭い壁でぬぐい取られる。

水の上から魚をつかまえる

中央アメリカと南アメリカ大陸

ウオクイコウモリはメキシコ南部からアルゼンチン北部にかけての熱帯の低地に生息する。このコウモリは水上を飛行しながら、反響定位によって昆虫や魚、カニが作った波紋を検知する。目標を確認すると両脚を後方に伸ばし、長い鉤爪を前に向けて接近し、すばやく水に突っ込んで獲物をつかまえる。この一瞬の動作で獲物を引き上げられなかった場合には、魚を串刺しにするまで両脚を水に突っ込んだまま何mも飛行する。そして両脚の間の皮膜をたたんで獲物をしっかりと押さえ、飛びながら口まで運ぶ。空中での衝突を避けるために、低い警告音を発して同じ場所で魚を取るほかのコウモリに注意を促す。

① 獲物の位置をとらえる
両脚を後方に伸ばして水上を飛行しながら反響定位を行う。

② 魚が引っかかる
前に向けた長い鉤爪で魚を串刺しにする。

③ 魚が運ばれる
鉤爪と両脚の間の皮膜で確保された後、獲物はコウモリの口まで運ばれる。

④ 飛びながらの食事
もがく魚を鋭い歯でしっかりととらえると、コウモリは獲物を食べながら飛び去る。

川の合流地点

ブラジル マナウス

アマゾン川とネグロ川

ブラジルのマナウスでネグロ川の黒っぽい酸性の水がアマゾン川のコーヒー色の水とぶつかっても、すぐには混じらない。それぞれの川の性質が大きく異なるため、6kmにわたって並んで流れてから徐々に混じり合う。ネグロ川は世界最大のブラックウォーターで、その黒っぽい色はコロンビアの熱帯多雨林を流れる間に取り込んだ植物性の腐敗物に由来する。それに対して、より水温が低くて流れの速いアマゾン川は、アンデス山脈を下ったことによる沈殿物を豊富に含んでいる。

にごった水の中を泳ぐ

インダス川流域

インダス川の水は沈泥でにごっているので、動物がまわりを目で確認するのはとても難しい。インダスカワイルカはにごった水の中を泳いで獲物をつかまえるために反響定位に頼る。この見通しの悪いハビタットで何世代にもわたって過ごすうちに、インダスカワイルカは目から水晶体がなくなり、ほとんど何も見えなくなった。また、横向きになって泳ぐという変わった習性で川の浅い部分に入り込み、甲殻類や魚を食べる。

インダスカワイルカ

イルカの反響定位
鼻腔からの高周波が頭蓋骨前部の篩板に当たって跳ね返り、「メロン」と呼ばれる脂肪の詰まった嚢によって獲物に向かってビームのように集中する。戻ってくる音波は洞を通じて耳に伝わる。

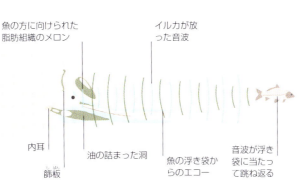

内耳／篩板／油の詰まった洞／魚の方に向けられた脂肪組織のメロン／イルカが放った音波／魚の浮き袋からのエコー／音波が浮き袋に当たって跳ね返る

水中の種子散布者

ユーラシア大陸

成熟して栄養分の豊富な温帯の川では、コイが多く見られる。この丈夫な雑食性の魚は、水生植物、種子、無脊椎動物を食べ、多くのさまざまな植物の種子を糞として散布することで、重要な生態学的役割を担っている。1匹のメスのコイは1年で100万個以上の卵を産むこともあり、その多くはほかの水生生物の餌になるので、地域の食物連鎖の大きな部分を支えている。一方で、コイは世界各地の川に持ち込まれていて、現地のエコシステムに害を及ぼし、固有種の魚を駆逐している。

雑食性のコイ

混じり合う水

カナダ　サマセット島

何千頭ものシロイルカが毎年、越冬地からカナダの北極圏の河口に移動してくる。シロイルカは比較的暖かくてきれいな水を利用して子育てをする。そこはシャチのようなより深い海を好む捕食動物からは安全な場所でもある。河口では川の淡水が塩分を含む海水とぶつかり合い、塩分濃度が変化する。海に流れ込む川の勢いが強いと、沿岸の水が混じり合う地点での塩分濃度が低くなる。だが緩やかに流れる川を強い潮汐がさかのぼると、塩分がかなり上流まで運ばれることになる。こうした河口では、淡水生物と海水生物がライフサイクルのすべてか一部で共存する場合もある。

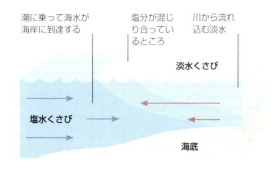

川と海が出会うところ
沿岸域の水の塩分濃度の勾配は水の流れと潮汐の強さに影響される。塩水は淡水よりも重いので下に沈み、くさびが形成される。

シロイルカの休息地
毎年夏になると、カナダの北極圏にあるカニンガム川の河口に何千頭ものシロイルカが集まる。シロイルカは河口の底の石で皮膚の表面をこする。

水に浮かぶ花

ユーラシア大陸とオーストラリア大陸

花を咲かせる川の植物が直面する大きな問題は、太陽の光をとらえたり送粉者を引きつけたりできる位置に葉と花を維持することにある。ハスはアジア全域の池や、ゆっくりと流れる氾濫原の川床に育つ。その葉は「クチクラ」（光合成に必要な光を妨げることなく水分の蒸発を防ぐ蠟状の物質）におおわれているので、花と葉は水面に浮かんだままでいられる。ハスの葉は細かくざらざらした表面を持ち、水が粒状になるので耐水性がある（水をはじく）。流れ落ちる水滴は葉の表面にたまった汚れを取り込むので、つねにきれいな状態が保たれる。

受粉したハスの花はたくさんの種子を川床に落とす。そのうちの一部は魚や水生の昆虫に食べられ、一部はすぐに発芽して新たなハスとして育つ。残りは長期間にわたって休眠する。

環境保全
栄養分が多すぎる
川の下流では、窒素を豊富に含む農業用肥料が雨によって畑や牧草地から流れ出ると、栄養過多の状態になることがある。栄養で藻類が急増すると異常発生を引き起こす。厚い藻類が太陽の光をさえぎると死に始め、分解の過程で酸素が使用される。酸素濃度が下がると水生の動植物に悪影響を及ぼし、魚の大量死につながる。

ハスの葉の上のカエル

水をはじく
ハスの葉は微小な突起におおわれていて、水滴が粒状になって転がり落ちるので、葉は河口や氾濫原の水面に浮かんでいることができる。

増えつつある藻類

流れのある淡水 / 197

間欠的な流れの中で生き延びる

アフリカ大陸の川とその流域

顕著な乾季が発生する地域では、一部の川は間欠的にしか流れず、水がなくなると水生の生き物は行き場を失う。アフリカハイギョなどの一部の種は、湿った土壌に潜ることで乾季を生き延びる。水位が危険なまでに少なくなると、ハイギョは泳ぐのをやめ、ひれを使ってはう。

その名前が示すように、この変わった魚は肺を持ち、肺呼吸ができるので、長い間水から出ていても生きられる。体が乾くのを避けるため、ハイギョは砂と粘液を混ぜて体を保護するための繭を作る。この繭の中で「夏眠」と呼ばれる休眠状態に入り、数か月間、ときには数年間もその状態のまま過ごす。

干ばつに備える
アフリカハイギョはモザンビークのゴロンゴサ国立公園で決まった季節に発生する洪水の時期に昆虫や無脊椎動物をつかまえ、その後に訪れる乾季に備える。

アフリカハイギョの繭には感染を防ぐための抗菌性がある

にごった水中を電気で探る

オーストラリア大陸東部

カモノハシはオーストラリア大陸東部の川底の厚い泥の中にいる幼虫、虫、エビ、ザリガニなどの獲物をつかまえるのにぴったりの特殊な道具を持つ。それがカモのようなくちばしだ。カモノハシのくちばしは驚くべき感覚器官で、筋肉の収縮によって発生する電気信号を感知することで、泥の中に隠れたり潜ったりしている獲物の居場所をつかめる。この能力は「電気受容」と呼ばれる。川床の泥の上でくちばしを左右に繰り返し動かすことで、カモノハシは目を閉じていても獲物の距離と方角を正確に特定できる。

電気感覚
カモノハシはくちばしに連なる電気受容体と機械受容体を使い、川床の獲物の動きを感知できる。

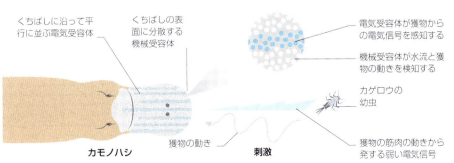

・くちばしは川床を掘るのにも使われる
・体毛には防水性と断熱性がある
・水かきのある脚が泳ぎを助ける

水中で餌を探す
皮膚の特殊なひだで水が目と耳に入るのを防ぐので、カモノハシは水中で長時間を過ごせる。また、鼻の穴にも水が入らないようになっている。水かきのある脚と平らで幅のある尾のおかげで、流れのある川でも自在に泳げる。

湖や池の穏やかな水に、ギリシャのニシハイイロペリカンなどの多種多様な水鳥が集まる。一方で水鳥は、水生の動植物が分散するための方法を与える。たとえば、鳥の体にくっついた種子はほかの湖や池に運ばれる。

湖と池

湖と池は、川、雨、または地下水がたまってできた内陸にある淡水の水域だ。ほかの淡水の水域からある程度は隔絶されているため、湖にはしばしば独自の種が生息する。

湖は、浸食または地殻変動によって作られた低地に水がたまることでできる。流れ出る川が海に通じている開かれた湖もあれば、閉ざされた湖（内陸湖 → p.263）もあり、後者は時間の経過とともに塩分濃度が高まる傾向にある。

湖の水は比較的静かなので、これらのハビタットは流れのある川よりも安定しているが、条件は季節によって変化する。湖は川と比べて酸素濃度が低い傾向にあり、水面と湖底の温度勾配がより大きい。

流れ込む川によって運ばれる落ち葉や堆積物がエコシステムに有機物と栄養分をもたらすが、これがだんだんと湖にたまっていく。何百年または何千年もの年月を経るうちに、かなり大きな湖でさえも徐々に湿地へと変わっていき、小さな池の場合はほんの数年でこの移行が完成することもある。荒れた陸のハビタットにまわりを囲まれているので、湖の生き物は隔絶された状態にあることが多いが、水の外でも生き延びられる卵や種子を作って渡りをする動物に運んでもらうなど、新たな湖に拡散するための方法を進化させてきた。

隔絶された状態が進化の原動力に

孤立した湖に閉じ込められた水生生物が、その湖に特有の進化の道筋に沿って変化していくのは必然だ。多くの世代交代を経たのち、ほかの湖で同じような生き物と再会しても交配できないことがあるかもしれず、その場合は種が進化したことになる。このような新種の誕生はひとつの湖の中でも、水位の変化によって複数の小さな湖に分かれ、再びひとつにまとまるような場合に起こりうる。

世界的な分布
世界最大の湖のうちの2つは、さらに大きな湖群の一部になっている。北アメリカ大陸の五大湖のスペリオル湖と、アフリカ大湖沼のヴィクトリア湖だ。ほかのおもな湖には、ペルーとボリビアにまたがるチチカカ湖、ロシアのバイカル湖、カンボジアのトンレサップ湖などがある。

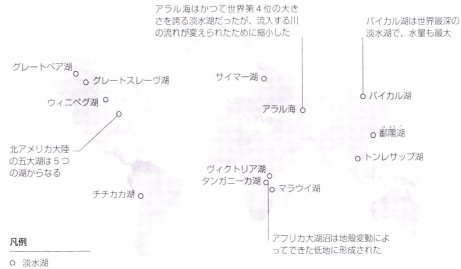

アラル海はかつて世界第4位の大きさを誇る淡水湖だったが、流入する川の流れが変えられたために縮小した

バイカル湖は世界最深の淡水湖で、水量も最大

グレートベア湖
グレートスレーヴ湖
サイマー湖
バイカル湖
ウィニペグ湖
アラル海
鄱陽湖
北アメリカ大陸の五大湖は5つの湖からなる
トンレサップ湖
ヴィクトリア湖
タンガニーカ湖
マラウイ湖
チチカカ湖
アフリカ大湖沼は地殻変動によってできた低地に形成された

凡例

○ 淡水湖

湖と池のしくみ

湖、とくに深い湖の場合、湖面と湖底では別個のハビタットが存在する。太陽によって暖められ、風によってかき回される湖面の水は暖かく、酸素を豊富に含み、藻類や植物が繁茂する。それに対して、湖底は水温が冷たく、光が届かず、沈んだ堆積物や落ち葉による栄養分が豊富だ。湖は季節によってもその表情が大きく変わる。ロシアのバイカル湖は世界最大の水量を誇る淡水湖で、毎年冬には完全に凍結する。

開水域
深い湖は明るい湖面と栄養分の豊富な湖底が遠すぎるので、根を張る植物は育たないが、大型の捕食動物が泳げる空間がある。

モンゴルカモメ

頂点捕食者
バイカルアザラシは世界で唯一の淡水だけに生息するアザラシで、ゴロミャンカフィッシュをつかまえ、凍った湖の上で子育てをする。

ウキクサ

水が運ぶ無機物と有機物が湖に流れ込む

自由に漂う植物
水生植物の中には根づいていないものもある。水中を自由に漂い、水からじかに栄養分を得る。

沈水植物
堆積物を運ぶことの多い川の水と比べると、流れのない湖の水は透明で、水生植物は完全に沈水していても光合成ができる。

フサモ

ゴロミャンカ
（カジカの一種）

食用魚
オームリはサケの仲間の銀色の魚で、小魚、水生昆虫、甲殻類を食べ、より大型の動物に食べられる。

変わった生き物
多くの湖には固有種が生息する。ゴロミャンカはバイカル湖の深いところに生息し、夜になると餌を求めて水面に浮上する。

シベリアチョウザメ

湖と池 / 201

光の層
太陽の光は湖の最上層だけにしか届かず、湖面と湖底では異なるハビタットを作り出す。表層水は太陽の光を浴びるので（有光層）、植物や藻類は光合成が可能になる。深い湖では、太陽の光がほとんど、またはまったく届かない湖底は無光層になり、そこでは植物が育つことはできない。

種子を散布する鳥
水鳥は湖面または小さな島に巣を作る。種子や卵を糞の中で、または脚や羽にくっつけて散布し、水生の動植物がほかの湖に移動するのを助ける。

湖の代謝回転
温帯の深い湖では、水温の違う水が混じりにくいので異なる層が形成される。夏には太陽の光が湖面を暖め、より冷たい水は沈む。冬には温度勾配が逆転する。春と秋には温度が等しくなって層が混じり合う。これによって酸素の豊富な水が湖底に、栄養分が湖面にもたらされることになり、このプロセスを「湖の代謝回転」という。熱帯の湖では温度の変動が代謝回転をもたらすのに充分ではなく、深いところの水は酸素不足になることがある。

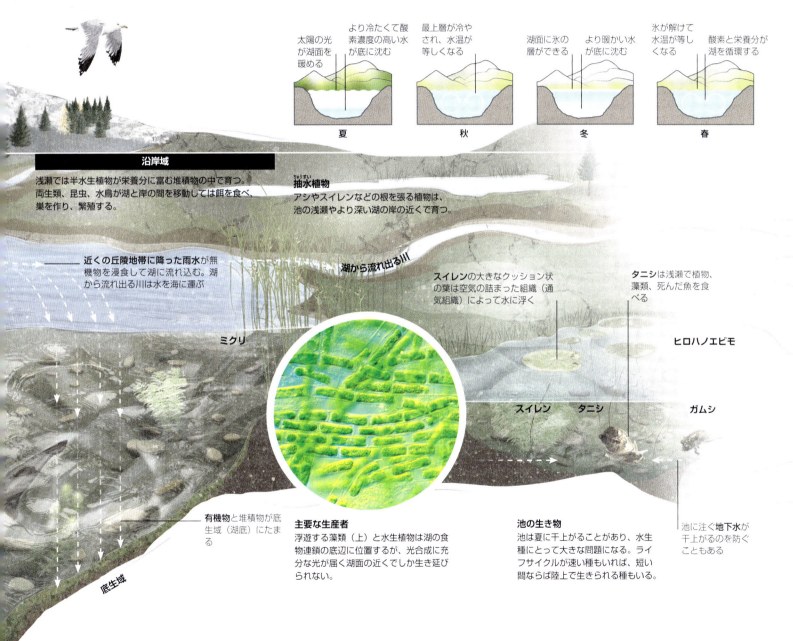

地球には1億1,000以上の湖があり、大陸の地表の3.7%を占める

あっという間のライフサイクル

北アメリカ大陸と南アメリカ大陸

アメリカカブトエビは「バーナルプール」と呼ばれる短期間で消える小さな池に特化した生き物だ。春の雨でこれらの池ができると、前の年の夏から休眠状態にあった卵が捕食動物である魚のいないハビタットで生き返る。孵化した子供はほとんどがメスで、わずか7日か8日で大人に成長して受精卵を産む。交尾することはめったにない。気候条件が厳しいときには何年も続く干ばつにも耐えられるような丈夫な卵を産む。

かたい背中側の殻（背甲）

アメリカカブトエビ

堆積物をかき混ぜる

北アメリカ大陸、ヨーロッパ、アジア

多くの魚や無脊椎動物は湖底に生息し、沈泥や砂利の中で餌を探したり、その間に身を隠したりする。このような堆積物を乱すことで、これらの生き物は湖のエコシステムでは重要な役割を果たす。カワメンタイはタラ科の魚で、湖底に最長で5mにもなる広い巣穴や溝を掘る。この魚が穴を掘ると湖の深いところの泥が水中に巻き上げられ、それとともに炭素のほか、窒素などの栄養分も広がる。カワメンタイはヨーロッパ、アジア、北アメリカ大陸全域の大きくて水温の低い湖や川に見られる。より冷たい湖底の水を好み、北アメリカ大陸のスペリオル湖では水深300mで発見されたこともある。表面に氷が張った湖でも生き延び、産卵のためには低い水温を必要とする。

冷たい水の生き物
カワメンタイの成魚の色はふつう、背中側が緑色を帯びた鈍い茶色で、濃い斑点がある。湖の底の近くで生活するこの淡水魚の動きが、湖底の堆積物の中に埋もれた栄養分の循環を促す。

魚を求めてダイブする

世界各地

水が透明な淡水湖は、魚を食べるミサゴなどの猛禽類には良好な漁場である。ミサゴはすぐれた視力の持ち主で、湖の上空を飛びながら水中を泳ぐ魚を見つけることができる。脚を下にして水に飛び込み、ときには全身を水に沈めて獲物をつかまえる。ミサゴは水が入らないように鼻の穴を閉じることができ、密生した羽は油分を含むので水に潜ってもびしょ濡れにならない。鉤爪はぬるぬるした魚を水中でつかまえて運ぶのにとりわけ適した形状になっている。

この猛禽類は南極大陸を除いたすべての大陸の湖や川に見られる。体重は2kg、翼長は1.7mもあるため、大きな巣を必要とする。高い木の股や岩の露頭など、ひなを捕食動物から守る比較的安全な場所に、枝や植物性の材料で巣を作る。

ミサゴの巣は最大で幅1.8m、重さ100kgになることもある

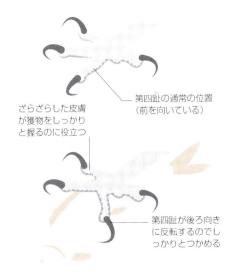

滑りやすい獲物をつかまえる
ミサゴは反転する第四趾を持ち、その下側に鋭いとげと後ろ向きのうろこがあるので、魚をしっかりとつかめる。

- ざらざらした皮膚が獲物をしっかりと握るのに役立つ
- 第四趾の通常の位置（前を向いている）
- 第四趾が後ろ向きに反転するのでしっかりとつかめる

見事なキャッチ
片方の脚の鉤爪で魚をしっかりとつかんで湖面から飛び立つミサゴ。ミサゴは重さ2kg以上の魚をつかまえることで知られている。

水生のままでいる
メキシコ　ソチミルコ湖

メキシコのソチミルコ湖にはメキシコサンショウウオという変わった種が生息する。多くのサンショウウオは水生の幼生から陸生の成体に変態するが、メキシコサンショウウオは一生の間、水生の形態を維持する。これを「ネオテニー（幼形成熟）」という。成体としての陸生の段階がないため、新しい場所に広がるための手段を持たない。かつてメキシコシティ周辺の複数の淡水湖に生息していたが、ほとんどの湖は16世紀に水がなくなり、現在ではソチミルコ湖でしか見られない。水質汚染などの人間の活動の影響で絶滅危惧IA類に指定されていて、野生には1,000匹以下しかいないと考えられている。

- 外鰓が水中の酸素を取り込む

水中で生きていく
メキシコサンショウウオは羽のような6つの外鰓を使って水中から酸素を取り込む。皮膚からじかに酸素を吸収することもできる。

環境保全
ユニークなハビタット
ほかの水辺のハビタットから比較的隔絶された湖には、しばしば多くの独特の、固有の動植物が見られる。1か所、またはほんの数か所でしか見られない種は、限られたハビタットが破壊されたり汚染されたりすると、とくに絶滅のおそれが大きくなる。現在、メキシコサンショウウオが生息しているのはメキシコのひとつの湖だけで、その湖は浅瀬の人工島に作られた「チアンパ」と呼ばれる変わった庭園が人気の観光スポットになっている。人間の活動による汚染がこの変わったサンショウウオを絶滅の瀬戸際に追い込んでいる。

ソチミルコ湖の観光船

水に浮かぶ巣
アルゼンチン　パタゴニア地方

パタゴニアカイツブリはアルゼンチンのパタゴニア地方のステップで標高の高い湖に巣を作る水鳥だ。ミリオフィルム・クイテンセなどの水生植物を使って湖面に浮かぶ巣を作り、そこで2個の卵を産む（孵化するのはそのうちの1個だけ）。時間が経過するうちに水に浮かぶ植物の敷物が沈み始めるので、つねに巣を補強しなければならず、植物性の材料を下に付け加えて卵を支え、水面よりも上に保つ。パタゴニアカイツブリは気候変動や、この鳥を獲物にするミンクや、ミリオフィルム・クイテンセを食べるサケなどの外来種の影響で、絶滅の危機に瀕している。

営巣中のパタゴニアカイツブリ

子育てを押しつける

アフリカ大陸 タンガニーカ湖

カッコウナマズはほかの魚をだまして自分の子供を育てさせる。そのターゲットになるのは口の中で卵を孵化させるタンガニーカ湖のシクリッドだ。カッコウナマズはシクリッドが卵を産むと、親がそれを口に含むよりも早く自分の卵と入れ替える。この戦略により、カッコウナマズは子育ての重荷から解放され、すぐに再び繁殖が可能になる。

子育てをしない親
カッコウナマズはナマズ特有の長い口ひげを持つ。その名前はほかの種にひなを育てさせる鳥に由来する。

水中生まれ

世界各地

湖や池の流れのない水は、甲虫、蚊、カゲロウ、トビケラ、トンボなど、多くの昆虫の水生幼虫が育つ場所だ。これらの幼虫は湖の食物連鎖では重要な役割を担っていて、腐敗する物質を分解し、植物や藻類を食べ、栄養分をリサイクルし、魚、鳥、コウモリ、クモに食べられる。多くの昆虫は未成熟な水生幼虫の捕食者でもある。

このような湖に生息する無脊椎動物の中には多くの害虫の幼虫も含まれ、蚊は幼虫の成長のために一時的な、または恒久的な池であるよどんだ水を必要とする。蚊はデング熱、黄熱病、マラリア、ジカ熱など、野生動物や家畜、人間に感染する寄生虫やウイルスを媒介することでよく知られている。

水中で成長する
このアカイエカなど多くの昆虫は、湖や池で幼虫として成長した後、空を飛ぶ成虫となって水面から現れる。

泳ぐ昆虫

世界各地

昆虫の多くの種類はその全生涯を水中で過ごす。その中には鋭い口器を持ち、毛の生えたオールのような長い脚で泳ぐ昆虫もいる。その一例がミズムシで、ストローのような口で植物やデトリタスから栄養分を吸いながら、池の底の近くを泳ぐ。それとは対照的に、マツモムシは水面を上下逆さまになって泳ぎ、鋭い口で獲物を突き刺す。水にはまっておぼれている空飛ぶ昆虫を狙うことが多い。

マツモムシ

ヒッチハイク

ヨーロッパ、アフリカ大陸、オーストラリア大陸

ムジナモは食虫植物のハエトリグサの仲間で、根を持たない水生植物。水鳥の脚にくっついて拡散する。そのため、鳥の渡りのルートに沿ってヨーロッパ、アジア、アフリカ大陸、オーストラリア大陸に広く分布している。中心の茎のまわりに輪生した切れ葉は小さなわなで、これを閉じて水生の無脊椎動物を捕獲する。食虫性のため、栄養分の乏しい水の中でも生きていける。

水を濾過する

ユーラシア大陸

タンスイカイメンは海の近縁種と同じ濾過摂食者で、バクテリア、藻類、植物の断片といった食物粒子を水からより分ける。外側の表面の小さな穴から水を取り込み、「出水孔」と呼ばれるより大きな開口部から押し出す。緑色をしているのは「緑虫藻」と呼ばれる藻類のせいで、緑虫藻はカイメンの体内に糖分と酸素を与える。カイメンはトビケラやこれに特化したシシリダエなどの昆虫の幼虫にとって食べ物と隠れ家となる。

タンスイカイメン

蚊の幼虫

2枚に分かれたわなが獲物をつかまえるときに閉じる

ムジナモ

沈水した根と茎

世界各地

根系に酸素を必要とする植物の場合、一部が沈水していることは大きな問題になる。それに対応するため、水生植物や湿地の植物の中には、根に栄養分を運ぶ維管束組織とともに、葉、茎、根に「通気組織」と呼ばれるスポンジ状の組織を持つものがある。これによって植物の水面よりも上の部分から水中の茎や根に酸素を送るための空気の管ができる。また、植物の茎に浮力を与えるため、葉が水面に浮かび、光合成を通じてエネルギーの生成ができる。

通気組織は湖、池、川、湿地で育つ植物では一般的に見られる。通気組織の形成には2つの形があり、植物の中心部の構造が死ぬか、または引き離されることで、根や茎の内部を貫く隙間ができる。

完全に沈水している植物は、呼吸のための酸素と光合成のための二酸化炭素を水から直接取り込まなければならない。水中では空気中よりも気体がよりゆっくり拡散するので、水生植物は吸収用の表面積を最大にするためにしばしば多くの小さな、または複数に分かれた葉を持つ。ほとんどの水生植物は湖底に根を張り、必要な栄養分の残りを堆積物から得るが、根を持たずに漂う植物もある。そのような植物はまわりの水から手に入る栄養分をじかに取り入れる。

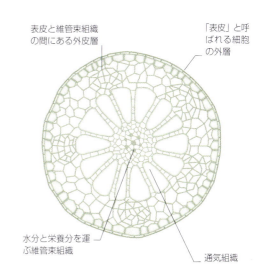

気体の運搬
通気組織は根と茎の中の空気が詰まった管で、植物の沈水した部分に酸素を運ぶ。管は植物の組織で分割され、車輪のスポークのような形になっている。

トウモロコシなど一部の陸上植物は、土壌の浸水に対応して根に空気の隙間を作ることができる

水面の下
透明で浅い水中には沈水植物を支えるのに充分な光が届く。空気の詰まった茎には浮力があるので直立した状態を保てる。

206 / 隔絶された世界

アラクノカンパ・ルミノサの発光性の幼虫が放つ不気味な光が、ニュージーランドのワイプ近くにあるヒカリキノコバエが住む洞窟内の石灰岩の空間に射す。
地下にしては珍しい光源である。

地下のハビタット

陸上でもっとも暗いハビタットは地面の下にある。洞窟の中、土壌の中、さらには岩盤の奥深くにも、生命は存在する。このような太陽の光が届かないところでは、動物と微生物が日光のない世界に適応している。

地下で暮らすと地表と深い場所を行ったり来たりするか、太陽の光をまったく目にしないことになる。マーモットやウサギなどの穴居性の動物は隠れたり子育てのために地下を利用し、コウモリはねぐらの洞窟から出て餌を探す。昆虫は地中の幼虫から生まれ、植物は休眠していた鱗茎から芽が出る。それに対して、サンショウウオやクモのように、完全な暗がりでの生活に適応するようになり、その過程で視力を失った動物もいる。

土壌と洞窟

地表の岩が長い年月をかけて浸食されるにつれて、それによってできた堆積物が落ち葉などの有機物と混じって土壌を形成する。土壌は砂の多いローム層からどろっとした粘土までとても多岐にわたるが、どこにでも生き物がいる。植物は土壌の深いところまで根を伸ばして水分と無機物を吸い取り、動物は根やデトリタスを食べる。大型の穴居性の動物だけでなく、ひとつひとつの粒子の間には微小な生き物も存在する。ティースプーン1杯分の豊かな土壌内には何千種もの生き物が含まれ、生命に満ちている。

洞窟はおもに腐食によって岩が削られてできたものだ。酸性の水が石灰岩を解かすと広大な空間が生まれる。多くの洞窟は地下水面よりも深いところまで延び、上の空気呼吸をする種と下の水生の種を分断する。太陽の光と食べ物を生み出す植物がないので、洞窟に暮らす生き物はコウモリの糞など、外から入ってくる有機物に完全に依存している。外の世界と隔絶されているため、洞窟内の生き物は独特の種に進化することがある。

世界の地下のネットワーク

洞窟は世界各地に存在するが、その多くは未踏査の状態にある。確認されている世界最長の洞窟系はアメリカ合衆国ケンタッキー州のマンモス・ケーヴだ。地下の炭素の重要な保管場所に当たる泥炭地も世界各地に分布している。最大のものはロシア、カナダ、コンゴ民主共和国にある。

土壌への炭素の蓄積

世界各地

生き物の体は炭素を含む有機物からできていて、有機物は生き物の死んだ体や、落ち葉などの廃棄物の多くから土壌に取り込まれる。栄養分とエネルギーの豊富なこの物質は、途方もなく多様な微生物、菌類、動物の食料源になり、それらがひとつになって分解者系を構成する。屍肉食動物や、ミミズなどのデトリタス食者は、細菌や菌類と同じようにこの死んだ有機物を食べる。その行動が無機物をリサイクルして土壌に戻す助けになり、そこで無機物は植物に吸収され、植物は呼吸を通じて二酸化炭素を放出する。そのため、分解は炭素を空気中にリサイクルする役割も持つ。

土壌が水浸しになったり、またはある種の植物ゴミによって酸性になったりすると、分解者の働きが妨げられ、分解がゆっくりになる。この場合は死んだ有機物が次第に蓄積し、泥炭の層ができる。二酸化炭素がリサイクルされないので、泥炭湿原は炭素のたまり場になり、地下の大量の炭素が長期間にわたって貯蔵されることになる。

土壌の中と外での炭素のサイクル

死んだ植物や動物性の物質など、炭素を含む有機物は土壌生物によって分解される。一部の炭素は大気中に放出され、一部は土壌に蓄積されて残る。

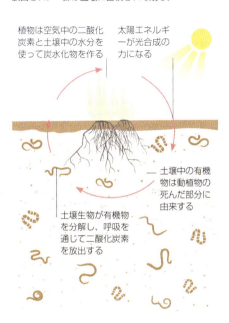

- 植物は空気中の二酸化炭素と土壌中の水分を使って炭水化物を作る
- 太陽エネルギーが光合成の力になる
- 土壌中の有機物は動植物の死んだ部分に由来する
- 土壌生物が有機物を分解し、呼吸を通じて二酸化炭素を放出する

菌類の栽培
ハキリアリは栽培する菌類の畑の栄養分として葉の断片を集めるとき、巣に有機炭素を持ち込む。そして呼吸をするときにそれを余分な二酸化炭素として空気中に放出する。

地下で生活する複数の世代

アフリカ大陸東部

多くの動物は土壌に穴を掘って地下の通り道を作る。そのような掘削作業を通じて土壌が混じったり入れ替わったりすることは、栄養分のサイクルでは重要な役割を担っていて、有機物を地中深くまで運ぶことになる。穴居性の動物は種子を地下の食料庫内の適した場所まで運ぶことで、その発芽を助ける場合もある。アフリカ大陸東部のハダカデバネズミは大きな巣穴を作り、地上に出ることはまずない。このネズミはミツバチのような「真社会性」で、女王ネズミが率いるコロニーを作って暮らす。繁殖できるのは女王と数匹のオスだけで、コロニーのほかのネズミたちは食料を用意したりトンネルを守ったりして子育てを助ける。

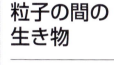

栄養のある食べ物
ハダカデバネズミは植物の根の「塊茎」と呼ばれる太くなった部分を食べる。ここには栄養分が貯蔵されている。植物の全体的な成長に害を及ぼすことなく中心まで少しずつかじるので、塊茎1個でコロニーのハダカデバネズミを何か月も支えることができる。

粒子の間の生き物

世界各地

土壌粒子の隙間は「裂け目」ハビタットとして知られ、幅広い生き物の住処である。土壌線虫は長さがおよそ1mmで、この環境にうまく適している。エコシステムでは植物質の分解からバクテリアの摂食まで、さまざまな役割を果たす。線虫は食物連鎖の重要な一部で、カエノラブディティス・エレガンス（下）のような種はバクテリアを食べるが、捕食性の線虫や昆虫などのほかの無脊椎動物の獲物にもなる。

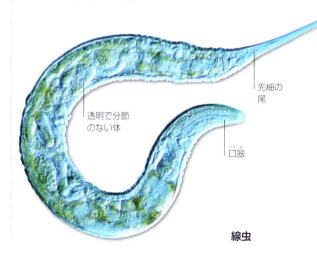

- 先細の尾
- 透明で分節のない体
- 口器

線虫

地中に安全な場所を求める

メキシコ　ユカタン半島

多くのコウモリは日中に眠るための安全な場所として洞窟を使う。洞窟内部の一定の温度と湿度は、体が小さく体温と水分を短時間で失いやすいコウモリにとっては理想的だ。コウモリは反響定位を用いて暗い空洞内を飛行し、外で昆虫をとらえるときにも同じく使う。洞窟は眠るコウモリを雨や風から守り、天井から逆さまになってぶら下がる場所までたどり着ける捕食動物はほとんどいない。

しかし一部の捕食動物はコウモリというごちそうをとらえる方法を見つけ出した。ヘビのユカタンヨルナメラはメキシコの洞窟の天井から垂れ下がり、夕方にねぐらから飛び立つコウモリをつかまえる。暗闇で何も見えず、しかもコウモリが反響定位を使う中で、このヘビは狩りに別の感覚を利用する。近くを飛ぶコウモリの空気の乱れを検知するのだ。コウモリがいっせいに飛び立てば食事にありつける可能性は高い。

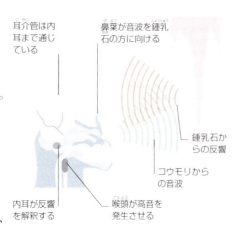

反響定位
ほとんどのコウモリは飛行と狩りのときに反響定位を使用する。喉頭から高い音を発し、障害物または飛んでいる昆虫から跳ね返ってきた反響を利用して、対象物や獲物の位置、大きさ、形を判断する。

ユカタンヨルナメラはふつうは獲物を絞めつけて殺すが、コウモリを生きたまま丸のみすることもある

食事にありつく
洞窟の天井から垂れ下がるユカタンヨルナメラは、夜に群れをなしてねぐらから飛び立つコウモリが飛んでいるところをつかまえ、天井の裂け目に戻ってから獲物をのみこむ。

視力なしで洞窟内を移動する

ルーマニア　モヴィラ洞窟

暗い洞窟内の環境で何千年も暮らしていると、生き物は視力や色彩豊かな皮膚など、もはや無用になった特徴をしばしば失う。

ケーヴウッドライスは目を持たず、触角を使って移動する

ホライモリはヨーロッパ中部や南東部の水没した洞窟系に暮らす水生動物だ。未発達の目はほとんど何も見えず、皮膚は色素を持たないのでピンクがかった白である。ティフリアシナ・ピアーシーは目をまったく持たない肉食魚だ。メキシコの「セノーテ」と呼ばれる水がたまった陥没穴や、帯水層に生息する。

このような洞窟に生息する目の見えない生き物は、移動したり食べ物を見つけたりするためにほかの感覚を発達させた。ティフリアシナ・ピアーシーは振動にきわめて敏感で、ホライモリは電界を検知できる。どちらもそれらの能力を用いて、洞窟という暗いハビタットでエビなどの甲殻類をつかまえる。

暗闇での進化
ルーマニアのモヴィラ洞窟という独特の条件下で550万年も隔絶されていたケーヴウッドライス（オカダンゴムシ属）は、目や皮膚の色を必要としないまったくの暗闇で進化してきた。

洞窟内での冬眠

世界各地

ホオヒゲコウモリ

温帯の気候では、ホオヒゲコウモリなどの多くのコウモリが、獲物の昆虫が減る冬を乗り切るために洞窟内で冬眠する。そのために、冬の間は氷点下よりも少し上の気温に保たれる洞窟の奥深くの場所を探す。この低くて安定した大気温度に合わせてコウモリの体温は下がり、エネルギーの使用は最小限となり、蓄積した体脂肪をゆっくりと消費しながら「休眠」という不活発な状態に入る。湿度が高ければ冷たい体に水滴がつく。

暗闇の中のエネルギー

マレーシア ディア洞窟

光合成を促す光がないので、植物と藻類は洞窟の入口よりも奥では生きていけない。そのため、洞窟に生息する生き物は外から持ち込まれる食べ物に依存するしかないことが多い。洞窟のコウモリはその役割を担う生き物のひとつだ。「グアノ」という栄養分の豊富なコウモリの糞が洞窟の床をおおう。その上に菌類が育ち、甲虫などの昆虫はその菌類やグアノ自体も食べる。マレーシアのディア洞窟では、無数のブラッテラ・カウェルニコラなどの無脊椎動物がグアノに頼って生きている。

コウモリのグアノの上の
ブラッテラ・カウェルニコラ

洞窟の塩を採掘する

ケニヤ キトゥム洞窟

洞窟が地上の動物たちに水または無機物などの貴重な資源を用意することもある。条件が合うと、蒸発する水分で洞窟の壁や床に塩の結晶が形成され、動物たちがそれを求めてやってくる。アフリカゾウは塩のこびりついた岩を目当てにケニヤのキトゥム洞窟を定期的に訪れ、その場所についての知識は親から子供に伝えられる。何世代にも及ぶゾウたちが牙で塩の付着した岩を削り取り、砕いてなめてきたことで、洞窟は深くなっていった。

キトゥム洞窟のアフリカゾウ

ねばねばした糸

ニュージーランド

ほとんどの洞窟に生息する生き物はまったくの暗闇で一生涯を過ごすが、オーストラリア大陸とニュージーランドの肉食性のキノコバエの一部には地下世界に揺らめく光をもたらす種がいる。ニュージーランドのヒカリキノコバエの幼虫は腹部から青緑色の生物発光を出し、獲物をおびき寄せる。幼虫は洞窟の天井で糸を吐き、ねばねばした糸が垂れ下がった巣を作る。小さな昆虫が光に引き寄せられて糸にからまると、幼虫は獲物を引き上げて食べる。しかし、発光性のわなのせいで幼虫は捕食動物に狙われやすくなる。フォステロプサリス属は大きな機能する目を持つという点で洞窟に生息する種の中では珍しい存在で、その目を使って場所を突き止め、巣にからまることなくキノコバエの幼虫をつかまえることができる。

幼虫のランタン
ニュージーランドのワイトモ洞窟の天井から垂れる粘液の粒で装飾された糸は、ビーズを通した紐に似ている。キノコバエの幼虫は絶えず光を発して獲物をおびき寄せる。

コスタリカでは季節的な大雨で一時的に湿地の条件ができると、アカメアマガエルがいっせいに繁殖する。
条件が整うと、アカメアマガエルは水面の上に張り出したヤシの葉に卵を産む。

淡水の湿地

淡水の湿地は土壌が水浸しになって地面が冠水した内陸のハビタットで、つねにその状態の場合もあれば、季節によってそうなる場合もある。陸と水の中間域に当たり、両方の領域の動植物が混じり合う。

淡水の湿地は土壌がたっぷりと水分を含むハビタットで、そのため雨が降ったり、氷河が解けたり、川の水があふれたりしてさらに水が加わると、地面の上にたまる。このような冠水は比較的浅いという点で湖（→p.198-205）とは異なり、植物も水面から顔を出すことができる。湿地は地下の帯水層が地上にしみ出たり、川の氾濫原での季節的な洪水によってできる場合もある。

湿地の種類

淡水の湿地には、湿原と呼ばれる冠水した（イネ科植物中心の）湿地（マーシュ）や、浸水した（森林地帯にある）湿地（スワンプ）などがある。「泥炭地」（ボグ）（大量の水を含んだ土壌に死んだ植物質が蓄積してできた厚い層のある場所）も含まれる。湿地は1年を通して水におおわれているところもあれば、雨季にだけ水没しているところもある。

これらのハビタットの水は酸素と栄養分が少なくなりがちなので、湿地の動植物はこれらの問題に対処するための方法を見つけなければならない。そのような問題にもかかわらず、湿地にはしばしば鳥が豊かに見られ、魚、爬虫類、両生類、無脊椎動物の数も多い。湿地はまた、陸上の動物には貴重な淡水の水源となり、捕食動物からの避難場所となる。つねに冠水している地域には湿地により特化した生き物が生息する傾向にあり、季節的に出現する湿地には湖、川、乾燥した陸地にも見られる種が混在する。

一時的にしか存在しない湿地も、長い期間にわたって残る湿地もある。長い年月の間に湿地には土壌の浸食による堆積物がたまることもあり、そこに見られる動植物も徐々に湿地の種から陸地の種に移り変わっていく。

世界的な分布
淡水の湿地は南極大陸を除いたすべての大陸に見られる。南アメリカ大陸のパンタナル、北アメリカ大陸のエヴァーグレーズ、ユーラシア大陸の西シベリア平原、アフリカ大陸のスッド湿地などが、世界最大の湿地に数えられる。

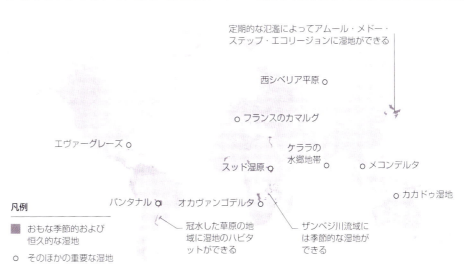

214 / 隔絶された世界

泥炭地は世界の陸地の3%にすぎないが、土壌炭素の30%を蓄積している

湿原

湿地は水浸しになっても耐えられるイネ科の草や木本ではない被子植物でおおわれている。水面の下の植生は魚、爬虫類、両生類、無脊椎動物の隠れ場所である。

軟体動物を食べる鳥
猛禽類は開けた湿地で狩りをする。タニシトビは南北アメリカ大陸の各地で一般的に見られる鳥で、軟体動物を餌にし、スクミリンゴガイなどの大型の種を好む。

タニシトビ

隠れて待つ捕食動物
アメリカアリゲーターは待ち伏せ型の捕食動物で、攻撃できる距離ならば何でもつかまえようとする。アリゲーターの掘る大きな穴は乾季になると魚のオアシスになる。

アメリカアリゲーター

川などの流れが湿地に淡水をもたらす

ハロウィンペナントトンボ

水中から現れる昆虫
多くの昆虫は幼虫が水生で、卵を水の中に、または沈水植物に産む。ハロウィンペナントなどのトンボはすばやく飛んでほかの昆虫を捕食する。

渉禽類
渉禽類の鳥は湿地の浅瀬で餌をあさる。ベニヘラサギは幅のある平らなくちばしを使って泥の中の植物、昆虫の幼虫、甲殻類を探す。

湿地では水の流れが植物で緩やかになり、水中の沈殿物が堆積する

沈水した根が堆積した沈殿物を結合する

スクミリンゴガイ
は腹を空かせた魚から安全な抽水植物に卵を産む

土壌を結合する根
ヒトモトススキなどの湿地の草は水を大量に含んだ土壌で育つ。その根はぬかるんだ土壌を結合する役割を果たし、水の流れを緩やかにする。

肉食魚
深い水路はオオクチバスなどの肉食魚をはじめ、より大型の魚のための場所になる。湿地を泳ぐ小型の魚、甲殻類、両生類、爬虫類を餌にする。

湿原（スワンプ）
湿地ではラクウショウやホワイトシーダー（ニオイヒバ）など、年間を通して、または1年の一時期に沈水していても耐えられるように特化した高木が優占する。しばしばボグ（泥炭湿地）やフェン（低層湿地）などの泥炭質の土壌を形成する（→下）。

樹上性の生き物
湿地は葉や枝に暮らすアメリカアマガエルなど、木登りをする生き物のハビタットである。水に浮く卵を水生植物にくっつける。

着生植物
ブロメリアなどの着生植物はほかの植物にくっついて成長し、葉のまわりにたまった雨水から水分を得る。昆虫やカエルのハビタットである。

サルオガセモドキ

スイレンの葉と花は水に浮かび、根と茎は水中にある

ラクウショウ

アメリカサンカノゴイは湿地の浅瀬で魚をつかまえる

ワニガメは魚やほかの水生動物を食べる

沈水した木
ラクウショウをはじめとする湿地の高木は大量の水分を含む土壌でよく育ち、しばしば安定させるための板根を持つ。種子は洪水によって、または湿地の鳥や動物によって散布される。

淡水の湿地のしくみ

冠水した草原と森は世界の淡水のうちのもっとも多くを占める。温帯地方では、湿地は季節ごとに大きく変化する。浅い水が冬には凍結し、または夏の干ばつで干上がることもある。より深さのある水路は水生動物に避難場所を提供する。熱帯の湿地でも雨季と乾季で大きく変動することがある。アメリカ合衆国にある亜熱帯のエヴァーグレーズの湿地では、降水量の25%が「乾季」に降る。そこではヒトモトススキの湿地（マーシュ）とラクウショウの森の湿地（スワンプ）がパッチワーク状に存在する。

ボグの水は雨や雪などの降水でもたらされる

流れ込む水がフェンに無機物を持ち込むので、ボグよりも酸性度は低い

ボグ　フェン

ボグ（泥炭湿地）とフェン（低層湿地）
ボグとフェン、それに一部の湿地は「泥炭地」と呼ばれる湿地で、「泥炭」という死んだ植物質の厚い層からなる酸性の土壌を形成する。フェンには地表を流れる水、地下水、雨が注ぐが、ボグの水は降水によるものだけ。

決死の戦い
ジャガーとパラグアイカイマンはどちらも南アメリカ大陸の湿地の頂点捕食者で、この写真のような争いはパンタナルではそれほど珍しい光景ではない。

草を消化する

南アメリカ大陸　パンタナルの湿地

カピバラは世界最大の齧歯類だ。この半水生の哺乳類は南アメリカ大陸の全域、なかでも広大なパンタナルの湿地に見られる。カピバラは草食性で、草や水生植物を食べ、多くのほかの草食動物と同じように、消化を助けるために消化器内のバクテリアを利用する。植物を発酵させて栄養分を抽出するためのバクテリアは胃腸の後部にいる。そしてウサギと同じように、カピバラも最初に体内を通過して排泄されたやわらかい糞を食べる。消化器内を再度通過させることで、より多くの栄養分を摂取できる。

湿地の齧歯類
カピバラは涼しさを保つとともに捕食動物を避けるために、多くの時間を水中で過ごす。最大で5分間は、完全に水中に潜った状態でいられる。

生命の木

アマゾン川流域

オオミテングヤシ

ブラジル、コロンビア、エクアドル、ペルーの泥炭湿地の森はオオミテングヤシが大半を占める。このヤシの木は一部の先住民に「生命の木」として知られていて、炭水化物を豊富に含む果実は多くの種の鳥や哺乳類が餌にする。アカハラヒメコンゴウインコはほぼこの果実と種子だけを食べ、アカカタムクドリモドキは編み込んだ巣をこの木の枝に吊るす。

パンタナルの頂点捕食者

南アメリカ大陸　パンタナルの湿地

ジャガーは南北アメリカ大陸固有のヒョウ属の中では唯一の現存種で、パンタナルの湿地はこの優美な大型のネコ科動物にとって今も残る最大の牙城のひとつだ。多くのほかのネコ科動物とは異なり、ジャガーは水をいやがらない。泳ぎがうまく、湿地の環境に適応している。

力強いひと嚙みはカメやその甲羅も砕き、大型哺乳類の頭蓋骨にも穴を開ける。そのため、アメリカヌマジカ、ペッカリー、カメ、魚、さらにはカイマン、カピバラ、オオアリクイまで、さまざまな獲物を食べる。ジャガーは獲物にこっそりと忍び寄って襲いかかり、相手が逃げられないうちに嚙みつく。獲物を殺した後は死骸を物陰まで引きずってから食べることが多い。

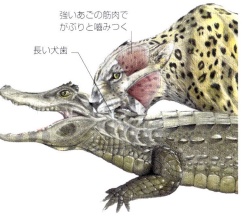

カイマンを制圧する
ジャガーは強力なあごの筋肉と長い犬歯で獲物の側頭部に穴を開け、脳まで貫通させ、相手を短時間で殺す。

世界の大型ネコ科動物の中でも、ジャガーは体の大きさを相対的に見ると嚙む力がもっとも強い

大型の種子を散布させる

南アメリカ大陸　パンタナルの湿地

パクーはピラニアの仲間でおもに草食性の大型魚だ。川に落ちた果実や種子を食べる。このような食生活のため、パクーはパンタナルでは重要な種子の散布者で、小型の魚では食べられないヤシなどの大型の種子の場合にはとくに重要な役割を担う。パクーが上流に向かって泳ぐと、食べた種子が無傷のまま体内を通過し、新しい場所に運ばれることもある。

ラプラタ川のパクー

環境保全
毛皮を目当てに狩られる

オオカワウソは半水生の肉食哺乳類で、南アメリカ大陸の北部から中部にかけての川に見られる。ビロードのような毛皮目当ての密猟の結果、その数は激減した。1970年代にオオカワウソの毛皮の国際貿易が禁止され、その後は数が少し回復した。今ではハビタットの喪失という危険にさらされており、南アメリカ大陸ではもっとも絶滅の危険が高い哺乳類のひとつで、野生には5,000頭以下しかいないと考えられている。

魚を食べるオオカワウソ

群れでの漁

南アメリカ大陸

ワニの一種、パラグアイカイマンはアルゼンチン、ブラジル、ボリビア、パラグアイの湖、川、湿地に生息する夜行性の大型捕食動物だ。おもに魚、ヘビ、カタツムリなどの水生生物を食べるが、カピバラなどの陸の脊椎動物を襲うこともある。パラグアイカイマンは「集団漁」と呼ばれる戦術を使い、2頭から15頭の個体が川の中で流れに逆らって横1列に並び、流れてくる魚をつかまえる。かつてはその皮を目当てにした狩りの対象となり、ほ

夜行性のハンターたち
パラグアイカイマンは南アメリカ大陸の湿地に数多く生息している。この捕食動物は目に反射層があるので、暗闇でも狩りができる。

ぼ絶滅しかかったものの、1992年にすべてのワニの皮の取引が国際的に禁止され、パラグアイカイマンの個体数は回復した。今ではパンタナルの湿地だけで数百万頭が生息していると推測される。

深いつながり

ユーラシア大陸北部とアフリカ大陸北部

マーシュヒョウモンモドキというチョウは湿った土壌に育つスッキサ・プラテンシスと密接な関係がある。チョウのメスはこの植物の葉の下側の場所を注意深く選び、そこに数百個の卵を産む。幼虫は糸を使って数枚の葉をテント状に縫い合わせ、植物を餌にしながらそこでともに成長する。冬になると厚い糸の巣の中で一緒に冬眠し、春が訪れると再び外に出てから成虫のチョウに変態する。

羽はオレンジ色、黄色、茶色のモザイク模様

スッキサ・プラテンシスの花に止まるマーシュヒョウモンモドキ

水をきれいにする

世界各地

湿地はその中を流れる水が川となって出ていく前に浄化する機能を持つことから、「地球の腎臓」と呼ばれることもある。湿地は汚染物質を除去し、農地から流れ込んだ肥料の窒素やリンといった余分な栄養を取り込む。密生した植生は湿地内の水の流れを緩やかにし、水中の浮遊物が土壌に堆積するのを助け、そこに付着している重金属などの汚染物質を外に出さない。

湿地の植物と土壌中のバクテリアは一部の汚染物質を取り込み、アンモニアを硝酸塩に変えるなど、より害の少ない化学物質に変換する。けれども、硝酸塩のレベルが高すぎると、このハビタットの動植物にとってはそれもまた有害になる。

アシ原が水を浄化する
餌を探してアシにしがみついているサンカノゴイ。密生したアシ原は根が酸素を放出し、その酸素が汚染物質を分解する土壌中のバクテリアの成長を促すので、水の浄化に役立っている。

入手できない栄養分

世界各地

泥炭地の土壌は死んだ植物質の層で形成されるが、土壌の酸性度と低い酸素量がバクテリアによる物質の分解を妨げる。そのため泥炭地の植物が手に入れられる栄養分はかなり少なく、多くの種は食虫性になった。モウセンゴケの葉は糖分を含んだ濃い接着剤のような蜜を生成する小さな触手状の粘毛におおわれ、その蜜で蚊などの小さな昆虫をおびき寄せて捕獲する。ドロセラ・グランドゥリゲラのように、くっついた獲物が逃げようともがく前に粘毛をわなの方にすばやく動かす、ばねのようなしかけを持つ種もいる。

ヒースなどの泥炭地のほかの植物は、根にくっつく菌類との間に「菌根」と呼ばれる密接な協力関係を築く（→ p.40, 75, 175）。パートナーの菌類は土壌から植物質を抽出でき、植物が吸収するための窒素を放出する。

接着剤のような蜜が獲物をおびき寄せてくっつく

粘毛がわなの方に曲がる

曲がる粘毛が獲物をわなでとらえる

蜜を生成する腺

獲物が消化されると粘毛がまっすぐに戻る

粘毛がまっすぐに戻ってわながリセットされる

消化の準備
一部のモウセンゴケは敏感な粘毛を曲げてもがく昆虫をわなまで運び、「粘液」と呼ばれる蜜で消化する。

ドロセラ・グランドゥリゲラは植物界でも有数の速さで動くわなを持つ

環境保全
湿地の外来種

ミズキンバイは水生の被子植物で、ヨーロッパ各地の湿地で大きな問題を引き起こしている。南北アメリカ大陸、オーストラリア大陸、ニュージーランド原産のこの植物は池の観賞用植物として持ち込まれ、今ではフランスで最大の外来種のひとつと考えられている。ミズキンバイは茎や根の小さなかけらからでも育つため、新しい地域でのコロニーの形成をきわめて得意とする。たちまちのうちに湿地を葉でびっしりとおおい尽くし、水中からほかの種の植物のための酸素と光と場所を奪う。ヨーロッパの多くでその取引が禁止されている。

ミズキンバイを食べるビーヴァー

巣を編む鳥

ヨーロッパ、アフリカ大陸、西南アジア

ツリスガラ（レミス・ペンドゥリヌス）はおもにヨーロッパ、アフリカ大陸、アジアに見られる小型の鳴鳥のグループだ。バッグ、またはペンダントに似た手の込んだ巣を編む習性からその名前がつけられた。長くて細い木の枝やアシに吊るす巣は、水面からほんの数m上にあることが多い。オスとメスが協力して、植物繊維、草、さらにはクモの巣、動物の毛、羊毛も使って巣作りをする。この厚く編んだ巣は孵化する前の卵を暖かく保つ役目を果たす。ツリスガラの一部の種は、親鳥がちょうど入れるくらいの大きさで、注ぎ口のような形をした長い入口を作る。そのすぐ下にもうひとつの偽の入口を作ることもあり、その先は空洞になっているのでヘビなどの捕食動物はだまされる。本物の入口は使用されていないときにはほとんど見えない。

共同作業
ツリスガラのオスとメスが木に吊るされた巣を協力して作ることもある。

オスのツリスガラ

未完成の巣

黒い水

スマトラ島とボルネオ島

タンニンのにじみ出た水

東南アジアの泥炭湿地林は、スポンジ状の土壌で安定を保つための幅の広い板根や長い支柱根を持つ丈の高い木が優勢だ。沈水した根はベタやグラミーなどの小魚のハビタットになる。かたい葉はフェノールやタンニンなどの化学物質を多く含み、それがバクテリアによる分解を妨げるので、落ち葉が蓄積して泥炭に変わる。タンニンがにじみ出た湿地の水は濃い茶色になる。

安全に止まることができる
ナガエモウセンゴケの上で休むコエナグリオン・プエラ。このエゾイトトンボ属の一種は体が大きすぎるので、モウセンゴケのわなにはかからないと考えられる。

浅瀬での餌探し

ボツワナ　オカヴァンゴデルタ

湿地の植物は沈水しても生き延びられる地下の茎（「根茎」と呼ばれる）を持つ。ボツワナのオカヴァンゴデルタでは、ホオカザリツルがカヤツリグサ科やスイレンの根茎のほか、塊茎も食べる。この大きな雑食性の鳥はくちばしを使って泥を掘り、浅瀬で餌を探す。乾季には小型の水生動物も食べる。

ホオカザリツル

マット状の植生

南スーダン　スッド湿原

湿地の植物は「スッド」と呼ばれる水面に浮かぶマットを形成することがあり、南スーダンにある世界有数の広さを誇る氾濫原のスッド湿原は、このマット状の植生から命名された。マットは水面を自由に漂う場合もあれば、土壌に根を張っていることもあり、根を張っているスッドは魚などの水生種の隠れ場所になる。この厚いマットは長さ30km以上に成長する場合もあり、水と空気の間の障壁としての役割を果たすので、水中の酸素量が減る。多くの湿地の植物種がマットを形成するが、その中でももっとも優勢な種のひとつがカミガヤツリ（パピルス）だ。浮遊性の茎が深い水中にからみ合う巨大なマットを作り、羽のような頭状花は多くの鳥にとって翼を休める場所である。

新しい水路を作り出す
アフリカゾウがスッド湿原の厚い植生を突き進むと、その跡には新たな水路ができる。

深い水の中を走る

ザンビアとボツワナ

リーチュエはボツワナのオカヴァンゴデルタ、ザンビアのカフエフラット氾濫原とバングウェウル湿地に生息する。このウシ科の動物は、深い水路と乾燥した草原の間に季節的に出現する氾濫原の浅瀬にとても適している。浸水した地形はライオンやリカオンなどの捕食動物の動きを鈍くするが、リーチュエは水をまき散らしながら飛びはねるように走るので、速さでは優位に立つ。より乾燥した場所のガゼルの「ストッティング」と同じように、4本の脚を同時に地面につけることで、水から飛び出すための跳躍力が得られる。

水辺のランナー
オカヴァンゴデルタの水の中を飛び跳ねるように走るオスのリーチュエ。長い環状の角を持つのはオスのみ。

環境保全
霊長類の拠点

コンゴ川流域のキュヴェット・セントラーレ泥炭地は世界最大の泥炭湿地のひとつだ。密生した植生と水を大量に含む土壌が人間の立ち入りをはばむことから、さまざまな野生動物の楽園になっていて、その中には私たちにもっとも近い種の2つであるニシローランドゴリラとボノボもいる。ニシローランドゴリラは絶滅危惧IA類に指定されているが、大きな個体群がこの隔絶された湿地に生息しており、湿地の植物や果実を餌にしている。キュヴェット・セントラーレ泥炭地は面積14万5,000km^{2}に及び、水分を含む土壌には推定で300億トンの炭素が蓄積している。

ニシローランドゴリラ

堆積物を掘って水路を作る

サハラ砂漠以南のアフリカ大陸

カバやアフリカゾウなどの大型動物は湿地のエコシステムでは重要な役割を担う。その巨体が湿った土壌を動かすことでできる深い水路は、魚などのほかの種のハビタットである。このような水路は乾季の水生種にとっての大切な避難場所にもなり、水や堆積物を沼まで運ぶ役にも立つ。

カバの日課がこの動物を効率的な水路建設者にしている。暑い日中は涼むため水中に身を沈めているが、夜になると陸に上がって草を食べる。カバは毎晩5kmも移動し、約40kgもの草を食べることもある。この行動によって植生のない通路が作られ、洪水がそこを流れて水をかき回すことで、ほかの生き物が育つための酸素が持ち込まれる。

食物連鎖のつながり
カバの糞が水に栄養分を与え、植物や藻類の肥料、微生物の餌になる。微生物は食物連鎖の源になる。

草を食べるカバ	藻類と微生物	節足動物	魚	頂点捕食者
カバの糞が微生物や藻類に栄養分を与える	有機物は節足動物の食べ物になる	節足動物は魚に食べられる	ワシが魚をつかまえて食べる	

環境保全
異例の外来種
コロンビアでは1990年代後半に私設動物園から数頭のカバが逃げ出し、本来の分布域であるサハラ砂漠以南のアフリカ大陸から1万1,000km離れたマグダレナ川流域の湿地に定着した。この逃げ出したカバたちは世界最大の外来種で、当局は増えつつあるカバへの対応策を協議している。

湖でじっとしているカバ

水をかき回す
タンザニアの湿地の浅瀬を突き進むカバ。ゆっくりと動く水がかき回されることで、アシ原に酸素がもたらされる。

極端な

森や草原の奥にはふつうの動植物では生き延びられないような
厳しい場所がある。生き物が厳寒の極地や乾き切った砂漠でも
うまくやっていけるのは特別な適応のおかげだ。塩湖など有数
の極端な環境で生きることには、競争相手のほとんどいない中
で繁栄できるという利点がある。そのほかにも、物理的にかな
り厳しいながらも生き物にあふれているハビタットに、海岸線
がある。海岸線は毎日のように潮の動きがあり、激しい波が打
ち寄せるが、そこの生き物は豊かな種であふれている。

条件下

224 / 極端な条件下

スヴァールバル諸島の激しい降雪の中でひと休みしているホッキョクギツネ。厚い冬毛には信じられないような断熱効果があるので、気温が氷点下40℃を下回らないと寒さに震えることはない。

極地

極地は生き物が年間を通じて厳しい寒さに直面する場所だ。北では陸地が北極海を取り囲み、南では南極大陸の真ん中に南極点がある。

北極域の北の高木限界線の先では、植物の成長はもっとも気温の高い夏でも凍ったままの「永久凍土」と呼ばれる下層土で妨げられる。草やカヤツリグサよりも丈の高い植物はほとんど育たないが、それらが「ツンドラ」という地形を絨毯のようにおおう。極地は太陽の側か、太陽と逆の側に傾いている関係で、夏は昼間が続き、真冬はずっと暗いままだ。夏になるたびにツンドラに新しい草が芽生え、渉禽類の鳥、カリブー、ツンドラオオカミなどを含む北極の食物連鎖を支える。

命を与える海

地球の反対側では、南極大陸がほぼ対照的な姿を見せる。陸地のほとんどは岩が露出しているか氷におおわれているかのどちらかで、あまりにも荒れ果て不毛なため植物は育たない。南極の動物は海岸沿いに集まるしかなくなり、そこで海鳥、アザラシ、アシカは海から生きるための方法を得る。ほとんどの種は結局、南氷洋のナンキョクオキアミに依存している。この小さな泳ぐ甲殻類は信じられないほどの数の群れをなす。

極地の動植物はほかの陸のハビタットでは見られないほど、寒さに大きく左右される。極地砂漠には液体の水がまったく存在しない。陸地は厚さ2km以上の氷床でつねにおおわれている。強風が水分をすべて吹き飛ばし、気温は氷点下に下がる。生き物にとってはとりわけ過酷な条件で、岩や石の中で生きられる小さな微生物くらいしか見られない。

しかし、極地での厳しい生活に耐えられても、変わりつつある世界に対応できるわけではない。雪と氷の陸地に依存している生き物は、地球温暖化と気候変動の影響をとくに受けやすい。気温の上昇に伴い、ほかのどこよりも危険にさらされることになるだろう。

極地の分布
北極圏の北側や南極圏の南側に広がる極地には、北アメリカ大陸、グリーンランド、ユーラシア大陸の北端、南極大陸、亜北極と亜南極の一部の島が含まれる。

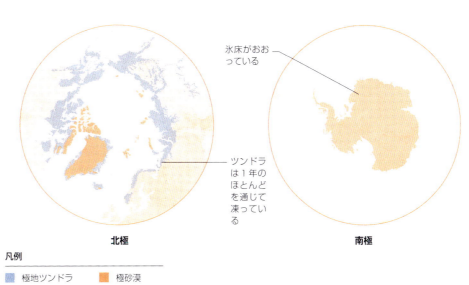

氷床がおおっている

ツンドラは1年のほとんどを通じて凍っている

北極　　　南極

凡例
極地ツンドラ　　極砂漠

極地ツンドラのしくみ

北極と南極にもっとも近いハビタットは、地球上でいちばん寒い場所のひとつでもある。極地ツンドラでは、永久凍土の深い層が高木の成長の北限になっているが、春になると地表近くの層が解け、地被性(ちひ)の植生が短期間ながら成長して夏に花を咲かせる。シベリアではツンドラが北に広がり、ついには極砂漠の厳寒で乾燥した気候条件の中で植物は完全に姿を消す。

渡りをする水鳥
夏にツンドラで繁殖した後、アオガンは越冬のため南に飛ぶ。

高木限界線
カバノキ、ヤマナラシ、針葉樹などのもっとも耐寒性のある高木が北方林の北端で成長する。

湿ったツンドラ
水はけの悪い場所では、夏の雪解け水が湿生植物や昆虫の水生幼虫を支える湿地に注ぐ。

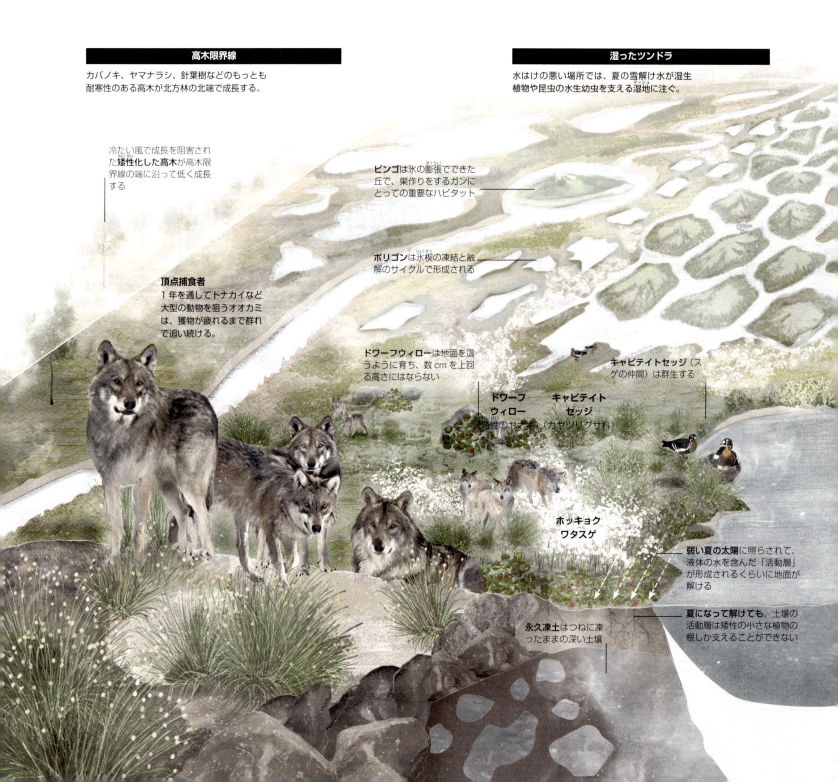

冷たい風で成長を阻害された**矮性化した高木**が高木限界線の端に沿って低く成長する

頂点捕食者
1年を通してトナカイなど大型の動物を狙うオオカミは、獲物が疲れるまで群れで追い続ける。

ピンゴは氷の膨張(ぼうちょう)でできた丘で、巣作りをするガンにとっての重要なハビタット

ポリゴンは氷楔(ひょうせつ)の凍結と融解のサイクルで形成される

ドワーフウィローは地面を這うように育ち、数cmを上回る高さにはならない

キャビテイトセッジ(スゲの仲間)は群生する

ドワーフウィロー
矮性のヤナギ

キャビテイトセッジ
(カヤツリグサ科)

ホッキョクワタスゲ

弱い夏の太陽に照らされて、液体の水を含んだ「活動層」が形成されるくらいに地面が解ける

永久凍土はつねに凍ったままの深い土壌

夏になって解けても、土壌の活動層は矮性の小さな植物の根しか支えることができない

極地 / 227

凍結と融解

極地ツンドラでは、降水量または降雪量は季節を通じて適度にあるが、1年の半分以上は地表水が凍っているので、植物によって吸収されることはない。乾燥した強風がさらなるストレスを与える。その結果、生き物は氷が解ける短い夏にもっとも活発になる。南極大陸の気候はさらに寒くて乾燥しているので、生き物が見られるのは沿岸部にほぼ限られる。

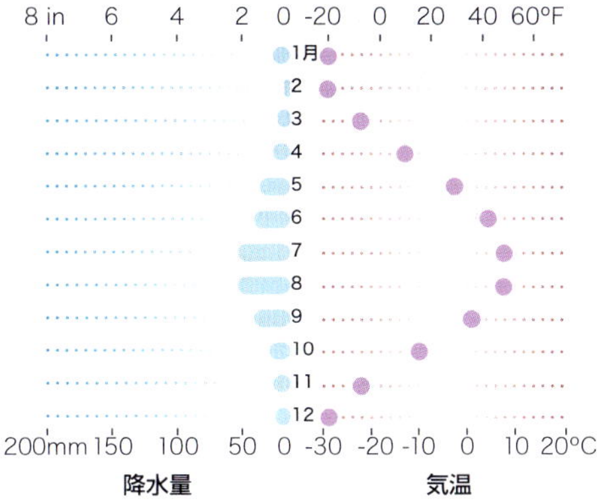

シベリア　ティクシ

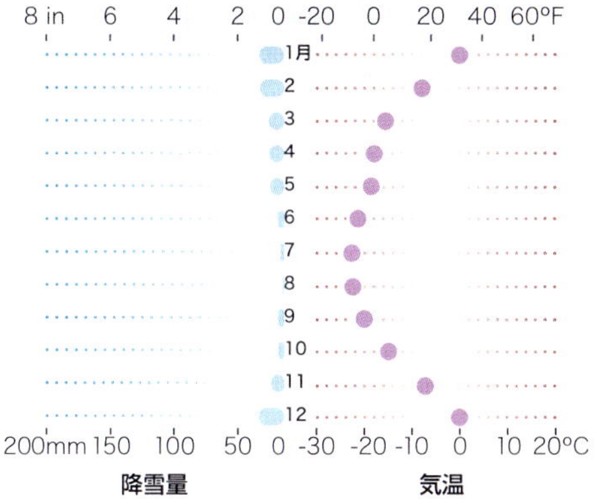

南極大陸　マクマード基地

降水量　気温

降雪量　気温

乾燥したツンドラ

より標高の高い地面は草本植物と横に広がる低木のハビタットで、夏に表土が解けると成長して花を咲かせる。

主要な植生
とても耐寒性のある地衣類はハナゴケで、トナカイにとって重要な食べ物。

ハナゴケ

草を食べる群れ
トナカイは夏のツンドラで草を食べるが、ほとんどの群れは冬になると南の林に移動する。

氷が解けてできた水たまりが夏の雪解け水であふれるが、その下の永久凍土と氷楔のせいで排水されない

留鳥
草食性のカラフトライチョウは年間を通してツンドラにとどまり、夏には木の葉や種子を、冬にはヤナギの芽を食べる。

極砂漠

気温が低すぎて夏も短すぎるので、極砂漠にはほとんど生き物が見られない。ここで育つのはコケ類と小型の植物だけ。

アイスグラス

ハコベ

アークティック
ホワイトヘザー

オレンジライケン（地衣類）
は露出した岩の表面に生え、光合成のために太陽の光を吸収する

氷楔は何mも延び、広がって地表に亀裂ができる

ツンドラの猛禽類
シロフクロウは獲物が豊富にいるところならどこでも飛んでいく。1年を通しておもに水鳥やレミングを狙う。

穴居性の哺乳類
レミングはツンドラの植生を食べ、ほぼ一年中に活動し、冬の間は雪の下に穴を掘る。

ツンドラの大型草食動物

角を突き合わせる
ジャコウウシは北極で最大の陸生の草食動物。大量に蓄えた脂肪がエネルギーになり、「キビアック」と呼ばれる厚い下毛が貴重な体温を逃がさない。

アラスカ州とカナダ

草原や森のような豊かな緑はないにもかかわらず、極地ツンドラの植生は重量級の草食動物を支えている。夏に生い茂る草や花を食べるほか、マット状に地面をおおうコケ類でしのぐこともできる。カリブーはかたい地衣類の塊を消化する特殊な胃腸酵素も持っている。この極地に生息するシカの仲間は移動をする動物で、冬の間は南に移動し、北方林の高木限界線により近いところに育つ低木林の新芽を食べる。もっと大型のジャコウウシは北にとどまり、高台で雪と土壌を掘ってその下の緑や根を食べながら北極の冬を乗り切る。ツンドラにはこれらの有蹄類のほかにも、レミング、ノウサギ、ライチョウなどの小型の草食動物が見られる。このような動物たちは豊かな多様性を誇る北極の肉食動物にとっての食べ物となる。

カナダのツンドラの食物網
北極の食物網は太陽のエネルギーを受ける植物がもとになる。動物の生活は季節による差が大きく、たとえば冬に繁殖するレミングは春になると数が爆発的に増える。

オスのジャコウウシの成獣は体重が約 400kg になることもある

オコジョ　タカ、ノスリ、シロフクロウ　キツネ　トウゾクカモメ、カラス、カモメ　オオカミ

昆虫　鳴鳥、渉禽類　レミング、ノウサギ、ガン、ライチョウ　カリブー　ジャコウウシ

地衣類、植物

最北の陸上植物
グリーンランド北部

ムラサキユキノシタ

最北の陸地として確定しているのは、グリーンランド北岸の沖合にある無人島のカフェクルベン島だ。そこから先は北の北極点まで、氷におおわれた北極海になる。地球の極北とも言えるこの島には、すさまじい極風から逃れられる場所がないが、それでも植物はかろうじて生き延びている。ムラサキユキノシタはほかのどの種よりも北で成長し、地面にはりつくように生えることで極端な気候条件に耐え、小さな毛状の葉で貴重な水分を逃がさない。

氷でつながる島々
ヨーロッパ スヴァールバル諸島

氷点下の気温で海が凍結し、島々と本土の間が海面に浮かぶ海氷でつながっているので、北極の陸の動物は海岸線の先まで移動できる。氷は海鳥やアシカがひと休みするための場所になる。また、そのおかげでホッキョクグマは陸地のねぐらから遠く離れた、アシカを待ち伏せするのに適した場所まで到達できる。

氷上での狩り
ホッキョクグマは海に浮かぶ氷の塊で狩りをすることもあり、海から上がってくるアシカを待ち伏せする。

環境保全
消えゆくハビタット
地球温暖化によって北極海の氷は縮小していて、ホッキョクグマがアザラシの狩りをするために使えるハビタットが年々減少しつつある。その結果、腹を空かせたホッキョクグマの残された唯一の選択肢は、保存されている食料やゴミを狙って町や村を襲うしかなくなった。このため、危険な動物と人間との摩擦が大きくなっている。

ゴミをあさるホッキョクグマ

万年雪の雪原
アラスカ州ブルックス山脈

北アメリカ大陸とユーラシア大陸の北極圏の一部は山地になっていて、北極までの近さだけでなく標高の高さによっても凍てつくような寒さになる。山間部の谷間に降り積もった雪はついには1年中残ることになる。アラスカ州ブルックス山脈などに見られるこのような万年雪の雪原には、風に飛ばされてきた昆虫が閉じ込められ、それを目当てにハマヒバリなどの食虫性の鳥が集まる。

ハマヒバリ — 独特の黄色い模様

渉禽類（しょうきん）の渡り
アジア

極地の陸の低地には水がたまり、それによってできるモザイク状の沼地にはヌカカなどの水生幼虫を持つ昆虫が集まる。これらの幼虫や夏になると大量に発生する成虫は、オグロシギなどの渉禽類にとって豊富な食料源になる。オグロシギは毎年夏にこの湿ったツンドラでひなを育て、冬になるとより温暖な気候のぬかるんだ沿岸部で餌を探すため南に渡る。

オオソリハシギ — 初列風切羽（しょれつかざきりばね）

凡例
■ 非繁殖地　　■ 繁殖地
← オグロシギの渡りのルート

アジア／北アメリカ大陸／オーストラリア大陸／休まずに飛び続けた最長記録は1万3,560km

渡りの記録保持者
ツンドラで繁殖する代表的な鳥のオオソリハシギが南に向かうときには、鳥の渡りとしては最長記録の距離を休まずに飛び続ける個体もいる。

夏にたらふく食べる

世界各地

極地ツンドラの夏は多くの種にとって食べ物が豊富に得られるときだ。新たに成長する植物が食物連鎖の上位に位置する繁殖期の動物を支え、ホッキョクギツネなどの捕食動物は、獲物の数が多いこの短い季節を最大限に利用しなければならない。冬を生き延びるには脂肪を蓄える必要があり、手に入る獲物をすべて食べなければならない。

夏の間に、多くの極地の哺乳類と鳥は季節に合わせて体毛や羽毛が生え変わる。高い断熱効果を得るためだ。色が変わる動物もいて、夏の濃い色の毛が抜けて冬の白い毛が生える。これらはカムフラージュにもなり、夏のツンドラの露出した地面には濃い色が、冬の雪には白い色の方が都合がいい。こうした生え変わりのおもなきっかけは昼間の長さの変化で、動物のホルモン系に影響を与える。

ホッキョクギツネの体毛はほかのどの哺乳類よりも断熱効果が高い

コケ類のベッド

 南極大陸 ケイシー基地

南極大陸に緑があるとは意外だが、ケイシー基地のある東の沿岸部の一部はコケ類でびっしりとおおわれている。この微小な植物は成長を支えるのに充分な土壌があればどこにでも生え、海鳥の糞が肥料になる。コケ類は成長が信じられないほど遅く、年に数mm程度しか伸びない。隔絶された場所にもかかわらず、人間の影響による危険にさらされている。地球温暖化で南極大陸東部が乾燥化し、コケ類のベッドの多くが枯れてしまった。

近くの水源

コケ類のベッド

滑降風

 南極大陸 マクマードドライヴァレー

南極大陸をおおう巨大で厚みのある氷河の氷床は、極端な南極の気候に直接の影響を及ぼす。氷床の上で冷やされた空気はより高密度で重くなり、重力によって標高の低い方に引っ張られる。その結果、「滑降風」と呼ばれる猛烈な風が発生して南極大陸の谷を下り、雪を吹き飛ばして陸地から水分を奪う。この風のために南極大陸のマクマードドライヴァレーは極寒の砂漠となり、岩の中または氷河の下に生息する一部の微生物を除くと、生き物にはまったく適さない。また、ここは非常に乾燥しているため、雨が降ることはほとんどない。うっかりこのドライヴァレーに迷い込んだアザラシのミイラ化した死体が見つかることもある。死骸の多くは真新しく見えるが、実際には死後何百年も経過している。

吹きつける強風に耐える
滑降風にさらされる海氷上のコウテイペンギンのコロニー。風は加速しながら氷冠を下り、低地と凍結した海に吹き荒れる。

ツンドラの植物相

北極のツンドラ

キョクチヤナギの花

ほとんどの北極の植物は常緑の多年草で、何年も生き続け、真っ暗な冬でも葉を落とさない。冬に太陽がまったく昇らないような場所では、光合成をしなくても生き延びるのに充分な食べ物を蓄える。春の太陽が急速な再成長のきっかけになるが、ほかよりも手回しよくその準備をしている植物もある。前の年の夏に芽を作って休眠させておくのだ。そうしておけばすぐに花を咲かせられるので、受粉のための時間をより多く取れる。

動物の命の限界

南極山脈

ほかの大陸と同じように、南極大陸にも山脈がある。極地の高緯度と高い標高の相乗効果により、そこは地球上でも有数の快適からはほど遠いハビタットになっている。しかし、より乾燥した平原や谷間を除くと、そんな山脈にも複雑な生き物が存在していて、地衣類とコケ類がもっとも単純な極地の食物連鎖のひとつを支えている。ここでは何もかもが小さい。草食動物はトビムシ、捕食動物はダニ、分解者は微小な線虫だ。トビムシは岩の下の砂粒の間にいるので、数分で水分を奪ってしまうような危険な乾燥した空気でも安全でいられる。

2本の触角　6つの腹節のうちのひとつ

ちっちゃな草食動物
ゴマ粒よりも小さいトビムシは、南極山脈の太陽が当たる側に生息していて、雪解け水から水分を得る。

追い払われる
営巣中のケワタガモに追いかけられるホッキョクギツネ。茶色が混じった白い体毛は生え変わる途中。場所によってホッキョクギツネは営巣地の鳥に依存していて、成鳥、ひな、卵がその食べ物のほとんどを占める。

岩と氷と雪の中の藻類

南極大陸

地球でもっとも単純なエコシステムのひとつが南極大陸に存在する。耐寒性のある微生物は雪や氷の中で成長するが、岩内性の生き物もいる。半透明の岩の内部で成長するバクテリア、藻類、地衣類などだ。これらは岩の結晶の小さな隙間にコロニーを作り、ガラス状の上部を通して光合成するか、風に飛ばされてきた有機物の残骸から栄養分を得る。緑色の色素が岩に出るので、その存在がわかる。しかし、そのほかの化学的特性は信じられないほど不活発だ。

岩の内部の生き物
雪と氷だけの陸地では、もっとも単純な生き物にとって岩の内部が唯一の安定したハビタットになる。

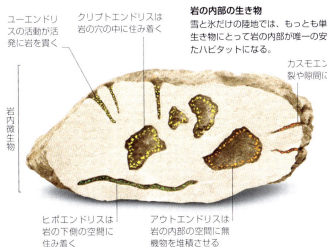

ユーエンドリスの活動が活発に岩を貫く
クリプトエンドリスは岩の穴の中に住み着く
カスモエンドリスは亀裂や隙間に住み着く
岩内微生物
ヒポエンドリスは岩の下側の空間に住み着く
アウトエンドリスは岩の内部の空間に無機物を堆積させる

彩雪現象
赤い氷雪藻のコロニーでピンク色になった雪。写真は極地ではない場所の山で撮影されたもので、この藻類のコミュニティはどこの万年雪でも見ることができる。

**景色の一部になった
トナカイの子供**
ノルウェーのスヴァールバル諸島で
雪にすっかり溶け込んだトナカイの子
供たち。スヴァールバル諸島の約60%
は氷河におおわれ、ほとんど人間の影
響が及んでいない。その保護区にはホ
ッキョクグマ、ホッキョクギツネ、
多くの海鳥も生息している。

クレイシュ
羽毛が生えそろう前のコウテイペンギンのひなは、頭部は「ヘルメット」をかぶったような黒、ほかは灰色のふわふわの毛でおおわれ、冬の間はこの毛が体の熱を保つ。

南極のフェルフィールド

南極半島

ナンキョクコメススキ

凍結と融解という極地の果てしないサイクルは、「フェルフィールド」という厳しいハビタットを作り出す。氷ができると堆積が膨張し、土壌を外側に押しやるので乾燥した隙間ができ、植物が地面から押し出されることもある。だが南極半島のここは大陸で唯一、被子植物ナンキョクコメススキとナンキョクツメクサの2種だけが育つ。

海鳥とアザラシに由来する肥料

南極大陸

広大な陸の植生がないため、南極大陸の野生動物は食べ物をおもにまわりを囲む海に頼らなければならない。しかし、沿岸部の海鳥やアザラシの大きなコロニーは、糞で陸地を豊かにし、コケ類などの単体植物に肥料を与えている。糞には窒素がとくに多く含まれ、これはすべての生き物の成長にとって重要な元素だ。有機尿酸（鳥の糞の白い部分）の形で存在する窒素は、バクテリアによって代謝され、最初はアンモニアが、続いて硝酸塩が放出される。硝酸塩の一部は植物に吸収されるが、ほとんどは海に戻る。

海鳥のコロニーの排出
海鳥のコロニーによる豊富な窒素の生成は、そのほとんどが空気中に蒸発するアンモニアのきついにおいからもはっきりとわかる。

ペンギンのコロニー

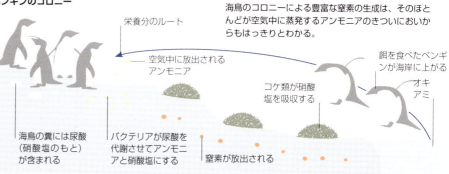

南極大陸のペンギン

南極大陸

ペンギンが南極大陸に数多く生息しているのは、陸の捕食動物が存在しないからだ。北極ではクマ、オオカミ、キツネにやられてしまう。ペンギンは水温が低くて非常に生産性の高い南の海に依存する鳥で、ガラパゴス諸島の1種を除くと南半球にしか見られない。ほとんどの種は亜南極の島々に生息するが、南極大陸でも5種が見られる。南極半島よりも南にいるのは、コウテイペンギンとアデリーペンギンの2種だけだ。防水性のある濃い羽毛、ひれのような形の翼、魚雷型の体を持つペンギンは、ハンターとしてもダイバーとしてもすぐれ、海に深く潜って魚やイカやオキアミをつかまえる。海岸で繁殖し、ほとんどは巨大で騒がしいコロニーの中で繁殖を行う。ほとんどの種は夏の間に両親で子供を育てる。だが、コウテイペンギンは大きなひなを育てるのに長い時間がかかる。繁殖期は厳寒の冬のため、冬はオスが卵を抱く。ひなたちは熱を逃がさないためにクレイシュとしてひとかたまりになり、4か月間は親から餌をもらい続ける。

人工衛星の調査から、未知のコウテイペンギンのコロニーが複数発見された

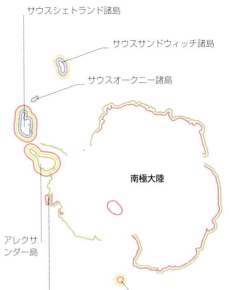

サウスシェトランド諸島
サウスサンドウィッチ諸島
サウスオークニー諸島
南極大陸
アレクサンダー島
サーストン島　スコット島

凡例
■ アデリーペンギン　■ ジェンツーペンギン
■ ヒゲペンギン　■ マカロニペンギン
■ コウテイペンギン

ペンギンのハビタットの分布
最南端のペンギンの種は南極大陸とその周辺の島に生息する。そのうちのほとんどは南氷洋のおびただしいオキアミをつかまえるが、コウテイペンギンは海に潜ってより大型の魚やイカを狙う。

ヌナタクでの巣作り

南極大陸東部　スヴァルサマレン・ヌナタク

「ヌナタク」という山の尾根が、南極大陸各地で厚い雪と氷の上に顔をのぞかせている。海からもっとも距離のあるところでは複雑な生き物がほぼ見られないが、一部は繁殖期の海鳥にとって氷のない避難場所になっている。南極大陸東部のスヴァルサマレン・ヌナタクは、ナンキョクフルマカモメだけが集まって大陸で最大の鳥のコロニーを受け入れてきた。異例なことに、ここにはペンギンの姿が見られない。標高が高すぎ、かなり内陸寄りにあるので、飛べないペンギンはたどり着けない。だが、ナンキョクフルマカモメが餌場の海まで飛んでいくには充分に近い距離だ。また、ヒョウアザラシなどの沿岸部の捕食動物には内陸に離れすぎているので、巣や弱いひなまではたどり着けない。

ナンキョクフルマカモメのコロニー
海から200km以上離れた雪のない尾根に巣を作るので、内陸部のコロニーは沿岸部の捕食動物に襲われる心配がない。

環境保全
温暖化の進む南極大陸

地球温暖化は毎年のように南極大陸の野生生物を脅かしている。アデリーペンギンのひなはやわらかいふわふわの羽毛を持って生まれ、成鳥の体を守る防水性の油はその羽毛に含まれていない。温暖化によって雪ではなく雨が降ると、コロニーのひなは濡れて体が泥におおわれる。濡れたひなは寒さから身を守れずに凍死してしまう。

濡れて泥まみれになったふわふわの羽毛

アデリーペンギン

砂漠

砂漠をもっとも的確に形容する単語は「乾燥」だ。この乾いた陸地は荒れ果てていて、生き物などいないように思えるが、動植物は水のないこのもっとも厳しいハビタットでも生き延びるための方法を見つけてきた。

乾燥した気候は降水量だけでなく太陽の焼けつくような熱さにも左右される。地球上でもっとも乾燥した場所のひとつ、南アメリカ大陸のアタカマ砂漠は、わずかな年間降水量を蒸発させる200倍の太陽エネルギーを浴びる。季節によって大量の雨が1か月間に集中して降っても、植物の根が吸収する前に流されてしまうかもしれない。こうして世界の乾燥した地形は、石と砂だけしかないもっとも乾燥したハビタットから、茂みと点在する木の半乾生低木林まで、非常に多岐にわたる。多くの砂漠は高温の熱帯にあるが、より気温の低い地域にも見られる。どこも1日の気温差が大きく、中央アジアのゴビ砂漠では冬の夜の気温が氷点下30℃まで下がる。

砂と岩

砂漠は地球上でもっとも生産性の低いハビタットだ。毎日のように強い太陽の光を浴びているが、水がないためまとまった植物は育たない。その結果、砂漠には土壌をつなぎ止める根のネットワークが存在しない。肥沃な土壌を形成する腐敗した植物質もない。露出した岩盤や石と砂におおわれている。この乾き切った環境には有機物がほとんどなく、水を長く保てない。雨は降ったとしてもすぐに地表の下深くにまでしみ込んでしまう。

原則として、砂漠の動植物はすべてがまばらに広がる。動物たちは日中のやけどをするような暑さや夜の凍えるような寒さなどの極端な条件を相手にすることになり、避難場所を見つけ、その日の食べ物を探しながらたびたび移動する。一方、植物もわずかな水分を節約し、南北アメリカ大陸のサボテンなど多くの多肉植物が豊かに育つ。雨が降ると長く休眠していた種子が芽生え、いっせいに開花して壮観な「スーパーブルーム」が見られる地域もある。

世界的な分布
砂漠は地球の地表の5分の1以上を占めている。最大規模の砂漠は北緯と南緯それぞれ15度から35度の間の高温の熱帯地域にある。より小さな砂漠は中央アジアや北アメリカ大陸などの温帯に見られる。

- モハヴェ砂漠
- ソノラ砂漠
- チワワ砂漠
- アタカマ砂漠は地球上でもっとも乾燥した砂漠
- サハラ砂漠中部の大部分は乾燥低木林からなる
- サハラ砂漠
- カザフの半砂漠
- アラビア砂漠
- タクラマカン砂漠
- ゴビ砂漠には寒くて乾燥した気候条件に適応した動植物が見られる
- タール砂漠
- ナミブ砂漠
- グレートヴィクトリア砂漠
- シンプソン砂漠

凡例
■ 砂漠

ナミブ砂漠の生き物の姿がない砂丘を横断してその先の草地を目指すオリックス。オリックスは草や根を食べて充分な水分を得ることで、何週間も水を飲まずに生き延びられる。

砂漠のしくみ

砂漠は少ない降水量で定義される。極端な気温差のある場所でもあり、昼間の暑さから夜間の寒さへと急激に変化する。赤道から離れたところでは短期間の雨季と寒い冬がある。アメリカ南西部のソノラ砂漠は、冬は穏やかで、降水量は8月と12月にピークがある。耐寒性のあるサボテンがほとんどを占める。

物理的条件
砂漠の空はほとんど雲がなく、太陽が1日中照りつけるが、夜になると気温は急低下する。砂漠での降水量が少ないのには、おもに4つの理由がある。もっとも広大なサハラ砂漠は4つすべての影響を受ける。ソノラ砂漠の場合は雨陰砂漠と高気圧砂漠の組み合わせになる。

乾季

夜の開花
多くの砂漠の植物は夜に開花することで水分の喪失を防ぐ。花は強い香りで花粉を媒介する動物を引きつける。

コウモリは砂漠での重要な夜行性の送粉者

砂漠は生き物がほとんどいない場所で、平均すると$1m^2$あたり20g以下の生物量しかない

夜行性の動物
カコミスルなど一部の動物は、日中の暑さからは身を隠し、夜になると餌を探すために姿を現す。

ウチワサボテン

コヨーテ

オルガンパイプカクタス

水を蓄える植物
砂漠の植物は干ばつを耐えるために水の蓄えを維持しなければならない。サボテンなどの多肉植物は太い肉厚の茎や葉の内部に水をためる。

適応した葉
クレオソートブッシュの葉は小さくて表面がつるつるしているので、水分が失われにくい。

サワロ

クビワペッカリー

アンテロープジャックウサギ

ガラガラヘビは口の上に熱を感知するくぼみがあり、暗闇でも獲物の位置をつかめる

カンガルーネズミの巣穴は複数の部屋に分かれている

サバクゴファーガメ

待ち伏せ型の捕食動物
ニシダイヤガラガラヘビなどの砂漠のガラガラヘビは、カムフラージュをして獲物を待ち伏せしてから攻撃する。多くの砂漠の捕食動物がこの戦略を使う。

飛び跳ねる齧歯類
世界各地の砂漠では、メリアムカンガルーネズミなどの多くの齧歯類が、走るのではなく飛び跳ねながら捕食動物から逃げる。

砂漠 / 239

雨陰砂漠
空気が山脈に沿って上昇するとき、冷えてできた水滴が雨となって降る。山脈を越えたときには空気は乾燥していて、反対側に砂漠ができることがある。

内陸砂漠
結局は、ほとんどの降水の供給源は海になる。沿岸部に雨を降らせる湿った風は、はるか内陸に到達する頃にはとても乾燥している。

高気圧砂漠
赤道では空気中の水分が雨となって降る。乾燥した空気は北緯および南緯30度付近に移動し、そこで高気圧帯を形成する。

海岸砂漠
西岸に沿って冷たい海流が流れているところもある。冷たい水は無風をもたらし、嵐ではなく霧を発生させるので、沿岸部は乾燥したままの状態になる。

雨が降った後

砂漠の日和見的な鳥
ミチバシリは走りながら見つけたりつかまえたりした食べ物を何でも食べる。食べ物が乏しい砂漠では、これは役に立つ餌探しの戦略になる。

スーパーブルーム
砂漠には珍しい大量の雨が降ると、種子が長く休眠状態にあった何千もの野草が同時に発芽して花を咲かせる。

オオミチバシリ

ユッカ

バレルカクタス

メキシカンゴールドポピー

アメリカドクトカゲ

営巣地
サバクシマセゲラはサワロを削って巣を作る。巣はサボテンフクロウなどほかの鳥が再利用することもある。

休眠する両生類
コーチスキアシガエルは乾季を巣穴の中で過ごす。後ろ脚を使って穴を掘り、地中にいる間は何も食べない。

雨で一時的な水たまりができると、夜にカエルが現れ、交尾し、水中に産卵する

サバクシマセゲラ

240　極端な条件下

地球上でもっとも高いサボテン
アメリカ合衆国　ソノラ砂漠

アリゾナ州とメキシコ北部にまたがるソノラ砂漠は高さのある柱状のサボテンで知られる。もっともなじみのある種のサワロは高さが12mを超えるが、近縁種のブリンチュウは概してそれよりも大きく、19mに達するものもある。サボテンのうねのある幹はまさに腕のように枝分かれする。水分はサボテンから全方向に向かって放射状に延びる広大な根系によって集められる。

花は夜に開き、1日でしおれる

サワロ
花の咲いたサワロの枝分かれした幹に止まる3羽のモモアカノスリ。

高温からの避難場所
アリゾナ州　グランドキャニオン

砂漠の動物たちはもっとも極端な砂漠の気温を避けるための戦略を持つ。アリゾナ州のグランドキャニオンでは、峡谷の上よりも底の方がより暑くて乾燥していて、夏の気温は38℃を超えることもある。クロタルス・ルトスス・アビススなどここに生息するヘビは、おもに日中に狩りをするが、そんな彼らでもいちばん暑い時期には岩陰に身を隠さなければならない（一方、冬になるとときどき訪れる凍えるような寒さに耐えるために、ガラガラヘビはより深い避難場所を探す）。

木陰がほとんどないので、アナホリフクロウやサバクカンガルーネズミなど、多くのより小型の砂漠の動物は、直射日光を避けるため巣穴の中に隠れる。オジロジャックウサギのような薄明薄暮性の動物は、明け方と夕方にもっとも活発に動き、1日のうちでいちばん暑い時間や夜のもっとも寒い時間は巣穴や岩陰で過ごす。

アラビアオリックスのような大型の砂漠の動物は、太陽の熱を反射する薄い色の体毛を持つ

ガラガラヘビ
クロタルス・ルトススの亜種のクロタルス・ルトスス・アビススは、峡谷の底の近くに生息する。写真のガラガラヘビは断崖の岩陰でとぐろを巻いている。

デスヴァレーでのユッカの受粉
カリフォルニア州　モハヴェ砂漠

ユッカはモハヴェ砂漠とその周辺でもっともよく知られている植物で、とがった葉を持ち、白い花を咲かせ、幹は枝分かれしている。おそらくいちばん有名な種はヨシュアノキで、世界でもっとも暑くて乾燥した場所のひとつであるデスヴァレーを含むカリフォルニア州南部ではとくに一般的だ。ヨシュアノキはゆっくりと成長し、樹齢100年以上になるのがふつうだが、もっとはるかに長寿のものもある。

ほかのすべてのユッカの種と同じように、ヨシュアノキはユッカガと重要な共生関係を持つ。ユッカは花粉をある木から別の木に移して種子の生成を刺激する作業をユッカガに依存している。成虫のユッカガは食べることができないので、花粉を媒介するほかの昆虫のようにお返しとして蜜をもらうのではなく、幼虫をユッカの木に養育してもらう。幼虫はユッカの果実の中で暮らし、種子の半分ほどを食べてから、新しい木が成長するための分の種子を残したまま、穴を掘って外に出る。

ジョシュア・ツリー国立公園
ヨシュアノキの名前がついた国立公園がカリフォルニア州にある。ほとんどのユッカは低木林だが、この種は樹木状で、丈の高い幹と枝を持つ。

ユッカのライフサイクル

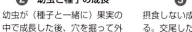

❶ 産卵
ユッカガが子房に卵を産み、続いて子房で種子が成長するよう柱頭に花粉をつける。

❷ 幼虫と種子の成長
幼虫が（種子と一緒に）果実の中で成長した後、穴を掘って外に出て、土壌中に入る。

❸ 成虫の誕生
摂食しない成虫が土壌から出てくる。交尾した後、メスは新しいユッカの木に卵を産みつける。

砂漠 / 241

アナホリフクロウ

北アメリカ大陸の砂漠と草原

巣穴の近くのアナホリフクロウ

北アメリカ大陸の砂漠、草原、低木林では、プレーリードッグやジリスが掘った穴の中に、アナホリフクロウが巣を作る。ほかのフクロウと違って、アナホリフクロウはおもに日中に餌を食べるが、真昼には高温を避けるため地中に戻る。身の危険を感じたときには、巣穴に隠れてガラガラヘビの音に似た鳴き声を出し、捕食動物にヘビがいると思い込ませる。アナホリフクロウは飛びながら昆虫をつかまえるが、地上を歩いて餌を探すこともある。大型動物の糞を集め、それを使って糞虫をおびき寄せることでも知られる。

チワワ砂漠のサボテンのホットスポット

メキシコ　チワワ砂漠

メキシコ北部に位置するチワワ砂漠はアメリカ合衆国のテキサス州とニューメキシコ州にも範囲が及んでいる。チワワ砂漠には標高の低い盆地と高い地域（「スカイアイランド」）が混在していて、標高の高い地域では少しだけ雨が多く、この砂漠を有名にしている多くの種類のサボテンなど、独特の植物相が見られる。ペヨーテなどのサボテンの多くは、地表に見えているのはほんの一部で、おもな成長部分は地面の下に隠れた根だ。サボテンは水分を失わないように適応し、光合成の方法にも当てはまる。すべての植物と同じように、開いた気孔から二酸化炭素を取り込むが、夜まで気孔を閉じておくことでこの作業を遅らせ、水分を節約している。

サボテンの仲間の多様性
世界のサボテンの1,500種のうち、約350種がチワワ砂漠に自生している。ここのサボテンは一般的に小さいが、多種多様な形をしている。

幹はたくさんの細いとげでおおわれている
チョーヤ
（キリンドロプンティア）

細い幹に鋭いとげがある
エンピツサボテン
（キリンドロプンティア）

うねのある樽型の基に、ピンク色の花をつける
ハリネズミサボテン
（エキノケレウス）

ひげのような毛で霜から守る
オキナマル
（ケファロケレウス）

茎はゆっくり成長し、頭頂部は平ら
タイヘイマル
（エキノカクトゥス）

霧を頼りに生きる

南アメリカ　アタカマ砂漠

アタカマ砂漠は極地以外では世界でもっとも乾燥した砂漠だ。毎年の平均降水量は2mmで、過去500年間の大部分は雨がほとんど降っていない。それでも、水分は海からの霧としてここまで到達する。ティランジア・ランドベッキーなど、必要な水分を霧から集める丈夫な植物にとってはそれで充分だ。多くのティランジアの種はエアプランツで、根を通してではなく空気中から水分と栄養分を得る。

ティランジア・ランドベッキー

塩湖
インカワシ島はボリビアのウユニ塩湖の中にある島。この高地のハビタットはアタカマ砂漠よりも高いところにあり、おおまかに見るとアンデス山脈のプマの草原の一部だが、非常に乾燥しているため、湖岸の植生はサボテンのレウコステレ・アタカメンシスなど、もっとも丈夫な砂漠の植物からなる。

極端な条件下

不安定な砂の上を移動する

サハラ砂漠のエルグ

砂丘を歩いて登ったり、砂浜を走ったことのある人なら、砂の上を移動するのは難しくて疲れると言うだろう。砂はもろくて不安定なため、体を前に進めようとして足にかける力で、砂の粒が動いてしまう。この問題の対策として、一部の砂漠のヘビは「横這い運動」というまったく新しい動く方法を発達させた。ヘビは頭から尾にかけての軸に対して横向きに移動する。体は2か所が砂に接しているだけで、ほとんど地面から浮いた状態になる。ヘビは頭を前方に突き出す。体がその後を追うのに合わせて、2か所の接点は体の後方に移動するが、砂の上の同じ場所にとどまる。

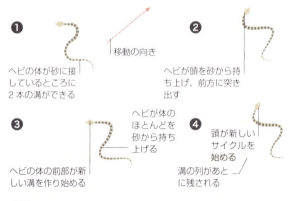

❶ ヘビの体が砂に接しているところに2本の溝ができる

移動の向き

❷ ヘビが頭を砂から持ち上げ、前方に突き出す

❸ ヘビの体の前部が新しい溝を作り始める

❹ ヘビが体のほとんどを砂から持ち上げる

頭が新しいサイクルを始める

溝の列があとに残される

横這い（よこばい）運動
横這い運動をするヘビは、ゆるい砂粒の上で体を前に押すのではなく、体の大部分を砂から浮かせて横向きに動く。

砂漠の中にある生き物の島

世界各地

オアシスは砂漠という海の中にある生き物の島とでも言うべき存在だ。地下深くの水が地表に湧き出るか、浸食によって形成された岩のくぼみに雨がたまるとできる。地下深くにある水は、もともとはかなり離れた山腹に降った雨だ。水は帯水層と呼ばれる多孔質の岩の間を浸透し、地下水として低い方に流れた後、より水を通しにくい岩にぶつかる。そして水圧で地表に押し上げられる。淡水のオアシスは動植物の豊かなコミュニティを支える。一方、塩水のオアシスもある。帯水層から無機物が水にしみ出し、それが砂漠の熱で凝縮されると、水は海よりも塩分が濃くなる。

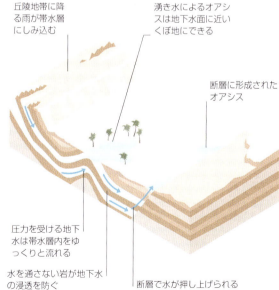

丘陵地帯に降る雨が帯水層にしみ込む

湧き水によるオアシスは地下水面に近いくぼ地にできる

断層に形成されたオアシス

圧力を受ける地下水は帯水層内をゆっくりと流れる

水を通さない岩が地下水の浸透を防ぐ

断層で水が押し上げられる

オアシスの形成
水を含んだ岩の層は「帯水層」と呼ばれる。オアシスは帯水層内の圧力で水が地表からしみ出るところに形成される。断層、または帯水層が地表と接しているくぼ地にもできる。

ウム・アル・マー湖
リビア砂漠のこの湖は海よりも塩分濃度が高い。ここでは耐塩性のある植物だけが育ち、ミギワバエの大群が藻類を食べて生きている。ミギワバエは水から塩分を濾過するので、その体は渡り鳥にとって淡水の供給源になる。

ペリングウェイアダー
ナミビアとアンゴラの砂漠に見られるペリングウェイアダーは待ち伏せ型の捕食動物で、砂丘の表面を楽々と動く。

霧の甲虫

アフリカ大陸　ナミブ砂漠

キリアツメ（オニマクリス・ウングイクラリス）などのナミブ砂漠の甲虫は、しばしば砂丘にかかる霧から斬新な方法で水分を集める。それは逆立ちをすることだ。甲虫は屍肉食動物で、種類を問わずに砂の上の食べ残しを探す。朝早く、甲虫は低い砂の尾根のてっぺんによじ登り、体を風上に向ける。そして腹部を持ち上げ、滑らかな鞘翅で霧のかかった風を受け止める。鞘翅の突起には好水性の膜があり、そこが露をためて、風で飛ばされてしまうのを防ぐ。水滴はしだいに大きくなり、ある程度の重さになると背中を流れ落ちて口に入る。

水は甲虫の背中を流れ落ちる

夜明けの水集め
鞘翅には好水性の突起のほかに、水をはじく蠟でおおわれた筋がある。このおかげで水が短い時間で甲虫の背中を流れ落ちる。

環境保全
砂漠への再導入
砂漠の草食動物のアラビアオリックスが1972年に野生で絶滅したのは、オフロードバイクとライフルを装備した狩猟愛好家によってほぼすべてが殺されたためだ。その後、生き残ったわずかな野生の個体は捕獲され、飼育下で繁殖した個体とともに保護施設に収容された。それ以来、飼育下での繁殖に成功していて、現在ではアラビア半島各地の保護区で約1,000頭が野生に再導入されている。

アラビアオリックス

アフリカ大陸南部の生きた化石

カオコヴェルト砂漠

ウェルウィッチアはアフリカ大陸の南西部のカオコヴェルト砂漠に見られる変わった植物だ。寿命は2,000年とかなり長く、繁殖時に球果状の構造物を作ることから、現在の針葉樹のはるか昔の近縁種と考えられている。葉が2枚しかなく、幅は約120cmで絶えず成長する。葉の長さは4mになることもあるが、ほとんどは砂の上に乗り、乾燥してぼろぼろに裂けている。1本の太い根が地中の数mの深さまで伸びて水を集める。

2枚の単葉を持つ
雄株の球果は小さい
根は最長で地中に3m伸びる

巨大な芽生え
2枚の葉と1本の根という単純な形態的特徴のウェルウィッチアは、ときに種子から発芽したばかりの植物の巨大な芽生えにたとえられる。

ウェルウィッチアの雌株

山地の砂漠
チベット高原の生き物は寒さと薄い空気だけでなく、世界最高峰の山々の雨陰（ういん）という、このハビタットを砂漠のように乾燥させる条件とも戦わなくてはならない。野生のロバでは最大のチベットノロバはここに生息している。

暑い砂漠と寒い砂漠のラクダ

サハラ砂漠、アラビア砂漠、中央アジア、オーストラリアの外来種

ラクダは乾燥したハビタットでの生活に適応した大型の草食哺乳類のグループだ。ラクダにはヒトコブラクダ、家畜型のフタコブラクダ、それに近い野生型のフタコブラクダの3つの種がいる。ヒトコブラクダはアフリカ大陸や中東の高温の砂漠に適応していて、水なしで何週間も生き延びることができ、長いまつげで目を砂から守る。フタコブラクダは中央アジアの低温の砂漠での生活に適応し、濃いもじゃもじゃの体毛におおわれている。こぶの中の脂肪が代謝されると使用可能なエネルギーに変わる。哺乳類はふつう皮膚の下に脂肪が分散しているが、砂漠ではその形だと熱を閉じ込めすぎてしまう。

砂漠に適応
ヒトコブラクダの野生の先祖は高温で砂の多いアラビア半島の砂漠で進化したと思われる。幅のある脚で体重を均等に支えるので、砂に沈むことはない。

環境保全
最後の野生のフタコブラクダ
ラクダは何千年も前から飼いならされてきた。野生のヒトコブラクダが生きていたのは約2,000年前までだが、野生のフタコブラクダは約1,000頭が中国北西部とモンゴル南部に生き残っている。遺伝子の解析から、それはその地域の家畜のフタコブラクダとは異なることが判明した。絶滅危惧IA種類に指定され、救おうという取り組みは、そのハビタットを保護することが中心になっている。

フタコブラクダ

荒涼とした砂漠の食物連鎖

南アジア　タール砂漠

地球上でもっとも人口密度の高い乾燥地帯のひとつにもかかわらず、パキスタンとインドの間に位置するタール砂漠は今も野生生物にとって安全な場所だ。これは保護の取り組みと、その地域に農地に適した場所がないおかげでもある。ここの野生生物のコミュニティは、人間の活動で妨げられることのない食物連鎖によって維持されている。その結果、この砂漠にはステップヤマネコやインドオオノガンなど、絶滅危惧種になっていたかもしれない多くの種が生息しているほか、塩生湿地のカッチ大湿地や、ラル・スハンラ生物圏保護区などの重要なハビタットが見られる。

ヤマネコは聴力がすぐれている

砂漠のヤマネコ
ステップヤマネコはタール砂漠の最上位のハンターのひとつだ。日中に狩りを行い、齧歯類などの小動物を狙う。

砂漠の食物連鎖
植物はまばらにしか生えていないため、タール砂漠は小規模な動物の生物量しか支えられない。それでも、ここでは草食動物、雑食動物、肉食動物の典型的な関係が見られる。

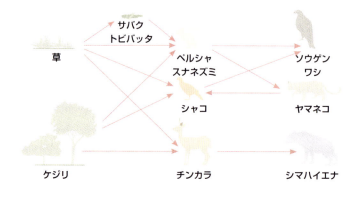

草　サバクトビバッタ　ペルシャスナネズミ　ソウゲンワシ　シャコ　ヤマネコ　ケジリ　チンカラ　シマハイエナ

渡りの ボトルネック

中東　シナイ半島

中東の砂漠の中には渡り鳥にとっての混雑した「主要道路」がある。越冬地と繁殖地の間を移動する陸鳥は、広い海の横断を避ける。水の方が冷たいので、鳥が目的地までの飛行の際に頼る上昇気流が弱いためだ。アフリカとアジアの間には紅海があり、鳥は南端の狭い海峡を横断するか、北のシナイ半島まで迂回しなければならない。ウスズミハヤブサはこのボトルネックを利用して、通過する鳥を襲って繁殖するため、春になるとそこに集まる。

ウスズミハヤブサ
この中型のハヤブサは獲物を発見すると止まっている場所から急降下する。繁殖期にはおもに小型の渡り鳥をつかまえる。

翼の黒っぽい色の羽毛が名前の由来

凡例
○ おもなボトルネック
■ おもな飛行ルート

相手を驚かす ディスプレイ

中央アジア　カザフ半砂漠

砂漠では身を隠せる場所がないことは珍しくない。中央アジアのオオクチガマトカゲは走るのが速く、うろこが砂に似たまだら模様なので見つかりにくい。しかし、それでも追いつめられると、このトカゲは隠し持っていた武器を使う。口を開き、ピンク色のほおのひだを広げるのだ。ピンク色の皮膚がいきなり出現すると、襲おうとしていた動物はひるむ。大きく開けた口はもっと大型の動物に見せかける効果があり、捕食動物の動きが止まったすきにオオクチガマトカゲは逃げる。

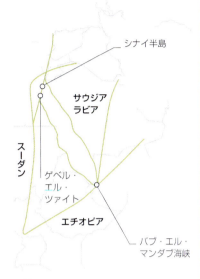

ほおのひだを見せるオオクチガマトカゲ

砂丘の木

中央アジア　タクラマカン砂漠

中国西部のタクラマカン砂漠は内陸流域だ。まわりを高地に囲まれた盆地で、その地域のすべての川がここに流れ込む。けれども、その水を海に運ぶ川が流れ出ていないので、水は暑さで蒸発する。水が蒸発したあとには塩分が残り、それが土壌に蓄積する。この砂漠で生き延びている数少ない動物には、ウサギ、ガゼル、野生のフタコブラクダがいる。タクラマカン砂漠には植物もほとんど見られず、アジア各地の似たような盆地と同じく、植物は水分の不足だけでなく、高い塩分濃度と不安定な砂丘にも耐えなければならない。それに対応できる数少ない木のひとつがハロキシロン・アンモデンドロンだ。ゆっくりと成長する木は樹皮に水をため込み、微小なうろこ状の葉で水分が失われるのを防ぐ。根は深さ8mにもなり、強風にも耐えられるし、まわりが砂でも安定できる。

タクラマカン砂漠の冬
冷たい強風が吹き荒れるタクラマカン砂漠の冬は厳しい。雪が降ることはまれだが、気温が氷点下20℃以下になることは珍しくない。

丈夫なハロキシロン・アンモデンドロンは、砂漠化を防ぐために中国で植林され、根が土壌をつなぎ止めている

250　極端な条件下

アリを食べるトカゲ

オーストラリア大陸　ギブソン砂漠

オーストラリア大陸のほかの砂漠と同じように、ギブソン砂漠には多くの砂漠に適応した動物が生息していて、その中にはニシキヘビの仲間のウォマや、数種のスキンク、とげにおおわれた異様な見た目の体長11cmほどのモロクトカゲなど、爬虫類の多様なコミュニティも含まれる。大陸西部一帯に生息するモロクトカゲは、ほぼアリだけを餌にしていて、1日に約750匹食べる。英語名の「ソーニー・デヴィル（とげの悪魔）」が示すように、全身がかたいとげ状の突起におおわれているので、ほかの動物は食べようとは思わない。とげはこのトカゲが水分を集めるのにも役立つ。空気がまだ冷たい早朝、モロクトカゲは開けた場所に向かう。露がとげに付着し、水滴となってとげの間の溝を流れて口に入る。水が溝を流れるのは毛細管現象によるものだ。濡れた砂の上にしゃがんで腹部のとげから水を飲むこともできる。

ゆっくりと歩くトカゲ
モロクトカゲは体を前後に揺すりながら歩く。そのため、捕食動物はモロクトカゲが植物、または風で動く葉だと勘違いする。身の危険を感じると、動きをぴたりと止める。

> モロクトカゲはスピニフェックスの草の間に身を隠し、
> 気温が25℃以上になると餌（えさ）を探して動き回る

花が咲くギバーの平原

オーストラリア大陸　グレートヴィクトリア砂漠

グレートヴィクトリア砂漠の大部分は「ギバー」と呼ばれる小石におおわれていて、一見したところでは生き物などいないように思える。ここのハビタットはその小石から「ギバーの平原」として知られている。しかし、石の間には種子が眠っていて、雨が降ると競うように発芽して花を咲かせる。数週間という短い期間ながら、平原には色が満ちあふれ、やがてすべての植物が種子を小石の間に落とし、翌年の成長の季節に備える。

スターツデザートピー

奥地のバタン

オーストラリア大陸

オーストラリア大陸には56種のオウムが生息していて、その多くは頭部の目を引く冠羽で知られるオウムの亜科のバタンだ。バタンは一般的に種子を食べる鳥で、オーストラリア大陸の乾燥した内陸部に多く見られる複数の種も、おもに草の種子を食べて生活している。この乾燥した大地に暮らすバタンには、派手な色の冠羽のクルマサカオウムや、大陸でもっとも広く分布しているモモイロインコなどがいる。バタンはしばしば大きな騒々しい群れを作る。モモイロインコの砂漠の群れに、全身が真っ白のアカビタイムジオウムが一緒になることもしばしばある。

ぴんと立った冠羽

飛節状のくちばし

優雅な冠羽
「ピンク色のバタン」とも呼ばれるクルマサカオウムは、そのハビタットの環境が人間の活動で悪化していて、数が減りつつある。野生の個体群はより適応力のあるモモイロインコに取って代わられつつある。

砂漠 / 251

鋭い葉を持つ丈夫な砂漠の草

オーストラリア大陸の奥地

スピニフェックスの草のリング

オーストラリア大陸の奥地の丈夫でとがった草は「スピニフェックス」と呼ばれる。多くのオーストラリアの砂漠で一般的な草で、独特のハンモック状やリング状に育つ。成長して丈の伸びた葉は内部にケイ素の結晶が含まれ、新芽よりも白っぽくなる。これはカンガルーなどの草食動物に対する防御策だ。ケイ素のせいで葉がかたく鋭くなり、皮膚に触れると傷がつく。スピニフェックスは下の砂に水分を保つ。成長して大きくなると、形はハンモック状からリング状に変わる。

リングの形成
植物の中心のいちばん古い部分が枯れ、より若い部分が外側に広がり続けると、スピニフェックスのリングができる。

毒ヘビのホットスポット

オーストラリア大陸　シンプソン砂漠

オーストラリア大陸には多くの毒を持つ生き物が生息しているが、大陸の中央部に位置するシンプソン砂漠には地球上で有数の危険度を持つヘビが見られる。イースタンブラウンスネークはおもにカエル、鳥の卵、ハツカネズミを食べる。齧歯類やバンディクートを獲物にするナイリクタイパンは、無害そうに見えるが、じつは陸上のヘビで一、二を争う強い毒を持つ。その毒液はひと嚙みで成人100人を殺すことが可能で、神経、血液、組織を同時に攻撃する毒素を含む。獲物を確実に殺すために何度も嚙みつくことから、獰猛なヘビとしても知られる。タイパンの毒が強くなったのは、捕食者との競争によるものと考えられる。ナイリクタイパンにとっての脅威のひとつが、これも強い毒を持つキングブラウンスネークで、このヘビはタイパンの毒への免疫を発達させた。

背中側はV字型の模様

小さな丸い頭

夏の体色
このナイリクタイパンの皮膚は夏に典型的な明るいオリーヴ色。冬にはより多くの熱を吸収するために皮膚の色が濃くなる。

大人のタイパンの体長は約2m

ヘビの牙
タイパンはコブラ科のヘビ。ほかの毒ヘビとしてクサリヘビ科とナミヘビ科がいる。いずれも牙の位置によって区別できる。

クサリヘビ科の牙は長くて曲がっていて、攻撃するときに直立する

コブラ科の牙はクサリヘビ科よりも短く、つねに直立している

ナミヘビ科は口の奥により近い位置に小さな牙を持つ

乾生低木林

この乾燥したハビタットにはごく少量の雨しか降らず、ほとんどつねに干ばつに見舞われている。しかし、厳しい半砂漠の条件に適応した丈夫な動物や変わった木本植物が幅広く見られる。

「有刺低木林」、または古代ギリシャ語で「乾燥した」を意味する単語から「エクセリック・シュラブランド」としても知られる乾生低木林は、降水量が少ないものの、砂漠（→ p.236）ほどは乾燥してもいないし不毛でもない場所に形成される。はっきりとした雨季や砂漠よりも豊かで砂の少ない土壌を持つ地域もあり、そこでは条件に適応した乾生植物の生育を充分に支えることができる。この中には木本の低木もあるが、密生した林冠までにはならない。ほとんどの低木林にはサバナのような地面をおおう草は見られない。砂漠、サバナ（→ p.135）、乾生林（→ p.104）の中間に当たるこれらのハビタットは、気候変動や人間の活動の影響を受ける地域では砂漠化の途上にある場所もある。

地中海性（→ p.65）などの低木林と違い、ここの植物はしばしば木質の幹や枝に水分を蓄える。しかし地中海性と同様、油分を含む小さな葉で蒸発による水分の喪失を減らす植物もあり、多くは乾季になると葉を落とす。

成長の早い草、あるいは砂漠の多肉植物ではなく低木がこの地域に優占するのはなぜか？　要因のひとつは、地下水面が草の根には深すぎるが、低木ならば届くことが考えられる。また、これらの地域で発生しやすい山火事には、木本の低木の方が生き延びやすいこともある。3つめの要因は、低木林は草食動物が草本植物を食べ尽くしてしまった土地にしばしば出現することがある。

低木林の野生生物

これらの低木林に自生している低木や高木は、鋭いとげや葉を食べた動物の胃を荒らす芳香性の化学物質で身を守る。厳しい気候条件下、乾生低木林には南北アメリカ大陸のペッカリー、マダガスカル島のキツネザル、アフリカ大陸南部のミーアキャットなど、多種多様な小動物も見られ、ヘビ、ジャッカル、小型の動物を獲物にするタカなどがいる。

世界的な分布
これらの低木の多いハビタットは砂漠と密接に関係していて、地球上の同じような地域に位置している。おもに熱帯地方に見られるが、北アメリカ大陸のグレートベースンのヤマヨモギも含まれる。

グレートベースンではヤマヨモギと草が優占

メセタセントラルのマトラル

サハラ砂漠北部の乾燥性ステップと林

ラコスタの乾生低木林

カラハリ砂漠は乾燥したサバナまたは低木林と分類することもできる

かつておびただしい数のスプリングボックの群れがいたナマカルーは、今ではほとんどが家畜用の放牧地になっている

カラカルはアラヴァリ山脈の有刺低木の森に暮らす大型肉食獣のうちのひとつ

デカンの有刺低木の森はインドの複数の州にまたがる

セントラルレンジの乾生低木林

ソコトラ島の乾生低木林

西オーストラリア州のマルガの低木林

凡例
■ 乾生低木林

乾生低木林 / 253

ナミビアのアロエ・ディコトマは、管状の枝の中に詰まったやわらかい保水性のある繊維に支えられて9mにまで育つこともある。アフリカ大陸南部のサン族の人たちは伝統的に、この木の枝をくりぬいて矢筒を作る。

乾生低木林 / 255

乾季の落葉
バオバブとパキポディウムは雨季に小さな葉が冠状に伸びる。しかし、雨季が終わると水分をそれ以上失わないようにするために葉を落とす。

水をためる場所としての葉
アロエは肉厚の葉に水分をためる。水は平たい葉の中心部分に詰まったゲルとしておもに蓄えられる。水の蓄えは葉の端に沿って歯のように連なるとがった突起で守られる。

メスアカクイナモドキは低木に巣を作り、おもに無脊椎動物を食べる

パキポディウム

カランコエ

ヒメハリテンレックはほかの捕食動物から身を守るためのとげを持つ

マングースの近縁種でひと回り体の大きなフォッサは、哺乳類の頂点捕食者

物理的条件
ほとんどの乾生低木林は熱帯および亜熱帯にあり、1年を通して暖かい。2か月または3か月しかない短い雨季でも、たいていはここの植生を支えるのに充分だが、干ばつが1年以上続くこともある。砂漠と同じように、乾燥度が高いのにはいくつかの理由がある（→ p.239）。マダガスカル島の有刺低木の森が乾燥しているのは、東側にある山の雨陰に当たるため。

マダガスカル　トリアラ

水を見つけるための方法
乾燥した地域では水が乏しい。この北アメリカ大陸の植物のように、地下水まで届く深い根、または表層水を取り込める広い根のネットワークを持つように進化して適応してきたものもある。

根の広いネットワークで雨水または洪水を取り込む

主根は地下深くの水まで届く

サボテン　メスキート

クモノスガメ

乾生低木林のしくみ

この乾燥したハビタットに見られる植物は、長い乾季でも生き延びられるように適応している。多くの植物は葉や茎に水を蓄えるか、水分の喪失を少なくするために葉を落とす。マダガスカル島南部のとげを持つ木の茂みには、これらの乾燥に適応した植物が数多く自生している。また、そのような植物を食べ、その間で暮らす動物も見られる。雨季が訪れると、植物が花を咲かせ、動物が繁殖して子供を産むので、生き物たちは活発になる。

極端な条件下

環境保全
絶滅のおそれがある有刺低木林のオウム

ベネズエラの北部は草原が優勢だが、カリブ海沿岸では土壌の砂が多くなり、降水量が減るにつれて、乾燥した有刺低木林に移行しつつある。何世紀にもわたる農業からのハビタットへの危害により、サボテンを食べるキボウシインコの大陸の個体群など、野生生物が絶滅の大きな危険にさらされている。

キボウシインコ

グレートベースンの生物クラスト

アメリカ合衆国西部　グレートベースン

乾生低木林の表土にはしばしば活発な生物学的活動が見られる。グレートベースン地方をはじめとする北アメリカ大陸西部の乾燥した土地は、そうした生物クラスト（かたい地表層に生きる生物）の住処で、干ばつの時期には地面をおおう生き物のほぼ4分の3を占める。濃い色のクラストのほとんどは厚さが数mmしかないが、そこにはシアノバクテリア、菌類、地衣類、コケ類のような維管束のない植物が含まれる。これらの生き物は干ばつの間はほとんど休眠しているが、それらが表土をつなぎ止めて浸食を防ぎ、より深い土壌が水を保持する。クラストのなかにはこの作業を何千年にもわたって行っているものもあるが、家畜の放牧、ハイキングやマウンテンバイクの走行、気候変動の影響を受けやすい。

ヤマヨモギ
グレートベースンの生物クラストにはヤマヨモギが自生している。ヤマヨモギは中型の低木で、銀色がかった緑色の小さな葉はプロングホーンの重要な食料源になる。

外来種のタンブルウィード

アメリカ合衆国西部

荒れ地の中を転がるタンブルウィードはアメリカ西部のハイプレーンズを象徴するイメージだ。だが、正しくはハリヒジキというこの植物は、1870年代に中央アジアから持ち込まれた外来種で、輸入されたアマの種子の中にハリヒジキの種子が混じっていたものと思われる。それ以降、ハリヒジキは種子を散布するための方法のおかげもあって、数を増やしてきた。その方法は多くのほかの低木林の植物も使う。タンブルウィードは成長した植物から分離した枯れ枝で乾燥した果実をつけた植物体からなっていて、この軽い球体が風に吹かれて転がる。タンブルウィードは転がりながらばらばらになり、親木から遠く離れたところで種子を落とす。

タンブルウィードのライフサイクル
タンブルウィードは露出してひび割れた大地で発芽し、短期間で低木に成長する。種子を作り出した後、枝は乾燥して枯れ、折れて茎から外れる。

タンブルウィードの新芽

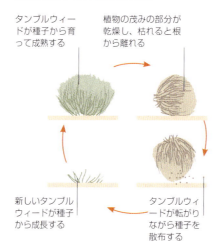

- タンブルウィードが種子から育って成熟する
- 植物の茂みの部分が乾燥し、枯れると根から離れる
- タンブルウィードが転がりながら種子を散布する
- 新しいタンブルウィードが種子から成長する

カラハリのミーアキャット

アフリカ大陸南部　カラハリの低木林

カラハリはアフリカ大陸南部でもっとも広い乾燥地帯だ。乾生低木林やサバナ（→ p.147）として分類される。そこに生息するもっともよく知られる生き物がミーアキャットで、非常に社会性の高いこのマングース科の動物は、生活にうまく適応している。ミーアキャットは「モブ」という家族集団で暮らし、共同で使用する巣穴近くの小さな餌の縄張りを守る。爬虫類や昆虫などの砂漠の節足動物を狩り、一部のヘビやサソリの毒に免疫を持つ。日中に巣穴から出て、開けた場所で餌を探すが、ヘビや猛禽類から攻撃されるリスクがとても高い。モブを守るために、年長のミーアキャットが1匹、後ろ脚で立って見張り役を務め、縄張り内に脅威がないか警戒している間に、ほかのミーアキャットが餌を食べる。危険を察知すると見張り役が警告の鳴き声を発し、仲間に隠れるか逃げるように伝える。

> ミーアキャットは鳥や陸上の捕食動物からの攻撃を警告するため、十数種類の鳴き声を使い分ける

生きている石の植物

アフリカ大陸南部
カルー多肉植物地域

アフリカ大陸南部の乾燥地帯に見られるこの小型の多肉植物（リトプス属）は、1年のほとんどの間、小石と区別がつかない。この生きている石（リヴィングストーンプランツ）は、ほとんどが砂の中に埋まっている茎から丸みのある葉を2枚だけ出す。葉には水が蓄えられているが、光が頭頂部から葉の奥深くの緑の組織まで届く。秋になって雨が降ると、甘い香りのする花を咲かせる。

花を咲かせた生きている石

アフリカ大陸のカルーが持つふたつの顔

アフリカ大陸南部　カルーの低木林

カルーはアフリカ大陸南部のケープ地方のほとんどを占める低木林だ。西の沿岸部では、気温の低い冬が雨季に当たる。ここの降水量は夏に雨が降る内陸の東部に比べると少ない。そのため、カルーの植物ははっきりと2つに分かれている。西のカルー多肉植物地域では、植物が葉や茎に大量の水を蓄える。東のナマカルーでは、木本の低木や多年草がより多く見られる。この隣り合うハビタットでは雨季の訪れる時期が異なるため、鳥や植物を食べる哺乳類の多くの種が、新しい食べ物を得るために毎年2つの地域の間を移動する。かつてはスプリングボックの大きな群れもここを行き来していた。

アロエの森
カルー多肉植物地域は生物多様性のホットスポットだ。このアロエをはじめとして、多肉植物の3分の1以上がこの地域の固有種。

サソリを狩る技術
ミーアキャットは子供の頃からサソリを安全につかまえて殺す方法を学習する。サソリはカラハリの低木林での重要なタンパク質源。

ナマクアランドに花が咲き乱れる

南アフリカ共和国 ナマクアランド

ナマクアランドの「花の季節」

1年のほとんどを通じて、ナマクアランドはとげを持つ茂みと多肉植物が少しだけ見られるまばらな低木林だ。けれども、真冬に雨季が終わると、この地域は「花の季節」になる。8月後半までに一帯は何百万もの色鮮やかなデイジー、マツバギク、ユリ、そのほかの成長の早い花におおわれる。何千もの植物種が、乾季が戻ってくる前に花を咲かせて受粉しようと競い合い、昆虫や、タイヨウチョウやミツスイ（→p.73）などの鳥を引きつける。野草は種子を作って枯れる。種子はほこりっぽい土壌の中で乾季を耐えしのび、冬の雨が戻ってきたらこの壮観な自然現象を再び生み出せるように、発芽の準備を整える。

ゾウのような木

マダガスカル島南西部

マダガスカル島の乾生低木林に見られるバオバブの円柱形をした灰色の幹は、頑丈で丸いゾウの脚を連想させる。太い幹は、「パキカウル」と呼ばれる太い茎の植物のグループに属する多肉植物に典型的な特徴だ。パキカウルの場合、ほかのほとんどの植物と比べると、茎または幹が枝や樹冠よりもはるかに太い。この形態は乾燥に適応した植物でもっとも一般的だ。太い幹は水を蓄えるために使用され（1本の大きなバオバブの幹は何千リットルもの水をためることができる）、短い枝と小さな葉は貴重な水分を蒸発で失われにくくする。バオバブは落葉樹で、乾季には水分の喪失を最小限に抑えるため葉を落とす。そのため、この木の成長は非常に遅い。サボテンのバレルカクタスなどのほかのパキカウルは茎で光合成ができるので、バオバブほどは葉に依存していない。

葉と茎の構造

多肉植物は肉厚の葉と茎で水を蓄える。多肉ではない植物の葉は光合成のためにあり、水分を失いやすい。

凡例
- 水を含む
- 葉緑素を含む

とげの間にいるキツネザル

マダガスカル島南部

乾生低木林を生き抜く多くの植物は、捕食動物から身を守るための針やとげを持つ。このとがった構造物が葉の形を取ることもあり、その場合の葉は光合成のための器官としてよりも防御のために機能する。マダガスカル島では、とげのある植物の茂みにキツネザルが生息し、とげの間をすばしっこくよじ登っては果実、花、新しい葉を食べる。このような木の上での生活様式のいちばんの達人は、カナボウノキでの餌探しを好むシファカ属のキツネザルだろう。この霊長類は手足が細長く、とげの間を手や足でしっかりとつかめる。また、かなりの距離がある隣の木に、けがをせずに飛び移ることができる。シファカが眠る夜になると、シロアシイタチキツネザルが活動を開始し、同じようなとげのある低木を食べる。低木林のもっと奥深いところでは、小型のハイイロネズミキツネザルが木や低木の上の方のもろい枝で昆虫や果実を探す。

ワオキツネザル
ワオキツネザルは地上やとげのある木々の森の低い枝で暮らす。夜に活動することも昼間に活動することもある。

とげを持つ木の茂みにはマダガスカル島固有の植物が、もっとも高い割合で見られる

バオバブの間からの日の出
マダガスカル島西部のこの疎林(そりん)は「バオバブ街道」として知られる。ここには樹齢800年にもなる木があると考えられている。

マダガスカル島の頂点捕食者

マダガスカル島

1億8,500年前にできた深い海峡でアフリカ大陸から切り離されたマダガスカル島には、隔絶された状態で進化した野生生物が生息し、ほかの場所で見られる動植物とはまったく異なるものも少なくない。マダガスカル島に固有の最大のハンターはフォッサで、このマングースの子孫は何百万年も前に植物に乗って島に到達したのではないかと考えられる。年月を経るうちにこのハンターは忍び寄るネコのような形態に進化し、体長は尾も含めると150cmに達することもある。フォッサはおもに夜行性で、木々の間や地上で狩りをする。幅広い獲物を食べ、キツネザル、鳥、昆虫など、ほとんどの動物を狙う。

力強い捕食動物
フォッサは木登りが得意で、よく木々の間で獲物をつかまえる。近縁種のマングースよりも鼻先が平たく、あごはがっしりしている。この頭部の形状のおかげで、フォッサは噛む力がマングースより強い。

子育てをする植物

世界各地

世界の乾生低木林のあちこちでは、アジアのナツメなどのように、成長した植物が保護のための微小生息域を作り、若い植物が厳しい環境で無事に育つのを助けることがある。これらの子育てをする植物は、実生(みしょう)の成長のための木陰を用意する。また、子育てをする植物は実生を草食動物から隠す役割も果たす。

子育てをする植物が木陰と保護を提供する
若い植物
根が土壌中に水分を保つ

保護を提供する
成長した植物は実生を太陽の光と草食動物から守る。根のネットワークは周辺の土壌中に水分を保ち、若い植物が利用できるようにする。

極端な条件下

荒廃林の肉食動物

インド

インド西部のアラヴァリ山脈のふもとには、より標高の高い森におおわれた山腹と、西のタール砂漠（→ p.248）の間の移行帯に当たる乾生低木林がある。この天然の低木林のハビタットは、人間の農業活動によりかなり荒廃しているが、それでも多くの数の肉食哺乳類が生息している。その中にはヒョウ、キンイロジャッカル、シマハイエナのほか、万能で適応性のあるハンターであるヤマネコのカラカルがいる。カラカルの食べ物の半分は鳥で、飛んでいるところを高々とジャンプしてつかまえる。また、齧歯類などの地上性の小動物のほか、このヤマネコは小型のレイヨウや家畜などの大きな獲物を狙うこともあり、その俊敏な走りで自分の3倍も大きい動物の不意を突いて襲いかかる。そして大型動物ののどを嚙み砕いて仕留める。

ジャンプの達人
生き物がまばらなハビタットでカラカルがハンターとして成功しているのは、空中にまっすぐジャンプして飛行中の鳥をつかまえるという驚くべき能力によるところが大きい。

見張り中
カラカルはアフリカ大陸、中央アジア、南アジアの乾生低木林と林に生息する。左右の耳にある独特の房毛は、おもに単独で行動するこのネコ科の動物が、同じ種のほかの仲間を識別するのに役立つと考えられる。

- 耳の房毛はほかのカラカルとのコミュニケーションのために使われると考えられる
- 体毛の色は乾燥した地形に溶け込む

- 低空飛行する鳥
- 目標を目で追い続ける
- 鉤爪で鳥をつかもうとする
- 捕獲に成功
- 背中をそらせて筋肉に力を込め、ジャンプのかまえに入る

❶ 鳥の発見
その場に立った状態から、あるいはほんの少し助走をつけただけでジャンプする。

❷ 飛び上がる準備
後ろ脚は体の大きさの割にとても長く、筋肉を超高速で収縮できる。

❸ ジャンプ
左右の後ろ脚でのひと押しで、自分の体長以上の高さにまで飛び上がることができる。

❹ 捕獲
鳥はカラカルの鉤爪でとらえられる。着地は飛び上がるときよりもぎこちない。

砂漠の寄生植物

アラビア半島と中国北部

「砂漠のヒヤシンス」と呼ばれるホンオニク属の植物は、緑色の葉を持たず、光合成を行わない。アラビア半島や中国の乾燥地帯に育つこれらの植物は全寄生生物で、生き延びるために必要な水分と栄養分のすべてをほかの植物から盗む。植物の本体の大部分は地面の下に隠れた細い根のネットワークで、砂の土壌の中に張りめぐらされたこれらの根が、近くの低木や多肉植物の根の中の維管束組織とつながっている。地上に出ている部分は短い茎の上に育つ重なり合った肉厚の花穂だけだ。花は腐臭を出し、それに引き寄せられたニクバエが受粉する。その後、小さな種子が砂に落ち、休眠に入る。宿主になりそうな植物の根が近くに育つまでは発芽しない。ホンオニク属には絶滅の危険があり、その原因はハビタットの破壊とともに、一部の国で伝統的な民間療法用に茎が採取されていることにもよる。

砂漠のヒヤシンス
中国の砂漠に見られるコウバクニクジュヨウは、この地で育つハロキシロン・アンモデンドロン（→ p.249）からしばしば水分と栄養分を得る。

マルガの木と周辺に見られる鳥

オーストラリア大陸西部

オーストラリア大陸西部の内陸の石が多く乾燥した土地はマルガの木が優勢で、このアカシアの一種は長い主根で干ばつを生き延びる。大きさは中型で、ほかのアカシアやスピニフェックス、一部のユーカリの種とともに小さな木立ち、または疎林として育つ。これらの木々が作るハビタットは、この木の名前から「マルガの低木林」として知られる。

マルガの低木林は野生動物の楽園で、多くの種のヘビやトカゲが見られる。しかし、低木林は多くの種の鳥がここで暮らしていることでもっとも知られている。色彩豊かなセキセイインコは分布域がマルガの木とほぼ一致していて、さまざまな植物の種子、果実、花を食べる。そのほかには、独特の鳴き声から「ベルバード（ベルの鳥）」という英語名がついたカンムリモズヒタキや、昆虫やトカゲを獲物にする小型のハイイロモズツグミなどがいる。マルガの野生動物のコミュニティで目を引くのはムラサキオーストラリアムシクイで、この小型の鳴鳥は鮮やかな青い羽毛を持つ。

色彩豊かな仲間
枝に止まる2羽のオスのセキセイインコ。オスは鮮やかな色の羽毛を持つが、メスの羽毛はくすんだオリーヴグリーンで、頭部、翼、腹部に明るい色の斑点がある。

セキセイインコはふつう同じ相手と生涯つがいとなり、群れよりもつがいと移動する方を好む

砂の中を泳ぐ爬虫類

オーストラリア大陸西部

オーストラリア大陸西部のカーナーボン低木林には、「スライダー」としてよく知られている砂の中を泳ぐスキンク（レリスタ属）の数種が見られる。スライダーは餌の無脊椎動物を探したり、捕食動物から逃げたり、日中の暑さを避けたりするため、砂の中に潜るのに理想的な体をしている。このトカゲの形状はさまざまだが、長い管状の体に短い4本の脚を持つのが一般的だ。けれども、脚が2本しかない種も、まったくない種もいる。地上では体をくねらせながら滑るように進む。やわらかい砂に穴を掘るときにも同じ動きを利用する。シャベルのような形の鼻先が砂をかき分けるのに役立つ。

砂の中から現れる
レリスタ・プラニウェントラリスはオーストラリア大陸西部一帯の砂の土壌に生息している。尾は竜骨（うね）状になっていて、ゆるい砂に潜るのに役立っていると考えらえる。

マイティ・マウス

オーストラリア大陸西部

ネズミクイ

オーストラリア大陸に住むフクロネコ科の哺乳類のあるグループは、しばしば「有袋類のネズミ」と形容される。多くの種が、体の大きさや丸みを帯びた体型、長い尾ととがった鼻など、トガリネズミまたはハツカネズミと非常によく似ているからだ。しかし、フクロネコ科は獰猛な捕食動物の仲間で、フクロネコやタスマニアデヴィルなど、ハツカネズミよりもかなり大きな動物もいる。

大陸西部の低木林ピルバラは、この小型捕食動物のホットスポットで、ここには最小の有袋類のひとつ、とがった草や茂みの間で餌の昆虫を探すピルバラニウンガイも生息している。この小さな夜行性のハンターは体長5cm、体重10g以下しかない。もっと小型でよりネズミに似ているネズミクイなどの種は、大陸奥地の砂漠で昆虫やそのほかの小動物をつかまえる。この有袋類はヨーロッパの入植者たちによってオーストラリア大陸に持ち込まれたハツカネズミも捕食する。

環境保全
絶滅が危惧される鳥
インド中部のデカンの有刺低木の森は、かつて多くの種の鳥と大型哺乳類が生息していたが、過放牧と農業の影響で、この生物の地理的な地域（エコリージョン）のごく一部しか残っていない。現在では世界でもっとも希少な鳥の種のいくつかが見られる。野生で生き残っているクビワスナバシリは250羽以下で、インドショウノガンも絶滅危惧IA類に指定されている。どちらの種もまばらな低木林で餌の昆虫を探す。

インドショウノガン

塩分を含む水に浮かぶ石英やケイ素などの鉱物が、複数の色からなる複雑で美しい模様を塩湖の水面に作り出すことがある。
コフラミンゴはケニヤの大地溝帯のマガディ湖など、アフリカのソーダ湖で大きな群れを作る。

塩湖

塩湖は水の流れ出る川がなく、水に解けている塩分が蒸発によって高濃度に凝縮される盆地に形成される。海よりも塩分が濃いところや、ソーダのせいで腐食性のところもあり、生き物を生存環境の限界まで追い込んでいる。

塩湖には川、小さな流れ、陸地を伝う雨水を通じて水が集まり、流れる際に岩や土壌から浸食された鉱物が運び込まれる。これらの湖は「内陸湖」で、流れ出る川がないため、水が失われるのは水面から蒸発するか、地中に浸透するかになる。水が蒸発すると中の塩化ナトリウムなどの鉱物が残り、湖の塩分濃度が増す。乾燥した環境では急激な蒸発により海よりも塩分濃度の高い超塩湖ができる。

内海か、腐食性の塩類平原か？

塩湖の性質は含まれる鉱物によって決まり、その鉱物は周囲の岩に含まれる化学物質によって決まる。火山由来の場合は強い酸性になる化学的性質を持ち、湖には少数の特化した微生物以外は住めない。おもに塩化ナトリウムによる湖はより一般的だ。酸性でもアルカリ性でもないが、塩分濃度はわずかに塩気のある内海から生き物には適さない超塩湖までさまざまで、超塩湖はしばしば干上がって塩類平原となる。炭酸ナトリウムか炭酸水素ナトリウムの濃度が高い湖は「ソーダ湖」として知られている。ソーダ湖は強アルカリ性で、腐食性がある。こうした極端な条件には特化した生き物だけしか対応できないが、生き延びられる種は競争相手がほとんどいないため、ものすごい数に増えることもある。炭酸塩がソーダ湖を地球上でも有数の生産性の高いエコシステムにしているのは、シアノバクテリア（「藍藻」ともいう）などの微生物が高濃度の炭素を利用して光合成の効率を高めているからだ。フラミンゴなどの特化した動物もソーダ湖に集まり、大量の微生物を餌にする。それに対して、ほかの塩湖には豊富な炭素の供給源がないため、ほとんど生き物が見られないことも多い。

世界的な分布

塩湖はすべての大陸と南極大陸（地図にはない）にもあり、南極の小さな超塩湖は極地の寒さでも凍らない。世界最大の塩湖はカスピ海で、キルギスのイシククル湖が続く。世界最大のソーダ湖はトルコのヴァン湖。

極端な条件下

物理的条件

塩湖はそこに含まれる溶解鉱物の種類によって特徴が決まる。炭酸塩はソーダ湖をきわめて生産性の高いハビタットにするが、酸性の塩湖にはまったく生き物の姿が見られないことがある。塩湖の塩分濃度が非常に高くなり、塩の含有量が海の何倍にもなる場合もある。

塩分濃度

- 海 3.4〜3.6％
- アメリカ合衆国 グレートソルト湖 5〜27％
- 中東 死海 28％
- エチオピア ガエターレ池 43％

pHの値

- ダナキル低地 — 一部の火山湖は非常に酸性が高い、pHは1未満
- グレートソルト湖
- カスピ海 — 塩化ナトリウムが主成分の湖は、海水と同じくほぼ中性、pHは7〜8
- モノ湖
- ボゴリア湖
- ナトロン湖 — pHは高く、ソーダ湖に典型的な高いアルカリ性を示す

0 1 2 3 4 5 6 7 8 9 10 11 12 13 14　pHの値

- **降水** 湖の集水域（遠くの山々まで含まれることもある）での降水が湖に向かって流れ、水がその下の岩を浸食して鉱物を取り込む
- **湖に水が運び込まれる** 川に流れ込む前に蒸発しなければ、湖に水が運び込まれる。気候によって、ある季節だけ、または一時的に、水が湖まで到達する
- 蒸発が非常に短い時間で起きるため、湖水盆地が氾濫することは決してない。湖に到達した水はやがてすべて蒸発し、あとに塩だけが残る

淡水 / 塩水

- スゲとアシ
- 塩性湿地の草
- **ときおり訪れる動物たち** 大雨が湖に流れ込むと、一時的に大量の淡水がたまり、さまざまな動物の群れがやってくる。
- アオサギ
- アルスロスピラは渦巻き状のシアノバクテリア

好塩菌 緑色の植物はほとんどの塩湖では生き延びられないが、塩分に耐性のある好塩菌は生きていける。好塩性のシアノバクテリアは塩水での光合成を助ける赤い色素を生成するため、湖はピンク色や赤になる。成長が早く、湖の食物連鎖の底辺を形成する。

塩湖のしくみ

塩湖とソーダ湖は地球上でも有数の極端なハビタットで、その条件は1年を通して劇的に変化する。雨季には大雨で大量の淡水が流れ込み、それとともにあちこちから野生動物が湖に集まる。乾燥した条件では水が完全に蒸発し、干上がった不毛の塩類平原になる。こうした湖の塩分濃度とpH（ペーハー）値に対応できる種はほとんどいないが、それに特化した種はこれらの条件でも平気で、生存を塩湖に依存している。タンザニアのナトロン湖には世界のコフラミンゴの4分の3が生息している。

塩湖の万能動物

オオフラミンゴとコフラミンゴはどちらも塩湖にやってくるが、コフラミンゴ（下）は腐食性で塩分濃度の高い水から大量のシアノバクテリアを濾過摂食する。オオフラミンゴ（右）はより広範囲に分布していて、塩湖、河口、海岸沿いの干潟で小型のエビや藻類を食べる。

超塩湖

コフラミンゴ

消費者
コフラミンゴは湖に大量にいるシアノバクテリアを濾過摂食し、エコシステムの主要な消費者に位置する。脚の皮膚が丈夫なので、腐食性の高い水の中を何時間でも歩ける。

塩類平原

フリンジイヤードオリックス

通過地点
塩類平原はレイヨウなどの移動性の動物にとって、より住みやすい環境に向かうための近道になる。横断は危険を伴うこともある。固まった塩が重さで割れると、その下のやわらかい泥の層にはまるおそれがある。

浅い水の層が湖底の上にある。大量の水が蒸発するので、残った水は塩分が高度に凝縮された超塩水になる

湖は1年のほとんど、または何年間も干上がったままのこともある。固まった塩の層の上では水なしでは生きられないので、ほとんどの生き物は休眠している

すべての水が蒸発し、その後に残った塩の層には、しばしば直径1〜2mほどの**多角形の模様**が現れる。

何千年という年月の間に**塩の層**がたまり、人間にとって貴重な堆積物が形成される。この採掘作業は野生生物のコミュニティを脅かしかねない

塩類平原の形成
鉱物を豊富に含む水の蒸発のペースが降水や流入で補われる分よりも早いと、塩類平原ができる。水が干上がるにつれて、それまで解けていた塩分が固まり、太陽の光を反射して輝くかたい白い層が形成される。

湖に流れ込む水量が蒸発する水量よりも少ないと、湖はやがて消えて干上がり、塩類平原になる

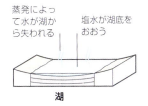

蒸発によって水が湖から失われる／塩水が湖底をおおう

湖

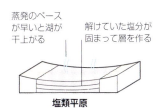

蒸発のペースが早いと湖が干上がる／解けていた塩分が固まって層を作る

塩類平原

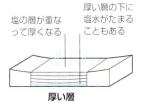

塩の層が重なって厚くなる／厚い層の下に塩水がたまることもある

厚い層

変わった隣人

南アメリカ　パンタナル南部　ニェコランディア地域

淡水の湿地で有名なパンタナルには、ニェコランディアと呼ばれる地域に1万2,000以上の浅い淡水湖とソーダ湖が混在している。湖はかたい土壌で隔てられているので、隣同士の湖の水が混じり合うことはない。この水の浸透しない層が地下水面よりも上にあるところでは、湖水が地下水までしみ込まないので、蒸発によって鉱物がたまる。

淡水湖には水生植物や緑藻が見られる一方、ソーダ湖にはアルカリ性を好む微生物のコミュニティがある。乾季には蒸発でソーダ湖の条件がより極端になり、光合成を行うシアノバクテリアが大量発生し、水面を厚くおおって太陽の光をさえぎる。雨季の氾濫で隣接する湖の水が一時的に混じり合うこともあり、その場合には淡水性の微生物が短期間ながらソーダ湖でも見られる。

塩分を含む湖
パンタナル南部のニェコランディアには小さな淡水湖（緑色）と浅いソーダ湖（濃い青色）が混在していて、ソーダ湖にはバクテリアや光合成を行うシアノバクテリアが生息している。

環境保全
ソーダ湖を救う

オーストリアとハンガリーの国境にまたがるノイジードル湖は大きな内陸性の塩湖で、多くの小さなソーダ湖にまわりを囲まれている。これらの湖は渡り鳥の中継地点で、シュバシコウ、アオサギ、ノガンなど、300種の鳥がこれまでに記録されている。ノイジードル湖はダイサギの最大規模の繁殖個体群が見られる場所でもあり、700組ものつがいが湖で営巣する。塩分を含む湖が形成されたのは粘土と炭酸水素ナトリウムを豊富に含む土壌のためで、雨水が地表にたまり、鉱物が水中にしみ出ることになった。しかし、気候変動の影響でこれらのユニークなソーダ湖がゆっくりと干上がりつつある。自然保護活動家はダムを使って水位を上昇させ、塩分の流出を防ごうと取り組んでいる。

長くとがったくちばし
S字型の首
ダイサギ

おびただしい数のミギワバエ

アメリカ合衆国　グレートソルト湖

アメリカ合衆国ユタ州のグレートソルト湖は西半球最大の塩湖だ。湖水は海水よりも塩分濃度が高いが、驚くほど生産性の高いエコシステムが存在する。ミギワバエの幼虫（エフィドラ・キネレアとエフィドラ・ヒアンス）とアルテミア・フランキスカナは、湖底のバクテリアと藻類を食べ、水生の甲虫に食べられる。アメリカヒレアシシギやクロエリセイタカシギなどの水鳥は、湖の食物連鎖の頂点に位置する。ミギワバエは湖面に卵を産む。水生幼虫はさなぎになり、気泡を利用して湖岸まで浮上してから、成虫となって交尾する。条件のいいときには数十億匹もの数になることもある。湖上は成虫のミギワバエで満ちあふれ、腹を空かせた鳥の大きな群れがそれを目当てにやってくる。

グレートソルト湖は気候変動の影響で干上がりつつある。科学者たちは、2020年代の終わりまでには湖が完全に姿を消し、ここに依存する渡り鳥に深刻な影響が及ぶと警鐘を鳴らしている。

淡水から海水へ

カスピ海

チョウザメやサケは遡河魚で、一生のうちに淡水と海水の両方を経験する。ホルモンの変化で余分な塩分を分泌することで、この移行に対応できる。ほとんどの遡河魚は海に生息しているが、塩湖にも一部の種が見られる。ロシアチョウザメはカスピ海に生息する絶滅のおそれがある魚で、産卵のために淡水の川をさかのぼる。乱獲と、産卵のための移動を妨げるダムにより、その数は激減している。

移動ルート
塩湖に生息する遡河魚は流入する川をさかのぼり、卵を産む。孵化した後、魚は川を下って湖に移動する。

- 川に卵を産む
- 幼魚が卵から孵化する
- 若い魚が下流に向かって移動する
- 成魚が産卵場所に移動する
- 塩湖で成熟する
- チョウザメの成魚は塩湖に生息する

成長の遅い魚
黒海とカスピ海の塩水に生息するロシアチョウザメは、産卵するようになるまでに8年から16年かかる。

生きている岩

トルコ ヴァン湖

ヴァン湖の「妖精の煙突」

トルコのヴァン湖は世界最大のソーダ湖だが、気候変動の影響で干上がりつつある。水位が下がったことで、これまでに発見された中では最大となる巨大な微生物の塊（シアノバクテリアによって形成された岩の堆積物）があらわになった。「妖精の煙突」と呼ばれることもあるこの奇妙な岩の構造物は、湖底から最大で40mもの高さにそびえている。この「煙突」は固有種の魚のオクシノエマケイルス・エルキシアヌスのハビタットで、微生物の塊の枝の間や穴の中を住処にしている。

空気で守られる

アメリカ合衆国　モノ湖

アルカリミギワバエはカリフォルニア州のモノ湖などの、北アメリカ大陸のソーダ湖に見られる。モノ湖は海水の3倍近くも塩分濃度が高く、強アルカリ性でもあるので、ほとんどの種の生存には適していないが、このハエは対応するための方法を進化させてきた。藻類を食べたり産卵したりするため湖に潜るとき、アルカリミギワバエは体を気泡で包み、腐食性のある塩水から身を守る。

鳥たちのごちそう
アメリカヒレアシシギを含む500万羽もの鳥たちがユタ州のグレートソルト湖に集結し、おびただしい数のミギワバエを食べる。

微小な毛が体のまわりの空気を逃がさない

気泡の中で
アルカリミギワバエは水をはじく体と微小な毛で空気をとらえ、生き物には適さないモノ湖の水に潜るときに体を守る。

気泡の中に入ることで、アルカリミギワバエは塩分濃度の高いソーダ湖の水に15分間も潜っていられる

やけどをするような水の中で餌を食べる

タンザニア　ナトロン湖

ナトロン湖（→ p.264-265）はソーダ湖で、腐食性がとても高いために、ほとんどの動物の皮膚はただれてしまう。しかし、脚の皮膚が丈夫なうろこ状になっているコフラミンゴは数百万羽も集まり、アルカリ性の水に適したシアノバクテリアのアルトロスピラ・フシフォルミスを餌にする。フラミンゴの羽毛はこの食べ物に含まれる色素でピンク色になる。くちばしには「ラメラ」と呼ばれる小さな剛毛が並んでいて、それを使って水の中の食べ物をこし取る。フラミンゴはくちばしを上下逆さまにして水中に沈め、その内部に水を満たしてから、舌を使ってラメラの間から押し出す。このためフラミンゴの下のくちばしは固定されていて、上のくちばしだけが動く。

ナトロン湖で唯一の淡水の供給源は湖岸の温泉だ。このときも丈夫な皮膚を持つ脚でかなりの熱さの温泉に入り、その湯を飲む。

コフラミンゴは水位が最適の湖水を利用する。シアノバクテリアの成長が盛んになるほか、島で安全に営巣できるためだ（→下）。

危険にさらされるフラミンゴ
コフラミンゴを守れないくらいまでに水位が浅くなったタンザニアのナトロン湖で、群れを狙うセグロジャッカル。

世界のコフラミンゴのほとんどがタンザニアの1か所の湖で繁殖する。そこでは320万羽のコフラミンゴの75％が見られる

フラミンゴはほかの場所で餌を探す

泥の巣

フラミンゴは攻撃を受けやすい

ジャッカル　ハイエナ

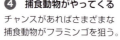
アフリカハゲコウ　ウミワシ

① 湖の水が多すぎる
水位が高いと塩分濃度が薄まり、微生物の数が減る。

② 水位がちょうどいい
ちょうどいい深さのときは、塩水が捕食動物をフラミンゴの巣に近づけない。

③ 湖が浅すぎる
浅い湖、または干上がった湖では餌を取れないし、捕食動物がフラミンゴに近づける。

④ 捕食動物がやってくる
チャンスがあればさまざまな捕食動物がフラミンゴを狙う。

酸性の湖

エチオピア　ダナキル低地

エチオピアのダナキル低地は地球上でもっとも暑く、もっとも乾燥している場所のひとつだ。3枚の大陸プレートの境界地点に当たり、火山性の地溝と温泉が低地の北端のダロル地熱帯にいくつもの塩湖を形成した。湖水は強酸性（pH0.2）で、水温は100℃以上というかなりの高さに達する。このような極端な条件にもかかわらず、生き物がまったく存在しないわけではない。この酸性の水には「古細菌」と呼ばれる微生物が生息していると判明した。ダロルの南東部には世界一の塩分濃度を誇るガエターレ池があり、2005年の地震後に形成されたこの池の塩分濃度は43％もある。

豊富な鉱物
ダロルには強酸性で高温の塩湖が点在している。鉄や銅などの溶解鉱物が水を鮮やかな緑色や黄色に彩る。

環境保全
塩の採掘
セネガルのレトバ湖は世界有数の塩分濃度を誇る湖だ。藻類でピンク色になった塩の結晶が湖面にできる。約3,000人の作業者が毎年6万トンのピンク色の塩を採掘する。湖が供給する分を取り尽くしてしまわないよう、機械を使った採掘は禁止され、塩の再生のために湖の一部は作業を半年間止めている。機械による採掘計画が、ナトロン湖などのアフリカ大陸のほかのソーダ湖のハビタットを脅かしている。

レトバ湖の塩の結晶

塩湖 / 269

フラミンゴの種

短い湾曲したくちばしで、下側が深い

コバシフラミンゴ
南アメリカ大陸のフラミンゴで、ソーダ湖に見られる珪藻を主食にしている。

幅が広くて前が平らなくちばし

オオフラミンゴ
ほかのフラミンゴよりも深い水の中で餌を探し、昆虫や軟体動物も食べる。

深い竜骨状の、濃い赤色のくちばし

コフラミンゴ
フラミンゴの中では最小の種で、濾過摂食に特化していて、ソーダ湖に多く生息するシアノバクテリアを主食にしている。

下側のくちばしは幅が広くて浅い

チリーフラミンゴ
オオフラミンゴと同じように、この南アメリカ大陸の種のくちばしも幅が広く、エビや昆虫を食べるのに適している。

ホットスポットに迫る危機

中国 青海湖

青海湖の鳥の島

中国の青海湖は渡り鳥の集結地点だ。ユリカモメやインドガンなど180種以上の鳥が「鳥の島」と呼ばれる小さな岩岬に繁殖やエネルギーの補給のために立ち寄る。湖はしばしば死にいたる鳥インフルエンザ（H5N1）などのウイルスのホットスポットにもなる。生き延びたとしても、感染した鳥はほかの場所にウイルスを運ぶかもしれない。

洪水に引き寄せられる

オーストラリア大陸　エーア湖（カティ・サンダ）

オーストラリア大陸で最大の塩湖のエーア湖（カティ・サンダ）が水をたっぷりとたたえることはまれにしかないが、そのときにはムネアカセイタカシギ、コシグロペリカン、ギンカモメなど、数十万羽の水鳥が集まる。鳥たちはこうした洪水時に繁殖する大量の甲殻類、無脊椎動物、魚を目当てに、2,000kmもの距離を移動することもある。鳥たちがどのようにして洪水を予測するのかは明らかでないが、低周波音、気温、または気圧勾配を利用して、天気の変化を感じ取っている可能性がある。

いつもはきわめて塩分濃度の高い湖に洪水で淡水が流入し、一時的に生き物であふれるが、やがて蒸発してもとの塩分濃度に戻る。

ペリカンの群れ
洪水時には何千羽ものコシグロペリカンがエーア湖（カティ・サンダ）に集まり、営巣してひなを育てる。大きな袋状のくちばしで湖から魚をすくいとる。

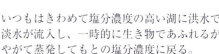
鉤爪状の先端を持つ長いくちばし

マングローブの絡み合った根が作り出す水中の複雑なハビタットは、ホソスジマンジュウイシモチなどの小型の海水魚にとって捕食動物からの避難場所であるほか、多くの熱帯魚の子育ての場所にもなる。

マングローヴと塩性湿地

マングローヴと塩性湿地は、河口、外海から守られた海岸線などの潮間帯に見られ、細かい堆積物が沈んでできた砂、シルト、泥の土壌に被子植物が根づく。

塩性湿地は花の咲く草本植物からなる草原の一種だが、一方でマングローヴは森林地帯の湿地に当たり、おもに低木と常緑樹が見られる。海藻がほとんどを占めるほかの干潟のハビタットと同じく、潮汐が定期的に押し寄せる。多くは1日に2回、満潮のときにそれが起きるが、一部のマングローヴと塩性湿地は潮上帯に位置していて、嵐による大波か異常な高さの大潮のときにしか冠水しない。

海水への適応

マングローヴと塩性湿地に見られる植物は塩生植物で、塩水に沈水している状態に対応するための特別な方法を持っている。また、非常に不安定なやわらかくて泥の多い土壌でも成長できるように適応している。マングローヴと塩性湿地の土壌は湛水しているので酸素の量が少なく、そのため一部の植物は干潮ときに水面の上に出る気根で酸素を補う。これらのハビタットに生えているほとんどの植物は、比較的耐塩性のある淡水または陸生の種と関係があり、このような極端な環境で生き延び、さらには繁栄するための似たような解決法を独自に発達させてきた。

マングローヴと塩性湿地には、微小な動物プランクトンから世界最大の爬虫類のイリエワニまで、豊かな多様性を誇る動物も見られる。海洋生物は冠水した植物の間を避難場所にする一方、カニなどの陸生の無脊椎動物は干潮時に巣穴からはい出し、渉禽類の鳥とともにやわらかい泥の上で餌を探す。

世界的な分布
マングローヴには耐寒性がないため、熱帯および亜熱帯気候の海岸線に見られる。塩性湿地は世界各地に分布しているが、温帯および亜寒帯地域がもっとも一般的で、そこではマングローヴの木は競合できない。

ワッデン海の塩性湿地には2,100種以上の動物が生息している

ワッデン海

シュンドルボン

凡例
- マングローヴ
- 塩性湿地

バングラデシュのシュンドルボンは世界最大の連続したマングローヴ林

マングローヴ林の
しくみ

マングローヴは条件が年間を通して比較的変わらない熱帯の河口や外海から守られた海岸線に育つ。インドとバングラデシュのシュンドルボンなどのこうした干潟のハビタットでは、絡み合ったマングローヴの根がさらなる避難場所を形成していて、細かい泥を蓄積し、波の作用を和らげている。

マングローヴの根
マングローヴの木は干潮時に小さな気孔を通して空気中から酸素を吸収する根を持つ。一部の種は輪や突起の部分だけが泥の上に突き出る地下根を持つ。ほかの種は幹から張り出した長い支柱根が弧を描くように下向きに伸びる。

根がアーチ状の支柱根を作る

シュノーケルのように突き出た根の先端

輪の形になった根が泥から突き出す

優勢な木
シュンダリの木は高い塩分濃度に耐えられず、陸に近い側で優勢なマングローヴの種で、シュンドルボンの名前の由来になった。

陸に近い側

陸に近い側
海からもっとも離れたところの木々が冠水するのはあまり頻繁ではなく、より広範囲の種が育つ。

中間域

アジアティック・レッドマングローヴ

中間域
短期間ならば塩分や冠水に耐えられるマングローヴなどの植物がここで育つ。

水に潜る捕食者
チャバネコウハシショウビンはマングローヴの枝に止まり、真下の水に飛び込んで魚やカニをつかまえる。

ミズオオトカゲ

支柱根はアジアティック・レッドマングローヴをやわらかい泥の中で安定させる

魚を取るネコ
このヤマネコは岸で待ち構えて浅瀬を通りかかった魚をつかむか、水に飛び込んでもっと深いところでも魚をつかまえる。

気根は干潮時に水面よりも上に出て、ヒルギダマシに酸素を供給する

水陸両性の魚
トビハゼは大きな鰓室の中にためた空気を吸うことで、陸上でも長時間生き延びられる。

ヒルギダマシ

頂点捕食者
現存する世界最大の爬虫類のイリエワニは、魚のほか、水辺に近づきすぎた哺乳類を獲物にする。

海に近い側

海に近い側
このあたりには潮が頻繁に、それも長時間にわたって押し寄せるので、ここのマングローヴは塩水や汽水への耐性がある。

食虫性の魚
テッポウウオは水中からジャンプしてクモや昆虫を直接食べるか、または口から勢いよく水を吐いて低い枝の上や空中から獲物を撃ち落とす。

スポッテッド・アーチャーフィッシュ

マングローブと塩性湿地 / 273

レモンザメの子育て場所

太平洋東部、カリブ海、大西洋のマングローヴ

若いレモンザメ
生まれたときには体長が60cmしかないレモンザメの子供は、より大きな捕食動物に狙われやすいが、絡み合ったマングローヴの根が安全を守ってくれる。

レモンザメは大西洋および太平洋の浅い亜熱帯の沿岸域に生息する。子供を産む準備ができると、メスの成魚は自分が生まれたのと同じマングローヴの子育て場所に戻る。マングローヴの根は幼魚の隠れるための場所であり、そこには餌となるたくさんの小魚がいる。ここで緩やかな社会集団を作って暮らし、共同で狩りをすることもある。若いレモンザメはサンゴ礁、まわりを囲まれた湾、藻場などのより開けた海域で獲物を取れるくらいに大きくなるまで、マングローヴの子育て場所に数年間とどまる。水中で複雑に絡み合ったマングローヴの森の根は、ほかの海洋生物にとっても重要な避難場所になる。レインボーパロットフィッシュ、イタヤラ、ニセクロホシフエダイなどのサンゴ礁に生息する魚も、幼魚を育てるための場所としてマングローヴに依存している。

餌釣り

世界各地のマングローヴ

多くの湿地のハビタットで一般的に見られる鳥のササゴイは、「マングローヴヘロン」としても知られ、マングローヴ林でとくにその数が多く、水面の上に突き出た枝に巣を作る。繁殖するつがいはマングローヴの枝の間に小枝を使って平らな台を作り、そこでメスが産んだ2個から5個の白い卵を両親で抱く。小型でずんぐりした体型のササゴイは、魚、カエル、カニ、水生の昆虫を餌にし、水際に立って浅瀬の獲物を狙う。昆虫や木の葉などの餌を水面に落とし、魚をおびき寄せようとすることもある。

死んだトンボ

餌釣りをするササゴイ
ササゴイは深い水の中まで入るのではなく、水際で餌を使って獲物を浅瀬までおびき寄せてから襲う場面がよく見られる。

環境保全
マングローヴの再生
マングローヴのハビタットは生態学的に見て重要で、野生生物の住処であり、海岸線を浸食から保護し、土壌中に炭素を蓄積する。しかし、多くが汚染により劣化するか、農業または海岸沿いの住宅用に伐採されてきた。マングローヴの再生計画は、干潟を再建して苗木を植えることで、損なわれたマングローヴの再生を目指している。

レッドマングローヴ

水に浮かぶ実生

太平洋東部、カリブ海、大西洋

大西洋および太平洋東部の熱帯におもに見られるレッドマングローヴ（アメリカヒルギ）は、子孫の繁栄を確実にするための変わった戦略を持つ。種子がまだ親木にくっついている段階で発芽するため、干潟のハビタットですぐに成長できる。「胎生種子」として知られる細長くて円筒形の実生は海水と同じ密度を持つので、親木から離れて落ちると海面に浮く。その後、胎生種子は海流によって運ばれ、マングローヴの生える別の海岸に漂着すると、やわらかい土壌に根づく。

浮かぶ実生は最長で1年間は漂流でき、その間も成長を続け、浮かんだまま根を伸ばすこともあるので、ようやく流れ着いたときに無事に根づく可能性がより高くなる。

発芽するレッドマングローヴの実生
レッドマングローヴの実生は親木についたまま発芽した後、落下して海面に浮かび、やがて海岸に流れ着く。

- 実生が水に落ちる
- 成長中の実生
- 浮かんだまま運ばれていく実生

実生の散布

色とりどりの上着
キューバのハルディネス・デ・ラ・レイラ国立公園のレッドマングローヴの根の間に太陽光線が差し込む。根は藻類、カイメン、ホヤにびっしりとおおわれている。

泥の中の巣穴

 世界各地

マングローヴガニやスナガニは世界各地のマングローヴのハビタットで豊富に見られる。藻類、微生物、腐りかけの植物物質を、落ち葉ややわらかい泥からより分けながら食べる。カニが土壌に掘る巣穴はエコシステムにおいて重要な役割を果たしていて、酸素、栄養分、有益な微生物を堆積物の中に持ち込み、土壌中の塩分濃度を減らしているので、マングローヴの成長が促される。カニの水生の幼生は小魚の重要な食料源の一方で、大人のカニはカニチドリなどのより大型の捕食動物の獲物になる。

泥の巣穴

メスのスナガニ

発酵させるサル

 ボルネオ島のマングローヴと多雨林

テングザルはボルネオ島の冠水したマングローヴや泥炭湿地林に生息し、ほとんどの時間を高い木の上で過ごす。果実や葉を食べるが、それらは消化されにくい。充分な栄養分の抽出を助けるために、ウシと同じようにこのサルの複数に分かれた特殊な胃の中には有益な微生物がいる。微生物はテングザルが摂取する植物のセルロースの分解を助ける。テングザルは発酵させた食べ物を前腸から吐き戻し、反芻し、再度のみ込む。再び胃に入った食べ物は後腸に送られ、そこで栄養分がすぐに吸収される。

マングローヴの新芽と葉は、果実が不作のときのエネルギー源になる

大きな腹の霊長類
テングザルの胃は木の葉を食べる同類のサルと比べるとほぼ2倍の大きさで、そのため腹が大きく突き出ている。

根にコロニーを作る無脊椎動物

キューバとカリブ海

水中でいくつにも枝分かれしたマングローヴの根系は、海の藻類、カイメン、ホヤが生育するための広くてしっかりとした表面を作り出す。草食動物にとっては根が食べにくくなる保護膜ができるので、これはマングローヴの木にとっても役に立つ。エクテイナスキディア・トゥルビナタはコロニーを形成するホヤで、キューバのハルディネス・デ・ラ・レイラ国立公園の暖かい浅瀬に多く見られる。それぞれのコロニーは「個虫」と呼ばれるオレンジ色をしたボトル型の多くの個体からなり、それらが基部でつながってマングローヴの根の表面に群体を作る。

動物では異例なことに、それぞれの個虫の外壁（被膜）はセルロースで強化されている。個虫は管状の開口部を通して体内に水を吸い込み、粘液の付着した網を使って食べ物の微粒子をこし取る。個虫の中空の体内には微小な海洋甲殻類が暮らしていて、引き入れられた食べ物の粒子を食べる。

生殖の準備ができると、ホヤは自らの体内で卵を抱く。1週間ほどで卵が孵化すると自由遊泳性の微小な幼生が生まれ、新しい場所に拡散するが、親と同じマングローヴの根系にとどまることもしばしばある。

カイメンもホヤと同じ濾過摂食動物で、マングローヴの根にしがみつく体の穴を通って海水が循環する。住処を提供してくれるお礼として、カイメンはマングローヴの木に成長のための重要な栄養分の窒素を与える。

世界各地のマングローヴの森の面積は14万 km² （地球の表面の約0.1％）以上を占める

夜の光

東南アジアのマングローヴ

マングローヴのイルミネーション

東南アジアのマングローヴの森では、夜になると何千匹ものプテロプティクス属のホタルが川沿いに集まる。オスはマングローヴの枝に止まって交尾のための発光のディスプレイを行い、一部の種は合図をよりはっきりと示すために光を同期させることもある。マングローヴはこのような交尾のディスプレイには最適な場所で、オスの光は遠くからでも見えるし、食べ物やメスが卵を産むための場所も近くにある。卵からかえった半水生の幼虫は、川岸でマングローヴカタツムリを餌にする。

環境保全
エビの養殖

アジアと南北アメリカ大陸では、集約的なエビの養殖によってマングローヴが危害を受けてきた。エビ用の池を作るためにマングローヴの森が伐採されたり、栄養分、塩素などの化学殺虫剤、抗生物質を高濃度に含む排水で汚染されたりしている。しかし、一部の政府と国際的な自然保護団体は、健康的なマングローヴのエコシステム内で殺虫剤または肥料を使わずにエビを飼育する、小規模の統合的な養殖方式を推奨する。そうすることで地域社会に対して、マングローヴの森とそこが提供する多くの恩恵を維持しながら生計を立てる方法を提示している。

タイの集約的なエビの養殖

塩の分泌

世界各地

塩水は植物に害を及ぼしかねないため、マングローヴの木は海に沈水している状態に対応するためのさまざまな方法を発達させてきた。根で海水から塩分を積極的に濾過する種もあれば、葉から余分な塩分を分泌したり、樹皮に塩分をため込んだりする種もある。ヒルギダマシをはじめとするヒルギダマシ属のマングローヴの木は、このような複数の戦略を組み合わせていて、もっとも耐塩性のあるマングローヴのひとつだ。太くなった根の細胞が吸収する塩分量を減らし、葉の腺が余分な塩分を分泌するので葉の表面に微小な結晶ができる。塩に対する高い耐性を持つことから、ヒルギダマシは新しく形成された海岸の堆積物で最初に成長することが珍しくない。

塩類腺

マングローヴの葉の内部では、塩類腺の下部にある特別な収集用の細胞に塩分が蓄積される。その後、塩分は葉の表面の分泌細胞に送り込まれ、葉の気孔から放出されて表面で結晶になる。

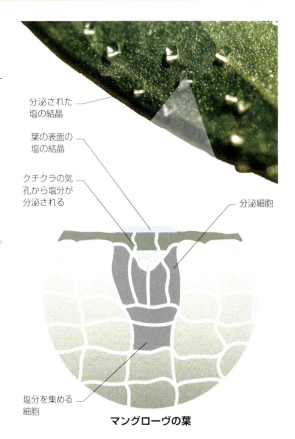

分泌された塩の結晶
葉の表面の塩の結晶
クチクラの気孔から塩分が分泌される
分泌細胞
塩分を集める細胞

マングローヴの葉

踊るマングローヴ
インドネシアのスンバワ島のワラキリビーチに見られるアエギアリティス・アヌラタは、その曲がった幹と枝から「踊るマングローヴ」の異名がある。この丈の低い種は独特のスペード型の葉を持つ。

高湿地

まれな冠水
かなりの高潮のときにだけ冠水し、湛水や塩分への耐性の低い植物が育つ。

動物の隠れ場所
アシ原は小型の哺乳類の隠れ場所、昆虫の住処、鳥の営巣地と止まるための場所になる。

ノボロギクの茂み

中湿地

頻繁な冠水
この中間域には冠水が頻繁に起こるため、塩分と沈水にある程度の耐性を持つ植物が育つ。

イソマツ

雑食性の鳴鳥
トゲオヒメドリなどの小型の鳴鳥は、湿地の植生の間で餌の種子や昆虫を探す。

蜜を与える植物
イソマツは丈夫で耐塩性のある被子植物で、チョウなどの蜜を餌にする昆虫に食べ物を提供する。

低湿地

毎日の冠水
低湿地と干潟は1日に2回または1回の冠水があるため、耐塩性のある植物だけが育つ。

水たまり

耐塩性のある草
スパルティナ・アルテルニフロラは潮が満ちたときに魚に隠れ場所を提供し、その根は沿岸部の浸食を和らげる。

キスイガメ

タイダルクリーク

キスイガメは岸に巣を作り、水中で獲物を狩る

潮下帯
つねに冠水しているここでは、塩性湿地の植物は育たない。一部の動物は水中と低湿地の間を移動する。

水生の雑食動物
アオガニは小型の獲物をつかまえるほか、死んだばかりの魚や動物、植物のデトリタスをあさる。

耐塩性のある魚
マミチョグは塩水や汽水に耐えられる。底の近くで大きな群れをなして泳ぐ。

肉食性の鳥
オオアオサギは魚、エビ、アオガニなどを食べ、より大きな獲物を求めて水深のあるところにも向かう。

塩性湿地のしくみ

塩性湿地は満潮時に冠水し、とくに新月と満月のときにはもっとも激しい。このため、乾いた陸地から海にかけて、種が緩やかに移り変わる。塩性湿地はアメリカ合衆国大西洋岸のケープコッドなど、温帯の河口域や湾に一般的に見られる。

水分の確保と喪失
ほとんどの植物は非塩生植物で、高い塩分濃度には耐えられない。塩生植物は塩分に適応している。水は低い塩分濃度から高い塩分濃度の方に流れるのがふつうだ。水を失うのを避けるため、塩生植物の根は自ら塩を生成して水を引き込む。

カブダチアッケシソウは耐塩性のある小動物の食べ物になる

カブダチアッケシソウ

通常の土壌の非塩生植物 / 塩分を含む土壌の非塩生植物 / 塩分を含む土壌の塩生植物

マングローヴと塩性湿地 / 279

耐塩性のある ネズミ

サンフランシスコ湾の塩性湿地

サワカヤマウスはアメリカ合衆国カリフォルニア州のサンフランシスコ湾沿岸の塩性湿地のみに生息する。カブダチアッケシソウの緑と赤の多肉葉が主食だが、種子、草、昆虫を食べることもある。密生したアッケシソウの茂みは捕食動物からの避難場所にもなる。2つの亜種（ラウィウェントリスとハリコエテス）がいて、どちらも分布域が限られているために絶滅のおそれがある。

サワカヤマウスは塩分濃度の高い食べ物への耐性があり、海水を飲む

塩からい食事
満潮と冠水を避けるため、サワカヤマウスはカブダチアッケシソウなどの丈の高い植物によじ登るが、泳ぎもうまい。

冬の 餌場

南アフリカ共和国の塩性湿地

南アフリカ共和国の塩性湿地は多くの渉禽類の留鳥や渡り鳥の繁殖地および餌場で、サルハマシギは一般的にここで越冬する。この鳥は長い湾曲したくちばしを塩性湿地のやわらかい泥に突っ込み、エビなどの小型の無脊椎動物を探す。1930年代から2018年までの間に、この主要なハビタットの43％が開発や農業のために失われ、まだ残っているところも気候変動による危険にさらされている。

サルハマシギ

菌類の 栽培

アメリカ合衆国東海岸の塩性湿地

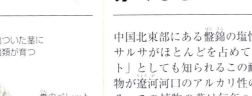

- 傷ついた茎に菌類が育つ
- 糞のペレット

ヌマチタマキビ

ヌマチタマキビはアメリカ合衆国の東海岸に生息する小型の巻貝だ。スパルティナ・アルテルニフロラの茎を噛んで傷をつけ、その傷口に糞を埋め込む。糞には菌類の胞子のほか、その肥料となる大量の窒素が含まれている。しばらくしてからヌマチタマキビはその場所に戻ってきて、成長した菌類を食べる。また、満潮時にはスパルティナ・アルテルニフロラの茎によじ登り、キスイガメなどの水生の捕食動物から逃れる。

生き延びるために 赤くなる

中国北東部　盤錦の塩性湿地

中国北東部にある盤錦の塩性湿地はスアエダ・サルサがほとんどを占めていて、「シーブライト」としても知られるこの耐塩性のある多肉植物が遼河河口のアルカリ性の土壌に繁茂している。この植物の葉は毎年9月と10月に緑色から濃い赤に変わる。この目を見張るような変化はストレスへの対応で、気温と塩分濃度の変化が引き金になる。潮の動きが強くなって気温が下がると、この植物はベタシアニン色素の生成を増やす。この赤い色素は植物の葉を厳しい冬の気候条件から保護していると考えられる。

盤錦の赤い海岸
毎年秋になると、スアエダ・サルサ（ホソバハママツナ）の色が変わり、盤錦海岸の面積132km²をおおい尽くす独特の濃い赤の絨毯が形成される。

岩石海岸

生き物にはもっとも適さない海洋ハビタットのひとつである岩石海岸だが、そこにも驚くほど多様な動植物などの生き物が見られ、それぞれがこの厳しく、しばしば高エネルギーの環境での生活に特化して適応している。

海の浸食作用が優勢な場所では細かい砂浜が堆積することはなく、海岸は岩盤が露出していて、その後方には波に削られた断崖がそびえていることが多い。海岸はかたい花崗岩からやわらかい砂岩まであらゆる岩もある。海岸線の輪郭は砕けて打ち寄せる波の浸食で、何世紀もかけて形作られることもある。波が岩や小石や砂を断崖にぶつけることで、岩盤が削られていく。ひび割れやもろい部分があれば、その内部の圧縮気圧や風化で巨大な塊の岩が崩れ落ちる。

陸と海がぶつかる場所

毎日の潮の満ち干による水位の大きな変化は、岩石海岸に独特の水平域を作り出し、異なるコミュニティが見られる。潮が引くと海岸一帯は空気にさらされ、そこに生活する種は極端な温度、塩分濃度、酸素量の変化にも生き延び、乾燥から身を守るための特別な対応が必要だ。割れ目や岩の下、水たまりに隠れる動物もいれば、殻をぴったり閉じたり、水分を保つために身を寄せ合う動物もいる。岩石海岸に強い波が打ち寄せる地域では、強靭な筋肉でできた脚でしがみつく個体や、生物学的な接着剤で固着するもの、波に合わせて曲がるやわらかい体を持つものもいる。

この厳しいハビタットでは、フジツボ、カサガイ、カニ、ヒトデなどの無脊椎動物が多くを占め、固着型の濾過摂食動物や、餌を食べたり探したりするために動き回る種がいる。多くの種類の海藻が「付着体」と呼ばれる根のような構造でかたい岩にしがみつく。干潮線に近いほど海藻の数は増え、海面下に密生したケルプの森ができることもある。海鳥は岩石海岸を営巣地や餌場として利用し、ホッキョクグマやアザラシなどの海洋哺乳類は餌を探したり休息するため上陸する。

岩石海岸の世界記録

世界各地に見られる岩石海岸には、信じられないような高さの海食崖、細長くて両側を急な断崖に挟まれた「フィヨルド」として知られる入江、極端に大きな潮位差(満潮とその次の干潮との潮位の差)が見られるところなどがある。

世界最大の潮位差は平均で 11.7m

カナダ ファンディ湾

アメリカハワイ州 カラウパパの断崖

モロカイ島の北岸にあるこの断崖は高さが 1,010m

ノルウェーには 1,000 以上のフィヨルドがあり、最長(および最深)のソグネ・フィヨルドは長さが 204km

ノルウェー ソグネ・フィヨルド

ミルフォード湾に位置するマイター・ピークの海食崖は高さ 1,690m

ニュージーランド マイター・ピーク

岩石海岸 / 281

潮が引くと、潮だまりは多くの動物の避難場所になる。アメリカオオヨロイイソギンチャクやマヒトデ目のピサスター・オクラセウスなど、潮が再び満ちてくるまで空気にさらされたまま何時間も耐えられる生き物もいる。

/ 極端な条件下

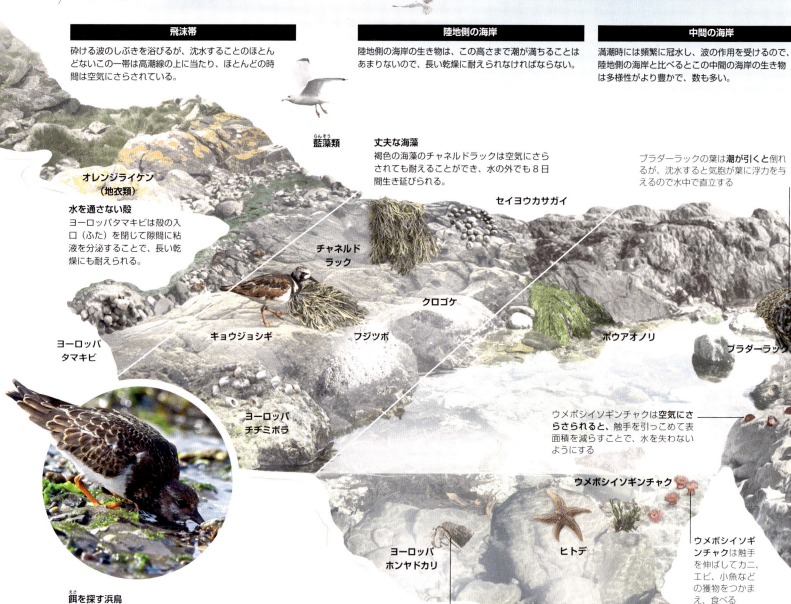

飛沫帯
砕ける波のしぶきを浴びるが、沈水することのほとんどないこの一帯は高潮線の上に当たり、ほとんどの時間は空気にさらされている。

陸地側の海岸
陸地側の海岸の生き物は、この高さまで潮が満ちることはあまりないので、長い乾燥に耐えられなければならない。

中間の海岸
満潮時には頻繁に冠水し、波の作用を受けるので、陸地側の海岸と比べるとこの中間の海岸の生き物は多様性がより豊かで、数も多い。

藍藻類

丈夫な海藻
褐色の海藻のチャネルドラックは空気にさらされても耐えることができ、水の外でも8日間生き延びられる。

ブラダーラックの葉は潮が引くと倒れるが、沈水すると気胞が葉に浮力を与えるので水中で直立する

オレンジライケン（地衣類）

水を通さない殻
ヨーロッパタマキビは殻の入口（ふた）を閉じて隙間に粘液を分泌することで、長い乾燥にも耐えられる。

セイヨウカサガイ・チャネルドラック・クロゴケ・フジツボ・キョウジョシギ・ヨーロッパタマキビ・ボウアオノリ・ブラダーラック・ヨーロッパチチミボラ

ウメボシイソギンチャクは空気にさらされると、触手を引っこめて表面積を減らすことで、水を失わないようにする

ウメボシイソギンチャク

ウメボシイソギンチャクは触手を伸ばしてカニ、エビ、小魚などの獲物をつかまえ、食べる

ヨーロッパホンヤドカリ・ヒトデ・ロックゴビー

ロックゴビーは割れ目に身を隠し、腹びれが融合した吸盤で岩にくっつく

餌を探す浜鳥
キョウジョシギはしばしば岩石海岸を訪れ、丈夫で少し上向きのくちばしを使って小石や海藻をひっくり返し、小型の昆虫、甲殻類、巻貝を探す。

サイズの合う貝殻なら何でも利用するヨーロッパホンヤドカリは、死んだ有機物を食べる日和見的な屍肉食動物

干潮時の避難場所
潮が引いた岩石海岸ではくぼみに海水が残って潮だまりになり、動物たちが干からびるのを避けたり捕食動物から逃げたりするための避難場所になる。

耐性のある生き物
イソスジエビの仲間ロックプールシュリンプはきわめて広い範囲の塩分濃度、水温、酸素量に耐性があるので、潮だまりの絶えず変化する環境でも生きていける。

岩石海岸のしくみ

ほとんどの場所では潮が1日に2回満ち、岩石海岸の一部を沈水させる。そのわずか数時間後には潮が引いて再び陸地が現れる。打ち寄せる波もあるため、このハビタットはもっとも厳しく極端な環境のひとつにさらされる。陸と海の間の標高の変化が垂直の帯状分布を作り出し、それぞれの層の生き物はその高さの条件に適応している。岩石海岸は大西洋の北東部のほとんどの海岸線に連なっているが、そこは強い波の影響を受ける場所でもある。

岩石海岸 / 283

フランス北西部の
グランヴィルは
ヨーロッパ本土で
最大の8.5mの
干満差がある

濾過摂食動物
食事と呼吸のために大量の水を処理することで、イガイは余分な栄養、藻類、有機物を取り除いて海水の水質を改善する。

潮汐
潮汐は太陽と月の引力によって海にできる波のこと。太陽と月が並んでいると、力の場が大潮を引き起こす。直角に並んでいるときには力が弱く、小潮になる。

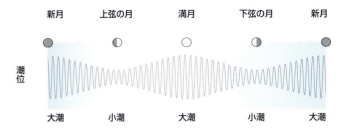

1日の差
潮だまりの生き物は、潮が満ちて海水におおわれているときには安定した条件下にある。潮が引いて潮だまりが孤立すると、水温の大きな変化が起きる。潮が満ちると潮だまりの水が押し出されて海水に入れ替わるが、そのときの水温はより温かくなることもあれば、より冷たくなることもある。

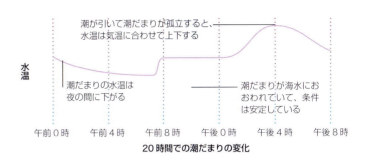

20時間での潮だまりの変化

海側の海岸
潮がかなり引いた時だけ空気にさらされる海側の海岸に見られる海藻や動物は、長時間の乾燥には適応していない。

亜潮間帯
低潮線の下に当たるこの一帯はつねに海水におおわれ、1日の間での大きな環境の変化はない。

ムラサキイガイ

エボシガイ

バターフィッシュ

ロックプール
シュリンプ
（イソスジエビの仲間）

ヒバマタ

波が絶えず打ち寄せるため、浸食によって長い年月の間に岩の海岸線の形が変わる。海藻、フジツボ、イガイが強烈な、または繰り返しの波の作用で、はがれてしまうこともある

林冠の下
林冠を形成する海藻は、光量と水の動きを軽減させ、捕食動物からの隠れ場所を提供することで、その下に生息する生き物のためのマイクロハビタットを作り出す。

しっかりとしがみつく
海藻は「付着体」と呼ばれる根に似た構造で岩にしっかりと付着する。

ノッテッド
ラック

紅藻

ヨーロピアン
シーバス

ケルプ

裸鰓類

ヨーロッパ
オオウニ

284 | 極端な条件下

キーストーン種の第1号

太平洋北東部

ヒトデのピサスター・オクラセウスは北アメリカ大陸西海岸の岩石海岸で貝をつかまえる。1960年代に生態学者ロバート・ペインは実験を行った。ある地域からピサスター・オクラセウスをすべて取り除いたところ、エコシステムの劇的な変化が起きた。12か月の間に種の合計数は半分に減り、5年後にはわずか1種（カリフォルニアイガイ）がほとんどを占めるようになった。ペインはマヒトデ目のピサスター・オクラセウスが生態学者の言葉で「キーストーン種」と呼ばれるものだといっことを実証したのだった。ハビタットの限られた空間をめぐっての有力な競争相手であるイガイやフジツボを獲物にすることで、ピサスター・オクラセウスはその数をコントロールし、ほかの種の健全な個体群を維持しているのだ。

カリフォルニアイガイを捕食するピサスター・オクラセウス
オレンジから紫までさまざまな色がいるピサスター・オクラセウスは、干潮時に貝をつかまえながら長時間空気にさらされても生き延びられる。

役に立つ居候

太平洋北東部

触手が食べ物を口の方に持っていく

アメリカオオヨロイイソギンチャク

豊富な食料源を逃がすまいと、アメリカオオヨロイイソギンチャクは太平洋北東部の岩石海岸に見られるイガイの繁殖場所の真下にいて、強い波で岩からはがれたイガイ、またはカニや小魚を触手でつかまえる。けれども、食料が乏しいときには、自らの組織内にいる光合成をする微細藻類や渦鞭毛藻に頼る。イソギンチャクと藻類は互恵的な関係にあり、イソギンチャクは必須栄養素をもらうお返しに、藻類に対して安全な住処を提供する。

ぴったりくっつく

北極海、大西洋と太平洋の北部

バラヌス・バラヌスの脱皮

岩石海岸でもっともよく目にするのがバラヌス・バラヌスなどのフジツボで、この甲殻類の一種は生涯を同じ場所に固着して過ごす。自由遊泳性の幼生は適した場所を見つけると腺からある種の接着剤を放出し、そこにくっついて石灰質の殻を分泌して体を守る。円錐形の殻の頭頂部には4枚の小さな可動式のふたがある。成体のフジツボは、沈水しているときには「棘毛」と呼ばれる羽のような触手を伸ばし、プランクトンなどの食べ物を探す。干潮時に水面から出てしまうと、ふたをしっかり閉じて乾くのを防ぐ。フジツボは成長に合わせて何度か脱皮を繰り返す。

岩にはりつく

大西洋北東部

イガイやフジツボとは違い、セイヨウカサガイは岩石海岸につねにくっついてはいない。沈水しているときには筋肉でできた脚を使って動き回り、藻類などの植生を食べる。食べ終わると粘液の跡をたどって同じ場所まで戻る。岩が殻で削られてできたこのくぼみは、干潮時にもカサガイがしっかりとはりつくのを助け、干からびたり捕食動物によってはがされたりする可能性を低くする。

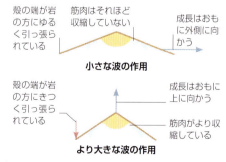

殻の端が岩の方にゆるく引っ張られている | 筋肉はそれほど収縮していない | 成長はおもに外側に向かう
小さな波の作用

殻の端が岩の方にきつく引っ張られている | 成長はおもに上に向かう | 筋肉がより収縮している
より大きな波の作用

殻の形
波の作用が弱いところでは、イガイは幅が広くて短い。波が強いところでは筋肉をもっと収縮させなければならないため、より高さがあって円錐形の殻になる。

波に耐えるセイヨウカサガイ
筋肉でできた脚を収縮させ、粘着質の粘液を分泌することで、カサガイは殻を岩に強く接着させるため、波の作用ではがれることはまずない。

捕食動物の手が届かないところで

大西洋北部、地中海

岩の孤島、離れ岩、急峻な岩壁は、海鳥の食事、休息、繁殖のための場所になる。空からやってくる捕食動物以外はほとんどいないため、そこは比較的安全な場所だ。シロカツオドリは「ガネトリー」と呼ばれる非常に大きくて騒がしいコロニーで繁殖する。このようなガネトリーのほとんどはフランス北西部のブルターニュ地方とノルウェーの間の岩石海岸に見られるが、北アメリカ大陸の大西洋岸にも数か所が存在する。

シロカツオドリのつがいは生涯添いとげ、その絆はフェンシングをするかのようにお互いのくちばしをぶつけ合ったり、巣を飛び立とうとするときにくちばしを空に向けたりするなどのディスプレイによって強められる。

オスもメスも海藻、草、羽、泥、グアノで巣を作り、同じ場所で繁殖するために戻ってくるたびに、補強されて何年も使われる。孤島や岸壁では場所が貴重なため巣は密集していて、隣の巣との間は鳥2羽分くらいしか離れておらず、激しい縄張り争いが見られる。

繁殖期でないときのシロカツオドリは数百kmの距離にも及ぶ狩りに出かけ、海上を飛びながらほとんどの時間を過ごす。大きな集団を作り、上空10～40mの高さから両眼視を利用してニシンやサバなどの魚の群れを探す。魚を発見すると、シロカツオドリは翼をたたんで時速86kmで水中に飛び込み、ときには翼を使って20m以上の深さにまで潜って獲物をつかまえる。

翼長1.8mのシロカツオドリは空を飛ぶのが得意で、餌を探す範囲は少なくとも540km

環境保全
鳥インフルエンザ

海鳥の個体数は気候変動と乱獲の影響ですでに脅かされているところに、新たな危機が台頭している。2022年の夏、致死性の鳥インフルエンザがスコットランドの鳥の間に広がった。スコットランドにはシロカツオドリの全世界の個体数の50%が生息しているが、鳥インフルエンザで数千羽が死に、死骸が岩石海岸に散乱した。密集しているガネトリーがウイルスの拡散を促すほか、つがいが繁殖期に1個の卵しか産まないので、シロカツオドリの個体群はとくにウイルスの影響を受けやすい。

死んだシロカツオドリ

バス・ロックのガネトリー
スコットランド東岸の沖にあるバス・ロックには最盛期になると15万羽以上のシロカツオドリが住み着き、世界最大のコロニーになる。

しぶきがかかる証拠

世界各地

クサントリア・パリエティナ

岩石海岸のいちばん陸地側は条件が厳しい。植物はかたい岩に根を張れないし、水中の生き物は高潮線よりも上では生きていけない。地衣類の中には打ち寄せる波からの海水のしぶきを浴びても耐えられる丈夫な種がある。地衣類はひとつの菌類と複数の藻類が共生関係を築いている。菌類が本体を形成し、藻類が光合成を通じてエネルギーを与える。地衣類のクサントリア・パリエティナは「偽根」と呼ばれる根のような細い器官でむき出しの岩にコロニーを形成し、飛沫帯に明るいオレンジ色の部分ができる。

底辺での生活

大西洋南西部と東部、地中海、インド洋西部

ギンポは岩石海岸の潮間帯および潮下帯でもっとも多く見られる魚のひとつだ。一部の種は水陸両生で、干潮時に藻類を食べるが、水深0mから25mの海底に暮らすイソギンポ（パラブレニウス・ピリコルニス）のように、ほとんどは底生だ。浮き袋（多くの硬骨魚が浮力を調節するために使う気体の詰まった器官）を持たないため、この魚は生涯を海底で過ごす。

肥大した胸びれには複数の用途がある。下半分は腹びれおよび尻びれとともに、強い海流や波の作用に負けないよう傾いた岩にしがみつくために使用する。胸びれの上半分は移動用で、海底に沿って体をよじったり飛び跳ねたりして進むために用いる。この魚はイソギンポ科で、針のように鋭い歯が上下のあごに1列ずつ並んでいて、それを使って藻類、イガイ、小型の無脊椎動物を食べる。

肥大した胸びれ
目の上の枝分かれした触角
腹びれ

変装の名人
イソギンポはひっそりと生活していて、しばしば穴や割れ目の中に隠れている。変装の名人でもあり、うろこを持たない細長い体の色をほんの数秒で変えて周囲の景色に溶け込める。

環境保全
アワビ漁

アワビは岩石海岸の潮間帯に生息する草食の海洋性巻貝で、しばしば割れ目の間や岩の下で見つかる。大きな筋肉でできた脚は多くの国で珍味とされているため、アワビは利益の出る輸出海産物でもある。世界的な漁獲圧力と在庫の崩壊の一方で、オーストラリア大陸西部では持続可能な野生のアワビ漁を維持している。世界最短の漁期で厳しく規制されていて、娯楽としてのアワビ漁は年に4日、1回当たり1時間だけが認められている。

ウスヒラアワビ

岩石海岸 / 287

鼻先が平らな海中の草食動物

ガラパゴス諸島

太平洋東部にあるガラパゴス諸島の岩石海岸で朝日を浴びるウミイグアナは、濃い色のうろこを通して熱を吸収する。海で食べ物を探す唯一のトカゲであるウミイグアナは、体温が充分に上がると餌を求めて海に入る。平たい尾は水中を効率的に移動するのに役立ち、またエネルギーを節約して餌探しの時間を最大限に得るために、心拍がゆっくりになる。

平らな鼻先とカミソリのように鋭い歯のおかげで、ウミイグアナは岩から海藻をこすり取ったりむしったりできる。体の大きなウミイグアナは食べ物を探してより遠くまで泳ぎ、より深くまで潜る。餌を食べるときは長く鋭い鉤爪で岩にしっかりとつかまる。まだ子供の体の小さいウミイグアナは海岸の近くにとどまり、潮だまりや潮間帯で餌を探す。海藻中心の食事で体内に短時間で塩分がたまりすぎると、塩と水のバランスが乱れて細胞が傷ついてしまう。しかし、ウミイグアナの鼻には特別に適応した腺があり、血中から塩分を取り除いて体外に排出する。

海のトカゲ
ウミイグアナの大きな口の中にある歯は、それぞれに3つの鋭い突起がついていて、岩からアオサやより大きな海藻をこすり取ったりむしったりするのに役立つ。

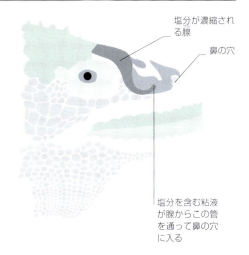

塩分が濃縮される腺
鼻の穴
塩分を含む粘液が腺からこの管を通って鼻の穴に入る

鼻の塩類腺
余計な塩分は粘液と混ざり、それが定期的にくしゃみとして鼻の穴から排出される。このため、ウミイグアナの頭頂部は固まった塩の層でおおわれている。

> エルニーニョ現象が発生している間は食べ物が少なくなるため、イグアナの体長は最大で20％も縮む

断崖ぎりぎりでの生活

北極圏、大西洋北部、太平洋北部

傾斜の急な海食崖は巣作りに最適な場所ではないように思えるかもしれないが、たいていの場合、そこは捕食動物にとってありがたくない場所でもある。ウミガラス属の鳥は1個の卵を海岸沿いの断崖の岩棚の上、または割れ目の間に産む。ウミガラスは群れを作る習性がとくに強く、おびただしい数の鳥たちが密集したコロニーを作って繁殖する。卵の色と模様はさまざまだが、いずれも楕円形をしていて、片側がとがっている。この独特の形は成鳥のぎこちない着地の衝撃を受けてももっとも安定していて、耐える力があるためだと考えられる。

約30日でふわふわの羽毛を持つひなが孵化する。オスとメスは約3週間、協力してひなを育て、餌を与える。飛ぶのに充分な翼が成長する前、若いウミガラスは父親に付き添われて命知らずにも断崖から海に飛び込む。小さな翼がある種のパラシュートのような役割を果たし、子供は着水するとすぐに泳ぎ始める。その後は父親と一緒に5週間から7週間を海で過ごし、父親は陸地で与えていた餌の2倍の量を子供に与える。

大胆なホッキョクグマ
急峻な断崖上にあるにもかかわらず、ウミガラスの営巣コロニーは捕食動物から絶対に安全とは言えない。北極圏では、ホッキョクグマが危険な崖をものともせずにハシブトウミガラスをつかまえる。

独特の模様

ウミガラスの卵
色と模様の違いは、混雑した繁殖地に戻ってきた親鳥が自分たちの卵を見分けるのに役立っていると思われる。

砂浜と干潟

風、波、潮の干満、海流の影響を受ける砂浜と干潟は、つねにその姿を変える。これらのダイナミックなハビタットの生き物たちは、その物理的環境内での激しい自然の変化に耐える能力を持っている。

動く水の力は海岸沿いに作用し、泥、砂、砂利、小石を問わず、堆積物を沈殿させ、取り除き、移動させる。砂浜と干潟はこの絶えず動く堆積物からなる。世界の海岸線の大部分を占めるこれらのハビタットは、両側を岩の突端に囲まれている場合もあれば、砂州や砂嘴まで長くつながっている場合もある。背後は崖になっていることもあれば、砂丘、マングローヴ、または湿地などの植物におおわれたエコシステムに囲まれていることもある。

絶えず動く砂

砂浜は強い波のエネルギーがある環境で形成され、波が粒の大きな堆積物（川から運び込まれたり岩盤から削られたもの）を沈殿させる。干潟はより平坦な地域に形成され、波のエネルギーが弱いために粘土やシルトのような粒の細かい堆積物がたまる。

絶えず動く堆積物からなるハビタットには海藻が根づくための安定した表面が少ないので、動物が身を隠すための場所がほとんどなく、光合成はおもに水中を浮遊するプランクトンによるものに限られる。もっとも定着性のある生き物は砂や泥に穴を掘って暮らしていて、二枚貝やゴカイなどの動物が海水からプランクトンなどの食物粒子を濾過するか、砂や泥から有機デトリタスを抽出する。ほかの海岸沿いのハビタットと同じように、砂浜と干潟にも水中と陸地という両極端の環境が毎日訪れる。岸から離れるにつれて生き物はより豊かになり、つねに水があるので温度と塩分濃度がより安定している。

砂浜と干潟は海岸沿いのエコシステムにおいて主要な生態学的役割を担う。ウミガメの営巣地や、海鳥の営巣地と餌場を提供するだけでなく、そこの生き物は海洋生物を支える栄養分の濾過とリサイクルを行っている。

おもな干潟と砂浜

砂浜と干潟は、条件が堆積物の蓄積を促すところならばどこにでも形成される。下の地図には世界各地の注目に値する例を示した。

3月から8月にかけて、何千匹ものカリフォルニアグルニオン（銀色の小魚）が陸に上がり、この砂浜で産卵する
- アメリカ合衆国 カブリロビーチ

モアカム湾の干潟はヨーロッパの鳥にとって重要な餌場および繁殖地
- イギリス モアカム湾

東アジアとオーストララシアを結ぶ経路に沿って渡りをする5,000万羽以上の鳥がこの干潟に立ち寄る
- 中国 江蘇省の干潟

数十万匹のヒメウミガメがこの砂浜で毎年いっせいに営巣する
- コスタリカ オスティオナルビーチ

世界最長の砂浜は、アジサシ、カモメ、渉禽類などの海岸沿いに生息する鳥のほか、多数のアシカのハビタット
- ブラジル プライア・ド・カシーノビーチ

この砂浜は営巣するウミガメと約50万羽の渡り鳥の目的地
- オーストラリア大陸 エイティマイルビーチ

凡例
- ○ 砂浜
- □ 干潟

砂浜と干潟 / 289

イギリスのノーフォークにあるウォッシュ干潟に集まる何千羽ものコオバシギ。この渡りをする渉禽類は潮が満ちると密集するが、猛禽類がやってくるといっせいに空に飛び立つ。

砂浜のしくみ

砂浜はダイナミックなエコシステムで、風、波、潮の干満によって形作られる。この絶えず変化するハビタットに暮らす動植物の多くは、定期的に訪れる露出と沈水に対応しなければならない。日本の砂浜には、多種多様の定着している生き物や、ときおり訪れる生き物が見られる。

コアジサシ

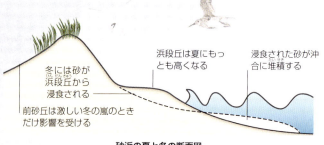

季節による移り変わり
冬には砂浜の陸側にできる浜段丘が浸食され、砂がすぐ沖合の浅瀬に移動する。夏になると小さな波が砂を砂浜に戻す。

砂浜の夏と冬の断面図
- 冬には砂が浜段丘から浸食される
- 前砂丘は激しい冬の嵐のときだけ影響を受ける
- 浜段丘は夏にもっとも高くなる
- 浸食された砂が沖合に堆積する

オオハマガヤは砂浜にコロニーを作る最初の植物種のひとつ。塩分を含む波しぶきにも耐性があり、砂丘を安定させて浸食を防ぐ

砂丘
海岸沿いの砂丘は砂浜の乾燥した部分から乾いた砂を運んでくる風によって形成される。海岸にいちばん近い砂丘は「前砂丘」と呼ばれる。

漂着物の連なり
満潮時に流れ着いた海藻や流木などの瓦礫の連なりは、小動物のマイクロハビタットを形成する

ハマシギは小さなエビに似た端脚類などの獲物を探して砂浜の表面をつつく

ハマシギ

砂浜で餌を探す鳥
ダイシャクシギは下向きに曲がった長いくちばしで、堆積物の奥深くにいるゴカイやカニを探す。

イヨスダレ

アオウミガメ　マテガイ

砂に埋もれた濾過摂食動物
マテガイなどの懸濁物摂食動物は、身を守るため砂に埋もれて生活する。潮が満ちるときに海水からプランクトンを濾過する。

スナガニは潮が引くと巣穴を出て食べ物をあさる

スナガニ

ウミガメの孵化
このアオウミガメは母親が砂の中に埋めたほかの卵と同時に孵化した。卵からかえった子供は砂浜を下って安全な海に向かう。

波によって海岸に運ばれてきた**アオサの葉**は、砂浜に生息する生き物の食料源になる。

巣穴の入口はマテガイやイヨスダレを埋めて存在を隠している

イソタマシキゴカイは巣穴に隠れて暮らし、どんな有機物でも食べて消化し、砂を地表に排出する

主要な生産者
アオサなどの海藻は光合成によって太陽の光からのエネルギーを食べ物に変える。しっかりと根を張れるところがほとんどない砂地の海底ではめったに見られない。

アオサ

堆積物を動かす生き物
マナマコは触手を使って砂をすくい、口に運ぶ。有機物が含まれていれば消化され、残った砂は海底に堆積される。

マナマコ

潮上帯
砂浜のもっとも高い部分は、最大級の嵐のときだけ影響を受ける。ここに暮らす動植物は塩分を含む波しぶきに適応している。

潮間帯
高潮線と低潮線の間に位置するこの一帯は、潮の干満に合わせて1日に2回、沈水と露出を繰り返す。

潮下帯
低潮線の下に位置するこの一帯はつねに水の下にある。浅瀬での波の作用は、ここに生息する生き物に厳しくて不安定な環境を作り出す。

砂浜と干潟 / 291

地上に巣を作る浜鳥

カリフォルニア湾、大西洋西部、一部の内陸の湖岸

多くの開けた砂浜には、高潮線の上の地上に営巣する小型の浜鳥が見られる。フエコチドリはアメリカ合衆国の沿岸や内陸の湖岸の一部の、海からいくらか離れたところに巣を作る。砂または砂利を掘って浅いくぼみを作り、しばしばその近くには石や草むらがあるが、実際に身を隠すための場所や物陰はない。濃い斑点のある薄茶色の卵を4個ほど産み、両親が交代で巣を守る。卵、および親鳥とひなの羽毛がまわりに溶け込む色なので、捕食動物から発見されにくい。しかし、捕食動物が巣に接近する場合には、親鳥は「折れた翼」のディスプレイでおびき寄せ、巣から引き離そうとする。小さなサイズと露出した巣のために、フエコチドリは嵐のほか、気づかずに近づいてしまう人間の影響を非常に受けやすい。

上空から身を隠す
巣で卵を守るフエコチドリ。砂色の頭部と羽毛は、カモメなどの空の捕食動物から隠れるのに役立つ。

環境保全
守られた巣
砂浜は人間がくつろぎ、散歩し、犬を運動させるのに快適な場所だが、一方で地上に巣を作る鳥にとっては、カムフラージュ用の色のせいで見つけにくいため、卵を踏みつぶされてしまう危険がある。世界の一部の地域では、繁殖期に営巣地が保護される。アメリカ合衆国では海岸の管理者やボランティアの人たちが、看板や柵を立てたり、さらには避難場所を建設したりして、ユキチドリの巣を守ろうとしている。この写真は砂浜の利用者に卵の存在を知らせる標識と、巣近くに作られた柵。

ユキチドリの営巣地

逆立ちする生き物
太平洋北東部

デンドラステル・エクスケントリクス

デンドラステル・エクスケントリクスは海の条件に合わせて体勢を変える。海が穏やかなときには、この平たいウニは砂の上で逆立ちし、小さなとげと管状の脚で周囲に漂うプランクトンをつかまえる。海流が強すぎるときには、砂の上で平らになるか、砂の中に潜る。小さなこのウニは大きな砂粒を食べて体を重くする。

堆積物の中で暮らす
大西洋北東部、地中海、黒海

ヨーロッパザルガイは生物擾乱者で、潮間帯の砂または泥に穴を掘り、その過程で堆積物を動かして空気にさらす。そのために2枚の殻の間から筋肉でできた脚を突き出し、堆積物をつかみ、表面のすぐ下に自らの体を引き入れる。危険を察知すると穴のもっと奥深くまで潜り、殻をぴたりと閉じる。ヨーロッパザルガイは懸濁物摂食動物で、潮が満ちると2本の水管を伸ばし、海水とその中に漂う有機物を体に吸い込む。プランクトンなどの食物粒子はえらで集める。

丈夫な殻
強い殻はヨーロッパザルガイが干潮のときに乾いてしまうのを防ぎ、捕食動物や物理的な危害からも守る。

放射状のリブが殻の強度を増す

水管
食べ物と酸素を得るために水を取り込むとき、ヨーロッパザルガイは殻を開いて2本の水管を伸ばす。

不要になった水は出水管を通して流れ出る　まず入水管を通して水を吸い込む

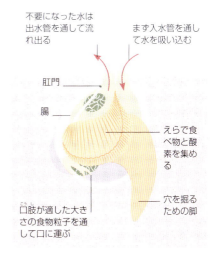
肛門
腸
えらで食べ物と酸素を集める
口肢が適した大きさの食物粒子を通して口に運ぶ
穴を掘るための脚

先駆者と後継者

ニュージーランド

風で飛ばされる乾いた砂が海岸線にたまると砂丘になる。最大規模の砂丘は、ニュージーランドなど、南半球の吹きさらしの海岸にできる。砂はほとんどの植物にとって栄養分の乏しい環境だが、時間の経過とともに水分を保持する有機物と混じり合い、木が成長するのに充分な土壌になる。砂はまず、流木の山などの障害物に集まり、「萌芽」砂丘が形成される。乾燥や塩分にも耐えられるもっとも丈夫な植物が、ここで種子や胞子から発芽する。これらの先駆者たちが根で砂をつなぎ止め、有機物のデトリタスを加えるうちに、内陸側の古くからの砂丘はより多くの植生を支えられるようになる。強風が砂丘のブローアウトを引き起こすときもある。これは露出した砂が砂丘のほかの場所に吹き飛ばされることをいう。これによって砂丘にできる「砂丘スラック」と呼ばれるくぼ地は、気候によって季節的に冠水することもある。

植生帯
ニュージーランドのもっとも若い砂丘はもっとも海側にあり、スピニフェックスなどの草が最初に生える。一方、より内陸側のもっと古い砂丘には、カヤツリグサや見上げるような高さのニオイシュロランが見られる。

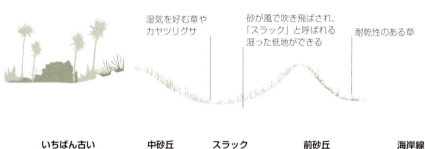

ごちそうに一番乗り
走るのが速いこのカニは視覚と嗅覚を使って打ち上げられたエイのところまでたどり着き、大型の屍肉食動物が集まる前にまっさきに食事にありつく。

砂丘の安定化

ヨーロッパとアフリカ大陸北部に自生

風に吹かれた砂に埋もれてしまうことは、砂丘の植物にとってつねに存在する危険だが、一部の砂漠に適応した種はそれによって活性化する。世界各地に見られるマラム（ノガリヤス属）は刺激されて成長し、砂がたまるにつれて埋もれている根茎が上に伸び、新しい葉が太陽に当たり続ける一方で、連続する根の層が高さを増す砂丘内で植物を安定させる。

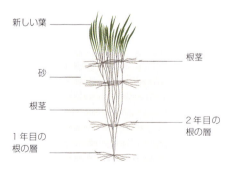

結びつける根
温帯では、カラマグロスティス・アレナリアが成長期のたびに新しい根茎と根の層を作り出す。

マラム

最長のゴカイ

大西洋北部、北極海

アリッタ・ウィレンス

干潮と満潮の間の砂と泥は、堆積物の中に閉じ込められたデトリタスを餌にする穴居性の無脊椎動物にとって重要なマイクロハビタットだ。多くの穴居性のゴカイの中でも、アリッタ・ウィレンスはヨーロッパの海岸にいる最大種のひとつだ。40cmまで成長する捕食動物でもあり、ペンチ状のあごでほかのゴカイをつかまえ、ときには嚙みつく。

砂浜と干潟 / 293

漂着物を狙うカニ

太平洋南東部

熱帯の海岸でもっとも目を引き、最速で移動する動物のひとつがカニで、満潮時には巣穴に潜り、潮が引くと砂の上を動き回る。これらは半地上性のスナガニとシオマネキで、ずんぐりした箱型の体形をしたこの甲殻類は、長く強靭な脚で体を支え、角のように突き出た眼柄の上にある目で全方向を見渡せる。中央アメリカおよび南アメリカ大陸の西岸にはオキポデ・ガウディカウディイが見られ、このカニは太平洋南東部の栄養分の湧昇に支えられている。ほかのスナガニと同じように、この種は左右のはさみの大きさが異なり、2つの方法で餌を食べることができる。小さな右のはさみは栄養分を含むデトリタスや、小型の生き物を探して砂をすくうために使う。それよりも大きな左のはさみは、砂浜に打ち上げられた屍肉をあさるために用いる。

スナガニはもっとも速く走るカニのひとつで、一時的には時速 10km を超える速度が出る

環境保全
絶滅から守る

ヘラシギは絶滅危惧IA類に指定されている種だ。工業化と汚染による海岸沿いのハビタットの喪失や、わなによる捕獲のため、この数十年で絶滅の瀬戸際に追い込まれた。現在500羽に満たない世界の個体数は減り続けている。2011年以降、飼育下の繁殖プログラムで個体数の増加を目指す一方、営巣地や越冬のための海岸線は厳重に監視され、より効果的に保護されている。これらの取り組みがなければ、ヘラシギは20～30年のうちに絶滅するおそれがある。

無脊椎動物をすくいとる

東アジア

ほとんどの渉禽類は細くとがったくちばしで獲物を探るが、東アジアに生息するヘラシギは例外的な存在だ。ほかの多くの渉禽類と同じく、夏のツンドラに巣を作り、北極圏の昆虫を餌にするが、冬はもっと南の海岸線で過ごし、泥の中の無脊椎動物をつかまえる。獲物を探して泥を掘るのはくちばしの細い仲間の鳥と同じだが、ヘラシギは泥の中でスプーンのようなくちばしを左右に振って餌を取ることもできる。

くちばしの形が違うと獲物も違う
ヘラシギのいる東アジアの干潟にはさまざまに特化したくちばしを持つほかの渉禽類も見られる。長いくちばしを持つ渉禽類は深いところの獲物をつかまえることができる。

ヘラシギのひな

ヘラシギ

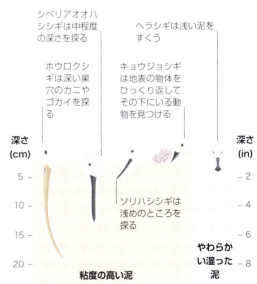

地球の表面積の 70% は海である。その広大な海で、今からお
よそ 38 億年前に生命が誕生した。この画期的な出来事の名残
で、塩分が多い環境なのに、海は今でも地球上でもっとも多様
性に富んでいる。干潮線から始まる沿岸部には日光が差し込み、
豊かな生き物の世界が広がっている。その先の外洋では、深さ
があるため海水の量は沿岸部の 200 倍にもなる。外洋はまさ
に世界最大のハビタットであり、未知の部分がとりわけ多いエ
リアでもある。

海原

ケルプの森と海草の藻場

沿岸部の浅い海。水中には広大なケルプの森や海草の藻場がどこまでも続いている。海藻や花の咲く海草が形作る独特のハビタットには、おびただしい種類の海洋生物が生息している。

ケルプや海草は一次生産者で、太陽エネルギーを利用して、水と二酸化炭素を栄養分と酸素に変換する（この過程を光合成という）。つまり、これらの植物は日光が海底にまで届く浅い沿岸部でしか見られない。

ケルプは褐色の大型海藻で、植物の根に相当する付着器を持ち、これで海底の岩に固着する。栄養豊富な冷たい海でよく育つ。成長が早く、1日に50cm近く伸びることもある。海底から最大40mにも達し、林冠を形成する。条件さえ合えば深い森のように海中に広がり、ヒトデからコククジラまでさまざまな動物に隠れ場所と食べ物を提供する。

水中の花

海草は、陸上の草花と同様、花を咲かせ種を実らせる。葉が大きくて分厚かったり小さくて薄かったりさまざまな種類があるが、花を咲かせる植物で水の中でも生き続けられるのは海草だけである。海草が繁茂するのはおもに、風や波が静かで海底がやわらかい浅い海（沿岸部、湾、河口など）だ。さまざまな水温に適応できるので分布域はケルプより広く、極地から熱帯にまで及ぶ。

海草の藻場は、サンゴ礁などほかのハビタットにも広がっていることが多い。カニや魚など多様な海の動物にとって、藻場は餌場にも隠れ場所にもなり、幼生が育つ場所でもある。藻場はさらに、微粒子を固着させ栄養分を濾しとって、周囲の水をきれいにする役目も担っている。広い範囲に根を張って海底の堆積物が流されないようにし、沿岸部の浸食を食い止める働きもする。

世界的な分布

ケルプの森も海草の藻場も、沿岸部の比較的浅い海域で見られる。ケルプは熱帯以外の冷たい海を好むが、海草は南極を除くすべての大陸の沿岸部に生息する。

世界最大の海草の藻場はバハマ諸島にある

オーストラリア南岸には広大なケルプの森がある

凡例
- 海草の藻場
- ケルプの森

ケルプの森でよく見かけるウィーディーシードラゴン（フィロテリクス・タエニオラトゥス）は、オーストラリアの南海岸にしか生息していない。オスは受精卵を尾の下側に付着させて運び、孵化（ふか）するまで卵を守り続ける。

ケルプの森のしくみ

海底から見上げる高さにまで伸びるケルプは、水温が低く比較的浅い海の、岸に近く栄養分の豊富な海域で成長する。ケルプの森はさまざまな生き物にとって、避難場所や隠れ場所、採餌場所になっている。アフリカ南西部では、広大な海藻の森が海岸線に沿って1,000km以上も続いている。

林冠

林冠を形成するケルプ
エクロニア・マキシマは高さ17mに達することもある。長い茎には浮力があるので、海面へと浮き上がり、林冠を形成する。

ミナミアフリカオットセイ
はいろいろなものを食べるが、おもに魚を餌にする

波の影響による生育の違い
ケルプは、どのくらい波の影響を受けるかによって形や大きさを変える。種にもよるが、波の影響を強く受けるところでは、一般に強靭でありながらしなやかに、波を受け流す性質を持つようになる。

丈が高くなる / 茎が短く、厚みが少なくなる
波の影響が弱い / 波の影響が強い

バキメトポン・ブロキイは海藻、カニ、エビ、ウニを食用にする

下層のケルプ
浮力がないラミナリア・パリダは、浅い海でエクロニア・マキシマの下草として成長する。

海底で採餌する魚
クリソブレフス・ラティケプスは海底でウニなどの無脊椎動物をつかまえる。この魚は生まれたときはメスで、成長するうちに縄張り意識の強いオスになる。

下層

タテスジトラザメの**卵殻**は、長い巻きひげでケルプの茎に巻きつけられる

ラミナリア・パリダ

ミダノアワビ

ケルプを食べる動物
ケープシーアーチンやミダノアワビは、生きているケルプやケルプのかけら（デトリタス）を食用にする。

付着器に集まる動物
ケルプの付着器は、カイメン、ゴカイ類、小さなカニなど、さまざまな動物の隠れ場所になっている。

海底

アフリカミナミイセエビ

固有のサメ
タテスジトラザメは南アフリカの沿岸海域でしか見られない種で、アフリカミナミイセエビやタコ、イカ、魚を狙って夜に狩りをする。

バレキヌス・アングロスス

何でも食べる海の捕食者
アフリカミナミイセエビは海底で餌を探す。ウニ、アワビ、二枚貝、カイメンなど、獲物の範囲は広い。

絶滅の危機を乗り越えて

北太平洋

ラッコ（エンフリドラ・ルトリス）は海生哺乳類の中では最小の部類だが、北太平洋のケルプの森では最強の捕食者であり、キーストーン種（→ p.284）の代表例だ。ケルプを食べるウニをラッコが食べてその生息数をコントロールしているからこそ、ケルプのエコシステムが成り立つのである。ラッコが食べるのはウニだけではない。周囲の海底に生息する二枚貝やカニ、小さな甲殻類も好む。潜っていって獲物を捕えると水面に戻り、腹をテーブル代わりに食べる。鋭い歯で獲物をこじあけたり嚙み砕いたり、海底で拾ってきたお気に入りの石で殻をたたき割ったりする。ラッコの毛皮は密生していて、冷たい海でも体を暖かく保つことができる。過去にはこの毛皮を目当てにさかんに捕獲された結果、絶滅寸前まで激減したが、現在では保護の対象になっている。

ウニによる磯焼け
ラッコはウニを食べるが、その中に、ケルプを大量に食べるアメリカムラサキウニ（ストリンギロケントロトゥス・プルプラトゥス）がいる。ラッコがいなければ、ウニが過剰に繁殖してケルプの森は磯焼け状態になる。そういう場所では、ケルプを食べ尽くしたウニで海底がいっぱいになり、ほかの生物はほとんど見られず、むき出しの岩だけが残っている。

アメリカムラサキウニ

ラッコの母と子
子供の毛皮には浮力があるため、潜って食べ物を探すことができない。そこで生まれて半年は母親に頼りっきりになる。半年過ぎる頃には新しい毛皮に生えかわる。

短くて保温性が高いラッコの下毛は、$1cm^2$の範囲に最大15万5,000本も生えている

しっかり固定

東太平洋

サメの大半は卵生ではなく胎生だが、中には強靭な保護膜（卵殻）でおおわれた卵を産む種もある。スウェルシャーク（ケファロスキリウム・ウェントリオスム）の卵殻には丈夫な巻きひげがあり、ケルプなどの海藻にこれを巻きつけ、孵化するまでの9〜12か月間、卵が流されないようにする。

スウェルシャークの卵殻

季節によって変わる分布域

北太平洋、北極海、北大西洋

北極海のケルプは、氷点下の気温や長くて暗い冬に適応し、海氷の下でも成長できる。海が暖かくなって海氷が後退すると、より多くの光が北極海の海底まで届くようになり、ケルプの森は繁茂して、カラフトコンブ（サッカリナ・ラティシマ）のように北方に生息域を広げる種も出てくる。秋や冬は光量が下がる季節なので、ケルプは窒素を蓄えて春と夏の成長期に備える。

カラフトコンブ
海氷が日光をさえぎるとカラフトコンブの光合成は制限される。そのため冬の間はわずかしか成長しないが、夏にはその成長がピークを迎える。

ケルピング
コククジラがケルプと遊んでいるように見えることがある。ケルプを引っぱって泳いだり、葉を背びれの上に乗せてみたり、尾でびしっとたたいたり、ケルプの森で回転したり。このような行動をケルピングという。

泳ぐイソギンチャク
南東インド洋

夜の狩りを終えたワンデリングシーアネモネ

夜行性のワンデリングシーアネモネは、昼間はケルプの森に身をひそめている。とげのある触手を体内に引っ込めているが、その体は泡のような袋（小胞）でおおわれ、水に浮く。ほぼ同じ場所に定着している他のイソギンチャクとは違い、この種は動けるのだ。夜になるとケルプの葉の間を上昇して触手を広げ、プランクトンなど浮遊する獲物を捕えて食べ、明け方には海底に戻る。この行動を垂直移動という。

カムフラージュの工夫
東太平洋

ケルプの森の下に広がる海底には、さまざまな無脊椎動物が生息し、藻類が繁茂する。ケセンガニ（オレゴニア・グラキリス）はラッコやタイヘイヨウオヒョウ、タコにとってごちそうだ。これら捕食者から身を守るため、このカニは海底で見つけた海藻などを甲羅に巻きつけて風景に溶け込もうとする。体には鉤状の剛毛が生えていて、身につけた装飾品がうまく引っかかる。藻類もカイメンやイソギンチャクも、このカニに付着したまま成長するので、カムフラージュはますます完成度を増す。

ケセンガニ
飾りものはカニの甲羅に付着しているので、脱皮するたびに、カニはそれをひとつひとつ新しい甲羅に移して再利用する。

カニの頭をおおうカイメン

はさみに生えている藻類

クジラとケルプ

北東太平洋

海底から上へ上へと伸びているジャイアントケルプ（マクロキスティス・ピリフェラ）やブルケルプ（ネレオキスティス・ルエトケアナ）の森は複雑な垂直構造を呈していて、大小さまざまな種に餌や隠れ場所を提供する。コククジラ（エスクリクティウス・ロブストゥス）は最大で体長15m、体重35トンにまで成長する大型クジラだ。これほど大きな体でありながら、北東太平洋の沿岸部に群生するジャイアントケルプを安全な避難所として利用するのは、冬の繁殖地であるメキシコから夏の採餌場所である北極海まで移動する間、獰猛なシャチから子供を守るためなのだ。

コククジラの好物であるアミ類は、大きな群れを作ってケルプの森の近くや中を泳いでいることが多い。コククジラも移動中はこの森で狩りをする。また泳ぎながら体を回転させたりくねらせたり、ケルプの葉にこすりつけたりすることがある。これは、体につくフジツボ類や寄生虫をこそげ落とすための行動と考えられているが、単に気持ちがいいからやっている場合もあるだろう。

コククジラの体につくフジツボやクジラジラミの重さは、じつに 181kg にも達することがある

歯ですりつぶす

メキシコ湾北東部、北大西洋西部

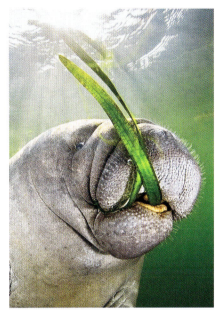

マナティーの例にもれず、ニシインドマナティー（トリケクス・マナトゥス・ラティロストリス）も1日最大8時間を食事に費やし、毎日体重の4～9%に相当する海草を食べる。歯は奥に生える大臼歯のみで、砂や小石が混じっていることも多い海草をたえず噛んでいるために、徐々にすり減っていく。その結果、マナティーの歯は生涯にわたってつねに生え変わっている。新しい歯はあごの奥から生え、古い歯は摩滅すると抜け落ちる。

器用な唇
マナティーにはすべて、上唇に割れ目がある。割れ目の左側と右側を別々に動かして、海草を口の中に引き込んで食べる。

動く大臼歯
ベルトコンベヤに乗っているかのように、新しい大臼歯は1か月に約1mmの速さで前に移動する。

巻貝の女王

西大西洋の熱帯

ピンクガイ

味が良いことと貝殻が美しいことで長年珍重されてきたピンクガイ（アリゲル・ギガス）は海生の巻貝で、多くが全長15～31cmにまで成長する。この貝は海草の上に積もるデトリタス（プランクトンの死骸など生物由来の破片や粒子）や藻類を食べて、海草をきれいな状態に保つ。メスは1年に1～25個の卵塊を放出するが、それぞれの卵塊には15万～165万粒の卵が入っている。孵化した幼生は30日ほど海中を漂い、成体になると海底で藻場に身を隠す。

シャベルのような吻を持つ肉食魚

熱帯と暖温帯の大西洋海域

一生を海草の藻場で過ごす種もいれば、幼生の一時期だけ過ごす種もいるし、食べ物を探してやってくる種もいる。マダラトビエイ（アエトバトゥス・ナリナリ）は、海底に生息する無脊椎動物（二枚貝、カニ、エビなど）や、西大西洋でときどき見つかるピンクガイなどを求めて藻場にやってくる。アヒルのくちばしに似たシャベル型の吻で海底を掘り起こして獲物を探し、頑丈な歯板で砕いて、口の中の乳頭状突起を使って殻や甲羅を取り除き、肉だけをのみ込む。

マダラトビエイ

完全草食性の
ウミガメ

世界各地の熱帯と暖温帯の海域

アオウミガメ（ケロニア・ミダス）は、ウミガメの仲間で唯一、大人になると完全に草食性になる種で、おもに海草や海藻、その他の藻類を食べて生きている。この食性によって甲羅の下の脂肪が緑色を帯び、それが名前の由来になっている。アオウミガメは、採餌場所をあとにして、ときには外洋を横断するほどの長距離を移動し、自分が生まれた浜辺に戻って産卵する。孵化した子ガメたちは、数年は海上を漂い、外洋の水面近くで海藻やクラゲなどを食べて育つ。ある程度の大きさになると、海草の藻場を住処にするようになる。アオウミガメの口先は鋭く、細かいギザギザがついていて、葉の上部だけを嚙りとるのに適している。根は残るので、海草はまた葉を伸ばすことができる。カリブ海やフロリダでよく見られる海草タートルグラスは亀の草という意味で、アオウミガメの好物であることからこう呼ばれるようになった。

アオウミガメは、採餌中も3〜5分ごとに呼吸のため水面に浮上するが、じつは5時間も息を止めていられる

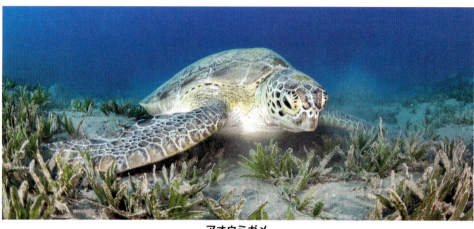

アオウミガメ

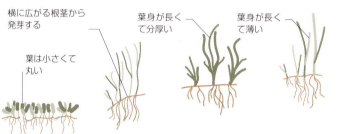

スターグラス **マナティーグラス** **タートルグラス** **ウミジグサ**

海草の生育ゾーン
カリブ海やフロリダの藻場では、もっとも浅い海域に生えるウミジグサから、40mの深さでも成長できるスターグラスまで、深さによって海草の住み分けができている。住み分けのゾーンは、干潮時にどの程度空気に触れるか、光が入るかどうか、どのくらいの塩分があるかによって決まる。

サメの行動範囲

最強の捕食者であるイタチザメ（ガレオケルド・クウィエル）は、獲物を探して海草の間をよく泳ぎ回っている。アオウミガメやその他の動物は、サメを警戒して海草を好きなだけ食べることができず、それが結果的に海草の保護につながっている。イタチザメの行動範囲は1日70kmにも及ぶ。バハマ諸島のイタチザメにカメラを取りつけたところ、これまでに発見された中で最大の海草の群生地（最大9万2,000km²の範囲）を遊泳していることがわかった。

イタチザメ

示威行動

大西洋と地中海

海草の藻場では、捕食者と獲物のじつに興味深い適応関係が見られることがある。大西洋や地中海に生息するニシセミホウボウ（ダクティロプテルス・ウォリタンス）は、藻場の砂地を動き回る小さな無脊椎動物（貝類、甲殻類、虫など）を探して食べる。この魚の胸びれは非常に特殊な構造をしていて大きく広げることができる。その使い方もユニークで、胸びれの前の部分を「手」のように使い、砂を巻き上げて獲物の視界をさえぎったり、食べ物を探すために海底をあおいだりこすったり掘り返したりする。また、ニシセミホウボウは腹びれを使って海底を歩きながら獲物を探すが、そのときは自分の姿を巧みにカムフラージュしている。

立場が逆転して自分が危険を感じると、胸びれの後ろの部分を翼のように大きく広げ、鮮やかな青い模様を見せつける。こうして捕食者を驚かせ、そのすきに泳いで逃げるのだ。もっと速く泳ぐ必要がある場合には、胸びれや腹びれはたたみ、背びれと尻びれを勢いよく動かしてスピードを上げる。

ニシセミホウボウ
海底を住処とするこの魚は普段は巧みに身を隠しているが、脅威を感じると鮮やかに彩られた胸びれを広げて捕食者を驚かす。

アマモの藻場の永住者

イギリス　ドーセット州　スタッドランド湾

イギリス南海岸のスタッドランド湾は、波が穏やかで底が砂地になっている浅い海で、水中にはアマモ（ゾステラ・マリナ）がびっしり生えている。水に揺れるアマモの葉の間に、タツノオトシゴの一種ロングスナウテッドシーホース（ヒッポカンプス・グットゥラトゥス）がいる。泳ぎが苦手なこの種は、海草の中に身をひそめ、物をつかめるように進化した尾を1枚の葉に巻きつけて体を支える。胃がないので、たえず食べていなければならない。獲物は小さな甲殻類や周囲のプランクトンで、長い吻で吸い上げる。

2019年、スタッドランド湾は海草が豊かに広がる環境のため海洋保護区に指定された。絶滅が心配されているロングスナウテッドシーホースは、隠れ場所としても定住場所、繁殖場所としても、この環境に依存している。

貴重な一枚
海草の葉にしがみつくロングスナウテッドシーホース。長く伸びた吻と、首から背にかけて突き出た肉質のたてがみが特徴。

環境保全
環境に配慮した係留装置

スタッドランド湾はボート遊びの人気スポットだが、停泊に従来の錨を使うと藻場を傷めてしまう。その傷跡は最大で4m²の広さにもなり、元の状態に戻るのに何年もかかることがある。その対策として、湾内には係留ブイが保護団体によって複数設置されている。らせん状のスクリューを海底に埋め、そこに伸縮性のあるライザーと係留ブイを結びつける。それらは潮の満ち引きで伸縮するだけで、海草の間を引きずられることがない。

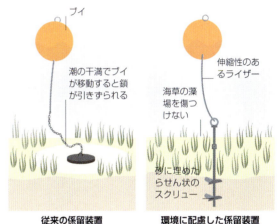

巨大な海の植物

オーストラリア　シャーク湾

2022年に遺伝子分析によって新たな発見があった。西オーストラリア州のシャーク湾に長さ180km以上、面積約200km²を占めるリボンウィード（ポシドニア・アウストラリス）の海中草原が、じつはたった1本の植物が枝分かれしたものだとわかった。ここに定着した1粒の種が少なくとも4,500年かけて根茎から発芽し、繰り返しクローンを作り出してきた。この海草は倍数体であり、同類の他の植物より染色体数が多い。そのため、他の植物を駆逐したと考えられる。妨害がなければ、無限にクローンを作り続けるだろう。

リボンウィード

サンゴ礁

サンゴ礁は巨大な生体構造で、何十億という微細生物が数千年をかけて作り上げたものだ。暖かい浅い海で見られ、じつにさまざまな海洋生物の生活の基盤になっている。

多数の生き物が暮らし、食べる物にも事欠かないサンゴ礁には、サンゴが作る石のような構造物に加えて、動物と海藻によって育まれるユニークなエコシステムがある。暖かい海のサンゴ礁には海生魚類の25%以上が暮らしているが、海底部分に占めるサンゴ礁の比率は全海域の0.1%にも満たない。

サンゴ礁の種類

サンゴ礁を構成するサンゴは、炭酸カルシウムの骨格を分泌して石灰質の構造物を築く。ときにはそれが全長数千km、深さ数百mにわたって続くことがある。サンゴ礁はおもに、裾礁、堡礁、環礁の3種類に分類される。もっともよく見られるのが裾礁で、海岸線に沿って成長し、岸との間には浅いラグーン（潟湖）があるだけだ。堡礁も海岸線と平行に成長し、海岸との間にはより深いラグーンが形成される。インド洋のグレートチャゴスバンクに代表される環礁は、中央のラグーンを取り囲むリング状のサンゴ礁である。

暖かい海に生育するサンゴが増殖するには、適度な水温（23～29℃）や塩分濃度（32～40‰）など、特定の条件が必要だ。ポリプに寄生する藻類の光合成を助長するには水がきれいで透明度が高いことも重要で、このような条件が満たされなければ、サンゴはたちまちストレスを感じて死んでしまう。サンゴ礁は気候変動の影響をとくに受けやすいエコシステムなのだ。

造礁サンゴが築く土台は何千種もの生物の暮らしを支えている。栄養分が豊富とはいえない海の中で、ここは色あざやかで躍動感のある多様性に富んだオアシスだ。サンゴ礁にはカイメンや刺胞動物、ソフトコーラルが固着して複雑な構造ができる。穴や割れ目があちこちにあり、ロブスターやヒトデ、ウニなどの無脊椎動物が隠れるのに適する。魚にとっても、サンゴ礁は採餌場所にも避難所にもなり、安心して産卵や子育てができる場所だ。

世界的な分布
サンゴ礁は、インド洋、太平洋、西大西洋の熱帯地域にある浅い海で見られる。地球上でサンゴ礁がもっとも広く分布するのは、オーストラリアとインドネシア近辺の海域。

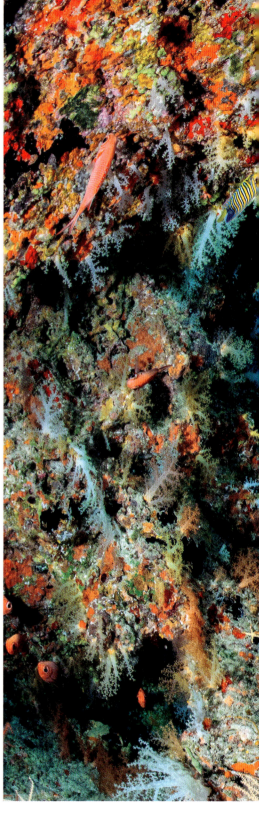

ハワイのサンゴ礁 — 孤立したサンゴ礁で、ほかでは見られない海洋生物が1,250種以上生息している

アカバ湾のサンゴは、気候変動に対する抵抗力が比較的強い — アカバ湾

グレートチャゴスバンク

ニンガルーには世界最大の裾礁がある

ニンガルーリーフ

ここでは600種近い造礁サンゴが見られる

コーラルトライアングル

グレートバリアリーフ — 生き物でできている構造物としては世界最大

凡例
■ サンゴ礁
○ とくに有名なサンゴ礁

サンゴ礁 / 305

サンゴ礁には、このモルディヴの海で見られるように、いくつもの岩棚や割れ目がある。そこにハードコーラルやソフトコーラルが育ち、ホホスジタルミ（マコロル・マクラリス）やイットウダイなど大小さまざまな動物が隠れすむ。

サンゴ礁ができるまで
新しい火山島が海面に顔を出すと間もなく、サンゴのもとになるポリプが海岸に群がり、裾礁が発達し始める。島が冷えたり沈んだりして陸地が後退してもサンゴは上へと成長を続け、やがて堡礁が形成される。時がたつと島は完全に水面下に没してしまい、中央にラグーンを抱くリング状のサンゴ礁が残る。これが環礁だ。

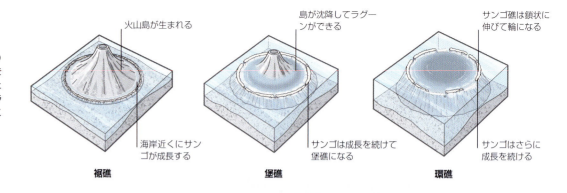

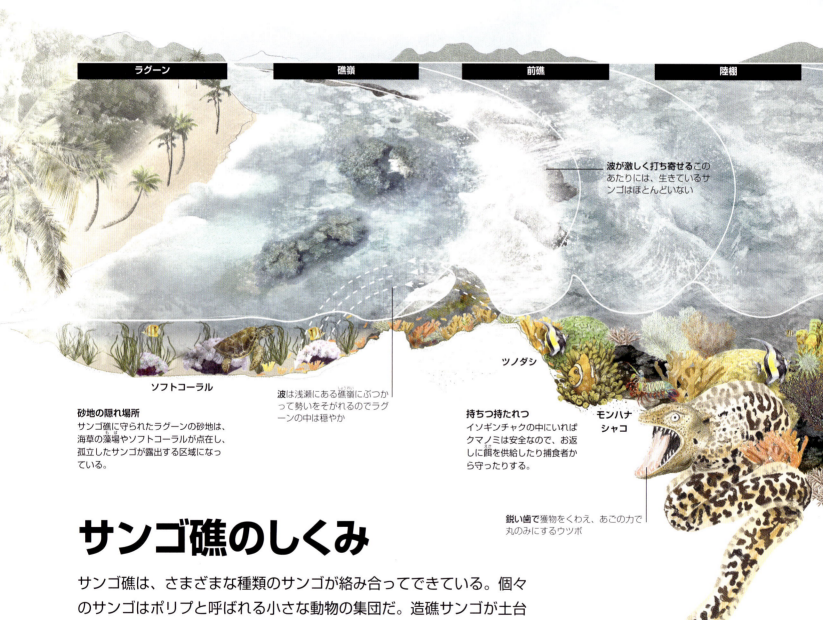

サンゴ礁のしくみ

サンゴ礁は、さまざまな種類のサンゴが絡み合ってできている。個々のサンゴはポリプと呼ばれる小さな動物の集団だ。造礁サンゴが土台を築き、数千年かけて石のようにかたくて複雑な構造物を作り上げると、そこにさまざまな海の生き物が住みついたり、一時的に立ち寄ったりする。オーストラリアのグレートバリアリーフは広大かつ複雑なエコシステムで、2,500以上ものサンゴ礁で構成されている。

サンゴ礁 / 307

物理的な条件

造礁サンゴが成長する適温は 23 〜 29℃で、この条件を満たすのが熱帯の海である。サンゴは18℃を下回る水温には耐えられず、適温の範囲を 3℃上回っただけで死ぬこともある。水は透明で、栄養分が少ない方がよい。そういう環境では浮遊物が少なく生産性も低いので日光が差し込み、ポリプに寄生する藻類が光合成を行うのに都合がよくなる。

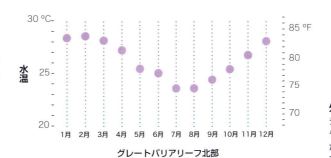

グレートバリアリーフ北部

外洋からの訪問者

シュモクザメは日中はサンゴ礁の外縁部にやってきてゆったり泳いでいることもあるが、夜になるともっと深い外洋に出て行って狩りをする。

既知の海洋生物全体の 25% がサンゴ礁に依存して暮らしている。そのうち魚類は 5,000 種を超える

礁外縁

ウミガメはサンゴ礁で餌をとったり休んだりして、砂浜で産卵する

オニイトマキエイ

藻類を食べる魚
藻類は増えすぎるとサンゴを窒息死させることがある。ナンヨウハギのような、おもに藻類を食べる魚によって、その数がコントロールされる。

頂点捕食者
浅い海域でよく見られるツマグロは泳ぎが速く、おもに魚を追いかけて捕食する。

ウミウチワ

ハコクラゲの長くてとげのある触手には、強い毒がある

サンゴ礁の建築家
石のようにかたいハードコーラルは海の建築家だ。炭酸カルシウムを分泌してサンゴ礁を造り上げる。

濾過摂食者
カイメンは大量の水を体内に取り込み、濾過してバクテリアやプランクトンを取り除くという摂食行動で、サンゴ礁の水質改善に一役買っている。

テーブルサンゴ

オオシャコガイ

サンゴを嚙み砕く魚
ポリプに含まれる藻類を目当てに、ブダイはサンゴの塊を大きくかじり取る。残り物は砂のように砕いて排出する。

糖類の供給者
サンゴのポリプにはごく小さな単細胞の藻類が寄生していて、光合成によってエネルギーの元になる糖類を作り出す。宿主のポリプはこの糖類を利用している。この生物のことを専門用語で「共生藻類」というが、褐虫藻と呼ばれることもある。

イタチザメ

ノウサンゴ

テーブルサンゴは深い場所でよく見られる

多種多様なイシサンゴ
紅海の一部アカバ湾では、荒涼とした砂漠の崖下に、特徴的な形をしたさまざまなイシサンゴ（ハードコーラルの一種）が色鮮やかに咲き誇る。

サンゴの日焼け防止策

南西太平洋　ニューカレドニア

白化すると、白くならずに虹のような蛍光色を発するサンゴがある。ニューカレドニアのサンゴ礁を調査したところ、ストレスを受けたサンゴで共生藻類が逃げ出すと（→ p.309）、サンゴの体内に入る光の量が増え、それが刺激となって色素の生成が促進されることがわかった。この色素は天然の日除けとなり、日光によるダメージからサンゴを保護して共生藻類の復帰を促す。共生藻類が戻ってきて再び日光を吸収し始めると、保護色素の生成は抑えられる。

カラフルな白化

サンゴ礁の造成

世界各地

イシサンゴのポリプは、適当な土台に固着すると、出芽というプロセスを経て群体を形成する。ポリプは充分大きくなると2つに分裂し、それを繰り返して数千ものクローンを作る。ポリプの下部からは炭酸カルシウムが分泌され、コラライトと呼ばれるカップ状の骨格ができる。ポリプはその中におさまるが、脅威を感じると縮むこともある。時がたつにつれ、ポリプの下に形成された炭酸カルシウムが厚みを増して層になり、群体は全体として上に伸びていく。

口／触手／コラライト（ポリプ単体の骨格）／土台の岩
ポリプの個体

ポリプは炭酸カルシウムを分泌して骨格を作る
共肉
骨格が積み重なってできるこの部分は生体ではない
サンゴ礁

イシサンゴのポリプの構造
ポリプはとげのある触手を動かして採餌し、老廃物を口から吐き出す。ポリプ同士はひも状の薄い組織（共肉）で結びつけられている。

スーパーサンゴ

紅海 アカバ湾

アカバ湾のサンゴは暑さによるストレスに強く、他の場所なら破壊的な白化や枯死につながるような水温の変化にも耐えられる。ここのサンゴには、夏季の平年値を最大で7℃上回る水温にも耐えられるものがいるが、ほとんどのサンゴは、水温が1～2℃上昇するだけで白化してしまう。このたくましいサンゴの祖先は、最後の氷河時代が終わった後、紅海南部の暖かい海から北へと移動してきたもので、その武器は暑さに強いということだ。

現在のアカバ湾で、このような「スーパーサンゴ」は水温が高い海でも増殖できる能力を持ち続けている。暖かい海で、細胞内のごく小さな藻類は活発に光合成を行い、その結果サンゴはより多くのエネルギーを利用できる。この地方のサンゴ礁は、地球の気温が上昇を続けたとしても今世紀末まで生き延びる数少ない事例のひとつになるかもしれない。

地球の気温が1.5℃上昇すると、サンゴ礁の70～90%が失われるだろう

サンゴの白化

世界各地

サンゴには、互いに有益な関係にある「共生藻類」がいて、サンゴの細胞組織内で光合成を行い、サンゴが必要とするエネルギーの最大90%を供給する。だが、水温の上昇などによってサンゴがストレスを受けると、共生藻類は追い出されてしまう。サンゴの色はこの藻類のものなので、藻類がいなくなると組織は透明になり、中の骨格が透けて、サンゴは白く見える。さらにエネルギーのおもな供給源がなくなるため、サンゴは栄養不足になる。短期間で正常な状態になれば元に戻るが、そうでなければサンゴは死滅し、骨格にはさまざまな藻類が定着することになる。

白化したハナヤサイサンゴ

サンゴが白化するまで
健康なサンゴでは、共生藻類はポリプの細胞内に寄生している。サンゴがストレスを受けると、共生藻類が追い出されてサンゴは白く見えるが、この段階なら元に戻る可能性がある。しかし共生藻類が戻ってこないと、サンゴは死滅して、その場所は芝状藻類におおわれる。

環境保全
サンゴの育成場

野生のサンゴを増殖させようと、世界各地でサンゴ礁に近い場所にサンゴの育成場が設けられている。このような場所があれば、たとえば嵐の後で群体から引き離されたサンゴの破片も救われる可能性があるし、別のサンゴの破片を集めて人為的に育てることもできる。サンゴの破片をツリーと呼ばれる金属のフレームに吊るして育成し、充分に育ってからサンゴ礁に移植するのだ。

ハイスギミドリイシのツリー

長持ちするマイホーム

メキシコ湾、カリブ海

カイメンは単純な構造の動物で、動くことができず、その細胞は組織にも器官にもならない。その代わり、水の循環に頼って酸素と食物を摂取する。サンゴ礁のセコイアともいわれるミズガメカイメン（クセストスポンギア・ムタ）は、高さと幅が1mを超えるほど巨大で、2,000年以上生きることもある。多孔性の内部は、さまざまな無脊椎動物や魚類（たとえばアメリカイセエビ、ブルーヘッド）など、サンゴ礁に住む小さな生物の微小生息域になっている。サンゴ礁ではよく目立つので、ミズガメカイメンの上や近くにはクリーニングステーション（→ p.313）があることが多く、ベラ科のクレオールラスなどの大きな魚もやってくる。カイメンは多種多様な微生物の宿主にもなり、微生物から栄養分だけでなく防御に役立つ物質も受け取る。

ミズガメカイメン
ミズガメカイメンの採餌方法は受動的で、体壁で水を濾過し、必要な養分を摂取した残りを上部の大きな開口部から吐き出す。こうしてサンゴ礁の水質をきれいに保つ。

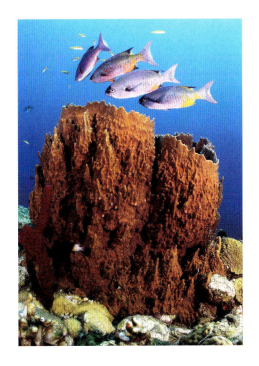

水を濾過する

西大西洋、カリブ海

ハードコーラルと異なり、ソフトコーラルはかたい骨格を作らず、たいていは、付着器という器官でサンゴ礁または海底に固着する。八放サンゴ（ゴルゴニア・ウェンタリナ）は夜行性で濾過摂食を行うサンゴだ。ウチワのような構造体に支えられている個々のポリプが、夜になると動物プランクトンを採取する。日中は共生する褐虫藻が光合成を行う。ポリプの触手にはやわらかい突起があり、餌を採るときにはこの触手を伸ばすが、捕食者に脅かされると群体の中に引っ込める。

流れにまかせて
八放サンゴは幅広で枝分かれした形をしている。その姿を水の流れにまかせて揺らし、動物プランクトンをできるだけ効率的に摂取する。

夜行性のハンター

西大西洋、カリブ海

ウデブトダコ

海中にはあちこちに自然にできた岩棚や割れ目があり、いろいろな動物の隠れ場所になっているが、そこにサンゴ礁ができると、地形がいっそう複雑になる。単独で行動するウデブトダコ（オクトプス・ブリアレウス）は、日中は大型の捕食者を避けて暗い巣穴に隠れているが、夜に出てきて小魚や甲殻類をつかまえる。皮膚の色素胞を駆使してすばやく体色を変え、完全に擬態しながらサンゴ礁の上を音もなく移動する。そして腕間の膜を広げ、獲物に飛びかかる。

人工漁礁

北東インド洋　アンダマン海

海中の人工構造物には、やがて海洋生物が集まってくる。古いスズ鉱石運搬船ブンスンレックは、1985年にタイの西海岸カオラックの沖合で沈没したが、2004年の破壊的な大津波でさらにバラバラになった。難破船に最初にやってくるのはたいてい魚で、目につきにくい隅や隙間を隠れ場所にする。ブンスンレックとその周辺にはフエダイ、チョウチョウウオ、ブダイ、タカサゴなどの大群が泳ぎ回り、暗い割れ目の奥にはニセゴイシウツボが潜んでいる。そのうちに海中を浮遊するサンゴの幼生が定着して新しい土台を作り始め、藻類やカイメン、イソギンチャク、甲殻類も加わる。何年もたつうちに、ブンスンレックは変化に富む豊かなサンゴ礁のハビタットになり、トラフザメ（ステゴストマ・ティグリヌム）など大型の捕食者も引き寄せている。

二次的にハビタットとして機能する構造物（石油や天然ガスのプラットフォームなど）が人工漁礁に発展することもある。またはその種の構造物を意図的に海底に敷設して新たな漁礁の土台にすることもある。素材としては石灰岩、コンクリート、鋼鉄がよく使われる。こうした人工漁礁には、海岸線の保護から漁場の拡張、ダイビングのようなレクリエーションまで、いくつかの目的がある。

人工漁礁を作るためにわざと船を沈める場合は、まずその船の清掃と除染を慎重に行って、海が汚染されないようにする必要がある。

海洋学者の推定によると、発見されずに海底に沈んでいる難破船は300万を超える

ブンスンレック
この難破船は水面下18mという浅い海に沈んでいて、ここを除けば一面広大な砂地が広がっている海底に、豊かなサンゴ礁のハビタットを作り出している。

藻類を育てる魚

西大西洋、カリブ海、メキシコ湾

ロングフィン・ダムゼルフィッシュ（ステガステス・ディエンカエウス）は餌になる芝状藻類を育てて管理し、果敢に守ろうとする。スズメダイの仲間には同様の習性を持つ種がほかにもいる。このような藻場に集まるアミ類をダムゼルフィッシュは大目に見るだけでなく、ベラ科のスリパリーディック（ハリコエレス・ビビッタトゥス）のような捕食者から積極的に守る。この2種は互いに助け合う共生関係にあるからだ。アミの排泄物が藻場の養分になり、ダムゼルフィッシュは上質の餌にありつける。

採餌場所を守る
単独で行動する場合も繁殖時にペアでいる場合も、ロングフィン・ダムゼルフィッシュはつねに他の魚から自分の藻場を防御する。

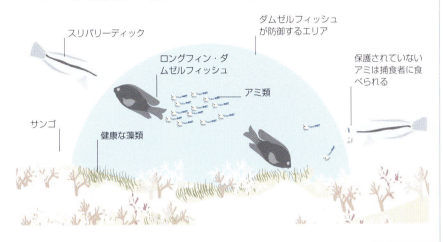

一斉産卵

世界各地

イシサンゴの産卵は、ほとんどが放卵放精型だ。月の周期や水温、日の長さなどの条件が整うのを待って、イシサンゴは年に一度、一斉に産卵する。たくさんの群体から、雌雄の生殖体（卵子と精子）が入ったバンドルが放たれる。バンドルには水に浮く脂質が含まれているので、海面まで浮かび上がり、精子と卵子はそこで別々になる。精子が同種の別の群体から放たれた卵子と出会えないと、受精は成立しない。膨大な数のバンドルが同時に放出されることで、出会いの確率は高くなる。受精卵から生まれた幼生（プラヌラ）はプランクトンに混じって海を漂いながら成長し、適当な土台に着底する。イシサンゴでも一斉に産卵しないものを幼生保育型サンゴという。オスの群体が精子を放出し（年に数回のこともある）、それをメスの群体が取り込んで体内で受精が行われる。受精卵は親の群体内で発育し、着底の準備ができると幼生として放出される。

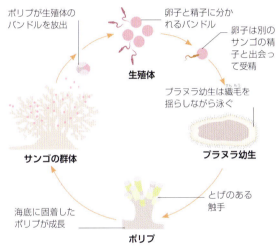

サンゴの生殖サイクル
サンゴのポリプは一斉に生殖体を海中に放出する。その後数日から数週間で、幼生は成熟して着底し、新しいサンゴの群体へと成長する。

一斉産卵
ニンガルーリーフ（西オーストラリア州）で、ミドリイシ類のアクロポラ属のサンゴが一斉産卵で無数のバンドルを放出しているところ。水面下で吹き荒れる産卵の嵐。

口を開けて
ホンソメワケベラがロービングコーラルグルーパーの鋭い歯の隙間を掃除する。最初にヒレでマッサージして相手をリラックスさせる。

サンゴ礁での採餌に適応した魚

世界各地

生きたサンゴを食べる魚の過半数が、チョウチョウウオの仲間である。その細長い口は肉質で、サンゴのポリプだけを、その下の炭酸カルシウムの骨格を傷つけずに取ることができる。

コガネチョウチョウウオ（カエトドン・ムルティキンクトゥス）のように、あごを伸ばしてサンゴのポリプをひとつずつかじりとる種がいる一方で、ハナグロチョウチョウウオ（カエトドン・オルナティシムス）のように、短いあごでサンゴの表面をこすって一度に複数のポリプをかじりとりつつ、骨格は傷つけない種もいる。

フエヤッコダイ（フォルキピゲル・フラウィシムス）は、魚卵や小さな甲殻類、ウニの又棘（小さなとげ）などいろいろなものを食べる。吻が非常に長く、その先にはくし状の歯が並んだ小さな口が突き出ている。この口をサンゴ礁の割れ目や破片の間に突っ込んでごく小さな獲物を探す。平たい楕円形の体は、狭い隙間に入り餌を探すのに適している。

採餌行動に適応した体
ハシナガチョウチョウウオ（ケルモン・ロストラトゥス）は、長い吻と小さな口で、サンゴ礁に暮らす他の魚には届かない場所で餌をあさることができる。

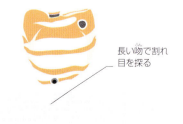

長い吻で割れ目を探る

顔が長いのはなぜ？
フエヤッコダイの長い吻は、サンゴ礁の狭い隙間から獲物を引っ張り出すのに適している。体は狭い場所でも動きやすいようにできている。大きな胸びれを動かして細い体をくねらせ、サンゴ礁の割れ目に入り込むこともできる。

クリーニングステーション

紅海、インド太平洋

サンゴ礁には、相利共生（当事者の双方が互いに利益を得る関係）の例がいくつもある。典型的な例がホンソメワケベラ（ラブロイデス・ディミディアトゥス）で、サンゴ礁の特定の場所に専用のクリーニングステーションを設けている。ロービングコーラルグルーパー（プレクトロポムス・ペスリフェルス）など大型の魚がこのステーションにやってくると、ホンソメワケベラはその皮膚からバクテリアや寄生虫、古くなった組織などをつついて取り除く。

この関係では捕食行動はまったく行われず、ロービングコーラルグルーパーは口とえらぶたを開けて無防備な体勢をとる。その間にホンソメワケベラは不要な物質を取り除き、自分で食べるのだ。ホンソメワケベラがグルーパーの希望とは違うものを取り除くと、グルーパーはすぐにその場を去って別のステーションに行くか、怒ってホンソメワケベラを追いかける。どちらの行動でも、次からはもっとよい相互関係をうながすことになる。

ホンソメワケベラの顧客リストは、ウナギからジンベエザメまで幅広い

環境保全
破壊的な漁法
世界各地でサンゴ礁の魚（ハタ類など大型で価値の高い種を含む）をダイナマイトで失神させたり殺したりする漁法が行われている。こうした漁法では、サンゴが破壊されるだけでなく、衝撃波で死ぬ多数の小魚は価値がないため放置される。シアン漁法も、周囲のエコシステムに破壊的な影響を与える。魚の顔面にシアン化物を吹きかけて失神させ、水族館などの観賞用の魚をつかまえやすくするための漁法だが、この化学薬品によってサンゴ礁のポリプその他の生物にも命の危険が及んでいる。

爆風で死んだ魚たち

クサビベラ

道具を使う魚

インド太平洋中部

かつては人類だけの能力と思われていた道具の使用例が、種々さまざまな動物にも見られることがわかってきた。サンゴ礁では、道具を使って貝殻を割り、中身を食べる魚が観察されている。クサビベラ（コエロドン・アンコラゴ）はベラの一種で、二枚貝のようなかたい殻を持つ貝を食用にする。この殻を開けるために、クサビベラはほどよいかたさのサンゴやとがった石を見つけ、それをしっかり口にくわえて獲物の貝に打ちつける。

日中に採餌するサンゴ

インド太平洋

キクメハナガササンゴ（ゴニオポラ・ディボウティエンシス）のポリプは大きくて長く肉厚だ。各ポリプにはとげのある触手が24本あり、これらを動かして獲物のプランクトンをつかまえる。イシサンゴ類には珍しく、ラグーンや浮遊物のある濁った水域でも生きられる。また日中に餌をとる。ハナガササンゴの仲間には攻撃的な一面がある。一部の群体にはスイーパー触手を備えたポリプが発達していて、隣接するサンゴに打撃を与えることがある。

触手を伸ばすポリプ

ただ乗りするエビ

インド太平洋

鮮やかな体色のウミウシカクレエビ（ペリクリメネス・インペラトル）は、単独で見つかることがない。ウミウシやナマコ、ヒトデなどの宿主に寄生して一生を送るからだ。これは片利共生の一例で、つまりエビがいても宿主には何の利益もないが、害にもならない。一方のエビは捕食者から守ってもらえるうえに、宿主が海底を歩き回って微細な生き物やその残骸をあさるのに乗じて簡単に食べ物を入手できる。宿主にはキャンディケインシーキューカンバー（テレノタ・ルブラリネアタ）のような全長50cmにまで成長するものもあり、エビを脅かす捕食者もこれにはたじろぐだろう。

動く保護装置
片利共生生物のウミウシカクレエビが、赤い縞模様の宿主の体表を動き回っている。脅威を感じたら、もっと安全な場所にもぐり込む。

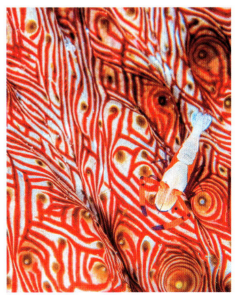

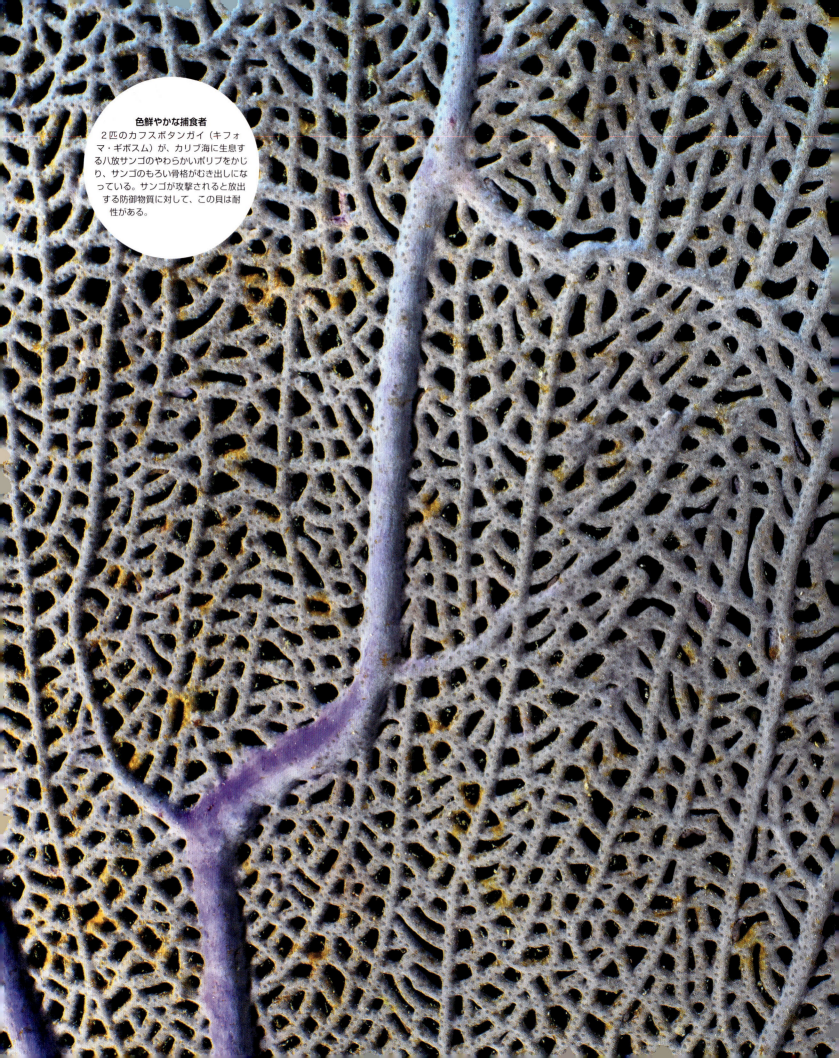

色鮮やかな捕食者
2匹のカフスボタンガイ（キフォマ・ギボスム）が、カリブ海に生息する八放サンゴのやわらかいポリプをかじり、サンゴのもろい骨格がむき出しになっている。サンゴが攻撃されると放出する防御物質に対して、この貝は耐性がある。

> **その魚の名は？**
> ブダイ類は特定が難しい。性別や色を変える習性があり、種によってはきわめて簡単に変異する。採餌方法も、外見からつねにわかるとは限らない。

草食ブダイ、はぎ取りブダイ、掘り起こしブダイ

世界各地のサンゴ礁

カラフルなブダイは、世界各地のサンゴ礁でよく見られる魚である。ブダイの採餌方法は、主顎の構造によって3通りに分かれる。まず、草食動物のように海藻や海草を食べる種がいる。ほかに、ヒブダイ（スカルス・ゴバン）のようにサンゴや岩の表面をおおう藻類をはぎ取って食べるはぎ取りブダイ、ストップライトパロットフィッシュ（スパリソマ・ウィリデ）のように、サンゴの一部をかじり取って組織を食べる掘り起こしブダイがいる。ほとんどのブダイ類には、のどの奥に咽頭顎と呼ばれる第2のあごがある。このあごは補助的な歯の機能を持ち、食べた物を砕いたりすりつぶしたりする。

サンゴを食用にする魚はほとんどが組織だけをはぎ取る（組織は1週間で再生する）が、掘り起こしブダイはサンゴの群体の奥の方までかじり取り、組織だけでなく骨格まで取り去るので、回復するのに最長で3年かかることもある。骨格は食べられないので、砂のように細かく砕いて排出する。

大きなブダイでは、毎年450kgものサンゴの残骸を砂として排出する

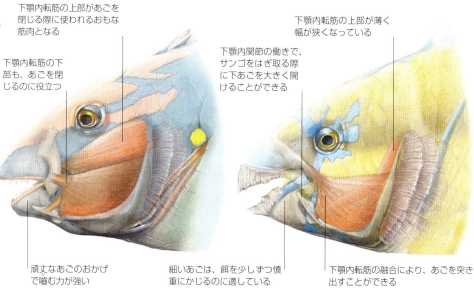

ブダイのあご
頑丈なあごには最大1,000本もの融合歯が生えている。掘り起こしブダイの場合、あごを閉じる筋肉は大きく発達しているが、はぎ取りブダイのような下顎内関節はない。

掘り起こしブダイ
- 下顎内転筋の上部があごを閉じる際に使われるおもな筋肉となる
- 下顎内転筋の下部も、あごを閉じるのに役立つ
- 頑丈なあごのおかげで噛む力が強い

はぎ取りブダイ
- 下顎内転筋の上部が薄く幅が狭くなっている
- 下顎内関節の働きで、サンゴをはぎ取る際に下あごを大きく開けることができる
- 細いあごは、餌を少しずつ慎重にかじるのに適している
- 下顎内転筋の融合により、あごを突き出すことができる

擬態する藻類

インド太平洋中部

ミドリイシに混じるビャクシンキリンサイ

行動や外見、色、におい、動きによる擬態は、サンゴ礁に暮らす魚や甲殻類によく見られる習性だ。ところが藻類にも同様の行動を取るものがいる。ビャクシンキリンサイ（ミミカ・アルノルディイ）は紅藻の一種で、緑や紫など複雑な色をしたサンゴのミドリイシ（アクロポラ属）に混じって生えている。そこでこの藻類はサンゴの枝ぶりをまねたり、ポリプの椀型骨格にそっくりのこぶをつけたりする。かたくて消化できない骨格を持つサンゴに擬態して、やわらかい藻類を求めて泳ぎ回っている草食魚類に食べられる危険を減らす作戦なのだ。

割れ目に住む魚

インド太平洋の岩礁と沿岸部

モンハナシャコ（オドントダクティラルス・スキラルス）は単独行動を好み、岩礁の割れ目や、サンゴの基部に掘ったU字型の巣穴に身をひそめている。モンハナシャコの目は動物界でもとくに複雑な仕組みを持っていて、捕食者にも獲物（カニや巻貝など）にも見えないところまで見ることができる。片目ずつ別々に動かせるだけでなく、紫外線のような、人間には感知できない波長も検出できるのだ。

チャンピオンボクサー並みのパンチを繰り出す攻撃的な肉食動物で、こん棒のような前肢で獲物のかたい殻を砕くが、その目にもとまらぬ速さは時速72kmを超えるほどである。

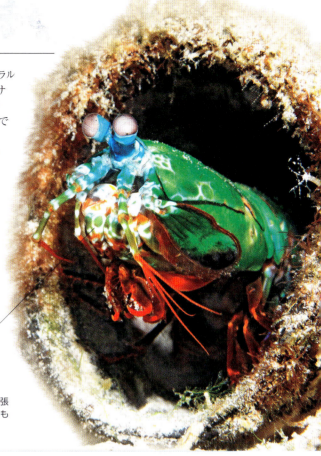

こん棒のような前肢をたたんで体に引きつけ、攻撃の準備は万全だ

人工の割れ目
このモンハナシャコは古い空き缶を住処にしている。縄張り意識が非常に強く、マイホームを守るためならいつでも戦う準備ができている。

生息域を広げる魚

西大西洋、インド太平洋

もともとインド太平洋に生息していたハナミノカサゴ（プテロイス・ウォリタンス）は肉食性の大食漢で、小さな甲殻類や魚類を食用にする。1980年代半ばにフロリダ沖で初めて確認されたのを皮切りに生息域を広げ、現在は北米南東部の沿岸やメキシコ湾、カリブ海でも見られる。新たな生息域では捕食者がいないため頂点捕食者になり、爆発的に増えてサンゴ礁のエコシステムを脅かしている。

ハナミノカサゴ

背中のとげには毒があり、これで身を守る

朝食には卵を

インド太平洋中部

ウミヘビの尾は櫂のような形に進化してきたため、この種の海の爬虫類は水をかいて前進することができる。カメガシラウミヘビ（エミドケファルス・アンヌラトゥス）は日中のみ活動しておもにイソギンポ、ハゼ、スズメダイなどの卵を食べ、夜は眠る。上あごに大きく細長い歯のようなうろこがあり、これで魚卵を岩の表面からはがして食べる。卵しか食べないので、長い年月のあいだに毒牙や毒腺はいちじるしく縮んで、役に立たない器官になってしまった。工業用排水などで汚染された岩礁では、真っ黒な個体が見られることがある。メラニンを多く分泌することで、微量元素を吸収してから皮膚と一緒に脱ぎ捨てることができるためだ。

防護用のうろこ
大きなうろこが重なり合って全身をおおい、獲物を探してサンゴ礁の隙間や割れ目を泳ぎ回るときに、とがったサンゴで傷つくのを防いでいる。

サンゴを破壊する生物

インド太平洋

オニヒトデ（アカンタステル・プランキ）はオニヒトデ科4種のうちの1種だが、この仲間はすべてハードコーラルをむさぼり食う。成熟した1個体で1年に最大 $10m^2$ を食べ尽くすほどだ。グレートバリアリーフでは乱獲によって捕食者が減ったためにオニヒトデが大発生し、海中の富栄養化によって幼生が生き残りやすくなっている。繁殖力が旺盛で、性的に成熟するのも早い。そのため大発生が起こりやすく、コントロールが難しい。被害を受けたサンゴ礁では、生きているサンゴの90%が破壊されることもある。

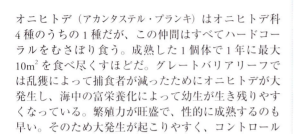

毒素でおおわれた防御用のとげ

オニヒトデ

背景に溶け込んで

紅海、インド太平洋

完璧な隠蔽擬態
モルディヴのアリ環礁で、黄色いウミユリとほとんど見分けがつかないニシキフウライウオ。長く伸びた吻と左右に平たい体に、ヨウジウオ類の特徴が出ている。

ニシキフウライウオ（ソレノストムス・パラドクスス）は、その形と色が周囲の環境に溶け込んでいて見過ごされやすい。そこにいるのに見えない「隠蔽擬態」という手法で捕食者の目を逃れるのだ。ふだんはウミユリやソフトコーラルのそばを頭を下にして浮遊しており、体とひれには細い突起物がびっしり生えている。これで体の線がわかりにくく、隠蔽効果がさらに高まる。体の色をさまざまに変えることができ、ほとんど真っ黒に見えることもあれば、半透明の体に黄色や赤、白の模様を浮き出させることもある。小さなプランクトンを、チューブ状の吻で吸い込んで食べる。

スパインチークアネモネフィッシュ
一雌一雄のペア。メスの方がオスよりはるかに大きい。縄張り意識が非常に強く、宿主のイソギンチャクを捕食者から保護する。

水から出た魚

スマトラ、ボルネオ、ニューギニア、オーストラリアのサンゴ礁と浅い海

マモンツキテンジクザメ（ヘミスキリウム・オケラトゥム）は細長くてしなやかな体と強靭なひれの持ち主で、このひれでサンゴ礁の浅い海を歩いて獲物を追うことができる。潮が引くと、大型のサメは沖合の深い海に戻らなければならず、マモンツキテンジクザメは潮だまりに取り残されたカニやエビ、小魚を好きなだけ食べられる。自分が取り残されることもよくあるが、そういうときには呼吸と心拍を遅く、血圧を低くして、安全な海に戻れるまで、酸素をほとんど取り入れられない状況でも長時間生きられる仕組みが備わっている。

櫂の形をした強靭な胸びれ

腹びれ

這って進むたびに体をくねらせる

短い吻で食べ物を探す

這って移動
陸に取り残されても、対になった胸びれと腹びれをたくみに動かし、這って海中に戻ることができる。

マモンツキテンジクザメ

年老いた巨大サンゴ

南太平洋のアメリカ領サモア　タウ

サンゴの中には信じられないほどゆっくり成長する種がある。その年齢は木の年輪（→p.47）と同じように骨格に刻まれる成長輪で推定でき、その輪が刻まれたときの気候についても情報を得ることができる。アメリカ領サモアには、たくさんのハマサンゴが集まった巨大な群体がいくつかある。そのひとつ、「ビッグママ」という愛称で呼ばれている群体は、直径約12.8m、高さ6.4m、周囲41.1mで、推定年齢は500歳を超えている。

ビッグママ

切っても切れない仲

インド太平洋中部

クマノミとイソギンチャクは、双方に利益のある共生関係で強く結びついている。ただし、クマノミが絶対共生者で宿主のイソギンチャクなしに生きていけないのに対し、イソギンチャクはクマノミがいなくても生きていける。10種程度のイソギンチャクから宿主を選べるクマノミもいるが、たとえばスパインチークアネモネフィッシュ（アンフィプリオン・ビアクレアトゥス）は、サンゴイソギンチャク（エンタクマエア・グアドリコロル）としか共生できない。一方サンゴイソギンチャクは、数種のカクレクマノミの宿主になることがある。

クマノミは自分の体を粘液の層でおおうので、とげのあるイソギンチャクの触手の間に隠れて捕食者から身を守ることができる。その代わり、クマノミが出す老廃物が、イソギンチャクの組織内に寄生する褐虫藻の生命維持に必要な栄養になるため、イソギンチャクにも利益があり、褐虫藻も共生者といえる。これはサンゴの褐虫藻（→p.309）と同じ単細胞の藻類で、宿主の呼吸、成長、生殖を手助けする。

世界には1,000種を超えるイソギンチャクがいるが、クマノミの宿主に適するのは10種だけ

高温と乾燥にさらされて

オーストラリア北西部　キンバリー

サンゴ礁の群体構造に影響を与える可能性がある水の循環は、おもに波や潮汐によって引き起こされる。オーストラリア北西部の秘境キンバリー地域は、干満の差が熱帯地方としては世界最大で、10mに達することもあるが、多彩なサンゴ礁が見られることでも知られている。ここでは、過酷な環境でも生き延びられる特定の遺伝的適応を身につけたサンゴだけが生息できる。この地域のサンゴは、1日2回の干潮時には空気にさらされるうえ、気温の変動が大きいことにも耐えなければならない。そこで、一部のサンゴは粘液を分泌して身を守る。この粘液は乾燥を防ぐのに役立ち、有害な日光から組織を保護する日焼け止めの役目も果たす。

干満差が大きい場所のサンゴ礁
潮が引き始めると、階段状に勢いよく流れる滝や急流が出現して、海の生物は大あわてで逃げていく。このとき、世界最大規模の海岸沿いのサンゴ礁が姿を現す。このサンゴ礁、モンゴメリーリーフは、干潮時には海面から5m近くも顔を出す。

シマハギ（アカントゥルス・トリオステグス）は狭い海峡に何千匹も集まって産卵する。オグロメジロザメ（カルカルヒヌス・アンブリリンコス）の餌食になる危険を冒してでもここで産卵すれば、海峡の強い流れによって卵がより安全な海域まで押し流されるからだ。

沿岸海域

栄養豊富で水深が浅く、地質的に安定している沿岸海域は、多様な生物を育むのに最適なハビタットだ。このような海域は世界の海洋面積の7%を占めるにすぎないが、海洋生物種の約90%がこの海域に生息している。

地球上のおもな大陸には潮間帯と呼ばれるエリアがあり、その向こうには水深200m未満の浅い海が大陸棚の上に広がっている。このような沿岸部の浅い海域では、海底まで日光が届くことが多いので、ケルプの森と海草の藻場（→ p.296）、サンゴ礁（→ p.304）など、複合的なエコシステムが生まれる環境が整っている。これらはいずれも生き物の採餌場所や繁殖場所として重要だ。沿岸海域は、海中を浮遊する微細な藻類（植物プランクトン）が繁茂する場所にもなるため、この藻類を食べる多くの動物もここで命をつないでいる。

栄養補給ルート

大陸棚は、地球の自転や風の影響を受けて、境界流が発生しやすい形になっている。境界流には大西洋のメキシコ湾流、太平洋のフンボルト海流、インド洋のルーウィン海流などがあり、いずれも沿岸海域のエコシステムに大きな影響を与える。この海域では栄養豊富な水が上昇流によって海底から海面へと運ばれ、さらに海岸沿いに広がっていく。こうして栄養が補給される道筋ができあがる。大陸棚が狭い地域では潮流が速く、栄養分の濃度がさらに高まるため、海の生き物も続々と集まってくる。クジラなどの大型哺乳類は、境界流に運ばれる大量の餌を追って子育ての場所まで移動する。栄養補給ルートは商業価値のある多くの魚（マグロ、メカジキ、サケなど）にも理想的なハビタットになるため、沿岸部に住む人間も恩恵にあずかっている。

世界的な分布

沿岸海域は、陸地と海の境にはどこにでもあるが、大陸棚が広くせり出しているところでは、沿岸海域も大きく広がっている。陸から離れた孤島には大陸棚がないので、沿岸海域も限定的だ。

バルト海や北海の広大な大陸棚で毎年春に発生する藻類ブルームによって、この海域は世界でもっとも豊かな海になる

ニューギニアとオーストラリアの間にはサフル大陸棚が広がり、沿岸海域が続いている

チリ沿岸の大陸棚は非常に狭いが、寒流と強い上昇流のおかげで世界でも有数の豊かな海になっている

スンダ大陸棚は、何千年にも及ぶ火山活動の結果生まれた

寒流と上昇流によって生まれる豊かな海が、イワシの大群とその捕食者を引き寄せる

凡例

■ 沿岸海域

沿岸海域のしくみ

沿岸海域は、陸地に近いという点にメリットがある。川からさまざまな栄養分が運ばれ、それを摂取して微細な浮遊藻類——豊かな海の基礎になる生物——が繁殖する。ある場所では上昇流によっても栄養分が供給され、藻類と、それに依存する食物網全体が潤う。ペルーやチリ北部の沖合が命ひしめく海になっているのは、このためである。

濾過摂食する魚
グルクマ（下）やカタクチイワシ、マイワシなど、ペルーやチリの海で群れをなしている魚は、口を開けたまま泳ぎ、プランクトンをえらでこし取って食べる。

動物プランクトンの群れは海流に乗って漂い、小さな動物や植物プランクトンを食べる

大量のオキアミやプランクトンが、海水と一緒にひと口でのみ込まれる

ペルーカツオドリなどの**海鳥**は、下から捕食者に追い立てられて海面に浮かび上がってくる魚を狙う

翼をたたんで下降するのは、スピードを上げると同時に、海に飛び込んだときの衝撃を和らげるため

ペルーカツオドリ

動物プランクトン

ペルーマイワシ

日光を取り込む藻類
植物プランクトンは光合成を行う単細胞の藻類で、海中を自由に浮遊する。水が緑色に見えるのはこの藻類がいるからだ。上昇流に栄養分が豊富に含まれていると、植物プランクトンが爆発的に増え、草食の海洋生物が数えきれないほど集まり、それを追って捕食者もやってくる。

オキアミ

オキアミはエビに似た小さな甲殻類で、ヒゲクジラにとっては主要な食料源だ

ミナミセミクジラ

ハラジロカマイルカ

巨大な濾過摂食動物
ミナミセミクジラはヒゲクジラの一種。くしの歯のような板状の鯨鬚で海水ごとオキアミやプランクトンを捕え、水だけを吐き出す。

共同で狩りをする
ハラジロカマイルカは仲間と動きを合わせてカタクチイワシを追い立て、高速で追いかけたり空中に跳び上がって威嚇したりして、イワシの群れが球状に集まるよう仕向ける。

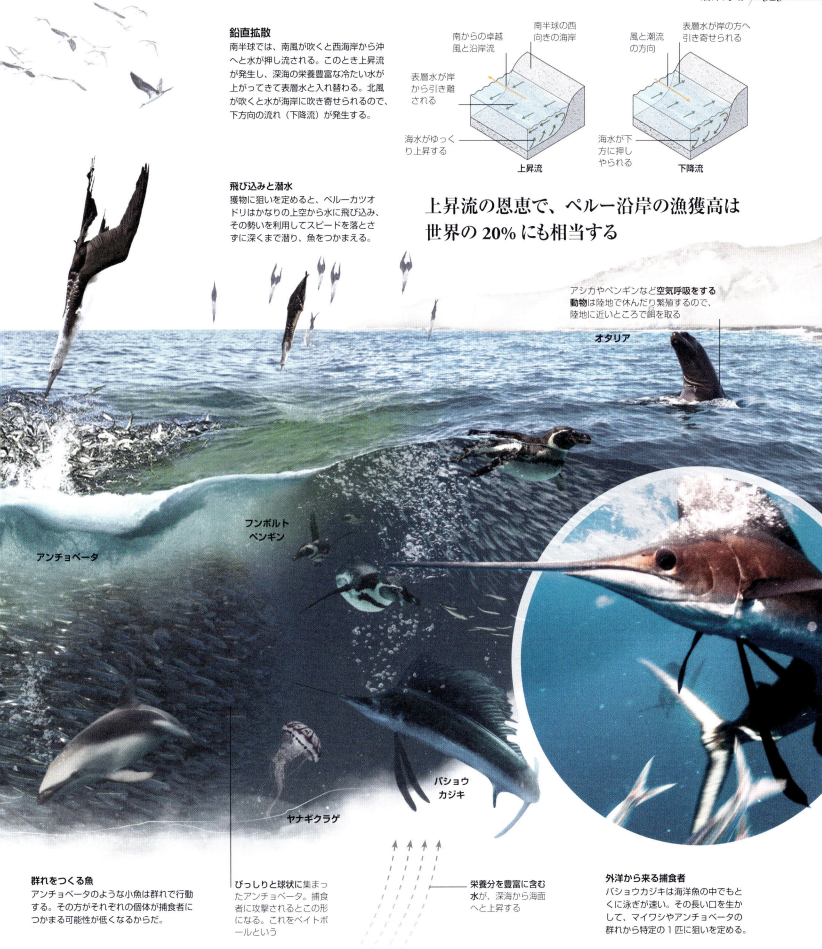

いちごと生クリームのような崖
ゴケメヌケ（セバステス・エントメラス）の大群がブラウニングパスの崖に沿って泳いでいる。崖はアカキタトサカの赤とヒダベリイソギンチャクの白、カイメンの鮮やかな黄色でおおわれている。

冷たく暗い海の サンゴ

北東太平洋　ブラウニングパスリーフ

ヴァンクーヴァー島（カナダ）の北東岸沖に広がるブラウニングパスは、栄養豊富な寒流が北から流れ込むため、多種多様な海洋生物の住処になっている。とくに有名なのが、アカキタトサカ（ゲルセミア・ルビフォルミス）やレッドツリーサンゴ（プリムノア・パシフィカ）など、冷たい海に生息するサンゴである。暖かい海に住む種とは違い、これらのサンゴは水温が4～13℃でも成長する。生きていくのに褐虫藻（→ p.309）の光合成を必要とせず、触手で動物プランクトンを捕えて食用にする。こうした冷水サンゴの仲間は、やわらかい体を小さなかたい小片（骨片という）で補強している。サンゴが死ぬと、骨片は時とともに互いにくっつき合い、やがてはサンゴ礁となって多くの生き物の住処になる。

— ノルウェーのフィヨルドには、冷水サンゴのサンゴ礁が広がっている

— 冷水サンゴは、はるか南の南極大陸でも見つかっている

冷水サンゴの分布
冷水サンゴは大陸棚と大陸斜面、海底谷、海山で見られる。水深40～1,000mの場所に生息することが多いが、水深6,000mで見つかった種もある。また一部の種は、氷点下1℃の水温にも耐えられる。

2009年、冷水域で4,265年を経たクロサンゴの群体が発見された

氷の海に生きる命

北極海とその沿岸

セイウチ（オドベヌス・ロスマルス）は北極の凍った海とともに暮らしている。つまり、海面が凍ったり解けたりするのに合わせて生活パターンを変えている。セイウチは、海氷の縁に近い海底で、二枚貝、ナマコ、環形動物などの獲物をあさる。採餌のために25分以上も潜っていることがあるが、北極海の冷たい水の中で体温を奪われないために、厚い毛皮に頼るのではなく、分厚い脂皮を、同じく分厚い皮膚の下に蓄えている。セイウチは氷の上か、氷がない場所では砂浜や岩の上で休むが、そのときには上あごの犬歯が発達した特大の牙をアイスピックのように使って、氷の上や陸地に体を引き上げる。牙は、呼吸のための穴を氷にあけるときにも、闘うときや身を守るときにも使われる。

北極海の氷は秋には南方に広がり、春になると北に後退するが、メスはそれに従って移動する。ただ、オスはほとんどが北極圏の南部に群れでとどまり、冬の間だけ交尾のためにメスと合流する。交尾は水中で行われるのが普通で、メスは翌年の春に氷の上で子供を1頭だけ産む。

セイウチは社交的
セイウチは社交性のある動物だ。海上では小さな群れで移動するが、氷の上で休むときには「ホールアウト」というもっと大きな群れになる。陸上では、繁殖期以外は数千頭もの大集団を形成する。

鼻には400～700本のひげのような剛毛（震毛という）が生えていて、これで3mmほどの小さな獲物でも感知できる

環境保全
薄氷の未来
気候変動の影響で、北極海の氷の量は最近数十年で減ってきており、冬に凍る量より夏に解ける量の方が多い状況だ。セイウチは食後の休憩や子育てを氷の上で行うことが多いが、氷が手近になければ陸地に集まる。2014年の秋にアラスカ北西部の狭い砂浜に、約3万5,000頭というセイウチの記録的大集団が出現した。海岸にこれほど密集すると、病気が簡単に広まるし、ホッキョクグマに襲われやすくもなる。また、子供が大人に踏みつぶされて命を落とす危険もある。

セイウチの記録的な大集団（ホールアウト）

変わり身の早いアーティスト

西大西洋

アイドフラウンダー（ボトゥス・オケラトゥス）は生まれたときには自由に泳ぐ普通の魚だが、間もなく大変身を遂げる。右目が少しずつ体の左側に移動するのだ。するとこの魚は目のなくなった右側を下にして海底の砂地に落ち着き、変装の名人になる。色を変えることに特化した皮膚細胞（色素胞という）を駆使して、砂の色と模様をそっくりまねることができる。細胞の中に色素の微粒子があり、それを集めたり散らしたりして皮膚の色を濃くしたり薄くしたりする。海底の砂に目を向けると、2〜8秒でホルモンが放出され、色素の配分が変わる。

アイドフラウンダーはほとんどの時間を動かずに半ば砂に埋もれて、ウツボやエイ、サメなどの捕食者から隠れる一方で、小魚やカニ、エビのような獲物が通りかかるのを待ち伏せして襲う。

突起についた目
アイドフラウンダーの目は短くて厚みのある突起の上についていて、別々に180度回転させることができる。そのため海底にいても、獲物を探して広い範囲を見渡すことができる。

膨大な数の個体が同居する寝床

北東大西洋　キャロン湖

リマリア・ヒアンス

リマリア・ヒアンスは二枚貝の一種。脚から出すねばねばした糸と貝殻のかけらや砂利で巣を作り、その中に隠れて捕食者から逃れる。材料を固めて作ったこの巣は、海底から盛り上がっていて安定した寝床になるため、ほかにも多くの生き物（海藻、ホタテガイ、稚魚など）のハビタットとして使われる。スコットランドの北東大西洋岸にあるキャロン湖は、この貝の世界最大の巣があることで知られている。1.85km^{2}に及ぶ寝床には、2億5,000万以上もの個体が生息する。巣は底引き網漁で壊されやすいので、ここは海洋保護区に指定されている。

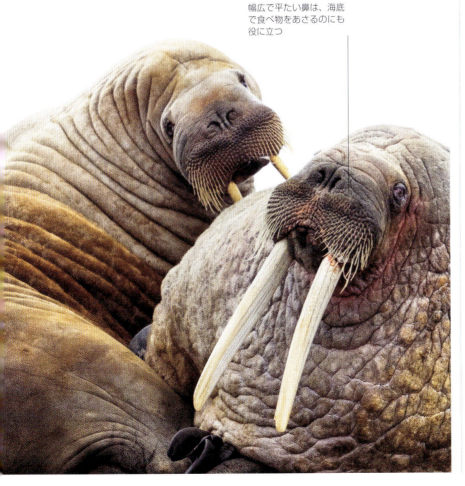

幅広で平たい鼻は、海底で食べ物をあさるのにも役に立つ

光を吸収する

世界各地

水は光を吸収するので、深くなるにつれて光量は急速に減っていく（→ p.336）。光を受けて光合成を行う海藻にとって、これは問題だ。海藻が光合成に使う色素はハビタットによって異なる。デレッセリア・サングイネアは北半球の温帯の沿岸海域で見られる海藻で、緑色の光を吸収する色素を豊富に持つので、比較的深い海でも生息できる。

葉状体が赤い光を反射する

デレッセリア・サングイネア

最初に赤い光が吸収される

沿岸海域では緑の光がいちばん深くまで差し込む

深い場所に生える海藻にはフィコエリトリンのような色素があり、これで緑色の光を吸収する

光と水深
青と緑の光は、赤と黄色の光より深くまで浸透する。そのため、緑の光を吸収する赤い海藻は、ほかの海藻より深いところでも繁茂できる。

ベイトボール祭り
大きなベイトボールに突っ込んできたドタブカ（カルカルヒヌス・オブスクルス）に四散するマイワシ。南アフリカの沖合ではサーディンランがたけなわだ。

ウナギの群生

インド太平洋　砂底の浅瀬

ホワイトスポッテッドガーデンイール（ゴルガシア・マクラタ）の群れは、遠目には流れにそよぐ海草のように見えるかもしれない。チンアナゴに似たこの魚は、インド太平洋の熱帯域の砂底に集団で生息している。尾で穴を掘り、特殊な分泌物を出して穴の底に固着し、穴が崩れないように周囲を固める。泳ぐことはできるが、成熟すると穴に「根づいた」状態で一生を過ごす。危険を感じると穴に身を隠す。穴から顔を出すのは採餌のときで、体のわりに大きな口で、漂ってくる動物プランクトンをつかまえる。

ガーデンイールの庭
ホワイトスポッテッドガーデンイールは、ときには「庭」と形容されるほど大きな群れを作る。潮の流れが強いところでは、前かがみになって体にかかる抗力を和らげる。

環境保全
洋上風力発電

風力発電は再生可能エネルギーとして大きな可能性を秘めているが、環境に悪影響を与える一面もある。北海では、洋上風力発電所の建設場所が繁殖、移動、越冬という海鳥のハビタットと重なっていて、シロカツオドリ（モルス・バサヌス）などがタービンにぶつかってけがをする危険がある。また、大規模な風力発電所によって風速や海流が変わり、それがこの地域の海生動物の移動や回遊に悪影響を与える可能性もある。

ホーンシー風力発電所

沿岸海域 / 327

サーディン ラン

南アフリカ共和国　南部の沿岸海域

南アフリカ共和国東岸沖のインド洋では、年に一度、海洋生物の大移動スペクタクルが見られる。何億というミナミアフリカマイワシ（サルディノプス・オケラトゥス）が、大西洋の生まれ故郷をあとにして東へ、そして海岸沿いに北へと移動するのだ。サーディンランと呼ばれるこの移動の正確な理由は、まだよくわかっていない。確かなのは、いくつかの環境要因が組み合わされてこの現象が起きるということだ。主たる要因は、東海岸で上昇流が短期間に一気に起こることで、暖かいアガラス海流に深海からの冷たい海水が流れ込む。マイワシは、その限られた冷水域を追って、大群で移動する。

移動中は、クジラやサメ、海鳥などの捕食者も大挙して集まり、マイワシに襲いかかる。危険を感じると、マイワシは密集してベイトボールという球形の群れを作り、互いに仲間の陰に隠れて、生き残るチャンスを本能的に高めようとする。海水温の上昇に伴い、最近ではサーディンランの発生時期が遅くなる傾向にあり、いずれはなくなるか、頻度が少なくなる可能性がある。そうなると、捕食者は餌不足に陥ることになる。

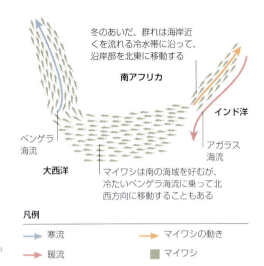

冷たい水を求めて
マイワシは比較的低温の水を好むため、夏には南アフリカ沖の冷たい南の海で過ごす。冬になると、上昇流によって東海岸に冷たい水が上がってくるので、マイワシは産卵のため、大集団となってはるか北まで移動する。産卵後は、アガラス海流の下を通って南の冷たい海域に戻ると考えられている。

サーディンランの大群は、最大で15kmも続く規模になると推定されている

芸術的な 愛の巣

西太平洋　日本　南西諸島

日本の南西諸島周辺の海では、海底の砂の上に複雑な求愛の図が描かれる。この模様のある丸い小丘は、オスのアマミホシゾラフグ（トルクイゲネル・アルボマクロスス）が求愛行動の一環としてメスにアピールするために作ったもので、直径は約2m。メスがやってきて中央に産卵してくれるまで、オスはこの幾何学模様の巣が崩れないように手入れする。オスは卵が孵化するまで見守るが、無事に孵化すれば巣は放棄される。

メスのために奮闘
オスの体長はせいぜい12cmほどだが、ひれを動かして丸い形や複雑な模様を作り上げる。山と谷を規則正しく並べ、中央を平らにして貝殻で飾りつける。次に、ひれで細かい砂を中央に寄せていく。

鉤で 引っかける

温帯の沿岸部

鉤のついた枝

アスパラゴプシス・アルマタ

オーストラリアとニュージーランドの固有種アスパラゴプシス・アルマタは、カキの輸入に伴ってヨーロッパに持ち込まれた。独特の鉤のついた枝で海面を漂うほかの生物に付着して、温帯の沿岸部に生息域を広げた。外来種として潮間帯や潮下帯にはびこり、固有種を駆逐する傾向がある。

この機を逃さず
九州沖で、大きなオスのオオアカヒトデ（レイアステル・レアキ）が海中に放たれた卵を受精させるべく、腕から精液を放出しているところ。メスが放った卵子に精子が到達できるように、オスは体を持ち上げたり揺らしたりして生殖のダンスを踊る。

影がない

中部太平洋

イカやタコなどの頭足類は、隠蔽能力が高いことで有名だ。頭足類に共通するカムフラージュの方法は、皮膚の色素細胞（色素胞）を収縮したり拡張したりして色を変えることだ。ところが中部太平洋に住むハワイミミイカ（エウプリムナ・スコロペス）は、頭足類で唯一、体の下側にある特殊な発光器官にヴィブリオ・フィッシェリという生物発光するバクテリアを寄生させている。このバクテリアは青緑色の光を放つ。ハワイミミイカは夜行性なので、バクテリアが発する光を水中に差し込む月光のように見せかける。しかも光の具合を巧みにコントロールして、上空から自分を照らす月光の強さに合わせることができる。そうすると自分の影が見えなくなるので、ハワイモンクアザラシやエソなどの捕食者から見つかりにくくなる。

頭頂部の暗色の皮膚が、上から差す光を吸収する

ハワイミミイカ

カウンターイルミネーション
夜間に活動するとき、ハワイミミイカはカウンターイルミネーションという方法で捕食者の目を逃れる。体の下側で光を発して、下方にいる捕食者に自分の影が見えにくくするのだ。また、墨袋が上空に漏れる光をさえぎるので、暗い海底にいる敵からも、自分より上にいる捕食者からも、見つかりにくい。

道具を使うタコ

インド太平洋

インド太平洋西部に住むメジロダコ（アンフィオクトプス・マルギナトゥス）はココナッツオクトパスの別名を持つ。海底を掘り返し、二枚貝の殻や半分に割れたココナッツの殻を探して隠れ家にするからだ。手頃な殻を見つけると、ジェット水流を噴射して砂などの堆積物を吹き飛ばし、その中に入り込む。メジロダコのハビタットは潮下帯にある浅い海で、底は泥や砂でおおわれている。こうしたところではほかのタコやホウライエソ、サメなどの捕食者から身を隠す場所があまりない。そこで脅威にさらされると、このタコはすばやく殻でぴったりと体をおおい、ドーム状の隠れ家に閉じこもる。このドームはそう簡単には開けられない。以前は、メジロダコが利用するのは自然に落ちている大きくて重い二枚貝の殻だけだったと思われる。だが人間がココナッツの殻を捨てるようになり、その数が増えてくると、二枚貝の殻より軽くて使い勝手がよいこの道具も積極的に使われるようになった。メジロダコは、違う種類の殻を組み合わせて隠れ家を作ることもある。

> タコたちは最近ではココナッツを使うのと同じように、海に捨てられたゴミも隠れ家に使っている

環境保全
ホタテガイを手で採取
ホタテガイは世界各地で食用に捕獲されている二枚貝で、トロール船で桁網を引いて捕ることが多い。この漁法では、ギザギザのついた重い枠を海底で引きずるので、広い範囲が傷つけられ、生物多様性が損なわれる。海底が元の状態に戻るのに10年もかかる場合がある。そこで持続可能な漁法として、潜って手で集める方法への転換が試みられている。ダイバーがホタテガイを手で集めれば、海底への負荷が大幅に軽減されるばかりでなく、別の魚介類を無駄に捕獲することもなくなる。

潜って捕るホタテ漁

氷に付着

南極大陸 ロス棚氷とアデリーランド海氷

イソギンチャクは、泥などが堆積したやわらかい地層や岩の割れ目、海草などの群生地で見られることが多いが、エドワルドシエラ・アンドリラエは、氷に穴を掘って生息することがわかった最初の種である。初めて発見されたのは南極大陸のロス棚氷で、その下側に付着していた。通常イソギンチャクは、触手か足盤（体部の底にあるかたい部分）を使って穴を掘るが、氷には通用せず、やわらかい体をかたい氷に埋め込むしくみはまだ不明。餌は漂うプランクトンで、触手で口へ誘導して食べる。

海氷の下にぶら下がる
棚氷の下で発見されたのを皮切りに、このイソギンチャクはアデリーランドの海氷からもぶら下がっているのが見つかっている。

歩くタコ
メジロダコは隠れ家の殻を背負って海底を歩く。2本の腕を竹馬のように使って移動する。

卵をひとつの
かごに

南極大陸のウェッデル海　フェルヒナー棚氷

南極大陸のウェッデル大陸棚の海は氷でおおわれているが、その下には今まで発見された中でも最大の魚の繁殖コロニーが広がっている。そこには推定6,000万個ものカラスコオリウオ（ネオパゲトプシス・イオナ）の巣があり、広さは240km²に及ぶ。2021年に発見されたこの場所の水深は、平均500mだ。巣のほとんどには、成熟したカラスコオリウオが1匹入っている。

コオリウオの仲間は南極海の氷点に近い水中での生活に適応している。体内で不凍物質を作り出し、血中に氷の結晶ができないようにしているのだ。それでも、ウェッデル海の深部から暖かい上昇流が湧き出すからこそ、凍りつくような南極海が理想的な産卵場所になっているのだろう。この上昇流のおかげで、コロニーでは水温が周囲より2℃高く、0～1℃になる。広大な

このコロニーは、ある地点で突然終わる。その境界は、上昇流の影響が届かなくなる場所と一致する。そこからは水がまた冷たくなるからだ。

ソーシャルディスタンス
巣は等間隔に並び、互いに接することはない。これは一度にたくさん捕食される危険を避けるための工夫と考えられる。

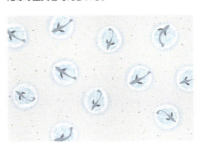

巣を守る
巣にはそれぞれ1,700個以上の卵があると推定されている。ふつうは雌雄どちらか1匹が巣を守り、ひれを使って卵に酸素を送り、巣の中や周辺のゴミを取り除いて清潔を保っている。

光沢のあるムラサキダコ（トレモクトプス属）のメス。触手のまわりについているマントのような皮膜で、捕食者に対して実際より大きく強そうに見せかけている。脅威を感じると、このマントを切り放して敵の気をそらし、その隙に深く潜水する。

外洋

外洋とは、大陸棚より沖の広大な海域を指す。そこには、ごく小さな藻類から地球上で最大の動物までさまざまな生き物が生息している。一生を外洋で暮らし、海岸や海底、海水面には近づくことがないものも多い。

大きさや広さでいえば、外洋は世界最大のハビタットである。外洋は、水中に差し込む日光の量で、深さごとに複数の層に区切られる。

各層に栄養を供給するエネルギーの大半が、水面に近いサンライトゾーンで作り出される。サンライトゾーンとすぐ下のトワイライトゾーンでは水温の差が大きく、後者では光と栄養分が限られる。トワイライトゾーンで暮らす動物は、水中に漂うデトリタスを食用にするか、獲物を求めて2つの層を行き来する。空気呼吸を行う動物にも、一度の呼吸で数千mまで潜水できる能力を使い、異なる層を行き来できる種がある。

水深1,000mから下は日光が届かず、ミッドナイトゾーンになる。さらに深く、水深4,000mから海底（水面下約6,000m）までは深海帯が広がる。海底の溝（海溝部）は超深海帯で、ここに生息する魚は世界に3万6,000種いる魚類のうちわずか十数種にすぎない。彼らは完全な暗闇、少ない餌、押しつぶされそうな水圧に適応し、自ら発光して獲物を引き寄せる種もいる。

大海原で

外洋では隠れる場所がないため、サンライトゾーンでは、隠蔽機能を持つ生き物が多い。クラゲは体が透明なのでほぼ見えない。ウミガメなどは腹側の色が薄く、捕食者が下から見たときに日光にまぎれて見えにくい。群れで泳ぐ魚など、数を頼んで身を守ろうとするものもいる。

地球の海
地球に存在する水のうち、約97%が海水だ。世界のおもな大陸は、5つの海で隔てられている。もっとも狭いのが北極海で、もっとも広大なのが太平洋である。太平洋は大西洋の2倍の広さがあり、地球全体の表面積のおよそ3分の1を占めている。

北極海

メキシコ湾流は表層海流で、カリブ海から北欧まで流れて暖かい水を運ぶ

北極海盆の大半は、厚さ数mの海氷でおおわれている

大西洋

太平洋

インド洋

太平洋

太平洋は地球全体の表面積の約32%を占める

南極海

南極海は南極大陸を取り囲む海で、沿岸から南緯60度までの範囲をいう

凡例

■ 外洋

334 / 大海原

外洋のしくみ

外洋は海面から海底まで、深さ3,000mまたはそれ以上にわたって垂直に広がっているが、太陽の光が差し込むのは上層部のみである。そして大西洋のように赤道をまたいで広がっている海でも、暑さの影響を受けるのは海面下の浅い層だけだ。残りの部分は深すぎて太陽の光が届かず、永久に暗くて冷たい世界である。

空飛ぶ捕食者
ニシキバナアホウドリは長距離をゆうゆうと飛び、鋭い嗅覚で魚やイカの群れを追う。

サンライトゾーン
海面下約200mまでは日光が明るく差し込むので、植物プランクトンはほとんどこのゾーンに生息する。

日中

海面近くに生息する動物
クラゲやイソギンチャクの仲間で波間を漂うカツオノエボシは、気体が詰まった浮袋で海面に浮かんで移動しながら獲物を探す。

カツオノエボシ　ハンドウイルカ　ニシキバナアホウドリ

一次生産者
単細胞の藻類（温帯では珪藻、熱帯では藍藻が代表的）は太陽エネルギーを得て光合成を行う。

植物プランクトン　ホンダワラ　タイセイヨウサバ

200M

トワイライトゾーン
光は水に吸収されるため、水深200mを過ぎると急に暗くなる。このゾーンは暗すぎて藻類の生育には適さず、動物には特別に感度のよい目が必要になる。

動物プランクトン　サルバ

一次消費者
海中を浮遊するプランクトンのような小さな動物（エビや稚魚など）は植物プランクトンを食べる。つまり、食物連鎖では最初の消費者である。

リュウグウノツカイ

1,000M

ミッドナイトゾーン
水深1,000mより深い海は真っ暗だ。寒くて暗く、水圧が高いという過酷な環境に適応した動物だけが、ここで生きられる。その多くが生物発光、つまり自分で光を出す生物である。

明るく輝くこのおとりには、
発光物質を持つバクテリアが寄生している

目の下にある発光器からは
強力な赤色光線が出る

暗闇を照らす
捕食性のクレナイホシエソには、生物発光を行う多くの深海生物に共通の青色の発光器が備わっている。しかしこの魚はほかに、獲物を照らすトーチの役目をする特殊な発光器も持っている。その赤い光は獲物には見えない。

深海の捕食者
暗い深海で狩りをする動物の多くが、ペリカンアンコウのように発光器をおとりに使って獲物をおびきよせる。

4,000M

外洋の水温躍層

海が深くなるにつれて、水が太陽エネルギーを吸収するので水温は低くなるが、極地から離れると、波でかき乱される暖かい海面と静かで冷たい深海との間に、ふつうは、水温躍層といって急激に水温が変化する場所がある。温帯地方で秋に多い嵐によって海洋の各層が混じり合うと、水温躍層が乱れることになる。

暖かい海面
強烈な日光
はっきりした水温躍層
植物プランクトンの一部が底に沈む
深海の冷たい水（上層の水とは混じらない）
熱帯の海

嵐で水温躍層がかき乱される
強い風
激しく混じり合う
豊富な植物プランクトン
温帯の海

圧力

水は空気よりはるかに密度が高いので、深くなるにつれてその重みですさまじい圧力がかかる。10m深くなるごとに1気圧（海抜0mでの空気圧と同等）上がるほどである。つまり、深海の水圧は車を押しつぶすほど大きいのだ。

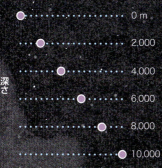

深さ: 0 m / 2,000 / 4,000 / 6,000 / 8,000 / 10,000

圧力（気圧）: 0 200 400 600 800 1,000

夜間

外洋の捕食者

「海の狼」と呼ばれることもあるヨシキリザメは夕方から夜にかけて狩りをする。何匹もの集団で、海面近くの魚群を襲うことが多い。

ヨシキリザメ

植物プランクトン

ベントセマ・グラキアレ

動物プランクトン
動物に分類されるプランクトン（動物プランクトン）には、ソコボウズの稚魚なども含まれる。ソコボウズは成長すると深海に住むようになる。

マツイカ

弱い立場の動物プランクトンは、捕食者に見つかりにくい夜に深海から浮上して藻類を食べ、日中は深海に戻る

捕食者も動物プランクトンを追って毎日垂直移動を繰り返す

クシクラゲ

マッコウクジラ

コウモリダコ

屍食性生物
深海動物には、絶えず「雪」のように降ってくるデトリタスを食用にするものが多い。コウモリダコは水かきのような皮膜に2本の長く伸ばせる触糸を隠し持っていて、これでマリンスノーを採取する。

ダイオウイカ

巨大生物のぶつかり合い
最大の肉食哺乳類と最大の肉食無脊椎動物が深海でぶつかり合う。マッコウクジラはダイオウイカを襲うが、イカの吸盤で傷つけられることもある。

マリンスノーは有機物（生物の死骸や排泄物が混在したもの）の小片である

ジュウモンジダコ

ジュウモンジダコは耳のような形のひれで、海底近くを泳ぐ

ホホジロザメの たまり場

東太平洋。

ホホジロザメ

サメは知能的な狩りをする。ホホジロザメ（カルカロドン・カルカリアス）は獲物を待ち伏せして一気に襲うが、イルカに対しては、彼らが危険を感知するエコーロケーションに引っかからない角度から襲うという知恵を発揮する。知力は複雑な社会行動にも現れている。ホホジロザメを追跡調査した結果、冬の狩り場であるカリフォルニア沖と夏の滞在地ハワイ沖の中間地点に、ホホジロザメが集まる場所があることがわかった。数百頭が1か月も集結するこのエリアでオスは海面に浮かび上がっては潜り、メスはそのまわりをゆっくりと泳ぐ。交尾の前触れだと思われる。

環境保全
マイクロプラスチックの害

プラスチック製品は、何百年も持ちこたえられるように作られている。その結果、細かく粉砕されたプラスチックがマイクロプラスチック（直径5mm未満の粒）となって海に放出されている。これら軽量の汚染物質は水質汚染の原因となり、水中で有機物のデブリや生きているプランクトンに混じって海底にまで達することもある（→ p.347）。繊維や梱包材、ペンキなどはすべて、この問題を引き起こす。長期的な影響は不明だが、マイクロプラスチックが海洋生物のえらや濾過摂食の器官から取り込まれると、体内に蓄積し、最終的には食物連鎖を通じて上位捕食者の組織にも毒素が回る。

プラスチックに汚染されやすい魚
調査によると、カツオ（カツウォヌス・ペラミス）のような回遊魚の場合、10～26%の個体で胃の中にマイクロプラスチックが見つかった。これに対して海底で暮らす魚では3～13%だった。

サンライト ゾーン

世界各地

透明度が高い海では日光が深くまで差し込み、微小な藻類の大発生を促す。海の食物連鎖はここから始まる。だが水は光（海面近くでは赤の波長、深いところでは青の波長）を吸収するので、水深200mを過ぎると太陽エネルギーはほとんど残っていない。1,000mを超える深海はミッドナイトゾーンと呼ばれ、完全な闇となる。熱帯の外洋では、他地域の海より深くまでサンライトゾーンが続いている。熱帯では日光が強烈で、水が澄んでいるからだ。対照的に、沿岸海域のサンライトゾーンは浅くなる傾向がある。陸地から流れ込む堆積物で水が濁っているためだ。

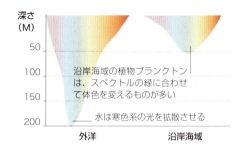

光の浸透性
青い波長は深くまで差し込むので、海は青く見える。だが沿岸海域は濁っているため、海面に近いほど青みが薄れる。

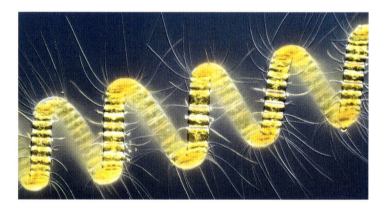

海洋性の珪藻
このらせん状のカエトケロス・デビリスをはじめとする珪藻類は、細胞壁に二酸化ケイ素が含まれる。代表的な海洋プランクトンとして温帯域と極地の海に広く分布し、春に繁茂のピークを迎える。

安全？ それとも危険？

北極海、北大西洋、北太平洋

クラゲやカツオノエボシ（フィサリア・フィサリス）など、海を漂って生きている動物には、長い触手に対になった小さな針をいくつも備えていて、それで獲物をしびれさせるものが多い。毒が強ければ大型の魚を殺すこともできる。ところが、たいていの動物には致命的なこの触手が、その毒を逃れられる少数の動物にとっては避難所になる。サンゴ礁でのクマノミとイソギンチャクの関係のように、外洋ではクラゲの触手の間に避難する魚がいる。エボシダイ（ノメウス・グロウィイ）は、その名のとおりカツオノエボシの触手を住処に（おそらく食料にも）している。大型の捕食者でも近づかないような場所で生きていけるのは、毒に対する耐性がある、粘膜バリアを備えている、針をうまく回避するなど、いくつかの理由があるようだ。

危険と道づれ
アウターヘブリディーズ諸島（スコットランド）の沖合で、キタユウレイクラゲ（キアネア・カピラタ）の触手に隠れる幼魚。

海藻のシェルター
ホンダワラ属の海藻がいかだ状に浮かぶその下には、小さな無脊椎動物がたくさん集まる。すると今度は、そうした無脊椎動物を食べるカワハギ類も餌を求めてやってくる。

流れ藻の集まる海

北西大西洋　サルガッソー海

外洋では、表層流によって水は絶えず動いているが、海流が旋回するその中心部の水は動かない。北大西洋のそういう場所には、ホンダワラ属（サルグッスム）の海藻が大量に集まってくる。その学名にちなんでサルガッソー海と呼ばれるこの海域は、海底まで6,000mと深く、複数の海流に完全に取り囲まれている。ここは外洋で暮らす動物の避難所になっていて、ハナオコゼ（ヒストリオ・ヒストリオ）のように固有な種もいる。近年は、北大西洋の別の海域でも、大量に発生したホンダワラ属の流れ藻が以前より頻繁に見られるようになってきている。これらは、アマゾン川からの流出物を栄養にしているらしい。

北大西洋の海流旋回
サルガッソー海より広大な海域として、大西洋サルガッサム巨大ベルトが世界最大の流れ藻の繁殖場所になりつつある。

ウミガメを育てる場
ウミガメは砂浜に穴を掘って産卵し、卵は日光で温められて孵化する。子ガメは砂を掘って外に出ると、すぐに広い海に散らばってしまうので、その後の行動については長い間謎だった。最近になって、追跡調査の結果、アオウミガメ（ケロニア・ミダス）とアカウミガメ（カレッタ・カレッタ）の若い個体は多くがサルガッソー海に向かうことがわかってきた。比較的安全なこの海域を隠れ家にして、小さな無脊椎動物を食べているようだ。からまって広がるホンダワラ類の海藻が、ひ弱な子ガメたちを捕食者から隠してくれている。

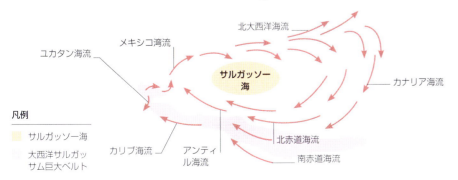

アカウミガメの子供たち

海のクルーザー

温帯と熱帯の海域

マンボウ

特異な外見のマンボウ（モラ・モラ）は、海の硬骨魚の中でもっとも重く、体重2,250kgに達する。その重量と小さな尾びれから、昔は海流に乗って漂うだけの巨大プランクトンの一種だと信じられていた。じつはマンボウは、長い背びれと尻びれを動かして活発に泳ぐことができ、時速2kmほどのスピードで遊泳している。大半を暖かい海面で過ごして体温を適度に保ち、おもにクラゲを食べる。

もっとも効率のよい泳ぎ方

世界各地

ひれこそ持たないが、クラゲは海洋生物のうちでもっとも効率よく泳ぐことができる。陸上動物の推進力になる「地面効果」を水中で再現できるからだ。ミズクラゲ（アウレリア・アウリタ）は、単細胞・単層の筋肉でゼリー質の傘を収縮し、傘の下に低圧の渦を作り出す。すると傘の内部は高圧になり、その力でクラゲは前進する。傘が自然に弛緩すると、傘の下に新たな低圧の渦が生まれる。この第2の渦は、最初の渦が壁のように機能するのに対して逆に作用し、傘の中に水を押し込むので、クラゲは一気に遠くまで前進する。この渦と渦の相互作用が「地面効果」と同様の働きをして、クラゲは渦の壁を「押しのけ」、最初の収縮で費やしたエネルギーを再利用できるのだ。ミズクラゲが消費する酸素の量は、ほかの泳ぐ動物に比べて48%も少なく、同じ量のエネルギーで遠くまで移動できる。

加速

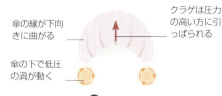

❶ 傘の収縮
傘が収縮を始めると、その動きで傘の下に低圧の渦が生じ、クラゲを前進させる。

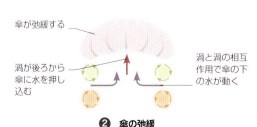

❷ 傘の弛緩
傘が弛緩すると、下で新たな低圧の第2の渦が動き、相互作用で傘の中に水が押し込まれ、クラゲは前進する。

ミズクラゲ

急げ、急げ！
大西洋東南部のフォールス湾に現れたマイルカ（デルフィヌス・デルフィス）のメガポッド。大漁を期待して、整列して採餌場所へ急ぐ。

イルカのメガポッド

熱帯と温帯の海域

イルカはゆるやかな血縁関係で群れをつくり、沿岸や外洋で狩りをする。この群れはポッドと呼ばれ、最大で30頭ほどの個体で構成されることが多い。だが餌が豊富なときには、いくつものポッドが合流して数百頭、数千頭ものイルカが同じ場所（ほとんどの場合、外洋）に集まり、ともに魚の大群を追って狩りをすることがある。こうしたイルカの大群を、とくにメガポッドという。メガポッドが構成されると、その中のイルカは、猛スピードで上下にはねるように泳ぐ。海面を泳ぐのと跳びはねるのを交互に繰り返すこの動きには、エネルギーが節約できるメリットがある。空気の方が水より抵抗値が低いため、高速で移動できるのだ。メガポッドのイルカはさまざまな方法（各種の音やボディランゲージ）でコミュニケーションしながら、動きをそろえて泳ぐ。この行動からはイルカの高度な社会構造がうかがえる。これらはイルカの社会的絆を表す重要な一面であり、狩りや繁殖を協力して行う能力にも関係していると考えられている。

2013年、アメリカのサンディエゴ沖に10万頭を超すイルカのメガポッドが出現し、幅8kmにわたって泳ぐ姿が目撃された

仰向けで漂う

温帯と熱帯の海域

アオミノウミウシ（グラウクス・アトランティクス）は温帯や熱帯の海に生息する。胃の中に気体の詰まった袋があるため、体長3cmのこのウミウシは腹部を上にして海面に浮いている。明暗消去型隠蔽という方法でカムフラージュするので捕食者に見つかりにくい。つまり、光沢のある青白色の腹部は海の色にまぎれ、銀灰色の背面は空と見分けがつかないのだ。アオミノウミウシは、ギンカクラゲ（ポルピタ・ポルピタ）やカツオノエボシ（どちらもクラゲの仲間でヒドロ虫綱に属している）のような毒のある動物を食べる。食べた獲物の刺胞を体内に蓄え、それを毒針として自分の武器にする。

アオミノウミウシ
ニューサウスウェールズ州（オーストラリア）の沖合で、3匹のアオミノウミウシがヒドロ虫類（ポルピタ属）の触手を食べているところ。

海面をたたく

ほぼすべての海域

アシナガウミツバメ

外洋で暮らす海鳥は、さまざまな方法で採餌する。アシナガウミツバメ（オケアニテス・オケアニクス）ははばたきながら海面をかすめるように飛ぶ。外洋の暮らしにすっかり適応しているこの小鳥は、脚で海面を「軽くたたく」ようにして水をかき乱し、その場でホバリングしながら獲物が浮かび上がってくるのを待つ。くちばしや頭まで水につけて、ごく小さな獲物をすくい上げる。

世界最大の魚が食べるのは世界最小の獲物

熱帯と暖温帯の海

成長すると全長がホホジロザメの2倍以上、体重がゾウ3頭分にも匹敵するジンベエザメ（リンコドン・ティプス）は、世界最大の魚である。しかしほかのサメ類とは違い、このサメが食べるのは海洋生物としては世界最小に分類される微小甲殻類やイワシ、イカなどだ。季節によっては、サンゴや魚が大量に放出する卵も好んで食べる。

プランクトンを捕食するほかの大型動物（ヒゲクジラやオニイトマキエイ）と同じくジンベエザメも、口とあごが海水を濾過することに適した構造になっていて、大量の獲物を一度にのみ込む。大きく口を開けたジンベエザメが、プランクトンが密集している海水面を一定の速度で遊泳すると、小さな獲物は口腔の壁にあるフィルターパッドに引っかかり、余分な水はえらの隙間から出ていくというしくみだ。口の中には鉤型に曲がった小さな歯が何列か生えているが、これは無用の長物で、採餌行動では何の役割も果たさない。絶えず入ってくる水に押されて獲物はのどの奥に運ばれ、のみ込まれて、人の手首ほどの太さの食道に入っていく。この効率的な採餌方法はラム・フィーディングと呼ばれていて、もっと小型の魚（ニシンなど）もこの方法をとることがあるが、大きな魚が長距離を移動しながら充分な餌を手に入れるのに適している。ジンベエザメは、魚の大群や大量の卵をひとのみにすることもできる。

ジンベエザメの斑点模様は、人間の指紋と同様、個体ごとに違う

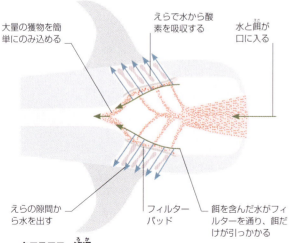

クロスフロー濾過
水を直接フィルターパッドに通すとパッドが詰まるので、ジンベエザメは、水がパッドの表面を、口腔の壁と平行に流れるように導く。また「咳」のような動作で、吸い込んだものをフィルターから逆流させることもある。

吸い込んで食べる
ジンベエザメがプランクトンの大群に狙いを定め、大きく口を開けている。ちょうど口を開けた瓶に液体を注ぎ込むように、獲物が吸い込まれていく。

外洋 / 341

食物網の中心

南西大西洋、南極海

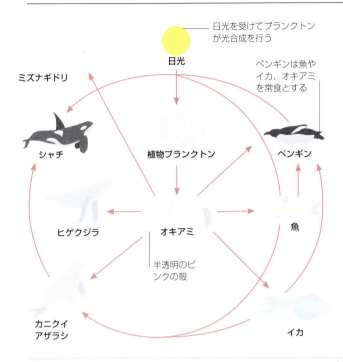

- 日光を受けてプランクトンが光合成を行う
- 日光
- ペンギンは魚やイカ、オキアミを常食とする
- ミズナギドリ
- シャチ
- 植物プランクトン
- ペンギン
- ヒゲクジラ
- オキアミ
- 魚
- カニクイアザラシ
- 半透明のピンクの殻
- イカ

冷たい南極海には、地球上のどこよりもプランクトンが集まってくる場所がいくつかある。夏になり藻類が増殖のピークを迎えると、その藻類を食用にする人間の指ほどの甲殻類ナンキョクオキアミ（エウファウシア・スペルバ）が大発生する。その数は、地球上の動物種の中でもっとも多い。オキアミは剛毛の生えた脚で浮いている藻類をからめ、氷の下側に付着している藻類をこそげて食べる。海水 1m³ あたりに 2 万匹ものオキアミが密集しているところもあり、南極圏の食物連鎖では、オキアミが重要な役割を果たすキーストーン種になっている。魚、イカ、鳥、クジラ、アザラシなど、すべての動物がオキアミに頼って暮らしている。

海の食物網
ナンキョクオキアミは海では主要な一次消費者で、植物プランクトンと大型動物をつなぐ重要な輪になっている。

環境保全
プラスチック社会

廃プラスチックはまぎれもなく近現代の副産物だ。とくに外洋では、漂いながら特定の場所に集まるのでよく目立つ。北太平洋の海流旋回によってできる太平洋ゴミベルトは最大規模で、フランスの 3 倍もの面積を占めている。漁網やロープなど漁業由来のゴミがからまった塊は、動物にとっては隠れ家にもなる。普通は沿岸部に生息する動物が、大量のプラスチック漂流ゴミの間に潜んでいるのが発見されたこともある。

漂流ゴミ

通信チャネル

世界中の海

水は空気より音波をよく伝えるので、クジラは音を使って遠くの仲間に合図を送る。水中の音に影響を与える要因はほかにもある。音は水面近くでは水が暖かいほど、深海では水圧が高く塩分濃度が濃いほど、速く伝わり短時間で消える。その中間（水深約 1,000m）が、音の伝わり方がもっとも遅い。この層ではもっとも低い低周波の音が非常に遠くまで届くため、数千 km 離れた相手ともコミュニケーションが可能になる。この SOFAR チャネル（深海サウンドチャネル）で発せられた音は同じ層内に閉じ込められ、海面やさらに深い海に拡散して減衰することがない。クジラはこの SOFAR チャネルを利用する。この深さを泳ぐことで、広大な海のできるだけ遠くまで音を響かせ、仲間とコミュニケーションをとるのである。

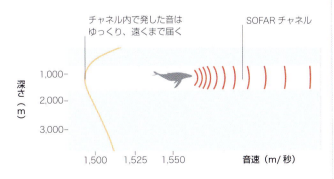

- チャネル内で発した音はゆっくり、遠くまで届く
- SOFAR チャネル
- 深さ（m）: 1,000 / 2,000 / 3,000
- 音速（m/秒）: 1,500 / 1,525 / 1,550

SOFAR チャネル

息を止める

世界各地の海

哺乳類はすべて、肺で呼吸する。マッコウクジラ（フィセテル・マクロケファルス）のように潜水が得意な種は、一定時間ごとに水深 1,000m まで急降下し、1 時間以上も深海にとどまるが、その間は息を止めていなければならない。マッコウクジラの血液には赤血球とヘモグロビンが多いが、さらに筋肉にも酸素と結合する色素タンパク質がある。つまり、酸素を使い切るまでの時間が長く、それまで潜水を続けられる。そして鼓動を遅くし、動脈を収縮させて、

海の中へ
シロナガスクジラ（バラエノプテラ・ムスクルス）など、プランクトンを食べるヒゲクジラ類は、肉食性のマッコウクジラほど深くまで潜ることはないが、それでも最大 20 分程度は潜ったままでいられる。

生命維持に必要な心臓と脳に血流を集中させる。一方、一定以上の深さまで潜ると肺が機能しなくなる。これには、急に浮上したときに「ベンズ」（潜水病）を引き起こす窒素の増殖を防ぐ役割がある。

海底

沿岸部の浅い海より沖になると、海底は傾斜して深海へと続く。深海には海盆一帯に広大な平地が広がっていて、海面からの深さは最大 6,000m に達する。このような深海平原のところどころに、海底山脈や海底火山、海溝がある。

大陸棚の縁から、海底は急角度で傾斜してコンチネンタル・ライズと呼ばれる部分に達する。ここで傾斜は緩やかになり、そのまま深海平原へと続いていく。ここは深さ 4,000m 程度のところに広がるごく一般的な海底で、何百万年もの間に蓄積された海洋動物の死骸など、細かい堆積物が積もっている。

海山と海溝

その平原を分断するのが劇的な地形の変化である。海底火山は独立峰、つまり海山だ。海溝はその逆で、最大深度が1万1,000mにもなる幅の狭い峡谷だ。特定の場所では、海底のさらに下からエネルギーの豊富な化学物質が放出される。じわじわと湧き出る「冷水湧出帯」と高温の水が勢いよく出る「熱水噴出孔」だ。このような噴出孔は中央海嶺の近くにできることが多い。それはマグマが海底まで上昇してくる場所で、地球上でもっとも長大な山脈が生まれる。高圧で低温の海底は真っ暗だが、厳しい環境にも適応している動物は多い。むしろ、冷水湧出帯や熱水噴出孔、さらに海山や海底谷に生息する動物は、その環境に適応するあまり、他の場所では生きていけない。ほとんどの種は動きがゆっくりしていて成長が遅い。繁殖の機会は少なく、寿命は長い。清掃動物として、海面から沈降する有機物「マリンスノー」を食用にしたり、チャンスがあれば捕食者になるものもいる。

海底のいろいろ

海底にはおもに深海平原が広がっているが、どこの海にも中央海嶺がうねうねと続いている。海溝は図の2か所だけではなく、熱水噴出孔と冷水湧出帯もこれまでに数百か所が発見されている。

大西洋中央海嶺

大西洋の最深部はプエルトリコ海溝

大西洋中央海嶺は海底山脈のひとつで、北極海からアフリカの南端近くまで蛇行して続いている

熱水噴出孔は、ガラパゴス諸島の近くで1977年に初めて発見された

地球上でもっとも深い地点は、現在のところ、マリアナ海溝である

凡例

■ 深海底

これらのチューブワーム（ラメリブラキア属）はメキシコ湾の冷水湧出帯に生息している。冷水湧出帯からはメタンや硫化物が出ている。チューブワームが硫化物を摂取すると、細胞内に共生しているバクテリアがその硫化物から有機物を作り、それが宿主であるチューブワームの栄養になる。

海底のしくみ

海底の暗やみの中では日光による光合成ができないので、生物は代わりになるエネルギー源を見つける必要がある。上から絶えず落ちてくる有機物がおもな栄養源になるが、熱水噴出孔や冷水湧出帯の周辺では、特殊なバクテリアが化学合成によって栄養分を作り出す。化学合成は光合成に似たしくみで、日光の代わりに無機化合物をエネルギーとして利用する。太平洋の海底には、このすべての環境が存在する。

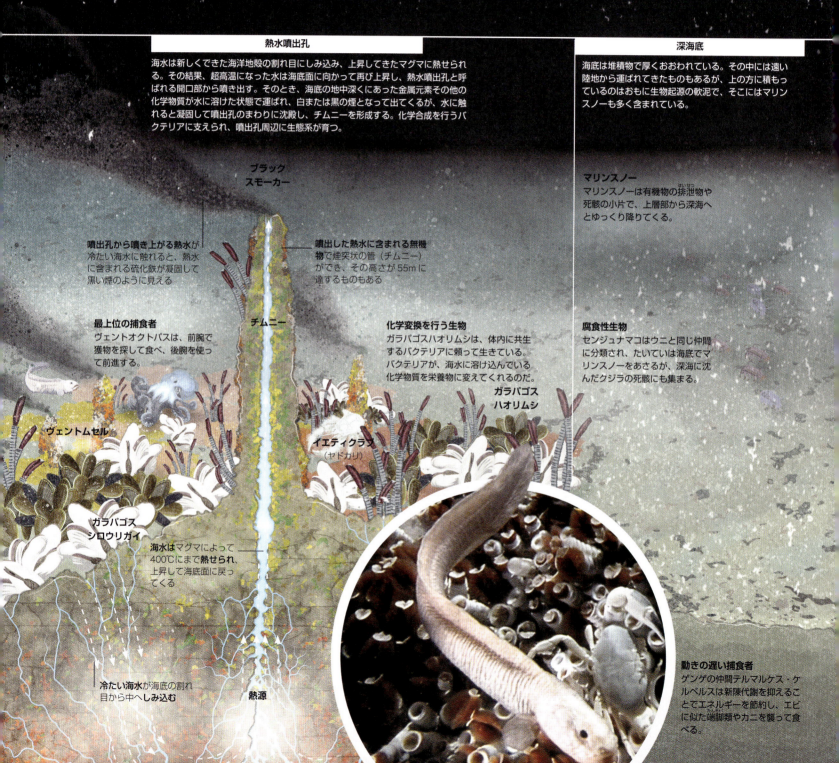

熱水噴出孔
海水は新しくできた海洋地殻の割れ目にしみ込み、上昇してきたマグマに熱せられる。その結果、超高温になった水は海底面に向かって再び上昇し、熱水噴出孔と呼ばれる開口部から噴き出す。そのとき、海底の地中深くにあった金属元素その他の化学物質が水に溶けた状態で運ばれ、白または黒の煙となって出てくるが、水に触れると凝固して噴出孔のまわりに沈殿し、チムニーを形成する。化学合成を行うバクテリアに支えられ、噴出孔周辺に生態系が育つ。

深海底
海底は堆積物で厚くおおわれている。その中には遠い陸地から運ばれてきたものもあるが、上の方に積もっているのはおもに生物起源の軟泥で、そこにはマリンスノーも多く含まれている。

ブラックスモーカー

噴出孔から噴き上がる熱水が冷たい海水に触れると、熱水に含まれる硫化鉄が凝固して黒い煙のように見える

噴出した熱水に含まれる無機物で煙突状の管（チムニー）ができ、その高さが55mに達するものもある

マリンスノー
マリンスノーは有機物の排泄物や死骸の小片で、上層部から深海へとゆっくり降りてくる。

チムニー

最上位の捕食者
ヴェントオクトパスは、前腕で獲物を探して食べ、後腕を使って前進する。

化学変換を行う生物
ガラパゴスハオリムシは、体内に共生するバクテリアに頼って生きている。バクテリアが、海水に溶け込んでいる化学物質を栄養物に変えてくれるのだ。

腐食性生物
センジュナマコはウニと同じ仲間に分類され、たいていは海底でマリンスノーをあさるが、深海に沈んだクジラの死骸にも集まる。

ヴェントムセル

ガラパゴスハオリムシ

イエティクラブ（ヤドカリ）

ガラパゴスシロウリガイ

海水はマグマによって400℃にまで熱せられ、上昇して海底面に戻ってくる

冷たい海水が海底の割れ目から中へしみ込む

熱源

動きの遅い捕食者
ゲンゲの仲間テルマルケス・ケルペルスは新陳代謝を抑えることでエネルギーを節約し、エビに似た端脚類やカニを襲って食べる。

海底 / 345

熱水噴出孔の温度
熱水の温度は100℃を超えているが、極度の水圧のために沸騰はしない。ここに生息する微生物はきわめて高い水温にも耐えられ、チムニーの壁にとりついて生きている。ボンベイワームは80℃以上の熱水も平気だが、噴出孔から少し離れた水温20℃ほどの場所を好む種が多い。

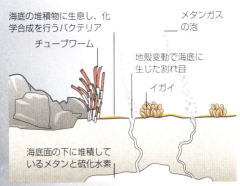

ブラックスモーカー
超好熱微生物
ポンペイワーム
イエティクラブ
ガラパゴスシンカイヒバリガイ

温度

冷水湧出帯で生きる
冷水湧出帯に生息するバクテリアは化学合成によって、地中から出るメタンと硫化水素をエネルギー源に変える。イガイやチューブワームはこのバクテリアを体内に寄生させ、成長に必要なエネルギーを手に入れる。こうした先駆的な生物が定着すれば、冷水湧出帯の周囲に生まれる栄養物に引き寄せられてほかの動物も集まってくる。

海底の堆積物に生息し、化学合成を行うバクテリア
チューブワーム
メタンガスの泡
地殻変動で海底に生じた割れ目
イガイ
海底面の下に堆積しているメタンと硫化水素

冷水湧出帯のコミュニティ

クジラの死骸
きわめてまれではあるが、クジラの死骸が海底まで沈んでくることがある。これは深海生物にとって栄養たっぷりのごちそうで、肉をあさったり、死骸に定着したり、死体を分解したりするため、数年にわたり生態系の変化がもたらされる。

冷水湧出帯
冷水湧出帯は、地殻変動によって生じた割れ目に出現する。ここでは炭化水素を豊富に含む気体と液体が、周辺の海水に近い温度（2〜4℃）で湧き出している。

集まってくる清掃動物
死骸の出すにおいをかぎつけて、メクラウナギやソコダラなどの清掃動物が、大きな肉の塊にありつこうと遠くから泳いでくる。

定着する生物
ヒゲナガチュウコシオリエビをはじめとするさまざまな動物が、骨や、死骸周辺の栄養豊富な堆積物を住処にする。

分解する生物
バクテリアなどの有機体が骨に含まれる脂肪分を分解し、硫化水素を放出する。それが特殊な微生物のエネルギー源になる。

ホネクイハナムシ
バクテリア

骨を溶かす動物
ホネクイハナムシは皮膚から酸を分泌して骨を溶かし、中の脂肪を取り出す。体内に寄生している共生バクテリアがこの脂肪を消化して、双方にとって栄養になるものに変える。

メクラウナギ
ソコダラ
ゲンゲ
クジラの死骸
センジュナマコ

オオコシオリエビは大挙して押し寄せ、残っている脂肪分を食い尽くす

深海のタコはそのとき手に入るものを食べる。この大ごちそうを逃すわけにはいかない

ダーリアイソギンチャク

メタンの泡が海底の割れ目からしみ出している

チューブワームの集団には、冷水湧出帯の環境は安定していて住みやすい

チューブワームには冷水湧出帯で繁殖する種がいくつかあり、250〜300年も生きることがある

発光する爆弾

北東太平洋

水深2,700〜3,700mの深海に生息するグリーンボンバー（スウィマ・ボンビウィリディス）は、北東太平洋の海底近くに浮遊している。体長が最大で30mm、長い剛毛を櫂のように使って泳ぐ。小さな体に似合わず、海の戦士さながらに、光を出す液体の「爆弾」を投げて攻撃者の気をそらす。この爆弾はえらが変形したもので、袋のような形で頭の後ろに蓄えられている。これを投げると、袋が破れて鮮やかな緑色の光が数秒間発せられる。捕食者が気を取られている間に安全なところまで泳いで逃げるという作戦だ。つねに新しい爆弾を作り、兵器庫を満杯にしておく。

発光液体が入った袋

グリーンボンバー

オクトパスガーデン

東太平洋　デヴィッドソン海山

アメリカ西海岸沖に位置するデヴィッドソン海山の近くで確認されたオクトパスガーデンはほかでは見られない光景だ。水深3,200mのところに活動を終えた小さな海底火山があり、そこから湧き出す温水が、ミズダコの仲間ムウソクトプス・ロブストゥスを1,000匹単位で引き寄せる。これだけのタコの集団が見つかったのは初めてだ。タコたちはこの場所で交尾し、卵を抱き、死んでいく。

このタコは外温動物で、体温がまわりの環境に左右される。したがって抱卵期間が非常に長い。同じ海底でも、水温が1.6℃という冷たい海では抱卵期間が14年にも及ぶが、この海山では水温が約10℃で、抱卵期間は2年未満である。抱卵中メスは何も食べず、卵がかえるころに命を終える。

水が暖かいと抱卵期間は約90%も短くなる

裏返しになったタコ
抱卵中のメスは、腕を裏返しにして自分の体で卵をおおい、落ちてくるゴミや捕食者から卵を守る。

もっとも深い海に住む魚

西太平洋　マリアナ海溝

マリアナスネイルフィッシュ（プセウドリパリス・スウィレイ）など深海に住むクサウオ類は、水深約8,000mの海に生息している。これは世界最深記録だ。マリアナ海溝の水圧に耐えて生存できるのは、頭蓋骨の骨に隙間があり内圧のバランスがとれ、骨格がほとんど軟骨でできており、必須タンパク質を安定させる物質を生成する特別な遺伝子を持っているためだ。

マリアナスネイルフィッシュは8,178mの深海でカメラに捉えられたが、この地点の水圧は海面の1,000倍にもなる

チャレンジャー海淵はマリアナ海溝の最深部

マリアナスネイルフィッシュ

金属板で武装した巻貝

西インド洋の熱水噴出孔

ウロコフネタマガイ（クリソマロン・スクアミフェルム）はインド洋のわずか3か所の熱水噴出孔で見つかっているだけの希少種で、既知の現生動物として唯一、鉄の生体鉱物でできたよろいをまとっている。殻や脚に寄生するバクテリアが、噴出孔周辺の無機物が溶け込んだ水から硫化鉄を抽出すると、この貝は硫化鉄を殻の外層や脚のうろこに蓄える。残念ながら、鉄のよろいも人間の活動に対しては防御の役に立たない。ウロコフネタマガイは、深海採鉱によって絶滅が危惧される種に登録された最初の生物になった。この貝が住む熱水噴出孔の付近には、商業価値の高い金属や鉱石が含まれているのである。この貝には目がないが、1対の触手があり、周囲を探ることができる。また食べ物を探して歩きまわる必要はない。食道腺に寄生するバクテリアが化学合成を行って、必要な栄養とエネルギーを供給するからだ。

重なり合った金属板で保護されている脚

磁石並みの巻貝
何列にも並んだうろこから、この貝には「海のセンザンコウ」という別名がある。かたい外皮は鉄分を非常に多く含むため、磁石のように金属を引きつける。

海底 / 347

環境保全
深海のプラスチック

1950年代以降、世界では83億トンを超えるプラスチックが生産され、その多くが廃棄されている。プラスチックは古くなると、マイクロプラスチック（→ p.336）という軽くてごく小さな粒子に分解され、取り除くのが難しくなる。それがいったん川に流れ込むと、海に出て堆積物に混じって沈むか、海面に浮かぶ無数のゴミの一部になる。そこで微生物の定着場所になったり、動物プランクトンや魚、濾過摂食性のヒゲクジラに食べられて食物網に取り込まれたりする。最終的には沈降して海底に達し、蓄積される。海溝の底に生息する生物の体内で発見されたことさえある。

凡例

 マイクロプラスチック

→ マイクロプラスチックの移動

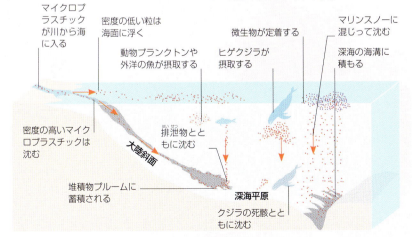

マイクロプラスチックが海底に達する経路

深海の巨大症

西大西洋

深海動物には、浅い海に住む同類に比べてかなり大きくなる種がいる。西大西洋に生息するダイオウグソクムシ（バティノムス・ギガンテウス）は水深730m以上の海底に住み、最大体長50cmにまで成長する。沿岸の同類のフナムシに比べて16倍の大きさだ。海底では食べ物が少ないのに大きくなるのは、長時間食べなくても生きていけることを意味する。深海の巨大動物には、ほかにダイオウイカやオオウミグモの例がある。

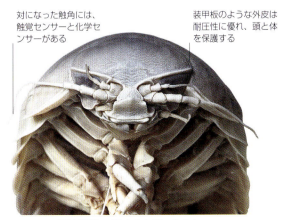

西大西洋のダイオウグソクムシ

人為的な

現在、地球史の時間軸で見れば、世界にはまだ非常に歴史が浅いハビタットがある。農作物の畑や家畜の放牧地、コンクリートと金属の町や都市など、人為的なハビタットである。人類が進歩するにつれて、自然のハビタットが開拓され、こうした人為的なハビタットが拡大していった。このように近代的な景観が生じる中で、多くの動植物がそのハビタットとともに姿を消したが、この試練に適応した生物もいる。

ハビタット

耕作地と牧草地

人間は草原や森林を農地に変え、その過程で野生の動植物を追い出してきた。自然をほぼ残さない集約農業が盛んな一方で、豊かなハビタットを新たに育む、野生生物に優しい農法もある。

農地としては、小麦や米などの穀物、種子や果実、繊維、栄養価の高い根がとれる低木や草本植物、そしてコーヒーやパーム油、木材を生産する樹木などを栽培するための耕作地がまず挙げられる。耕作地はどの作物であれ単一の品種の栽培に使われることが多く、単作という。生産性を最大化するために集約的に管理し、肥料を与えて成長を促進し、農薬によって作物の競争者（雑草）や消費者（害虫や病原体）を駆除する。

集約農業は、ほとんどの野生生物を排除する。しかし、少数だが農地でも繁殖する適応力のある生物は存在する。ヨーロッパのヒバリや北米のマキバドリなど、人工的な草原に適した種もいる。イエスズメのように、過去1万1,000年間に農業とともに進化し広まった生物もいる。イナゴなど大発生する害虫も多く、大量の作物を食べ尽くす。

すべての農業が集約的というわけではない。家畜を飼育する牧草地が集約的に管理される場合もあれば、自然の草原をほぼそのまま活用することもある。ラテンアメリカにはプーナという高原があり、本来いるはずの野生の草食哺乳類グアナコやビクーニャの代わりに、牧畜民のアルパカやリャマがいる場所もある。また家畜用に開発された牧草地であっても、輪換放牧などによって、チョウやランなど野生の動植物のハビタットとしての草原の維持に家畜の存在が役立っている。

生態系としての農地

耕作地では、有機農法などの自然に優しい農法によって、野生生物に食料とハビタットを与えることができる。たとえば、収穫後の畑に作物を少し残す、輪作を行う、畑の境界線に生垣を整える、畑に何も植えない場所を広く設けるなどがある。また、異なる種類の農業を組み合わせるアグロフォレストリーという方法も可能である。この方法では、家畜のそばに作物や樹木を栽培することで、より自然の生態系に近い形になる。

世界的な分布
農地は世界中の温帯や熱帯地域で、気候、地形、土壌条件が適した、あらゆる場所にある。

北アメリカの耕作地は、単作と集約農業が主流である

南アメリカの広大な土地は牧草地に転換されている

砂漠地帯は農業に適していない

凡例
■ 耕作地と牧草地

耕作地と牧草地 / 351

アジアの多くの地域では、山の斜面を平坦に削った段々畑で何世紀にもわたって米などの作物を栽培しており、それが魚、カエル、カワセミやサギなどの鳥のハビタットになっている。中国の老虎嘴（「虎の口」の意）は、紅河ハニ棚田の中で最大のものである。

山上の草食動物

アンデス高原

アンデス山脈の高原という自然の中で、農民たちは何千年もの間、リャマ、アルパカ、羊などの家畜を放牧し、肉や羊毛を収穫してきた。また、リャマは荷物の運搬のためにも用いられている。リャマやアルパカは、アンデス地方のプーナやパラモなどの高原（→p.180）に生息する野生のグアナコやビクーニャが家畜化された近縁の動物である。こうした冷涼な山岳草原は、アンデスコンドル、タンビチンチラ、ケナガアルマジロ、コロコロのハビタットでもある。自給自足農家は、特定の場所で草を食い尽くすのを避けるために放牧地をローテーションさせることが多く、この低集約農法が生態系に与える影響は比較的小さい。しかし、近年ではより集約的な放牧システムに移行しており、山岳草原が荒廃する可能性がある。

南アメリカには700万頭以上のリャマとアルパカが生息している

上質な毛
写真のエクアドルのカハス国立公園で見られるアルパカ（ラマ・パコス）は、軽量で耐水性のある体毛を持っており、そのおかげで気温の低さに耐えられる。

人工林

アメリカ合衆国西部

アメリカ西部では在来種のポンデローサマツ（ピナス・ポンデロサ）が商業用に栽培されており、そうした植林地はクマやシカなど野生生物のハビタットとなっている。オジロジカは草原や森林に生息し、幅広い種類の植物を採食する。その適応能力により、人の手で管理された植林地を含むさまざまなハビタットで生き残っている。

松ぼっくりの芽を食べるオジロジカ

生垣の中の家

西ヨーロッパ

西ヨーロッパには、農地が生垣によって仕切られ、野生生物と農家に多くの利益をもたらしている地域がある。サンザシ、スピノサスモモ、ハシバミなどの大きな木や低木が混在するこうした境界のハビタットは、無脊椎動物、鳥類、小型哺乳類の住処となる。ヨーロッパヤチネズミ、ヨーロッパヤマネ、ナミハリネズミはすべて農地の生垣に生息し、シジュウカラやアオガラなどの小鳥が巣を作る。メンフクロウは周辺の野原で餌を探す小型哺乳類を狩り、しばしば納屋を巣にする。

さまざまなチョウ、ガ、ハチが生垣に住みつき、農作物の受粉を助ける一方、シリアゲムシのような捕食者は害虫駆除によって農家に役立つ。これらの無脊椎動物は、生態系に生息する多くの小型哺乳類の餌となっている。

生垣のもうひとつの重要な利点は、離れたハビタット間をつなぐことである。耕作地と耕作地の間の通路として、野生動物たちが安全に移動し、より容易に分散できる。

生きたシェルター
生垣は防風林として機能し、土壌を浸食から守り、野生動物に安全な空間を与える。生垣の土壌は植物質が豊富で、ミミズなど土壌無脊椎動物の数を増やす。

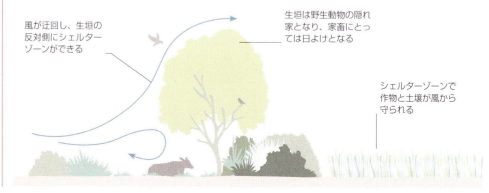

風が迂回し、生垣の反対側にシェルターゾーンができる

生垣は野生動物の隠れ家となり、家畜にとっては日よけとなる

シェルターゾーンで作物と土壌が風から守られる

日陰で栽培

北アメリカ、中央アメリカ、南アメリカ

メキシコ、中央アメリカ、南アメリカでは、密林の天蓋の下にコーヒーやカカオの農園があり、日陰で栽培されるのが一般的である。このようなハビタットは、たいていの場合、開けた農地よりも自然植物の種類に富み、さまざまな鳥類、哺乳類、無脊椎動物に餌や住処をもたらしている。また、日陰での栽培には、野生動物のおかげで農薬や肥料が少なくて済むというメリットもある。しかし、日向で栽培した方が作物の収穫量が増加するため、世界的なコーヒー需要の高まりへの対応もあり、集約農業化が進み、この伝統的な日陰での農法は減少しつつある。

環境保全
鳥たちに格好の場所

日陰のコーヒー農園やカカオ農園では、さまざまな植物が育つため、開けた農地よりも多様な鳥類が生息している。果実や昆虫を食べる小型の鳥類はアグロフォレストでよく見られ、授粉や害虫駆除で農家の役に立っている。また、こうした日陰の農園は、中央アメリカで越冬するモリツグミ（ヒロキクラ・ムステリナ）などの渡り鳥の重要な隠れ家にもなっている。

より健康的なハビタット
エクアドルの農園で林床に並ぶコーヒーノキ。日陰で栽培する農園では、森林伐採によって造成された農園よりも化学薬品の使用量が少なく、土壌の保水力も高い。

モリツグミ

サイレント・ハンター
メンフクロウの羽毛は、飛ぶ際の音を吸収する。ハート型の顔は高周波の音を耳に集め、それによって密林の中で獲物を見つける。

人為的なハビタット

くさい臭いをばらまくな

南アフリカ共和国

南アフリカ共和国は世界有数のマカダミアナッツの生産国であり、同国北東部の暑く乾燥したハビタットの果樹園で栽培されている。そのマカダミアの木をミナミアオカメムシ（ネザラ・ウィリドゥラ）が荒らし、年間1,500万米ドルの被害となっている。このカメムシは30科以上の植物を食べることができ、世界的にも主要な作物害虫である。エジプトミゾコウモリ（ニクテリス・テバイカ）などの昆虫食のコウモリはカメムシを捕食するので、自然な害虫駆除を可能にする。代謝速度が速いため、コウモリは毎晩大量の昆虫を食べる必要があり、その結果として害虫の数を激減させ、殺虫剤をあまり使わずに済むようにする。この生態系の仕組みを促進するため、南アフリカの多くのマカダミア農園でコウモリ小屋が建てられている。

― カメムシ

エジプトミゾコウモリ
エジプトミゾコウモリは、広くアフリカとアラビア半島の森林や草原から砂漠までさまざまなハビタットで生息している。甲虫、羽虫、コオロギ、ガなどを餌とし、1年中活動しているため、農家にとっては害虫駆除の助けになる。

湿地としての農地

世界各地

田または水田は、南アジアやアフリカ、南アメリカに広く分布する、耕作された湿地帯である。稲は半水生植物であるため、田に灌漑で水を張り、湛水状態にする。湛水した水田は、水生無脊椎動物、魚類、爬虫類、そしてそれらを餌とする生物のハビタットとなる。たとえば、アジアの水田ではアオショウビン（ハルシオン・スミルネンシス）がよく見られ、魚、ヘビ、カエル、甲殻類、昆虫、ミミズ、さらにはネズミなども捕食している。また、山の中腹に切り開かれた棚田は、自然では決してできない、まさに人工的な湿地である。だが作物の収穫量を増やすために農薬が使われるようになり、水田の野生動物が脅かされている。

農業―水産養殖
水田は同時に魚の養殖場にもなりうる。植えた作物のわきを深めに掘って水路とし、魚を養殖する。作物の害虫が魚の餌になり、魚の糞は作物の肥料になる。

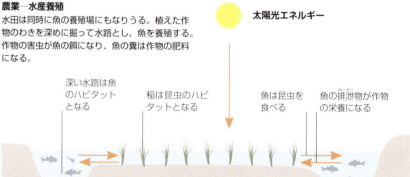

太陽光エネルギー / 深い水路は魚のハビタットとなる / 稲は昆虫のハビタットとなる / 魚は昆虫を食べる / 魚の排泄物が作物の栄養になる / 水田

世界で毎年5億トン以上の米が生産されている

害虫を食料に変える

アフリカ西部　ブルキナファソ

農地のシアバターノキ

アフリカ西部では、アグロフォレストリーという在来の樹木や低木と作物をともに栽培する農法が何世紀も行われてきた。シアバターノキは、シアバターの原料となる油分を多く含む種子のために広く栽培され、ヤママユガの幼虫にとって唯一の餌でもある。だがこの芋虫はタンパク質が豊富な食物として収穫され、その糞は土壌の質を改善し、シアバターノキの成長を促す。

野生動物の居場所を残す森林農園

スペインとポルトガル

イベリア半島のコルクガシの森は、森林の生態系に似せた混合農業地帯となっている。スペインではデエサ、ポルトガルではモンタードと呼ばれ、草原、セイヨウヒイラギガシ（クエルクス・イレクス）やコルクガシ（クエルクス・スベル）の木、イベリコ豚や牛などの家畜が混在している。また、こうした管理された生態系は、イベリアカタシロワシ、クロハゲワシ、絶滅危惧種のスペインオオヤマネコ（→ p.355）など、固有の野生生物の住処にもなっている。

生産的なハビタット
このスペインのデエサの風景に見られるセイヨウヒイラギガシは常緑樹であり、そのドングリはイベリコ豚の重要な食料源となる。

渡り鳥のコウノトリ
タイの収穫されたばかりの水田を歩くシロスキハシコウ（アナストムス・オシタンス）。水田には、湿地の浅瀬で餌を探す渡り鳥が集まる。

環境保全
絶滅危惧種のネコ

デエサのコルクガシの森は、世界でもっとも絶滅の危機に瀕しているネコ、スペインオオヤマネコ（リンクス・パルディヌス）の最後のハビタットのひとつである。ハビタットの喪失、獲物の減少、違法な乱獲によって絶滅寸前まで追いやられ、野生の個体が250匹未満となったこともあった。夜行性と肉食性で単独行動し、カシの林で小型哺乳類や鳥類を狩る。とくに獲物はヨーロッパウサギであり、これもまた管理された生態系で繁殖する種である。

スペインオオヤマネコ

毒を持った侵略者に挑む

オーストラリア

アメリカ大陸原産のオオヒキガエル（リネラ・マリナ）は、サトウキビの根や葉を食害するデルモレピダ・アルボヒルトゥム（コフキコガネ）を駆除するためにオーストラリアに導入された。オオヒキガエルは脅かされると皮膚から毒を出し、ほとんどの捕食者に効くので、外来種として繁殖した。しかし、在来のオーストラリアクロトキ（トレスキオルニス・モルッカ）は、この防御を無効にする巧妙な方法を編み出した。カエルを揺すり、濡れた草の上で拭くことで、表面に出たカエルの毒が拭き取られ、安全に食べられるのだ。

偏食はない
オーストラリアクロトキは、ほとんどどこでも餌をあさって見つけるため、オーストラリアでは「ゴミ箱の鳥」と呼ばれるほどであり、獲物が毒を持っていても問題にしない。

町や都市

高層ビルや都市公園、地下鉄や工業団地。人類が生み出したさまざまな新しいハビタットは、野生生物に苦難とチャンスの両方をもたらした。

建築物の中には、人間が生活、労働、移動のための空間として作り出したハビタットがある。町や都市はコンクリートやレンガ、アスファルト道路が増加しがちであり、都市が周辺部より気温が高くなる一因となる。都市は多くの人、車、産業が集まるため、大気汚染、騒音、光害（ひかりがい）が問題になりやすい。とくに工業団地や交通基盤は環境汚染が進みやすく、近隣の野生空間にも影響する場合がある。

柔軟性（フレキシビリティ）は都市の野生生物に恩恵をもたらす

こうした人為的なハビタットは、草原や森林といった自然の生態系に取って代わり、野生生物には新たな環境と条件をもたらしている。都市で繁栄する生物もいるが、人間の新しいハビタットができると、多くの在来種が追いやられる。公園や庭園は野生生物にとって重要な避難場所となり、樹木や低木は汚染を吸収し、空気を冷やすのに役立つ。

多くの場合、町や都市で繁栄する生物種は非常に適応力が高く、餌（えさ）の範囲が広く、さまざまな環境に対応できる。たとえばドブネズミ、多くのカモメ、アライグマ、猿などはすべて雑食性で、人間が支配するハビタットでも充分な餌を見つけられる。そして、こうした都会に入植する生物を狙って肉食動物がやってくる。また、ハトやハヤブサなど、都市の建築物の環境がたまたま自然（海岸沿いのゴツゴツした崖）に似ているため繁栄できた生物もいる。

都市の野生生物は人間と利害が衝突することもある。たとえば動物の個体数が増えてくると、物が壊されたり、ペットや家畜が襲われたりする。しかし恩恵をもたらすこともあり、多くの人間社会は野生生物と平和に共存する方法を見つけ、さらに野生生物を呼び込む方法を模索している。

メガシティ

町や都市は、海岸や川沿いにあることが多い。初期の人類が豊富な食料を見つけられたからである。もっとも人口の多い都市は日本の東京圏で約3,700万人。人口密度がもっとも高いのはバングラデシュのダッカである。

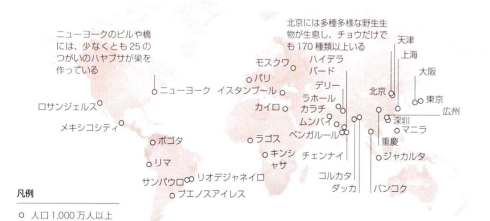

ニューヨークのビルや橋には、少なくとも25のつがいのハヤブサが巣を作っている

北京には多種多様な野生生物が生息し、チョウだけでも170種類以上いる

凡例
○ 人口1,000万人以上の都市

アメリカ、シカゴのバルコニーを堂々と歩くハヤブサ（ファルコ・ペレグリヌス）。シカゴはこの世界一速く飛ぶ鳥が巣を作る都市のひとつである。高層ビルは、自然界でハヤブサが生息する崖に似た生息環境を作り出している。

都会の鳥は鳴き声を変える

北アメリカ

町や都市では騒音公害がよくあるため、多くの動物はそうした騒音の中でもコミュニケーションできるように工夫している。たとえば、ウタスズメ（メロスピザ・メロディア）は北アメリカに広く生息しており、町や都市だけでなく湿地帯や農地にも住んでいる。都会の騒音は低音になりがちなので、都会の公園や庭に住むウタスズメは、農村で暮らす個体より高音で歌う。また、都会のウタスズメはより攻撃的で縄張り意識が強い。おそらく、餌箱があるため、その場所を取り合う機会が多いからだろう。

都会の鳴鳥スズメ
ウタスズメのオスとメスはほとんど同じように見えるが、オスは春から夏にかけて鳴いてメスを引きつけ、縄張りを主張するので見分けることができる。鳴き声には反復音やトリルがある。

・縄張りを主張するために歌うオス
・歌うステージになる背の高い植物

巣のための建物

世界各地

都市に生きる動物の多くは、自然界で好むハビタットに似たハビタットを見つけることによって繁栄する。たとえば、野生のカワラバト（コルンバ・リウィア）やセグロカモメ（ラルス・アルゲンタトゥス）などの崖で営巣する鳥は、高い建物、とくに出っ張りのある建物や平らな屋根の上に巣を作る。また1980年代以降、北アメリカやヨーロッパではハヤブサ（ファルコ・ペレグリヌス）も都市部に生息している。

イエバトは、約1万年前に野生のカワラバトから派生したもので、近年では世界中の町や都市で野生化している。ハトの食性は幅広く、種子や昆虫、廃棄食品なども食べるので、都市部でも生き残ることができる。そして岩の多い海岸線でも都市部でも、ハトにとってのおもな捕食者がハヤブサである。ハヤブサは天才的なハンターであり、高いところから飛び立ち、猛スピードで「急降下」して、獲物を正確に捕らえる。

ハヤブサは降下時、最大時速388kmで飛ぶことができる

環境保全
オウムの安住の地

ブラジルのカンポ・グランデでは、数百羽のルリコンゴウインコ（アラ・アララウナ）が枯れたヤシの木の空洞に巣を作って暮らしている。最初は1999年、元の生息地だったパンタナールの深刻な干ばつと森林火災から逃れてきたが、そのまま住みついた。市が道路沿いや公園に植えた外来種のヤシの木は、在来のヤシよりも巣を作るスペースが広く、餌となる果実や木の実も豊富にある。また、この町には捕食者もいない。こうして、カンポ・グランデにおけるルリコンゴウインコのヒナの生存率は、市外よりも高い。

ルリコンゴウインコ

都市の掃除屋

北アメリカ

アメリカ東部とカナダの都市部では、コヨーテ（カニス・ラトランス）がよく目撃されるようになった。この中型のイヌ科動物は、齧歯類、シカ、ウサギ、鳥類、爬虫類、両生類、魚類、無脊椎動物など、何でも口にする肉食動物であり、屍肉でも食べられる。

その幅の広さのおかげで、車にひかれた動物の死体や齧歯類が食料源として簡単に確保できる都会のハビタットでうまく生きていけるのだ。実際、ある研究によれば、都会のコヨーテは田舎の個体よりも長生きするという。残念ながら、コヨーテ

都会の侵入者
コヨーテの本来のハビタットは草原だが、その荒廃や喪失によって、都市環境に押しやられ、そこで繁栄してきた。

は家畜やペットを襲うこともあり、人間と利害が対立することもある。コヨーテは森林や低木の茂みに巣穴を作るが、それができない場合は、建物や道路、駐車場の近くを巣とする。都会の生活様式に適応しているが、それでも人間からは隠れようとする。

適応力のあるハンター
ハヤブサは世界中の都市に住みつき、橋や高いビルに巣を作り、都会のハトやカモを狩っている。

ビルをねぐらにするコウモリ

ヨーロッパとアジア

コウモリは木の空洞や洞窟などさまざまな場所をねぐらにするが、人間が多くいるエリアでは、おもにトンネルやビルなどの人工的な建築物の中で眠る。自然のハビタットが破壊されたため、やむをえず都市を選んだコウモリもいるが、建物には暖かさを保ったり、捕食者に狙われにくくなったりするという利点もある。

ヨーロッパ各地に生息するウサギコウモリ（プレコトゥス・アウリトゥス）は、古い建物の屋根をねぐらにすることが多い。餌はおもにガで、ハサミムシ、ハエ、甲虫などの森林の昆虫も食べる。耳が胴体とほぼ同じ長さで、寝るときは後ろに倒したり翼下にしまったりする。

ウサギコウモリ
比較的静かな声で鳴いて反響定位することから「ささやきコウモリ」とも呼ばれるウサギコウモリは、餌を探す際にその大きな耳を使ってガなどの昆虫を追跡する。

舗装道路の隙間で咲く

ヨーロッパと西アジア

フタマタタンポポ属のクレピス・サンクタは、ヨーロッパの都市のハビタットに急速に適応した被子植物で、舗装道路の隙間に生えているのをよく見かける。2種類の種子をつくり、軽くて綿毛を持つ種子は風によって遠くまで運ばれるが、重い種子はたいてい親株の近くに落ちて定着する。都市環境では、軽い種子は冷たいコンクリートの上に着地することが多く、そこで芽を出すことはまずない。そのため、この植物はわずか12世代で、都市環境で繁栄するために重い種子をより多く生産するように進化した。

隙間で生きる
クレピス・サンクタはヨーロッパの草原や岩場に自生しているが、舗装道路の隙間にも適応している。

軽い種子と重い種子
軽い種子は風に乗って浮遊するが、都市部ではコンクリートに着地することが多い。重い種子はまっすぐ下に落ちるので、舗装道路の隙間の中で生き残る可能性が高い。

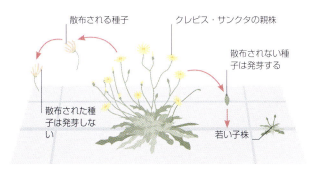

都会に適応する物色者たち

南アフリカ共和国　ケープ半島

適応力によって都市環境における豊富な生ゴミや果樹を利用する動物もいる。チャクマヒヒ（パピオ・ウルシヌス）はアフリカ南部の森林地帯、サバナ、砂漠に広く生息し、果実、種子、昆虫、齧歯類など、さまざまなものを食べる。南アフリカのケープ半島では、自然のハビタットが失われたため、チャクマヒヒが餌を求めて都市部に移動している。また、都市部にはおもな捕食者であるヒョウ（パンテル・パルドゥス）がいないことも移動の理由になっている。しかし、いいことばかりではない。チャクマヒヒは攻撃的になり、食べ物を求めて建物に侵入することもある。

建物に侵入するチャクマヒヒ

ヤモリの害虫駆除

南アジア、東南アジア、オーストラリア

アフリカナキヤモリ（ヘミダクティルス・マボウイア）はアフリカのサハラ以南の原産だが、人間が誤って世界のほかの地域に持ち込んでしまった。アフリカ全域、南北アメリカの温暖な地域、カリブ海地域など、人間の居住地にスムーズに適応して生息している。夜行性で、人工照明に誘引された昆虫の大群を捕食することもよくある。こうした爬虫類は、バッタ、ムカデ、クモ、サソリ、ゴキブリ、ガ、ハエ、カなど、さまざまな餌を食べるため、害虫駆除の役に立っているが、糞害に悩まされる人々も多い。

縦長の瞳孔は夜行性動物の特徴である

アフリカナキヤモリ

都会に行くペンギンたち

南アフリカ共和国　サイモンズタウン

ケープペンギン（スフェニスクス・デメルスス）はアフリカ南西部沿岸の島々に生息しているが、町や都市に移住した群れもいる。捕食者が少ないからである。ケープタウン近郊のサイモンズタウンでは、1985年にいくつかのつがいが町のビーチに住みついた。それ以来、沖合でのイワシとカタクチイワシの商業漁業が禁止された恩恵もあり、群れは1,000以上のつがいを誇るまでに成長した。ペンギン

町への進出
サイモンズタウンの路上ではペンギンが普通に歩いている。地元の人々にとっては、ペンギンの糞と鳴き声は迷惑である。

の存在は、地元の人々を楽しませているが、困った面もある。大半のペンギンは近くのボルダーズ・ビーチに生息しているものの、住宅の庭や雨どいに巣を作るつがいも確認されているからだ。

夕方のラッシュアワー
日没になると、何千匹ものハイガシラオオコウモリが、メルボルンの空をおおい、森や果樹園などの餌場へと向かう。

神聖なサルは人間の助けから恩恵を得る

インド

ハヌマンラングール（セムノピテクス）という灰色のサルは、南アジアでもっとも広く分布する霊長類の一種である。インドでは、人口の多いジョードプルなど人間の居住地でよく見られる。そのほか、乾燥地帯の森や湿森林、低木林にも生息し、おもに果実や葉を食べるが、人間の食べ物にも適応しており、農村では作物をあさり、都市部では廃棄物を食べたり餌をもらったりする。

ハヌマンラングールはヒンドゥー教で神聖視されており、多くの場所で人々が日常的にパンや果物、木の実を与えている。餌を確保できたため、ジョードプルに生息するハヌマンラングールは、2000年の危機的な干ばつを生き延びることができた。都市部では、自然界にいるヒョウ、ドール、オオカミ、キンイロジャッカルなど、ハヌマンラングールの捕食者が少ないという利点もある。

食事を待つ
ジョードプルのマンドール・ガーデンにある塔の前で身を寄せ合うハヌマンラングール。ジョードプルには100万匹以上のサルが生息しているという。

環境保全
ハイエナの給餌時間

野生生物と人間の利害の衝突は、しばしば動物、とくに家畜に被害を与える動物を迫害する根拠となってきた。しかし、エチオピアのある都市では、少なくとも500年前からブチハイエナ（クロクタ・クロクタ）と共存してきた。ハイエナは狩りをし、屍肉を食べる。この適応能力のおかげで、ハイエナは都市で繁栄し、廃棄物をあさり、家畜や野良犬、野良猫を狩る。ほかの地域ではこのことが人間との衝突につながっているが、ハラール市ではゴミを食べるため、町の掃除屋として重宝されている。家畜を襲うのを防ぐため、毎晩、人々はハイエナたちに肉を与える。

ハイエナの給餌時間

都会の暖かさから恩恵を受けるオオコウモリ

オーストラリア メルボルン

人間はさまざまな形で環境に影響を与え、都市の気候を変えることさえある。都市は周囲の農村地帯よりも気温が高くなりがちで、「ヒートアイランド現象」と呼ぶ。コンクリートやアスファルトのような素材が太陽の暖かさを吸収し、また建物が余分な熱を空気中に放出するためである。メルボルンでは、この現象がオーストラリア東部一帯に巨大な群れで暮らす大型のコウモリ、ハイガシラオオコウモリ（プテロプス・ポリオセファルス）にとって好環境となっている。

以前は、このコウモリが好む気候よりも涼しく乾燥していたが、1981年にコウモリたちは王立植物園に通年のねぐらを作った。ねぐらが大きくなりすぎたため、同じく市中心部にあるヤラ・ベンド・パークに移された。夏には3万匹に達する。また、公園や庭園の植物に人為的に水をまくため、メルボルンの気候はさらに湿潤になり、通年でコウモリに適した環境になっている。

メルボルンのヒートアイランド現象
ほかの大都市と同様、メルボルンの平均気温は、周辺の郊外や農村部よりも高い。

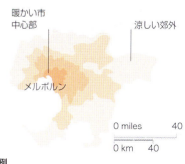

暖かい市中心部　　涼しい郊外
メルボルン

0 miles 40
0 km 40

凡例
14℃以上　　12℃以上
13℃以上　　12℃未満

索引

ア

アイスランドのカバノキの森　23, 28
アイドフラウンダー　325
アイベックス　170–71, 176–77
アウストラロピテクス　141
アウトエンドリス　231
アエギアリティス・アンヌラタ（マングローヴ）　276–77
アオアズマヤドリ（ニワシドリ）　102
アオウミガメ　290, 302, 337
アオガニ　278
アオガラ　39
アオガン　226
アオキコンゴウインコ　139
アオサ　290
アオサギ　264
アオジタトカゲ（スキンク）　67, 74
アオミノウミウシ　339
アカウミガメ　337
アカオザル　92
アカオビチュウハシ　111
アカキノボリヤチネズミ　56
アカクビワラビー　133
アカゲラ　38
アカシア　73, 134, 136–37, 147, 261
アカハラハイイロリス　118
アカハラヒメコンゴウインコ　216
アカバ湾　308–309
アカボウシアメリカムシクイ　87
アカマシコ　28
アカマユインコ　115
アカメアマガエル　212–13
アクシスジカ　106, 113
アグラハス海流　327
あご（ブダイ）　316
亜降雪帯のガレ　173
アサバスカの砂丘　27
アザラシの糞　234
アシ　187, 218, 278
アジアチーター　132
アジアティック・レッドマングローヴ　272
アジアライオン　113
アシカ　280
アシナガウミツバメ　339
アシナガバチ　127
アストレブラ属　150–51

アスパラゴプシス・アルマタ　327
アタカマ砂漠　241, 243
亜潮間帯　283
アッタレア・ファレラタ（ヤシ）　139
アデガエル　94
アデリーペンギン　235
アドリ　35
アナトリア高原　131
アナホリイソギンチャク　330
アナホリフクロウ　240–41
亜南極の陸地　164–69
アネハヅル　131
アーバスキュラー菌根　40
アビエス・ブラクテアタ（モミ）　68
アブラムシ　36
アフリカゾウ　137, 143, 221
アフリカナキヤモリ　360
アフリカハイギョ　197
アフリカマイマイ　103
アフリカライオン　113
アホウドリ　149, 165–67, 169
アマゾン川　195
アマゾン盆地　86, 110
アマミホシゾラフグ　327
アマモ　303
アミ類（エビ）　301, 311
アムールトラ　31, 40
アムールヒョウ　40–41
アメリカアカガエル　27
アメリカアマガエル　215
アメリカアリゲーター　214
アメリカイセエビ　309
アメリカオオヨロイイソギンチャク　280–81, 284
アメリカカブトエビ　202
アメリカクロクマ　52
アメリカ先住民　127
アメリカナヌカザメ　299
アメリカバイソン　126–27
アメリカバク　110
アメリカビーヴァー　190–91
アメリカヒレアシシギ　266–67
アメリカミナミイセエビ　298
アメリカミユビゲラ　25
アメリカムラサキウニ　299
アライグマ　356
アラビアオリックス　240, 244
アラリペマイコドリ　111

アリ　75, 86–87, 101, 147, 209
　木の上　101
　菌類農場　86
　植物との協力関係　101
　とげのある木　147
アリッタ・ウィレンス（ゴカイ）　292
アルガリ　177
アルカリミギワバエ　267
アルカロイド　81
アルスロスピラ　264
アルタイ山脈　130
アルテミア・フランキスカナ（エビ）　266
アルパカ　129, 352
アルバニーの茂み　73
アルマジロ　129
アールラ　162
アレチノスリ（タカ）　126
アロエ　255, 257
アロエ・ディコトマ　252–53
アロワナ　187
アワビ　286
アワフキムシ　125
アンスリウム　83
アンダマン諸島　96–97
アンチョベータ　322–23
アンチルカンムリハチドリ　158
アンデス山脈　110–11, 352
アンデスヤマハチドリ　176
アンモニア　234

イ

イエティクラブ（カニ）　344–45
イエローストーン国立公園　126
イガイ　283
維管束植物　157
維管束組織　205
生きた化石
　ウェルウィッチア　245
　木　44
　チャコペッカリー　138
生きている石の植物　→リトプス
イグアナ　114–15, 286–87
池　201
生け垣　352
移行帯　39
移行段階のハビタット　39
イシサンゴ　307–308, 311, 313
イスカ　28
イススムラ・ボネティ（サンショウウオ）　118
イースタンブラウンスネーク　251
イソギンチャク　310, 319, 330
イソギンポ　286
イソスジエビ　282
イソタマシキゴカイ　290
イソマツ　278

磯焼け　299
イタヤラ（ハタ）　273
イチイ　34, 51, 57
イチジク　88
一時湖　150
イチョウ　44
遺伝的多様性　31
移動と渡り　13
　アメリカバイソン　126
　イワシ　326–27
　塩湖／塩類平原　265
　オオカバマダラ　116, 119
　温帯広葉樹林　33–34
　極地　226, 228
　高山地帯　175
　コククジラ　301
　島　157
　渉禽類　229
　上流　188
　シロイルカ　196
　垂直　300
　遡河魚　267
　鳥　268–69
　ヌー　140–41
　熱帯草原　134, 136
　北方林　27
　ボトルネック　249
　洋上風力発電　326
イトトンボ　156
イヌ科の野生動物　107
イヌワシ　60, 131, 172
イリエワニ　271–72
イルカ　195, 338–39
岩（内部の生き物）　231
イワシ　322
イワトビペンギン　169
イワワラビー　150
インカワシ島　243
インダスカワイルカ　195
咽頭あご　316
インドオオカミ　41
インドガン　13, 173, 269
インドサイ　148
インドショウノガン　261
インドタテガミヤマアラシ　106
インドニシキヘビ　106
インド洋　112, 346
インパラ　144–45

ウ

ヴァーナルプール　202
ヴァルゼア　86
ヴァン湖　267
ウィーディ・シードラゴン　296–97
ヴィブリオ・フィッシェリ　330
ウイルス　93
雨陰　110, 114, 125, 238–39, 247
ウェタ　49

索引 / 363

ウェッデル海　331
ウェルウィッチア　245
ヴェローシファカ（キツネザル）
　254
ヴェントオクトパス　344
ヴェントムセル（イガイ）　344-45
ウオクイコウモリ　194-95
ウォーターアノール（トカゲ）　191
ウォマ（ニシキヘビ）　250
ウォンバット　133
雨季　106-107, 112, 136, 215, 255
ウサギコウモリ　359
ウシ　142
ウスズミハヤブサ　249
渦鞭毛虫　284
ウタスズメ　358
ウタツグミ　71
内海　263
ウチダザリガニ　190
ウツボ　306
ウデブトダコ　310
ウナギ　306, 326
ウニ　298-99, 304
ウマ　133
ウミイグアナ　286-87
ウミウシ　313
ウミウシカクレエビ　313
ウミガメ　290, 302, 307, 337
ウミガラス　287
ウミスズメ　54
ウミツバメ　235, 339
海鳥
　営巣地　235, 285, 287
　岩石海岸　280
　島　156
　鳥インフルエンザ　285
　肥料　158, 234
海の生態系　16
海のハビタット　13-15, 294-347
ウム・アル・マー湖　244
ウメボシイソギンチャク　282
ウユニ塩湖　242-43
ウラル山脈　29
ウロコフネタマガイ（巻貝）　346
雲霧林　103, 111

エ

エーア湖（カティ・サンダ）　269
エアプランツ　83, 241
永久凍土　27, 31, 225-26
栄養分
　沿岸　321
　水生植物　205
　多雨林の循環　79
　デトリタス　333
　洞窟　208
　葉の分解　35
　湖　202

エウエンドリス　231
エウフィドリヤス・アウリリア
　218
液胞　131
エクテイナスキディア・トゥルビナ
　タ　275
エクロニア・マキシマ（ケルプ）
　298
餌探しの技術　37, 92
エジプトミゾコウモリ　354
エステイナシディア・トゥルビナタ
　275
エスパニョラゾウガメ　154-55
エスペレティア属　180
エゾイトトンボ　219
エドウァルドシエラ・アンドリラエ
　（イソギンチャク）　330
エネルギー　16
エビの養殖　275
エボラ出血熱　93
エミドケファルス・アンヌラトゥス
　317
えら　291, 322, 340
エリカ　72, 175
エリマキトカゲ　151
エルニーニョ　110, 287
沿岸海域　13-14, 201, 320-33
沿岸流　321-22
塩湖　262-69
塩水　263, 267, 271, 279, 285, 287
塩性湿地　264, 271
塩生植物　131, 271, 278
鉛直拡散　323
エンテロロビウム・キクロカルプム
　108
エンビタイランチョウ（ヒタキ）
　124
エンピツサボテン　241
エンビハチクイ　147
塩分濃度
　砂浜と干潟　288, 290
　湖　199, 264, 268-69
塩類腺　275, 287
塩類平原　131, 242-43, 263, 265

オ

オアシス　244
オウゴンフウチョウモドキ（ニワシ
　ドリ）　102
オウサマペンギン　166
オウシュウトウヒ　29
オウム　115
オオアオサギ　278
オオアカヒトデ　328-29
オオアリクイ　138-39
オオウキモ（ケルプ）　301
オオウミグモ　347
大型海藻　296

オオカバマダラ（チョウノスケソウ）
　116, 119
オオカミ　23, 25-27, 29, 40-41, 60,
　226
オオカワウソ　217
オオクチガマトカゲ　249
オオクチバス（ハス）　214
オオクビワコウモリ　208
オオコウモリ　360-61
オオサイチョウ　106
オオシラビソ（モミ）　63
オオソリハシシギ　229
オオタカ　35
オオトカゲ　149
オオハチドリ　69
オオハマガヤ　290
オオヒキガエル　355
オオフエヤッコダイ　312
オオフクロネコ　32
オオフラミンゴ　265, 269
オオマダラキーウィ　49
オオミテングヤシ　216
オオヤマネコ　23, 35, 60
オカヴァンゴ・デルタ　220
オカピ　93
オカヒジキ　131
小川　184
オキアミ　322
オキナマル（サボテン）
オーク　33, 38-39
オクシノエマケイルス・エルキシア
　ヌス（ドジョウ）　267
オクトパス・ガーデン　346-47
オグロジャックウサギ　240
オグロプレーリードッグ　124
オグロメジロザメ　320
オショーネシーカメレオン　94
オジロオナガフウチョウ　102
オジロジカ　118, 352
オーストラリアクロトキ　355
オセロット　77, 111
汚染
　極地　230
　湿地による浄化　218
　重金属　45
　大気　19
　農業　18, 350
　ハビタットへの脅威　18
　プラスチック　341, 347
　マイクロプラスチック　336
　町や都市　356
　マングローヴ林　275
　水　18
落ち葉　107, 175, 191, 199-200
踊るマングローヴ　276-77
オドントケルム・アルビコルネ（ト
　ビケラ）　188
オナガカゲロウ　194

オナガジブッポウソウ　254
オナガミツスイ　64, 73
オナガムシクイ　70
オニアナツバメ　186
オニナラタケ　56
オニヒトデ　318
オビオマイコドリ　110
帯状分布（ハビタット）　39
オポッサム　47
オマキザル　88
オームリ　200
オランウータン　8-9, 100
オリーヴの木　71
オリックス　237
オールドマンバンクシア　73
オレンジライケン（地衣類）　227,
　282
オーロック　38
オンコリンクス・クラルキ・ブレウ
　リティクス　184-85
温室効果ガス　18-19, 350
温泉　268
温帯　14-15
温帯雨林　51
温帯広葉樹林　12, 25, 30, 32-49
温帯針葉樹林　12, 50-63
温帯草原　13, 122-33
温暖化　→地球温暖化
音波（水中）　341

カ

カ　204, 218
ガ　39, 76, 89, 109
外温動物　346
海岸（隆起）　26
海岸砂漠　239
外菌根　40
海溝　14, 333, 342
海山　155, 342
海食崖　287
開水域　200
海草　296, 302-303, 306, 321
海藻　280, 287, 296, 302
　光合成色素　325
　林冠の形成　283, 298
海鳥　→海鳥（ウミドリ）
海底　14, 321, 342-47
海底火山　155, 157, 342
海底谷　342
海氷　229, 299, 324
カイメン　275, 298, 304, 307, 310,
　324
海面（変化）　155, 157
外洋　13, 15, 332-47
海洋珪藻　336
海洋地殻　157
海洋地帯　333
海洋島　155, 321

外来種　19, 169, 190, 195, 221, 317, 327, 355
回廊（ハビタット）　18
カウリマツ　48
カウンターイルミネーション　330
カウンターシェーディング　333, 339
ガエターレ池　264, 268
カエデ　33, 36-37
カエル　27, 78, 81-83, 94, 101, 104, 107, 109, 118, 129, 134, 186, 215, 239, 355
カエルツボカビ症　82
カオグロアメリカムシクイ　37
カオコヴェルド砂漠　245
カオジロハゲワシ　146
カカ　183
カカオ　87, 353
化学合成　344-46
ガガンボ　191
カギムシ（ゴカイ）　49
カグー　162
核果（オリーヴ）　71
隔絶
　島　155, 158, 160-62
　進化　199
　湖　199
　山　171
カクレガメ　191
カクレクマノミ　318-19
カケス　39
カゲロウ　204
河口　184, 187, 196, 296
カコミスル　238
カゴメヌケ　324
仮根　188
傘（クラゲ）　338
カサガイ　280
カササギヒタキ　106
カザノワシ　172
火山活動　15, 155-57, 160, 171, 182, 207
火山島　15, 156, 306
火山のホットスポット　155-56, 168
果実　25, 98, 110-11
カスピ海　264
カスピトラ　41
カスモエンドリス　231
風
　沿岸　321-22
　高山地帯　171
　砂浜　292
　南極海　168
　避難場所　130
化石　47, 110
カタクチイワシ　322
カタシロワシ　60, 354
家畜　261, 350, 352, 354, 356

家畜化　350
カーチンガ　111
カツオノエボシ　339
滑空　181
滑降風　230
褐虫藻　307-10, 319
カナダヅル　24
カナダの楯状地　23
カナダレミング　24
カナボウノキ　254
カナリアカナヘビ（トカゲ）　71
カニ　271, 280, 296
ガーネットハチドリ　118
カバ　137, 221
カバノキ　23, 26, 28
カピバラ　216-17
カフスボタンガイ（巻貝）　314-15
カブダチアッケシソウ　278, 279
カーペットニシキヘビ　67
過放牧　141
カボック　79
カマドウマ　208
夏眠　197
ガムシ　201
カメムシの幼虫　13
カメレオン　254
カモノハシ　197
カモメ　158, 269
ガラガラヘビ　82, 240-41
カラカル　260
カラシラサギ　187
カラスコオリウオ　331
ガラパゴス諸島　154-55, 158
ガラパゴスハオリムシ（ゴカイ）　344
ガラパゴスフィンチ　159
カラハリ砂漠　147, 256
カラフトコンブ（ケルプ）　299
カラフトフクロウ　24, 61, 63
カラフトライチョウ　227
カラマツ　22-23, 31, 57
狩り　31, 147
カリビアマツ　120
カリブー　23-26, 225, 228
カリフォルニアイガイ　284
カリフォルニアコンドル　68-69
カリフォルニアドチザメ　310
カルー　257
カルー多肉植物地域　257
カルパティア山脈　60
カルンマ・オシャウネシー（カメレオン）　94
カレドニア山脈の森　61
カロテノイド　37
川　184, 186-87
カワゲラ　184, 191
カワハギ　337

カワメンタイ　202
カンガルー　133, 151
カンガルーネズミ　238, 240
乾季　107, 112, 137, 215, 255
環境保全
　アジアチーター　132
　アジアライオン（人間との摩擦）　113
　アデリーペンギン（温暖化の進む南極大陸）　235
　アメリカバイソン（バイソンの大虐殺）　127
　アラビアオリックス（砂漠への再導入）　245
　アルバニーの茂み　73
　アワビ漁　286
　インドシナ半島（発見と喪失）　99
　インドショウノガン（絶滅が危惧される鳥）　261
　インドのハゲワシを見舞った危機　148
　失われた森の巨人　38
　栄養分が多すぎる　196
　エビの養殖　275
　オオカバマダラ（チョウにとって大切な場所）　119
　オオカワウソ（毛皮を目当てに狩られる）　217
　オランウータン（絶滅危惧IA類の類人猿）　100
　害獣の駆除　169
　外来種のザリガニ　190
　カバ（異例の外来種）　221
　カリフォルニアコンドル（コンドルを救う）　69
　キボウシインコ（絶滅のおそれがある有刺低木林のオウム）　256
　係留ブイ（環境に配慮した係留装置）　303
　高山草原(危機に瀕する高山草原)　174
　コルクガシの林　71
　サンゴの育成場　309
　塩の採掘　268
　シシバナザル属　45
　ジャイアントパンダ（保全の成功）　62
　地雷原での生活　169
　深海のプラスチック　347
　スペインオオヤマネコ（絶滅危惧種のネコ）　355
　セイウチ（薄氷の未来）　324
　生物学的害虫駆除（裏目に出た害虫駆除）　120
　セントヘレナチドリ（脆弱な種）　160
　ソーダ湖を救う　266

　ターバン（馬の祖先の可能性）　133
　ダム（川の連続性の分断）　189
　トラの生息地　31
　鳥インフルエンザ　285
　ニシローランドゴリラ（霊長類の拠点）　220
　ハイエナの給餌時間　361
　破壊的な漁法　313
　パラナマツ（熱帯多雨林の針葉樹）　88
　日陰の農園（鳥たちに格好の場所）　353
　ピラルク（絶滅の危機に瀕するピラルク）　87
　ビルマホシガメ　115
　フィリピンワシ　163
　フクロオオカミ（最後の生息地タスマニア）　47
　フタコブラクダ（最後の野生のフタコブラクダ）　248
　プラスチック社会　341
　ペットとしてのカメレオンの取引　95
　ヘラシギ（絶滅から守る）　293
　ベンガルトラを救う　149
　ホタテ貝を手で採取　330
　ホッキョクグマ（消えゆくハビタット）　229
　北方雨林　29
　ポリネシアマイマイ（太平洋のカタツムリ）　103
　マイクロプラスチックの害　336
　マサイ族と保護区（人間が締め出される）　142
　マングローヴの再生　273
　ミズキンバイ（湿地の外来種）　219
　ミナミオオガシラ（外来種による壊滅的な打撃）　163
　メキシコサンショウウオ（ユニークなハビタット）　203
　野生動物の肉　93
　ユキチドリ（守られた巣）　291
　ユーラシア大陸の頂点捕食者　40-41
　洋上風力発電　326
　ヨーロッパヤマネコを救う　61
　ルリコンゴウインコ（オウムの安住の地）　358
　レッドウッドの森を救う　55
間欠的な川／流れ　184, 197
環礁　304, 306
ガンスの林　147
乾生低木林　252-61
岩石海岸　280-87
乾燥したツンドラ　227
寒帯　14-15, 224-35

岩内微生物 231
干ばつ 134, 141, 256
　移動／渡り 140
　季節的な 104
　休眠 150
　耐乾性 108, 139
　冬季に凍結 25
間氷期 171
干満差 283
カンムリガラ 28
カンムリキジ 121
カンムリグエノン（サル）92
カンムリモズヒタキ 261
環流 341

キ

木
　生きた化石 44
　枯れ木 57
　サバナ 137
　湿地（スワンプ）36-37, 215
　丈夫 31
　ゾウ 143
　地球最古 56
　地球最大 55
　土壌浸食 18
　年輪 47
　酔っ払いの木 27
キーウィ 49
キエリテン（テン）120-21
キオビアオジャコウアゲハ 82
キクメハナガササンゴ 313
気候
　亜南極の陸地 165-66
　温帯広葉樹林 33-34
　温帯針葉樹林 51
　温帯草原 123-24
　乾生低木林 255
　極地 225, 227, 229-30, 235
　極地ツンドラ 227
　高山地帯 174
　砂漠 236
　サンゴ礁 307
　地中海性低木林 65-66
　洞窟 208
　熱帯乾生林 104, 106-107, 112
　熱帯針葉樹林 118
　熱帯草原 134, 137
　熱帯多雨林 78
　ハビタット 10, 12, 14-15
　北方林 23, 25
気候変動
　塩湖とソーダ湖 266
　塩性湿地 279
　乾生林 110
　極地 225
　高山地帯 171
　サンゴ礁 309, 319

スヴァールバル諸島 161
　ハビタット 18-19
　北極海の氷 324
気根 80, 271
キサントリア・パリエティナ（地衣類）286
キジ 63
キスイガメ 278
キーストーン種 109, 284
寄生虫 17
擬態 71, 101
　ウデブトダコ 310
　海草 302-303
　海藻 317
　カウンターイルミネーション 330
　カウンターシェイディング 333, 339
　ガラガラヘビ 82
　砂漠の捕食動物 238
　デコレータークラブ 300
　透明性 333
　トナカイ 283
　ナマケモノ 85
　ニシキフウライウオ 318
　ハナカマキリ 101
　浜鳥 291
　ボス・オセラトゥス 325
　ミューラー型擬態とベイツ型擬態 82
　雪 174, 230
気体の運搬（水生植物）205
キタカササギサイチョウ 98
キタユウレイクラゲ 336
キタリス 35
キツツキ 39
キツネ 124
キツネザル 76, 113, 252
木と菌類の協力関係 24, 40
キノコ 35, 40, 56
キノコバエ 206-207, 211
牙（セイウチ）324
ギバー 250
キバラオオタイランチョウ 120
ギブソン砂漠 250
キボウシインコ 256
キホオアメリカムシクイ 119
キマダラジャノメ（チョウ）34
キマユペンギン 48
キムネズアカアメリカムシクイ 119
キムネハワイマシコ 114
キャピテイトセッジ（カヤツリグサ）226
キャンディケインシーキューカンバー（ナマコ）313
求愛 81, 204
球果 28, 51, 57

休眠 104, 113, 182, 197, 202, 236, 239, 256
急流ガモ 189
境界流 321
峡谷 43
キョウジョシギ 282
共進化 182
共生関係 17, 240, 284, 309, 319, 345
協力関係（種の）17
キョクアジサシ 158
極砂漠 13, 225, 227, 230, 236
極相 157
極端なハビタット 222-93
極地ツンドラ 226-27
キョクチヤナギ 231
裾礁 304, 306
巨大化
　深海巨大症 347
　草本植物 167
　島嶼巨大化 160, 163
霧 103, 239, 241
キリアツメ 245
キリマンジャロ 171
キリン 137
キリンクビナガオトシブミ（ゾウムシ）95
ギルド 37, 92
キンイロジェントルキツネザル 94
ギンカクラゲ 339
キングブラウンスネーク 251
菌根
　エリコイド（ヒース）75, 175, 218
　二酸化炭素 209
　熱帯多雨林 98
　ヒースの原野 75
　森 23, 40
ギンザメ 345
ギンザンマシコ 28
キンシコウ（サル）44-45
菌糸体 56
菌従属栄養 40
近親交配 31
筋肉でできた脚 280, 284, 286, 291, 346
ギンポ 317
ギンホオミツスイ 75
ギンミドリフウキンチョウ 110
菌類
　アリの栽培 86
　エリコイド菌根との協力関係 175
　温帯広葉樹林 35
　カエルツボカビ症 82
　乾生林 256
　木 24, 40
　寄生するラン 40
　昆虫のゾンビ 82

土壌 209
　熱帯多雨林 76
　ヒースの原野 75

ク

グアナコ 128-29, 352
グアノ 158, 208, 211, 285
グエノン（サル）92
クエルクス・ダグラシー（オーク）68
クオタス 19
茎 205, 298
草 13, 123, 156, 160, 214, 251
クサビベラ 313
クサムラツカツクリ 67
クサリヘビ科 79, 244, 251
クサントリア・パリエティナ（地衣類）286
クジラ 196-97, 296, 300-301, 322, 340-41
クズリ 24
クチクラ 196
くちばしの形 159, 293
クビワスナバシリ 261
クマ 23, 25, 41, 50, 52, 60, 107, 188-89, 224-25, 229, 280, 287
クマゲラ 34
クマノミ 319
クモ 88, 159, 173
クモザル 88
クラカトウ 160
クラゲ 333, 338
グラマトフィルム・スペキオスム（ラン）99
グラミ 219
グランサバナ 138
クランベリー 25
クリソプレプス・ラティケプス（タイ）298
グリッタ・ウィーヴィル（ゾウムシ）78
クリップスプリンガー（レイヨウ）143
クリーニング 313
クリプシス 318
クリプトエンドリス 231
クリプトセパルム・エクスフォリアトゥム 112
クリムネインコ 119
クルマサカオウム 250
クレオソートブッシュ 238
クレオールラス（ベラ）309
グレート・アフリカン・シーフォレスト 298
グレートヴィクトリア砂漠 250
グレートソルト湖 264, 266-67
グレートバリアリーフ 306-307,

318

グレートベースン 252, 256
クレピス・サンクタ 359
クロアシイタチ 124
クロガラムシクイ 70
クロカンガルー 66
クロコダイル 144–45
クロサイ 73
クロタルス・ルトスス・アビスス
　（ヘビ） 240–41
クロヅル 131
クロテン 29
クロハゲワシ 354
クロマツ 70
クローン 303, 308
クワガタ 35, 39
グンカンドリ 156
グンタイアリ 87

ケ

警戒色 82–83, 94
鯨骨 345
形成層 54, 138
珪藻 269
係留装置 303
ケインチョーヤ（サボテン） 124
ケーヴウッドライス 210
毛皮貿易 217
ゲジ 208
ケース（幼虫） 188
ケセンガニ 300
ゲッケイジュ 39
ケープコッド 278
ケープシーアーチン（ウニ） 298
ケープハイラックス 143
ケープハゲワシ 146
ケープペンギン 360
ゲラダヒヒ 178–79, 181
ゲルセミア・ルビフォルミス 324
ケルピング 300
ケルプの森と海草 280, 296–303,
　321
懸濁物 290–91
源流 184, 186, 187

コ

コアラ 46–47, 151
コイ 195
コウウチョウ 126
公園 356
好塩菌 264
紅海 249
高気圧砂漠 238–39
光合成 16, 24, 36, 40, 134, 231, 263,
　299, 304
　水生植物 205
　湖 200–201
光合成独立栄養 40

耕作地と牧草地 350–55
交雑 61
高山草原 172–75
高山地帯 170–83
高湿地 278
降水 184, 186, 213
　乾生低木林 252, 255
　砂漠 236, 238
　熱帯乾生林 104
　モンスーン 104, 106, 112
恒雪帯 173
甲虫
　霧 245
　熱帯多雨林 78
　糞虫 241
後腸 274
後腸発酵 142
コウテイペンギン 230, 234–35
荒廃林 260
硬皮 324
高木限界 24, 171, 225–26
剛毛 300
コウモリ 113, 208, 210–11, 238,
　359–61
広葉樹 33
合流点 195
コオバシギ 288–89
コオリウオ 331
氷が解けてできた水たまり 227
ゴカイ 288, 298
コガネチョウチョウオ 312
コククジラ 296, 300–301
穀物 350, 353–54
コケ類 29, 53, 132, 155–56, 158–60,
　168, 186–88, 228, 230–31
ココナッツ 157, 330
古細菌 268
コサギ（シラサギ） 11
コシオリエビ 345
コシグロペリカン 269
コシジロハゲワシ 137, 146
濾し取り型摂食 340
ゴジュウカラ 34
コーストレッドウッド 52–55,
　58–59
子育て場所 273, 296, 302–304
子育てをする植物 259
個体群 16–17
コーチスキアシガエル 239
個虫 275
湖底 200–201
コトドリ 47
コノハチョウ 172
コバシフラミンゴ 269
コバノブラシノキ属 114, 149
コビトイノシシ 148
コビトカバ 93
コビトマングース 142

コビトマンモス 161
コーヒーのプランテーション 353
ゴフ島 160, 168
コブラ科 251
コフラミンゴ 262–65, 268–69
コープレイ 115
コミュニティ 16–17
米の栽培 351, 354–55
湖面の水 200
コモドオオトカゲ 149
コヨーテ 358
ゴライアスオオツノハナムグリ（甲
　虫） 93
ゴリラ 92–93, 220
コルカ渓谷 181
コルクガシ 71, 354–55
コルクガシの林 71
コルシカゴジュウカラ 70
コルシカ島の乾燥したマツの森
　70–71
ゴールデンワトル（アカシア） 73
コロコロ（ネコ） 111
コロニー
　海鳥 158, 235
　コオリウオ 331
　サンゴ 311, 314
　シロアリ 139, 142, 150
　ハダカデバネズミ 209
　ペンギン 360
　ホヤ 275
　ヤマナラシ 36
コロニー形成 15, 156, 160, 292
ゴロミャンカ（カジカ） 200
根系
　乾生低木林 255
　寄生植物 74
　共有 36
　砂漠 249
　サボテン 240–41
　水生植物 205
　多雨林の植物 80
　マングローヴ林 272, 275
根茎 123, 125, 177, 220, 292
混交林 33
昆虫
　樹液 36
　ゾンビ 82
　二酸化炭素 209
　人間の食べ物 354
　熱帯多雨林 81
コンドル 69, 180–81
コントルタマツ 57
ゴンドワナ大陸 47–49

サ

サイ 143
サイガ（レイヨウ） 130
再呼吸 191

最終氷期 27, 39, 309
最大の生き物 56
サウスジョージアタヒバリ 166
サオラ 99
サキ（サル） 88–89
砂丘
　乾生林 114
　砂漠 249
　砂浜 290, 292
　北方林 27
サケ 188
裂け目 342
裂け目ハビタット 209
ササゴイ（サギ） 273
サザンラタ 48, 168
砂嘴 288
砂州 11, 288
雑食種 356
殺虫剤 18, 350, 353–54
サーディンラン 326–27
サトイモ科 79–80
サトウカエデ 36–37
砂漠化 12, 141, 236–52
サバクシマセゲラ 239
砂漠のヒヤシンス 260
サバナ 115, 126–27, 129, 134–43,
　146–51
サハラ砂漠 236, 238, 244
サバンナシマウマ 73
サフル大陸 321
サボテン 236, 241, 255
サメ 273, 298–99, 302, 307, 310,
　319–20, 336, 340
サヤハシチドリ 166
サラソウジュ 107
サル 44–45, 61, 78, 88–92, 178–79,
　181, 274
サルオガセ（地衣類） 103
サルオガセモドキ（コケ） 215
サルガッソー海 337
サルノコシカケ 39
サルハマシギ 279
サワカヤマウス（ハツカネズミ）
　279
サワロ（サボテン） 240
サンカノゴイ 215
残丘 143
三峡ダム 189
サンゴ 177, 303, 314–15
　育成場 309
　一斉産卵 311
　温水サンゴ 304
　授精 311
　成長線 319
　軟質サンゴ 304, 310
　白化 308–309
　抱卵 311
　冷水サンゴ 324

サンゴ石　308
サンゴイソギンチャク　319
サンゴ礁　12, 14, 296, 304–19, 321
　　火山島　157
　　形成　15, 306, 308
サンショウウオ　203, 208
酸性　218, 263
酸素
　　クジラ　341
　　高山動物　172, 180
　　水生植物　205
　　淡水湿地　213, 221
　　流れのある淡水　184, 186, 194
　　マングローヴと塩性湿地　271
　　湖と池　199
山地低木林　172
山地の砂漠　247
山地のハビタット　170–83
山地林　172
産卵　267, 311

シ

シアノバクテリア　256, 263–64,
　　266–68
シアーバターノキ　354
シアン化合物（耐性）　94
シエラ・フアレス・ブルック・フロ
　　ッグ　118
シエラ・マドレ　118–19
ジェンツーペンギン　167, 169
塩（洞窟）　211
潮だまり　280–83
潮の干満
　　岩石海岸　282–83
　　礁の形成　318
　　砂浜と干潟　288
塩の採掘　268
シオマネキ（カニ）　274, 293
塩水　→塩水（えんすい）
シカ　60, 142, 211
視界　195, 197, 210–11
死海　264
死骸　16–17, 146
色素胞　325
シギダチョウ　128
刺細胞　339
ジシャクシロアリ　150
地震　15, 157, 207
地すべり　207
持続可能性　19
舌（アリクイ）　139
シダ　53, 76, 87
シーダー　51
シダレカジュマル　99
シチゴサンマツ　118, 120
支柱根　272
湿潤ハビタット　186
湿地（沼沢地）　36–37, 215

湿地（スワンプ）　37, 213, 215, 219
湿地（マーシュ）　213–14
湿地帯　12
　　耕地になった湿地帯　354
　　植生　26
　　淡水　199, 212–21
　　鳥　24
シナイ半島　249
シナノキ　33
屍肉食　137, 167, 173, 176, 181, 183,
　　229, 342, 345, 358
脂皮　324
師部　36, 53, 138
シファカ（キツネザル）　254, 258
シベリア　23, 30–31, 226
シベリアジャコウジカ　30
脂肪の蓄え　228, 230
島　12, 154–63
　　亜南極　165
　　形成　157
　　コロニー形成　114, 155
シマウマ　137, 142–43
島効果　81
シマハギ　320
シマフクロウ　63
絞め殺しのイチジク　99
湿ったツンドラ　226
シモフリゴケ　159
ジャイアントイランド（レイヨウ）
　　141
ジャイアントグラウンドセネシオ
　　182
ジャイアントシールドバグ　13
ジャイアントデイジーツリー　158
ジャイアントパンダ　62
ジャイアントレッドウッド　51, 55
ジャイアントロベリア　182
ジャガー　111, 140, 216–17
シャカイハタオリ　147
シャクナゲ　44–45, 102, 172
ジャコウウシ　228
シャチ　196, 301
シャチホコガ　34
ジャッカル　260
シャムワニ　187
シャモア　60
ジャワサイ　115
ジャングルキャット　106
収穫アリ　75
従属栄養　40
集団漁　217
樹液　36, 138
種子　108, 236, 239
樹脂　51, 57
種子散布
　　風　359
　　昆虫　75
　　針葉樹林　51

動物　87, 91, 98, 109, 111, 114,
　　158, 195, 209, 217
　　水　157–58, 273
出芽　308
出水孔　204
ジュニペルス・ベルムディアナ（ネ
　　ズミサシ属）　120
種の再導入　244
樹皮（耐火性）　51, 71
受粉
　　昆虫　17, 71, 109
　　人工授粉　162
　　動物　73, 87, 162, 238
　　鳥　102, 109, 182
シュモクザメ　307
シュンダリの木　272
シュンドルボン保護林　272
礁　306, 310–11
消化
　　コアラ　46
　　シマウマとヌー　142
　　種子の体内通過　98
　　土を食べる　98
　　テングザル　274
　　有袋類　133
渉禽類　271, 279
礁湖　304, 306
硝酸塩　196, 218, 234
鞘翅　245
蒸発　252, 263–66, 269
消費者　16–17
小胞　300
常緑乾生林　112
常緑樹　23–24, 33, 39
植生帯　172, 292
食虫植物　54, 127, 139, 182, 218
食虫性の鳥　37
食品廃棄物（都市）　360
植物　74, 92, 101
　　アリとの協力　75, 101, 147
　　エアプランツ　83, 241
　　乾燥に適応　252
　　寄生植物　40, 74, 92, 99, 101, 260
　　木によじ登る　80
　　極地　228–29, 234
　　ケルプの森と海藻　296–303
　　高山植物　171, 174–75
　　砂漠　236, 238
　　湿地　220
　　島　156
　　食虫植物　54, 127, 139, 218
　　水生植物　187, 196
　　生産者　16–17
　　耐塩性／分泌　131, 264, 275, 279
　　耐乾性　139
　　貯蔵　177
　　ツンドラ　226–27, 231
　　毒　81

熱帯乾生林　104
熱帯多雨林　76
根を持たない　204
ヒースの原野　75
分解　209
マングローヴと塩性湿地　271
植物プランクトン　321–22
食物　→栄養分
食物網　228, 341
食物連鎖　120, 248
ジョフロワネコ　111
ジョンストンコヤスガエル　81
地雷原　169
シラガマーモット　174
ジリス　174
支流　186
シーロー　177
シロアシイタチキツネザル　258
シロアリ　136, 138–39, 142
シロイルカ　196–97
シロイワヤギ　172–73
シロカツオドリ　285
シロナガスクジラ　341
シロハラヒメメクラネズミ　130
シロフクロウ　227
人為的選択　350
人為的なハビタット　348–61
進化　95, 199, 359
深海帯　333
深海底採掘　346
深海平原　342
進化的収斂　95
心材　53
浸食
　　海岸　157
　　海草　296
　　川　186–87
　　木の根　23
　　洞窟　207
　　土壌　18, 175, 213, 263
　　湖　199
人新世　18
新世界ザルの多様性　88
シンプソン砂漠　251
ジンベイザメ　340
針葉　23–24, 30, 56–57, 118
針葉樹　23–24, 57
　　温帯針葉樹林　50–63
　　カリフォルニア州沿岸部　68
　　種子と動物　28
　　冬季　31
　　熱帯針葉樹林　116–33
　　ヤルンツァンポ峡谷　62
　　ライフサイクル　29
森林　→森
森林限界　→高木限界
森林農法　350, 353–54
森林伐採　18, 46, 61, 115, 120

索引

秦嶺山脈 45
シンレイパンダ 45

ス
巣
　アナホリフクロウ 241
　クサムラツカツクリ 67
　コオリウオ 331
　シャカイハタオリ 147
　水上 203
　ツリスガラ 219
　都市のビル 358
　ヌナタク 235
　浜鳥 291
スアエダ・サルサ 279
巣穴 174, 202, 209, 240
　砂漠 238–39
　砂浜と干潟 288
　プレーリードッグ 124
　ホワイトスポッテッドガーデンイール 326
　マングローヴとシオマネキ 274
　ミーアキャット 256
髄 108, 138
水圧 333, 342
水位 268
水管 291
水産養殖 354
水蒸気 76
垂直移動 300
スイレン 201, 215
水路 187, 196, 221
スウィフトギツネ 124, 224–25, 230–31
スウィマ・ボンビビリディス（ゴカイ） 346
スカイアイランド 241
スカシマダラ（チョウ） 80–81
スキンク 250, 261
ズキンハゲワシ 146
ズキンベニアメリカムシクイ 119
スクシサ・プランテンシス 218
スクミリンゴガイ（巻貝） 214
スクラブワーブラー（ムシクイ） 70
ズグロムシクイ 71
ススイロアホウドリ 160, 169
スズメ 47
スズメガ 109, 162
スズメダイ 317
スタッドランド湾海洋保護区 303
スッキサ・プランテンシス 218
スッド 220
スティルトウォーキング 331
ステップ 123
　パタゴニア 129
　森からの移行帯 39
　ユーラシア大陸 130–31

ステップヤマネコ 248, 272
ステラーカケス 52
ストップライトパロットフィッシュ（ブダイ） 316
スナオオトカゲ 67
スナガニ 290, 292–93
砂浜 288
砂浜と干潟 288–93
スパイシーコーンブッシュ 72
スパインチーク・アネモネフィッシュ 318–19
スーパーブルーム 236, 239
スパルティナ・アルテルニフロラ 278–79
スピニフェックス 251, 261
スプリットファン・ケルプ 298
スプリングボック（レイヨウ） 257
スペインオオヤマネコ 71, 354–55
スマトラサイ 115
スミレコンゴウインコ 111
スムーズブロームグラス 125
スライダー 261
スルツェイ島 158–59
スンダ大陸棚 321

セ
セイウチ 324
青海湖 269
セイキインコ 67, 261
生産者 16–17
生態系 16–17
生態遷移 15
　火山噴火 156, 160
　極相 157
　自然 132
　砂浜 292
　森 26
生態的地位 10
性転換 298, 316
セイブガラガラヘビ 124
生物多様性
　沿岸海域 321
　島 157
　喪失 110
　測定 81
　熱帯多雨林 76, 81
生物発光 206–207, 211, 275, 330, 333, 346
セイヨウカサガイ 284
セイヨウトネリコ 33
セキセイインコ 150
石油 310
セコイアデンドロン 54–55
セジロアカゲラ 57
世代交代 54
石灰岩 43, 113, 208
セッコイ属（ラン） 102
接着剤 280, 284

絶滅
　インドシナ半島 99
　飛べない鳥 49, 128
　ハビタットの変化 15
　フクロオオカミ 47
絶滅危惧種 46, 88, 119, 183, 248, 261, 346, 354–55
セラード 110, 139
セレンゲティ国立公園 136–37, 140, 376
センジュナマコ 344
セントヘレナチドリ 160
セントロレネ・ペリスティクタ（カエル） 82

ソ
ゾウ 97, 211
騒音 356, 358
草原 39, 122–51
ソウゲンライチョウ 125
双子葉植物 138
草食
　温帯草原 125
　サル 181
　反芻動物と後腸発酵 142
　防御 251
　有袋類 133
　有蹄草食哺乳類 123, 134
　輪換放牧 352
ゾウノキ 108, 113
総排出腔 191
草本植物 138
ゾウムシ 78, 95
相利共生 17, 306, 311, 313
藻類 16, 307
　異常発生 196, 266, 321–22
　岩／氷／雪 231
　川 186–87, 191
　光合成をする微細藻類 284, 321–22
　紅藻 231
　サンゴ 304, 309
　芝生状海藻 309, 311
　ナマケモノの体毛 89
　南極 341
　ビャクシンキリンサイ 317
　湖 201
　藍藻 263
藻類を栽培する魚 311
遡河魚 267
ソーダ湖 263–64, 266–67
ソチミルコ生態学公園 203
ソノラ砂漠 108, 238, 240
ソレノドン 120
ゾンビワーム（ゴカイ） 345

タ
田 354–55

ダイアナモンキー 92
耐塩性 249, 272, 278, 282
ダイオウイカ 347
ダイオウグソクムシ 347
ダイオウホウズキイカ 347
タイガ →北方林
大気圧 172
大気汚染 19
ダイサギ（シラサギ） 266
代謝回転 201
ダイシャクシギ 290
耐水性のある葉 196
帯水層 213, 244
胎生種子 273
大西洋サルガッサム巨大ベルト 337
大西洋中央海嶺 342
堆積物 184, 187, 195, 200–202, 205, 213, 218, 271, 288, 291, 296
大都市 356
ダイナマイト漁 313
タイヘイマル（サボテン） 241
太平洋 15, 333, 344–45
太平洋ゴミベルト 341
太平洋諸島 149
太陽エネルギー 16
太陽光線
　海 296, 299, 325, 333
　季節 15
　サンゴ礁 304
多雨林 78, 80
タイヨウチョウ 182, 258
大陸棚 13, 321, 324, 342
大陸地殻 157
大陸島 155
多雨林
　アジア 115
　涼しい 32–33, 46–48
　熱帯多雨林 76–103
多雨林の植物 92
タカサゴ 310
タカサゴダカ 107
滝 43
滝つぼ 186
ターキン 172–73
タクラマカン砂漠 249
タコ 310, 330–33, 344, 346–47
タコノキ（マツ） 113, 254, 258
ダスキーティティ 110
タスマニアデヴィル 47, 162, 261
タスマニアバン 132
タソックの草原 132–33, 165–66, 168
脱皮 230, 284
タテガミフィジーイグアナ 114–15
タテスジトラザメ 298
タートルグラス 302
ダナキル低地 264, 268

索引 / 369

棚田　350-51, 354
ダニ　231
多肉植物　236, 238, 257-58
タニシ　201
タニシトビ　214
ターバン　133
食べ物　→栄養分
卵（ウミガラス）　287
タマリン（サル）　78, 88
多毛類（ゴカイ）　298
タランチュラ　88
ダーリングトニア・カリフォルニカ　54
タール　173, 177
タール砂漠　248, 260
タンクブロメリア　87
炭酸カルシウム　304, 307-08
単子葉植物　138
淡水
　塩湖　264
　オアシス　244
　湿地　212-21
　流れのある　184-97
　湖と池　198-205
タンスイカイメン　204
炭素の蓄積　23, 30, 207, 209, 273
タンチョウ（ツル）　131
タンニン　219
断熱性（体毛）　230, 299
タンブルウィード　256

チ

チアパスパイン（マツ）　118
地衣類　29, 132, 155-56, 160, 227-28, 231, 256
地下水　201, 208
地下水植物　114
地下のハビタット　206-11
地球温暖化　19, 27, 171
　極地　225, 229-30, 235
　ケルプの森　299
　サンゴ礁　309
　山火事　55
チーク　147
竹林　62
地形（ハビタット）　10, 12, 15
地軸と自転　15, 321
地質学的な隆起　26, 29
チーター　136
地中海性低木林　64-75
チナンパ　203
地熱　168
チベット高原　177, 246-47
チベットノロバ　246-47
チモール　115
チモールオリーブミツスイ　115
チモールジツグミ　115
チモールヒメタキ　115

チャイロニワシドリ　102
着生植物　52, 76, 78, 83, 87, 99, 101, 103, 121, 215
チャクマヒヒ　360
チャコ　138
チャコの多雨林　78
チャコペッカリー　138
チャネルドラック　282
チャバネコウハシショウビン　272
チャラパル　65
中央海嶺　342
中間の海岸　282
中湿地　278
チューブワーム（ゴカイ）　342-45
チューリップ　177
潮位差　280
超塩湖　263, 265
潮下帯　290
潮間帯　271, 280, 290, 321
チョウザメ　188, 267
超出木層　76, 79, 91
潮上帯　290
超深海帯　333
チョウチョウウオ　310
チョウノスケソウ　175
潮流　196, 271
チョーヤ（サボテン）　241
チリジョ・オーク（クエルクス）　118
チリーフラミンゴ　269
チロエオポッサム　47
チワワ砂漠　241
沈降流　323
沈泥　195, 271, 288
沈没船　310-11

ツ

ツィンギ　112-13
通気組織　205
ツェツェバエ　140
月（潮汐）　283
ツキイゲ　67
ツチブタ　137
ツノトビトカゲ　101
ツノフクロアマガエル　78
ツマグロ　307
ツリスガラ　219
ツル　24, 131, 220
つる植物　76
つる性木本　79
ツンドラ　13, 24, 28, 173, 225, 226-28, 230-31
ツンドラオオカミ　225

テ

庭園　356
低湿地　278
ディスキディア・マヨル（アケビカ

ズラ）　101
ディスプレイ　249, 302
底生域　201
泥炭／泥炭地　23, 25, 30-31, 207, 209, 213, 215, 218
泥炭湿地　219
ティフリアシナ・ピアーシー　210
低木層　76, 78, 83, 298
低木林　64-75, 157, 252-61
ティランジア・ランドベッキー　241
デエサ　354-55
適応　114, 155
　乾燥　252, 255
　ケルプ　298
　砂漠　236, 248
　島　159
　樹上性の動物　89
　地中海性気候　69-70
　ハビタット　10
　マウンテンゴリラ　93
適応放散　157
デスヴァレー国立公園　240
テッポウウオ　272
テトラ　86
デトリタス食者　16-17, 344
デレッセリア・サングイネア　325
手を使って収穫したホタテ貝　330
テン　34, 38
電気感覚　197, 210
テングザル　274
デンドラステル・エクスケントリクス　291
デンドロビウム・サンデラエ（ラン）　121
天然ガス　310
テンレック　95

ト

冬季の降水　65
洞窟　43, 206-207
洞窟魚　208
洞窟の動物の視力喪失　210
道具の使用（魚）　313
島嶼矮小化　161
頭足類　330
トウヒ　51, 57
動物原性感染症　93
動物プランクトン　271, 310, 322, 324, 326
倒木（再生）　54
冬眠　33, 174, 182, 208, 210
ドカのサバナ　141
トガリネズミ　95, 194
トキワガシ　354
毒
　擬態　82
　警戒色／模様　82, 94

防御　81, 355
哺乳類　120
毒ヘビ　251
独立栄養生物　17
とげ　252, 258
トゲオヒメドリ（スズメ）　278
都市　→町や都市
都市の野生生物　356-61
都市部の肉食種　356
ドジョウ　186, 267
土壌　17
　かたい　266
　乾生低木林　256
　高山植物　175
　島　155-56
　浸食　18, 175, 213, 263
　水分　213
　多雨林の植物　79
　炭素の蓄積　209
　泥炭地　218
　ハビタット　207
　プレーリー　125
土壌線虫　209, 231
突進型摂食　340
トナカイ　161, 227, 232-33
トニンギア・サングイネア　92
ドバト（ハト）　358
トビガエル　101
トビケラ　186, 191, 204
トビハゼ　272
トビムシ　231
ドブネズミ　356
トムソンガゼル　136
トラ　31, 40-41, 106, 148-49
トラキチラン　40
トラザメ　302
トラップライニング　81
鳥
　種子散布　158
　食虫性　37
　針葉樹の種子　28
　都市　358
　飛べない　49, 128, 132, 162
鳥インフルエンザ　269, 285
トリパノソーマ　140
トレントフロッグ　186
ドロセラ・グランデュリゲラ　218-19
トロミロの木　162
トワイライトゾーン　333
ドワーフウィロー（矮性のヤナギ）　226
トンボ　204

ナ

内圧　346
内陸湖　199, 249
内陸砂漠　239

ナイリクタイパン　251
ナガホナヘガヤ　130
流れのある淡水　184–97
鳴鳥（なきどり）　358
ナス科　81
ナツメ　259
ナトロン湖　264, 268–69
ナナカマド　25
ナパエアヒメヒョウモン（チョウ）　175
ナマ・カルー　257
ナマクアヤブネズミ　73
ナマクアランド　258
ナマケグマ　107
ナマケモノ　76, 79, 84–85, 89
ナマコ　290, 313
ナマズ　86, 187, 204
波　207, 280, 282–284, 290
ナミブ砂漠　237, 245
ナミヘビ科　251
縄張り　13
ナンキョクオキアミ　225, 341
ナンキョクオットセイ　166
南極海　333
ナンキョクコメススキ　234
南極収束線　138–39
南極大陸　13–14, 165, 225, 227
ナンキョクツメクサ　234
南極のアシカ　165
ナンキョクブナ　48
ナンキョクフルマカモメ　235
ナンヨウスギ　49, 57
ナンヨウハギ　307
ナンヨウマンタ（エイ）　340

ニ

ニェコランディア　266
二酸化炭素　16–17, 172, 205
ニシアメリカフクロウ　53
ニシインドマナティー　301
ニシキフウライウオ　318
ニシキヘビ　67, 103, 106, 250
ニシセグロカモメ　158
ニシセミホウボウ　302–303
ニシダイヤガラガラヘビ　238
ニシツノメドリ　158
ニシハイイロペリカン　198–99
ニシローランドゴリラ　220
ニセクロホシフエダイ　273
日本　45, 63, 290, 327, 356
ニホンザル　45
二枚貝　288
乳頭状突起　301
ニュージーランド　48–49, 132–33
尿酸　234
ニレ　33
ニワシドリ　102
人間

活動　18–19, 69, 132, 142, 162, 203, 356
　進化　141
　動物由来の病気　93

ヌ

ヌー　134, 136, 140–43, 146
ヌイツィア・フロリブンダ　74
ヌタウナギ　345
ヌナタク　235
ヌマチタマキビ（巻貝）　279

ネ

ネオテニー（幼形成熟）　203
ネグロ川　195
ネコ　60–61, 111, 248, 272
ネズミ　238, 240, 356
ネズミクイ　261
熱水噴出孔　342, 344–46
熱帯　14
熱帯乾生林　12, 104–15
熱帯収束帯　14
熱帯針葉樹林　116–21
熱帯草原　12, 134–51
熱帯多雨林　13, 76–103
粘液　49, 130, 211, 218, 284, 319
粘土　288
年輪　47

ノ

ノイジードル湖　266
農業　18, 350
農業生態系　350
ノウサギ　228
嚢状葉植物　25, 182
ノドチャミユビナマケモノ　79, 84–85
野ネコ　61
ノムシタケ属　82

ハ

ハイイロネズミキツネザル　258
ハイイロモズツグミ　261
ハイエナ　136, 147, 260
バイオミネラリゼーション　346
バイオーム（マッピング）　12–13
ハイカイキノボリサンショウウオ　52
ハイガオアホウドリ　169
ハイガシラオオコウモリ　360–61
バイカルアザラシ　200
バイカル湖　200
ハイギョ　134, 197
配偶子（卵子と精子）　311
排泄物　16–17
バイソン　125–27
バエケア・フルテセンス　114
ハエトリグサ　127

バオバブの木　113, 254, 258–59
パキカウル　258
パキポディウム　255
パキメトボン・ブロキイ（タイ）　298
ハキリアリ　209
バク　78, 110
パクー　86, 217
バクテリア　207, 209, 330, 344–45
ハクトウワシ　54
薄明薄暮性　240
ハゲタカ　137, 146, 148, 176, 354
バケツラン　79
ハゲワシ　146, 173
ハコクラゲ　307
ハシナガチョウザメ　189
ハシナガチョウチョウウオ　312
パシフィックロドデンドロン（ツツジ）　53
ハシブトインコ　119
バショウカジキ　323
ハジロウミバト　158
ハス　188, 196, 214
ハゼ　282
パーソンカメレオン　95
ハタ　273, 313
ハダカデバネズミ　209
パタゴニアカイツブリ　203
パタゴニアヒバ（ヒノキ）　46
ハタネズミ　174
ハチ　17, 39, 71, 79, 127, 175
ハチドリ　69, 81, 108–109, 118, 158
ハチラン　71
発芽
　果実を食べる動物　98
　砂漠の雨の後　236
　山火事の後　73
　レッドマングローヴ　273
ハッカネズミ　73, 150, 160, 261, 279
ハックルベリー　52
発酵　46, 274
発光性のバクテリア　330
伐採　97
バッファローグラス　124
八放サンゴ　307, 314–15
ハト　356, 358
ハートウェグズパイン（マツ）　118
ハドソン湾　26
花　238
ハナガササンゴ属　313
ハナカマキリ　101
ハナグロチョウチョウウオ　312
ハナゴケ（地衣類）　227, 282
バナナナメクジ　52
ハナミノカサゴ　317
ハヌマンラングール　361
葉の分解　34–35, 191
　秋の色　37

夏季の喪失　68
乾生低木林　252
硬葉の　69
砂漠　238
針葉　23–24, 30, 56–57, 118
多肉植物　258
滴下尖端　83
バーバリーマカク（サル）　61
ハビタット　14–15
脅威　18–19
形成　15
しくみ　10, 16–17
人為的　356
喪失　38, 189, 229, 267, 355
多様性　14–15
分類　10
変化　15
マッピング　12–13
パピリオ・エロストラトゥス（チョウ）　82
パピルス　220
ハマアザ　67
ハマサンゴ属　319
ハマシギ　290
ハマヒバリ　229
林　66
ハヤブサ　249, 356–57, 359
パラグアイカイマン　216–17
パラナマツ　88
バラヌス・バラヌス（フジツボ）　284
パラモ　180, 352
ハリコエレス・ビビッタトゥス（ベラ）　311
ハリネズミ　95
ハリネズミサボテン　241
ハリモグラ　66–67
ハリモミライチョウ　30
ハルディネス・デ・ラ・レイラ国立公園　274–75
バルーニング　159
パレブレンニウス・ピリコルニス（ギンポ）　286
ハロウィンペナントトンボ　214
波浪露出　298
ハロキシロン・アンモデンドロン　249, 260
バロ・コロラド島　81
ハワイシモフリアカコウモリ　156
ハワイ諸島　155–56, 162
ハワイミツスイ　114, 157
ハワイミミイカ　330
ハワイモンクアザラシ　157
反響定位　195, 210
バンクシア　73–75
板根　76, 88, 215
パンサーカメレオン　95
半砂漠　252

繁殖戦略　204
繁殖率　69, 163
反芻　142
パンダ　45, 62
パンタナル　140, 216–17, 266
パンド　36
パンパス　123, 129
氾濫　110, 140, 213, 269, 278
氾濫原　184, 213

ヒ

ビーヴァー　190–91, 219
非塩生植物　278
干潟　273, 278
ヒカリキノコバエ　206–207, 211
光の浸透性　325, 333, 336
鼻腔（哺乳類）　130
ビクーニャ　129, 180
ヒグマ　23, 25, 41, 50, 60, 188–89
ピグミーセッジ（ヒメアオガヤツリ）
　173
ヒゲクジラ　340–41
ヒゲナガハナバチ　71
ヒゲペンギン　168–69
ヒゲワシ　176
皮骨　74
ピサスター・オクラセウス（ヒトデ）
　280–81, 284
ヒース　75, 175, 218
ヒースの原野　75
微生物　35, 142, 207, 231, 263
微生物の塊　267
ヒタキ　106, 115, 124
ヒダベリイソギンチャク　324
ビッグブルーステム　125
ヒッコリー　33
ヒツジ　177
ヒッポカンプス・グットゥラトゥス
　303
蹄　177
ヒトコブラクダ　248
ヒト上科　141
ヒトデ　280, 296, 304, 313, 318,
　328–29
ヒドロ虫綱　339
ヒノキ　36–37, 46, 57, 68, 215
ビーバー　→ビーヴァー
ヒバマタ（ラック）　283
ヒヒ　356, 360
ヒブダイ　316
ヒポエンドリス　231
飛沫帯　278, 282
ヒマラヤ山脈　44–45, 62–63, 148,
　171–74
ヒマラヤハエトリグモ　173
ヒマラヤハゲワシ　173
ヒマラヤマツ　120–21
ヒマワリ　125

ヒメアマガエル　107
ヒメカメレオン　95
ヒメハリテンレック　255
ビャクシン　51, 57
ピューマ　111, 118, 128–29
ヒョウ　40–41, 136, 172, 176, 260
氷河　166, 184, 213
氷河期　27, 39, 155, 171, 309
氷床　225, 230
氷楔　227
表皮　138, 205
ヒョウモンガメ　140
ヒヨケザル　101
ピラニア　86
ピラプタンガ　190
ピラルク　87
ヒルギダマシ（マングローヴ）
　272, 275
ピルバラニウンガイ　261
ビルマホシガメ　115
ピンゴ　226
ヒンドゥー教　361

フ

ファルコナーゾウ　161
フィヨルド　280
フィリスカ属（クモ）　159
フィリピンワシ　163
フィンボス　65, 72–73
風化　280
フウチョウ　102
フェイドレ・ハートメイェリ（アリ）
　75
フエコチドリ　291
フエダイ　273, 304–305, 310
フェノール　219
フェルフィールド　234
フェロモン　71, 81
フェン（低層湿原）　215
フォークランドカラカラ　167
フォークランド諸島　169
フォステロプサリス属　211
フォッサ　105, 113, 255, 259
フクロウ　24, 53, 61, 63, 240–41,
　352–53
フクロオウム　183
フクロオオカミ　47, 162
フクロネコ　32, 261
フクロネズミ　150, 261
富士山　63
フジツボ　280, 283–84
ブダイ　273, 316
フタエヘリボシジャコウアゲハ　82
フタコブラクダ　248–49
フタバガキ　114–15
ブチハイエナ　361
付着体　280, 283, 298, 310
フッドマネシツグミ　154

不凍　27, 175, 331
フトオコビトキツネザル　113
ブナ　33–35, 180, 352
プヤ・ライモンディ　180
ブラジルナッツ　109
ブラダーラック　282
ブラックウォーター　195
ブラックスモーカー　344–45
ブラックセージ（サルビア・メリフ
　ェラ）　69
ブラックバック　107
ブラッザグエノン（サル）　92
フラッタリング　339
ブラッテラ・カウェルニコラ　211
フラミンゴ　262–65, 268–69
プランクトン　16, 288, 291, 307,
　322, 330, 340–41
ブーランジェグリーンアノール
　13
ブリッスルコーンパイン（マツ）
　51, 56–57
プリトヴィチェ湖群国立公園
　42–43
ブルウキモ（ケルプ）　301
ブルーグラマ　124
ブルビネラ・ロシー　167
ブルーヘッド（ベラ）　309
ブルーベリー　25
フルマカモメ　158
プレウロフィルム・スペキオスム
　（キク）　163
プレウロフィルム・フッケリ（キク）
　163
プレート　15, 155, 199, 345
プレーリー　123, 125
プロテア　64–65, 72–73, 182
ブローニング峠　324
ブロメリア　139
糞　46
糞（肥料）　18, 158, 196, 218, 234,
　350, 353
分解者　16–17, 30, 35, 143, 209, 231,
　344–45
噴気孔　168
分布域　13
フンボルト海流　321
フンボルトモモンガ　53

ヘ

ベイツ，ヘンリー　82
ベイトボール　322, 326–27
ペイン，ロバート　284
ヘスペロキパリス・ゴウェニアナ
　（カシュウヒノキ）　68
ベタ　219
ベータシアニン　279
ペッカリー　252
ベッケア・フルテスケンス　114

ペット　356
ベニジュケイ　63
ベニテングダケ　40
ベニハワイミツスイ　157
ベニヘラサギ　214
ベニボシクロアゲハ　82
ベニモンヤドクガエル　82–83
ヘビ　103, 163, 244–45, 251
ヘモグロビン　341
ペヨーテ（サボテン）　241
ベラ　309, 311–13
ヘラジカ　23, 25, 29
ヘラシギ　293
ペリカン　198–99, 269
ペリングウェイアダー　245
ペルーカツオドリ　322–23
ベルグマンの法則　63
ペルークロクモザル　90–91
ペルシャヒョウ　41
ペルシャリス　41
ベルツノガエル　129
ペレンティーオオトカゲ　251
ベンガルトラ　106, 148–49
ペンギン　48, 164–69, 230, 234–35
偏向的極相　132
辺材　53
偏性共生　319
変態（チョウ）　218
ベントクラム（二枚貝）　344–45
片利共生　313

ホ

ボア　103
ホウジャク（ガ）　109
ホウセキゾウムシ　78
ホウライショウ　80
放卵　311, 329
ホエザル　88–89
ホオカザリツル　220
ホオカザリハチドリ　81
ホオヒゲコウモリ　210
ボグ（泥炭湿原）　23–24, 30, 215
牧草地　350–55
ボゴリア湖　264
ボゴンモス（ガ）　182
ホシガラス　28
ポシドニア・オーストラリス　303
堡礁　304, 306
捕食動物　17, 40–41
ボス・オセラトゥス　325
舗装道路　359
ホソスジマンジュウイシモチ
　270–71
ホタル（プテロプティクス属）　275
北極　13–14, 175, 225–27
北極海　333
ホッキョクギツネ　224–25, 230–31
ホッキョクグマ　224–25, 229, 280,

287
ホッキョクワタスゲ　226
ポッサム　74, 182
ホッテントット・シーブリーム（タイ）　298
北方雨林　29
北方林　12, 22–31, 175
ポプラ　36
ホホジロザメ　336
ホホスジタルミ（フエダイ）　304–305
ホマロフィス・ギイイ　186
ホヤ　274–75
ホライモリ　210
掘り返す魚　316
ポリゴン　226
ポリネシアマイマイ　103
ポリプ（サンゴ）　304, 307–308, 310–11, 313
ポリポイド　303
ボロリア・ナパエア（チョウ）　175
ホワイトオーク　118
ホワイトシーダー　215
ホワイトスポッテッドガーデンイール（ウナギ）　326
ホンオニク属（砂漠のヒヤシンス）　260
ボンゴ　93
ボンスーンレック　310–11
ホンソメワケベラ（ベラ）　312–13
ホンダワラ（海藻）　337
ポンデローサマツ　352
ポンペイワーム（ゴカイ）　345

マ

マイクロプラスチック　336, 347
マイコドリ　110–11
マイルカ　338–39
マウンテンゴリラ　92–93
マカク　45, 61
マカダミアナッツ　354
マキ　65, 70
巻貝　103, 201, 214, 279, 314–15, 346
マグマ　344
マクロタイダルリーフ　319
マーゲイ　79
マサイ族　142
マサイ・マラ国立保護区　140
マーシュヒョウモンモドキ（チョウ）　218
マスノスケ（サケ）　188
マゼランペンギン　169
マダガスカル島　112–13, 155, 259
マダガスカルミツメイグアナ（トカゲ）　254
マダラウミスズメ　52
マダラトビエイ　301
待ち伏せ型の捕食動物　79, 82, 217

町や都市　356–61
マツ　23, 29, 33, 51, 57, 137
マツカサトカゲ（スキンク）　67, 75
マッコウクジラ　341
マツテン　29, 38
マットグロッソ　110
マッドパドリング（チョウ）　98
マツモムシ　204
マトラル　65
マドレのマツとナラの森　117
マナヅル　131
マナマコ　290
マヒワ　28
マーマネ　114
マミチョグ　278
マメハチドリ　108–109
マーモセット（サル）　88
マーモット（ジリス）　41, 174, 207
マモンツキテンジクザメ　319
マユグロアホウドリ　167
マラム　292
マリー　65–66
マリアナ海溝　342, 346
マリアナスネイルフィッシュ　346
マリンスノー　342, 344
マルガの乾生林　261
マルガの木　261
マルタ島　161
マルミミゾウ　93
マロジェジピークカメレオン　95
マングローヴ　272–77
マングローヴガニ　274
マングローヴと塩性湿地　270–79
マントルプルーム　155
万年雪の雪原　229
マンボウ　338
マンモス・ケーヴ　208

ミ

ミーアキャット　252, 256–57
ミオンボのサバナ　141
幹　53, 252
ミギワバエ　266–67
ミクロハビタット　13
ミサゴ　202–203
実生（みしょう）　273
水
　雲霧林　103
　汚染　18
　乾生低木林　252, 255
　霧　245
　砂漠　236, 238
　酸素量　184, 186
　循環　23
　喪失の防止　241
　多肉植物　258
　露　250
　洞窟　208

飲み場　107, 144–45
ミズガメカイメン　309
ミズキンバイ　219
ミズクラゲ　338
ミズゴケ　30
ミズトガリネズミ　194
ミズヘビ　186
ミズムシ　204
ミダノアワビ　298
ミチバシリ　239
蜜　66, 73–74, 81, 102, 108–109, 182
ミツスイ　64, 66, 73, 115, 149, 151, 258
密猟　115
ミドリイシ（サンゴ）　309, 311, 317
ミドリオナガタイヨウチョウ　182
ミドリニシキヘビ　103
ミナミアオカメムシ　354
ミナミアフリカオットセイ　298
ミナミオオガシラ（ヘビ）　163
ミナミケバナウォンバット　67
南赤道海流　114
ミナミセミクジラ　322
ミミズ　209
ミミヒダハゲワシ　146
ミヤマオウム　183
ミューラー, フリッツ　82

ム

無機物　16–17, 40, 98, 175, 263, 344
ムシクイ　34, 70, 119
ムジナモ　204
ムスケグ　24–25
ムナジロカワガラス　189
ムナジロテン　38
ムネアカゴシキドリ　106
ムネアカセイタカシギ　269
ムラサキオーストラリアムシクイ　261
ムラサキダコ　332–33
ムラサキヘイシソウ（嚢状葉植物）　25
ムラサキユキノシタ　229

メ

メガハーブ　163, 167, 180, 182
メガポッド（イルカ）　338–39
メキシコアグーチ　109
メキシコウサギ　120
メキシコオヒキコウモリ　126
メキシコキヌバネドリ　118
メキシコサンショウウオ　203
メキシコジムグリガエル　109
メキシコムクドリモドキ　118
メキシコ湾流　321, 333
メクラネズミ　130, 209
メジロダコ　330–31
メジロバネミツスイ　66

メスアカクイナモドキ　255
メスキート　255
メタン　142, 345, 350
メネラウスモルフォ　79
メリケンカルカヤ　125
メルクシマツ　121
メンフクロウ　352–53

モ

モア　49, 128
モウコノウマ　122, 130–31
盲腸　216
木部　74, 138
モノカルチャー　350
モノ湖　267
物をつかむことができる尾　88–89, 95
モハヴェ砂漠　240
モミ　23, 33, 51, 55, 63, 68, 286, 313, 330
モモアカノスリ（タカ）　240
モモイロインコ　250
モモンガ　101
模様（警告）　82
森
　亜南極　168
　ヴァルゼア　86
　ステップへの遷移　39
　遷移　26
　ハワイ　157
モリツグミ　353
モリムシクイ　34, 119
モロクトカゲ　250–51
モンゴル　130–31
モンスーン　104, 106, 112, 137, 149
モンタド　354
モントレーイトスギ　68
モンハナシャコ（エビ）　317
モンパネのサバナ　141, 143

ヤ

ヤギ　171–73, 177, 304
ヤク　177
ヤシ　76, 137–38, 156, 217
野生生物
　亜南極の陸地　164–69
　沿岸　322–33
　塩湖　262–69
　温帯広葉樹林　33–49
　温帯針葉樹林　50–63
　温帯草原　122–33
　外洋　332–47
　乾生低木林　252–61
　岩石海岸　280–87
　極地　224–35
　ケルプの森と海藻　296–303
　高山地帯　170–83
　砂漠　236–51

サンゴ 304-19
　島 154-63
　砂浜と干潟 288-93
　淡水湿地 212-21
　地下 206-11
　流れのある淡水 184-97
　熱帯乾生林 104-15
　熱帯針葉樹林 116-21
　熱帯草原 134-51
　熱帯多雨林 76-103
　北方林 23-31
　町や都市 356-61
　マングローヴと塩性湿地 270-79
　湖と池 198-205
ヤタイヤシ 129
ヤドクガエル 94
ヤドリギ 74
ヤナギ 226, 231
山火事 19, 51, 55, 66, 73, 110, 139, 151, 252
ヤマツパイ 182
ヤマナラシ 36
山の植生帯 62
ヤマヒタチオビ（巻貝） 103
ヤママユガ 354
ヤマヨモギ 252, 256
ヤルンツァンポ峡谷 62

ユ

有害生物駆除 19
有光層 333, 336
湧昇 293, 321-23, 327, 331
有袋類 46-47, 133, 150-51, 162, 261
有蹄草食哺乳類 38, 123, 126, 142
ユーエンドリス 231
ユカタンヨルナメラ 210
ユーカリ 46, 65-66, 134, 137, 151, 261
ユキチドリ 291
雪解け水 184, 186, 207, 213, 226
ユキヒョウ 172, 176
輸送インフラ 18
ユッカ 124, 240
ユッカガ（ガ） 240
ユリカモメ 269

ヨ

溶岩 155, 157
溶岩原 15, 159
幼形成熟　→ネオテニー
洋上の風力発電所 326
幼虫 34, 175, 194, 218
　昆虫 175, 206, 211
　サンゴ 157, 311
　水生 156, 184, 186, 188, 191, 204
養分（食べ物） 15, 40
葉緑素 37, 40
ヨコジマウロコミツスイ 149

横這い運動（ヘビ） 244-45
ヨシュアノキ 240
ヨーロッパアカマツ 29, 31
ヨーロッパアナグマ 34
ヨーロッパアルプス 174
ヨーロッパザリガニ 190
ヨーロッパザルガイ 291
ヨーロッパタマキビ 282
ヨーロッパナラ 38
ヨーロッパハタリス 39
ヨーロッパビーヴァー 219
ヨーロッパホンヤドカリ 282
ヨーロッパミヤマクワガタ 35
ヨーロッパヤマネコ 60-61

ラ

ライオン 113, 135-36, 146-47
ライチョウ 25, 30, 174, 227-28
ラクウショウ（ヒノキ） 36-37, 215
ラクダ 248-49
落葉樹 23, 33
落雷 151
ラジアータパイン（マツ） 68
ラック 282-83
ラッコ 299
ラフティング 114
ラフレシア 74, 101
ラミナリア・パリダ（ケルプ） 298
ラメラ 268
ラン 40, 71, 79, 87, 99, 102, 121
乱獲 19, 267
卵嚢 298-99

リ

リヴァーチャブ 192-93
リクガメ 115, 140, 154-55
陸橋 161
陸の生態系 17
リサイクル 16
リス 35, 39, 41, 53, 101, 118, 174
リーチュエ（レイヨウ） 220
リトプス（リヴィングストーンプランツ） 257
リトルバリア島 49
リボンウィード 303
リマリア・ヒアンス（二枚貝） 325
リャマ 129, 352
緑虫藻 204
林冠 76, 79, 104, 298
林業 97, 350, 352
鱗茎 177
リン酸塩 75
林床（多雨林） 78

ル

ルーウィン海流 321
ルブロンオオツチグモ 88
ルリコンゴウインコ 358

レ

レア 128
冷水湧出帯 342-43, 345
レイヨウ 130, 136, 141-45, 220, 237, 257
レインボーパロットフィッシュ（ブダイ） 273
レスティオ 72
レック 102
列島 155
レッドウッド 51, 57
レッドツリーサンゴ 324
レッドマングローヴ 273-74
レトバ湖 268
レミング 24, 174, 227-28
レモンザメ 273
レリスタ・プラニベントラリス（スライダー） 261

ロ

ロイヤルペンギン 164-65, 169
ローヴィングコーラルグルーパー（ハタ） 313
濾過摂食者 204, 268-69, 275, 280, 283, 290-91, 307, 309, 322, 340
ロス棚氷 330
ロッキー山脈 171, 175
ロックゴビー（ハゼ） 282
ロバ 246-47
ロブスター 304
ローマン・シーブリーム（タイ） 298
ローラシア大陸 48
ロングストロンセッジ（カヤツリグサ） 125
ロングスナウテッドシーホース 303
ロングフィンダムゼルフィッシュ（スズメダイ） 311

ワ

ワオキツネザル 254, 258
ワオマングース 113
ワシ 54, 60, 131, 163, 172, 354
ワタボウシタマリン 78
ワタボウシミドリインコ 110
渡り　→移動と渡り
ワタリアホウドリ 167
ワタリガラス 25
ワニガメ 215
ワラゴ・アトゥー（ナマズ） 187
ワラビー 133, 150-51
ワンデリングシーアネモネ（イソギンチャク） 300

アルファベット

C4 光合成 139
pH の値 264
SHO ハビタット 10, 12
SOFAR チャネル 341

図版出典

DK would like to thank the following people for their help with making this book: Anita Kakar, Emily Kho, and Saumya Agarwal for editorial assistance; Judy Caley, Sonakshi Singh, and Steve Woosnam-Savage for design assistance; Stephen Bere, Phil Gamble, Alison Gardner, and Rob Perry for visualization; Peter Bull, Mansi Dwivedi, and Kerry Hyndman for illustrations; Manpreet Kaur for picture research assistance; Tom Morse and Vishal Bhatia for technical assistance; Michelle Rae Harris, Priyanka Lamichhane, Angela Modany, and Michaela Weglinski for fact checking; Ann Baggaley for proofreading; and Helen Peters for indexing.

DK would like to thank Aaron O'Dea at the Smithsonian Tropical Research Institute and the following people at **Smithsonian Enterprises**:

Licencing Coordinator
Avery Naughton
Editorial Lead
Paige Towler
Senior Director, Licensed Publishing
Jill Corcoran
Vice President of New Business and Licensing
Brigid Corcoran
President
Carol LeBlanc
Smithsonian Editors
Kealy Gordon, Ellen Nanney

The publisher would like to thank the following for their kind permission to reproduce their photographs:

(Key: a-above; b-below/bottom; c-centre; f-far; l-left; r-right; t-top)

1 Alamy Stock Photo: Ch'ien Lee / Minden Pictures. **2–3 naturepl.com:** Ben Cranke. **4–5 AWL Images:** ClickAlps. **6 Alamy Stock Photo:** Gareth McCormack (tr). **naturepl.com:** Olga Kamenskaya (tc/River); Steve Nicholls (tc). **7 Alamy Stock Photo:** Nature Picture Library / Mark MacEwen (tc/Langurs). **Getty Images:** Photographer's Choice RF / Sylvain Cordier (tr). **naturepl.com:** Ole Jorgen Liodden (tl). **Science Photo Library:** Chris & Monique Fallows / Nature Picture Library (tc). **8–9 AWL Images:** ClickAlps. **10 naturepl.com:** Andy Sands (bl). **10–11 Pascal Bourguignon**. **13 naturepl.com:** Alex Hyde (br); Thomas Marent (cra); Dong Lei (cr). **15 naturepl.com:** Alex Mustard (cra); Steve Nicholls (br). **17 naturepl.com:** Nick Upton (tr). **18 Alamy Stock Photo:** Frans Lemmens (bc). **Dreamstime.com:** Salajean (bl). **naturepl.com:** Wild Wonders of Europe / Carwardine (br). **19 naturepl.com:** Tony Heald (br); Jo-Anne McArthur / We Animals (t). **Audun Håvard Rikardsen:** (bc). **Shutterstock.com:** Venturelli Luca (bl). **20–21 naturepl.com:** Wild Wonders of Europe / Biancar. **22–23 Antonio Fernandez**. **25 Alamy Stock Photo:** Florapix (bc). **Getty Images / iStock:** kojihirano (tl). **26–27 Steven Rose:** (t). **27 Alamy Stock Photo:** All Canada Photos / Ron Garnett (ca). **Getty Images / iStock:** Andykrakovski (crb). **Janet M. Storey:** (bl). **28 Johnathan Esper:** (br). **naturepl.com:** Jussi Murtosaari (ca). **28–29 naturepl.com:** Orsolya Haarberg (t). **29 Alamy Stock Photo:** David Whitaker (br). **Getty Images:** Moment / Richard McManus (cb). **30 Getty Images / iStock:** Natalia Bubochkina (tl). **naturepl.com:** Danny Green (cra). **30–31 naturepl.com:** Olga Kamenskaya (b). **31 Getty Images / iStock:** Andyworks (cra). **32–33 Alamy Stock Photo:** Nature Picture Library / David Gallan. **34 Alamy Stock Photo:** www.pqpictures.co.uk (tl). **35 Getty Images:** imageBROKER / Jurgen & Christine Sohns (cra). **36 Alamy Stock Photo:** Clarence Holmes Wildlife (cla). **William D. Bowman:** (bl). **36–37 Alex Mironyuk Photography:** (b). **37 Alamy Stock Photo:** Ivan Kuzmin (cla). **38 Alamy Stock Photo:** Dozier Marc / Hemis.fr (bl). **Dreamstime.com:** Ondej Prosick (br). **John Stanton and Millers Wood, Sussex UK:** (tr). **39 Dreamstime.com:** Val_th (cr). **naturepl.com:** Bence Mate (br). **40 Alamy Stock Photo:** Robert Thompson / Avalon (tl). **naturepl.com:** Fabrice Cahez (bc). **41 Alamy Stock Photo:** Samyak Kaninde (br). **Dreamstime.com:** Nukhet Barlas (bc). **naturepl.com:** Valeriy Maleev (t). **42–43 naturepl.com:** Wild Wonders of Europe / Biancar. **44 Marsel van Oosten:** Squiver.com (t). **45 Alamy Stock Photo:** YAY Media AS / xfdly5 (cl). **Getty Images:** Moment / Captain Skyhigh (tr). **Getty Images / iStock:** MykolaIvashchenko (clb). **Shutterstock.com:** Xinhua (br). **46 Alamy Stock Photo:** Kevin Schafer (tl). **46–47 Alamy Stock Photo:** De Klerk (b). **47 Getty Images / iStock:** tracielouise (cra). **SuperStock:** Animals Animals (tc). **48–49 Getty Images:** Jos Buurmans / 500px (tc). **48 naturepl.com:** Doug Gimesy (bl). **49 Alamy Stock Photo:** Nature Photographers Ltd / Paul R. Sterry (cr). **Getty Images:** Moment Open / Joao Inacio (bl). **naturepl.com:** Tui De Roy (br). **50–51 Alamy Stock Photo:** Todd Mintz. **52 Alamy Stock Photo:** Chuck Haney / Danita Delimont, Agent (cl). **53 Nick Kerhoulas:** (cr). **54 Alamy Stock Photo:** Angela Serena Gilmour (crb). **naturepl.com:** Donald M. Jones (tl). **55 Alamy Stock Photo:** Imagebroker / Arco / G. Lacz (cra). **Michael Nichols:** (b). **56 Alamy Stock Photo:** Minden Pictures / Michael Durham (br). **SuperStock:** Els Branderhorst / Minden Pictures (clb). **56–57 Getty Images:** Moment / Posnov (t). **57 Alamy Stock Photo:** Rolf Kopfle (tr). **58–59 Brett Cole**. **60–61 Alamy Stock Photo:** Minden Pictures / Sebastian Kennerknecht (t). **60 Alamy Stock Photo:** Nature Picture Library / Loic Poidevin (bl). **Dreamstime.com:** Ondej Prosick (br). **61 Alamy Stock Photo:** Minden Pictures / Cyril Ruoso (clb). **naturepl.com:** SCOTLAND: The Big Picture (cra). **Dever Villeneuve:** (br). **62 Alamy Stock Photo:** Minden Pictures / Mitsuaki Iwago. **63 Alamy Stock Photo:** Ondrej Prosicky (tr). **Getty Images / iStock:** rockptarmigan (bc). **naturepl.com:** Staffan Widstrand / Wild Wonders of China (br). **64–65 Cameryn Brock**. **66 Alamy Stock Photo:** William Robinson (tl); RooM the Agency / kristianbell (br). **68 Getty Images / iStock:** DogoraSun (bl); JohnSeiler (cla). **68–69 Marc Slattery:** (t). **69 Alamy Stock Photo:** lani kalipay / Stockimo (bc). **Pablo Ré:** (br). **70 Alamy Stock Photo:** AGAMI Photo Agency / Daniele Occhiato (bl). **70–71 Getty Images:** Simon Massicotte / 500px (t). **71 Alamy Stock Photo:** FLPA (br); Tim Gainey (bl). **Getty Images / iStock:** guenterguni (c); PeskyMonkey (tr). **72 Alamy Stock Photo:** Sabena Jane Blackbird. **73 Alamy Stock Photo:** Eleanor Hamilton (bl). **Getty Images / iStock:** M_D_A (crb). **Science Photo Library:** Bob Gibbons (cla). **Petra Wester:** (tr). **74 Getty Images / iStock:** ZambeziShark (cla). **naturepl.com:** Jiri Lochman (br). **75 Alamy Stock Photo:** Peter Yeeles (br). **naturepl.com:** Eric Sohn Joo Tan (cb). **Shutterstock.com:** Adam Brice (t). **76–77 naturepl.com:** Charlie Hamilton-James. **78 Alamy Stock Photo:** Morley Read (bc). **79 Alamy Stock Photo:** Christian Ziegler / Minden Pictures (bl). **80–81 Andy Parkinson**. **80 Alamy Stock Photo:** Marek Durajczyk (tr); Survivalphotos (b). **81 Alamy Stock Photo:** All Canada Photos / Glenn Bartley (br); Minden Pictures / Christian Ziegler (cra). **Getty Images / iStock:** JasonOndreicka (cb). **naturepl.com:** Ch'ien Lee (tc). **82 Alamy Stock Photo:** All Canada Photos / Barrett & MacKay (tc); Nature Picture Library / Lucas Bustamante (cr); Mark Moffett / Minden Pictures (bl). **83 Alamy Stock Photo:** Murray Cooper / Minden Pictures (tl). **SuperStock:** Thomas Marentant / Mary Evans Picture Library (b). **84–85 naturepl.com:** Luciano Candisani. **86 Alamy Stock Photo:** Nature Picture Library / Bence Mate (c). **Getty Images:** Moment / LeoFFreitas (br). **87 Alamy Stock Photo:** Karind (tr); Minden Pictures / Thomas Marent (cl); Minden Pictures / Glenn Bartley (br). **naturepl.com:** Brandon Cole (bl). **88 Alamy Stock Photo:** Minden Pictures / Pete Oxford (tl); Minden Pictures / Piotr Naskrecki (bl); Nature Picture Library / Angelo Gandolfi (br). **89 naturepl.com:** Sean Crane (clb); Thomas Marent (t). **SuperStock:** Frank Lane Picture Agency (br). **90–91 naturepl.com:** Oscar Dewhurst. **92–93 Alamy Stock Photo:** Nature Picture Library / Christophe Courteau (t). **92 Alamy Stock Photo:** A & J Visage (br). **Dreamstime.com:** TravelTelly (cl). **93 Alamy Stock Photo:** blickwinkel (bl); Edward.J.Westmacott (cr). **Shutterstock.com:** Eric Isselee (br). **94 Chien C. Lee:** (b). **Frank Deschandol:** (tc). **Shutterstock.com:** Martin Mecnarowski (tr). **95 Alamy Stock Photo:** Nature Picture Library / Nick Garbutt (cla); Nature Picture Library / Michael D. Kern (br). **Dreamstime.com:** Macrero (tr). **96–97 Jody MacDonald**. **98 Alamy Stock Photo:** Minden Pictures / Thomas Marent (tl). **Shutterstock.com:** ukrit.wa (br). **99 naturepl.com:** Tim Laman (bl); Ch'ien Lee (tr); Tui De Roy (cr). **100 Alamy Stock Photo:** Minden Pictures / Jami Tarris (br). **naturepl.com:** Chien Lee. **101 Alamy Stock Photo:** Minden Pictures / Ch'ien Lee (tr, br). **Dreamstime.com:** Maizal Maizal (cla). **Shutterstock.com:** SKY Stock (bl). **102–03 Shutterstock.com:** simibonay (t). **102 Chien C. Lee:** (bl). **103 Alamy Stock Photo:** Nature Picture Library (tr). **naturepl.com:** Tim Laman (bc); Rod Williams (br). **104–05 Dreamstime.com:** Mikhail Dudarev. **106 Alamy Stock Photo:** imageBROKER / Jrgen & Christine Sohns (cr). **107 Alamy Stock Photo:** Nature Picture Library (bc). **108 Alamy Stock Photo:** All Canada Photos / Glenn Bartley (t); imageBROKER / Horst Mahr (bl); Danita Delimont / Judith Zimmerman (br). **109 Getty Images:** Moment Open / Peter Schoen (br). **naturepl.com:** Piotr Naskrecki (c); Roland Seitre (tr). **110 Alamy Stock Photo:** Nature Picture Library (clb). **naturepl.com:** Roland Seitre (br). **Félix Uribe:** (ca). **111 Alamy Stock Photo:** Jeff Jarrett (t). **naturepl.com:** Luiz Claudio Marigo (cb); Rod Williams (br). **112 Mike Bingham:** (tr). **Dorling Kindersley:** NOAA / JPL (cl). **naturepl.com:** Chien Lee (b). **113 Getty Images:** Aman Wilson / 500px (tc). **naturepl.com:** Nick Garbutt (br); Tim Laman (cra). **114–15 Alamy Stock Photo:** Minden Pictures / Patricio Robles Gil / Sierra Madre (b). **114 Depositphotos Inc:** Noppharat_th (tr). **Juan Pablo Galvn Martnez:** (cl). **115 Alamy Stock Photo:** Minden Pictures / Cyril Ruoso (cr). **Getty Images / iStock:** Azad Jain (cl). **116–17 Alamy Stock Photo:** Nature Picture Library / Sylvain Cordier. **118 Getty Images / iStock:** E+ / pchoui (cl). **119 Alamy Stock Photo:** All Canada Photos / Glenn Bartley (cra); Minden Pictures / Patricio Robles Gil / Sierra Madre (tc); Minden Pictures / Ingo Arndt (b). **120 Alamy Stock Photo:** Nature Picture Library (cla). **Avalon:** Joel Sartore / Newscom (crb). **121 Alamy Stock Photo:** blickwinkel / D. u. M. Sheldon (t); Minden Pictures / Ch'ien Lee (br). **Dreamstime.com:** Sourabh Bharti (bc). **122–23 naturepl.com:** Cyril Ruoso. **124 naturepl.com:** Shattil & Rozinski (bl). **125 Dreamstime.com:** JustNatureChannel (cra). **126–27 Johnny Domenico/**Nature's Heroes Photography**:** (bc). **126 Alamy Stock Photo:** Linda Freshwaters Arndt (tl); Nature Picture Library (ca). **127 Alamy Stock Photo:** Everett Collection Inc / Ron Harvey (br). **Dreamstime.com:** Verastuchelova (tr). **128–29 Mark Beaman:** (tc). **128 Getty Images / iStock:** E+ / DieterMeyrl (bl). **Science Photo Library:** Natural History Museum, London (br). **129 Alamy Stock Photo:** Ignacio Yufera / Biosphoto (br); Ernie Janes (bl). **Dreamstime.com:** Carolina Jaramillo (cr). **130–31 naturepl.com:** Cyril Ruoso (tc). **130 Dreamstime.com:** Boris Bliznyuk (clb); Mikhail Gnatkovskiy (bc). **131 Alamy Stock Photo:** Toni Massot (cra). **Ciming Mei:** (crb). **Dreamstime.com:** Whiskybottle (bl). **132 Alamy Stock Photo:** Associated Press / Vahid Salemi (tl); Dave Watts (crb). **133 Alamy Stock Photo:** World History Archive (cla). **Getty Images / iStock:** Rat0007 (bl). **naturepl.com:** John Cancalosi (tr). **134–35 Daniel Rosengren**. **136 Alamy Stock Photo:** Media Drum World (bl). **137 Alamy Stock Photo:** Minden Pictures / Richard Du Toit (tc). **138 Alamy Stock Photo:** DSSZ / Minden Pictures (bc). **Getty Images:** 500px / Alexandr Sanin (t). **139 Alamy Stock Photo:** Steve Gettle / Minden Pictures (bl); Ch'ien Lee / Minden Pictures (br). **Getty Images:** Moment / Lucas Ninno (cr). **140 Getty Images:** Sygma / Patrick Robert – Corbis (tr). **naturepl.com:** Christophe Courteau (cla). **SuperStock:** Eric Baccega / age fotostock (cra). **140–41 Getty Images:** Photodisc / Russell Burden (b). **141 Dorling Kindersley:** Gary Ombler / Oxford Museum of Natural History (cla). **SuperStock:** Frank Lane Picture Agency (br). **142 Alamy Stock Photo:** Ton Koene (br). **Getty Images:** 500Px Plus / Scott Carr (bl). **142–43 Frans Lanting Photography:** All rights reserved. © Frans Lanting/lanting.com (tc). **143 Alamy Stock Photo:** Patrice Correia / Biosphoto (br). **Getty Images:** Adam Barnard / 500px (cb). **Science Photo Library:** Tony Camacho (cr). **144–45 Alamy Stock Photo:** Media Drum World. **146 Getty Images / iStock:** jez_bennett (t).

147 Alamy Stock Photo: Yva Momatiuk & John Eastcott / Minden Pictures (tl); Marsel van Oosten (clb). **Dreamstime.com:** Cpaulfell (br); Ecophoto (tr). **148 Alamy Stock Photo:** Nature Picture Library / Sandesh Kadur (br). **naturepl.com:** Sandesh Kadur (l). **149 Alamy Stock Photo:** Bill Coster (bl); Andr Gilden (cr). **Dreamstime.com:** Andrey Gudkov (tl). **Getty Images / iStock:** E+ / Gerald Corsi (br). **150–51 SuperStock:** Roland Seitre / Minden Pictures (tc). **150 Alamy Stock Photo:** Jason Edwards (bl). **SuperStock:** Martin Zwick / Biosphoto (br). **151 Alamy Stock Photo:** Genevieve Vallee (cla). **Getty Images:** Dwi Yulianto / EyeEm (br). **152–53 Alamy Stock Photo:** Arctic Images / Ragnar Th Sigurdsson. **154–55 Alamy Stock Photo:** Nature Picture Library. **157 Alamy Stock Photo:** Suzanne Long (crb); Photo Resource Hawaii / Jack Jeffrey (ca). **158 Alamy Stock Photo:** Arctic Images / Ragnar Th Sigurdsson (bl). **naturepl.com:** Tui De Roy (tr). **Shutterstock.com:** Matt Elliott (ca). **158–59 Alamy Stock Photo:** Arctic Images / Ragnar Th Sigurdsson (b). **159 Alamy Stock Photo:** Nature Picture Library / Tui De Roy (cra). **Getty Images:** 500px Prime / Dieter Weck (br). **Gustavo Hormiga:** (cla). **160 Alamy Stock Photo:** blickwinkel / AGAMI / L. Steijn (cra). **naturepl.com:** Tui De Roy (cla). **Shutterstock.com:** The Wild Eyed (bl). **160–61 Marsel van Oosten:** (bc). **161 naturepl.com:** Roland Seitre (tr). **162 Alamy Stock Photo:** agefotostock / J M Barres (crb); Photo Resource Hawaii / Tami Kauakea Winston (bl); Auscape International Pty Ltd / Jean-Paul Ferrero (br). **naturepl.com:** D. Parer & E. Parer-Cook (ca). **163 Alamy Stock Photo:** ZUMA Press, Inc. / Jef Maitem (r). **naturepl.com:** Chien Lee (cla); Tui De Roy (clb). **164–65 Getty Images:** Image Source / Brett Phibbs. **166 Alamy Stock Photo:** Samantha Crimmin (bl). **167 Alamy Stock Photo:** Paul Glendell (tr). **Dreamstime.com:** Agami Photo Agency (bc). **Getty Images:** Moment / Michael J. Cohen, Photographer (bl). **168 Alamy Stock Photo:** Andr Gilden (crb). **Chantal Steyn (van Staden):** (bc). **168–69 Jim Wilson/ irishwildlife.net:** (tc). **169 naturepl.com:** Mark Carwardine (br). **Reuters:** Enrique Marcarian (cra). **Science Photo Library:** Chris Sattlberger (bl). **170–71 Jonas Schfer Photography**. **172 naturepl.com:** Markus Varesvuo (cl). **173 naturepl.com:** Gavin Maxwell (tc). **174 naturepl.com:** Espen Bergersen (clb). **SuperStock:** Sumio Harada / Minden Pictures (tl). **174–75 Alamy Stock Photo:** Nature Picture Library / Alex Hyde (b). **175 Alamy Stock Photo:** mauritius images GmbH / Volker Preusser (br); Gareth McCormack (tl). **176 Alamy Stock Photo:** blickwinkel / R. Sturm (tr). **Shutterstock.com:** FLPA (tl). **176–77 Alamy Stock Photo:** Charlie J Ercilla (b). **177 Getty Images:** EyeEm / Ai Ge (tr). **178–79 AWL Images:** ClickAlps. **180 Alamy Stock Photo:** Nature Picture Library / Cyril Ruoso (bl). **SuperStock:** HAGENMULLER Jean-François / Hemis (crb). **180–81 Dennis Tromburg:** (t). **181 AWL Images:** ClickAlps. **182 Alamy Stock Photo:** AfriPics.com (tr); Nature Picture Library / Paul Williams (bl). **naturepl.com:** Jiri Lochman (br). **Shutterstock.com:** feiflyfly (cl). **183 SuperStock:** Stephen Belcher / Minden Pictures (b). **184–85 Freshwaters Illustrated:** David Herasimtschuk / Freshwaters Illustrated. **186 Alamy Stock Photo:** Aqua Press / Biosphoto (cla). **187 Alamy Stock Photo:** Gabbro (br). **Dorling Kindersley:** Copyright © 2018 OHare, Baattrup-Pedersen, Baumgarte, Freeman, Gunn, Lzr, Sinclair, Wade and Bowes. OHare MT, Baattrup-Pedersen A, Baumgarte I, Freeman A, Gunn IDM, Lzr AN, Sinclair R, Wade AJ and Bowes MJ (2018) Responses of Aquatic Plants to Eutrophication in Rivers: A Revised Conceptual Model. Front. Plant Sci. 9:451. doi: 10.3389 / fpls.2018.00451 (cr, crb). **188–89 Kate and Adam Rice, KAR Photography:** Kate and Adam Rice (bc). **188 Alamy Stock Photo:** Nature Picture Library (tc). **Getty Images / iStock:** estivillml (tr). **189 Alamy Stock Photo:** Anton Sorokin (br). **Depositphotos Inc:** ChinaImages (cra). **naturepl.com:** Andy Rouse (tl). **190 Alamy Stock Photo:** WaterFrame_fba (bc). **Shutterstock.com:** Justas in the wilderness (bl). **190–91 Alamy Stock Photo:** Adam Welz (tc). **191 naturepl.com:** Jan Hamrsky (bl). **Chris Van Wyk:** (br). **192–93 Freshwaters Illustrated:** David Herasimtschuk / Freshwaters Illustrated. **194 Alamy Stock Photo:** Avalon.red / Stephen Dalton (t). **Getty Images / iStock:** MikeLane45 (crb). **naturepl.com:** Ingo Arndt (bl). **195 Alamy Stock Photo:** Martin Prochzka (br). **Dreamstime.com:** Hel080808 (tr). **Getty Images:** Moment / Zahoor Salmi (cb). **196–97 Dan Achber:** Weber Arctic / Dan Achber taken at Arctic Watch (tc). **196 Reuters:** Navesh Chitrakar (bl). **Science Photo Library:** NASA (br). **197 naturepl.com:** Piotr Naskrecki (tr); Joel Sartore / Photo Ark (br). **198–99 naturepl.com:** Guy Edwardes. **200 Alamy Stock Photo:** Nature Picture Library (clb). **201 Science Photo Library:** Michael Abbey (cb). **202 Alamy Stock Photo:** mauritius images GmbH / Solvin Zankl (cla). **Nature In Stock:** Paul van Hoof (bl). **202–03 Shutterstock.com:** Wirestock Creators (b). **203 Dreamstime.com:** Henner Damke (tr). **Getty Images / iStock:** Opla (c). **naturepl.com:** Ugo Mellone (br). **204 Alamy Stock Photo:** Aqua Press / Biosphoto (cla). **Dreamstime.com:** Allexxandar (bl). **naturepl.com:** Stephen Dalton (cb); Jan Hamrsky (tr); Adrian Davies (br). **205 Yung-Sen Wu:** (b). **206–07 Alamy Stock Photo:** Marcel Strelow. **208 Alamy Stock Photo:** Ivan Kuzmin (tr). **209 naturepl.com:** Neil Bromhall (bl); Martin Dohrn (tr). **Science Photo Library:** Sinclair Stammers (br). **210 Alamy Stock Photo:** Nature Picture Library / Ingo Arndt (crb). **Science Photo Library:** Patrick Landmann (bl). **210–11 Fernando Constantino Martnez Belmar:** (tc). **211 Alamy Stock Photo:** Nature Picture Library / Solvin Zankl (br). **naturepl.com:** Ian Redmond (bl). **Science Photo Library:** Robbie Shone (cra). **212–13 Brandon André Güell**. **214 Alamy Stock Photo:** blickwinkel / Hartl (cl). **215 Alamy Stock Photo:** Pollywog (tr). **216 Getty Images:** Chris Brunskill Ltd (t). **naturepl.com:** Luiz Claudio Marigo (crb). **SuperStock:** Thomas Marent / Minden Pictures (bl). **217 Alamy Stock Photo:** Luciano Candisani / Minden Pictures (crb). **Dreamstime.com:** Sergey Uryadnikov (bl). **Getty Images:** imageBROKER / Peter Giovannini (cra). **218 Getty Images / iStock:** Volodymyr Kucherenko (tr). **naturepl.com:** Michel Poinsignon (cla). **218–19 Alamy Stock Photo:** Premium Stock Photography GmbH / Willi Rolfes (bc). **219 Alamy Stock Photo:** Pierre Vernay / Biosphoto (cla). **naturepl.com:** Duncan Murrell (crb); Dietmar Nill (tr). **220 Alamy Stock Photo:** Sean Crane / Minden Pictures (bl). **Getty Images:** Gallo Images ROOTS RF collection / Michael D. Kock (tr); Gallo Images ROOTS RF collection / Jennette van Dyk (cla); Stone / Anup Shah (br). **221 Getty Images:** Nicols Muoz / EyeEm (cra); Moment / Vittorio Ricci – Italy (b). **222–23 Shutterstock.com:** Solent News / Phillip Chang. **224–25 AWL Images:** ClickAlps. **227 Alamy Stock Photo:** All Canada Photos / Wayne Lynch (bc); Noella Ballenger (cr). **228 Miquel Angel Artus Illana:** (t). **229 Alamy Stock Photo:** Nature Picture Library / Markus Varesvuo (crb). **Getty Images:** AFP / Alexander Grir (c). **naturepl.com:** Ole Jorgen Liodden (tr). **Daniele Parodi:** (cla). **SuperStock:** Nick Saunders / All Canada Photos (bl). **230–31 Alamy Stock Photo:** Nature Picture Library / John Shaw (tc). **230 Alamy Stock Photo:** Nature Picture Library / Fred Olivier (br). **Sharon Robinson:** (bl). **231 Dreamstime.com:** Alexander Sidyakov (tl). **Shutterstock.com:** Karasev Viktor (br). **Igor Siwanowicz:** (cr). **232–33 Francis De Andrés**. **234–35 SuperStock:** Alain Bidart / Biosphoto (t). **234 Ardea:** Francois Gohier (clb). **235 Dreamstime.com:** Nora Yusuf (br). **Norwegian Polar Institute:** Sébastien Descamps / Norwegian Polar Institute (bc). **236–37 Buddy Eleazer:** www.magnumexcursions.com. **238 naturepl.com:** Joel Sartore (bl). **239 Getty Images:** Archive Photos / Robert Alexander (cla). **240 Getty Images / iStock:** E+ / Steven_Kriemadis (br). **naturepl.com:** Jack Dykinga (cla). **240–41 Freshwaters Illustrated:** (tc). **241 Alamy Stock Photo:** Marcelo De La Torre (br). **Cindy L. Croissant:** (tr). **242–43 Dreamstime.com:** Delstudio. **244 Alamy Stock Photo:** Gary Cook (bc). **244–45 naturepl.com:** Emanuele Biggi (t). **245 The Environment Agency – Abu Dhabi:** (bl). **naturepl.com:** Emanuele Biggi (cr). **Science Photo Library:** Science Source / Francesco Tomasinelli (br). **246–47 Shutterstock.com:** Ondrej Prosicky. **248 Alamy Stock Photo:** D. Hurst (tl); Amit Rane (cb). **naturepl.com:** Staffan Widstrand / Wild Wonders of China (cra). **248–49 Getty Images:** 500Px Plus / xia Yu (b). **249 Alamy Stock Photo:** Ahmad Karimi (cra); Minden Pictures / BIA / Avi Meir (cla). **250 Alamy Stock Photo:** Alexander Trusler (bl). **naturepl.com:** Roland Seitre (br). **250–51 Jari Cornelis:** (tc). **251 Dorling Kindersley:** Original figure by Dr. Joanna Riley / Dr Joanna Riley (cra). **Getty Images / iStock:** adogslifephoto (cb); Ken Griffiths (tr). **252–53 Ruben Kretzschmar:** (c). **254 Alamy Stock Photo:** Konrad Wothe / Minden Pictures (bl); Selfwood (tr). **256 Alamy Stock Photo:** agefotostock / Don Johnston (bl); Zoonar / Petra Wegner (cla). **Getty Images:** Moment Open / Lidija Kamansky (ca). **257 Alamy Stock Photo:** Nature Picture Library / Tony Phelps (tr); Wildlife GmbH (cla). **naturepl.com:** Klein & Hubert (b). **258 Alamy Stock Photo:** Minden Pictures / Michael & Patricia Fogden (tl). **naturepl.com:** David Pattyn (bl). **259 Alamy Stock Photo:** B Ventures / SuperStock / Nick Garbutt (bc). **Shutterstock.com:** Framalicious (t). **260 Alamy Stock Photo:** PhotoStock-Israel / Dan Yeger (br). **Getty Images:** StuPorts (tl). **261 Alamy Stock Photo:** Nature Photographers Ltd / Paul R. Sterry (br). **Dreamstime.com:** Imogen Warren (tc). **Getty Images:** Auscape / Universal Images Group (cb). **SuperStock:** Jean-Paul Ferrero / Mary Evans Picture Library (tr). **262–63 Shutterstock.com:** Solent News / Phillip Chang. **264 Dorling Kindersley:** Roger Tidman (cl). **Science Photo Library:** Sinclair Stammer (crb). **264–65 Dreamstime.com:** Sergii Moskaliuk / Seregam. **265 Ravindran Rajan:** (tr). **266 Alamy Stock Photo:** Minden Pictures / Luciano Candisani (cla). **SuperStock:** Universal Images (cra). **266–67 Dreamstime.com:** Gabriel Rojo (b). **267 Getty Images:** Anadolu Agency / Tahsin Ceylan (tr). **naturepl.com:** Floris van Breugel (br); Olga Kamenskaya (cla). **268 Dreamstime.com:** Mariusz Prusaczyk (br); Ekaterina Tsvetkova (bl). **268–69 Getty Images:** Photodisc / Manoj Shah (t). **269 Alamy Stock Photo:** Top Photo Corporation (clb). **naturepl.com:** Paul Hobson (br). **270–71 Alamy Stock Photo:** Nature Picture Library. **272 naturepl.com:** Kim Taylor (clb). **273 Alamy Stock Photo:** Nature Picture Library / Shane Gross (tl); Martin Shields (bl); Tom Stack (br). **Callie de Wet:** (cr). **274 Alamy Stock Photo:** Minden Pictures / Suzi Eszterhas (br); Sam Rollinson (bl). **naturepl.com:** Alex Mustard (t). **275 Alamy Stock Photo:** Eddie Gerald (tr). **Dreamstime.com:** Jirapatch Iamkate (bl). **naturepl.com:** Tim Laman (crb). **276–77 Harry Pieters**. **278 Alamy Stock Photo:** Raymond Hennessy (tl). **279 Ardea:** B Moose Peterson (tl). **Dreamstime.com:** Neal Cooper (cra). **Jeffrey S. Pippen, www. jeffpippen.com:** (clb). **Shutterstock.com:** HelloRF Zcool (br). **280–81 Bill Resto**. **282 Alamy Stock Photo:** imageBROKER / Michael Dietrich (cl). **282–83 Alamy Stock Photo:** imageBROKER / Andrey Nekrasov (bc). **284 Alamy Stock Photo:** SPK (br). **Dreamstime.com:** Pnwnature (tr). **naturepl.com:** Paul Williams (cla). **Science Photo Library:** Alexander Semenov (clb). **285 Getty Images / iStock:** Gannet77 (cra). **Science Photo Library:** Lewis Houghton (b). **286–87 naturepl.com:** Alex Mustard (tc). **286 Alamy Stock Photo:** Reinhard Dirscherl (cb). **BluePlanetArchive. com:** John C. Lewis (br). **Dreamstime.com:** Whiskybottle (tl). **287 Alamy Stock Photo:** Arjen Drost / Buiten-beeld / Minden Pictures (br). **Dorling Kindersley:** Tim Parmenter / Natural History Museum, London (bl). **288–89 Alamy Stock Photo:** Thomas Hanahoe. **290 Alamy Stock Photo:** Nature Picture Library / Solvin Zankl (cl). **291 Alamy Stock Photo:** EyeMark (cr); Minden Pictures / Tom Vezo (cla). **Dreamstime.com:** Slowmotiongli (bc). **SuperStock:** Animals Animals (clb). **292–93 naturepl.com:** David Pattyn (tc). **292 Alamy Stock Photo:** Image Source / Alexander Semenov (crb); robertharding / John ARMexander (bc). **293 Alamy Stock Photo:** PA Images / Tim Ireland (bl). **Getty Images:** Moment / Nitat Termmee (bc). **294–95 © Laurent Ballesta**. **296–97 Alamy Stock Photo:** Nature Picture Library / Alex Mustard. **298 Alamy Stock Photo:** Alessandro Cere / Stocktrek Images (clb). **299 Alamy Stock Photo:** Blue Planet Archive FBA (br); Minden Pictures / Suzi Eszterhas (tl). **naturepl.com:** Ralph Pace (cra, bl). **300 BluePlanetArchive.com:** Ross Armstrong (clb); Bob Cranston (t). **Patrick Webster / @underwaterpat:** (crb). **301 Alamy Stock Photo:** Nature Picture Library (br); WaterFrame_mus (ca). **naturepl.com:** Shane Gross (clb). **302–03 Michael Harterink:** (bc). **302 Alamy Stock Photo:** Scubazoo (bl). **naturepl.com:** Lewis Jefferies (tr). **303 naturepl.com:** Alex Mustard (tl). **Shutterstock.com:** Xinhua (br). **304–05 Alamy Stock Photo:** Nature Picture Library / Alex Mustard. **307 Getty Images / iStock:** E+ / Extreme-Photographer (cr). **Getty Images:** The Image Bank / Oxford Scientific (bc). **308 naturepl. com:** Alex Mustard (t). **Richard Vevers**/The Ocean Agency: (bl). **309 Coral Restoration Foundation:** © Alexander Neufeld / Coral Restoration Foundation™ (bl). **naturepl.com:** Brandon Cole (br); Doug Perrine (tr). **310 BluePlanetArchive.com:** Doug Perrine (cla). **SuperStock:** Universal Images (tr). **310–11 123RF.com:** whitcomberd (b). **311 Alamy Stock Photo:** Minden Pictures / Fred Bavendam (br). **Dorling Kindersley:** Rohan M. Brooker (cla). **312 naturepl.com:** Alex Mustard (t). **Science Photo Library:** Georgette Douwma (br). **313 Alamy Stock Photo:** Blue Planet Archive AMA (cr); Nature Picture Library / Alex Mustard (br). **Ardea:** Paulo Di Oliviera (tc). **naturepl.com:** Doug Perrine (bl). **314–15 naturepl. com:** Alex Mustard. **316 naturepl.com:** Alex Mustard (t). **317 Alamy Stock Photo:** imageBROKER / Norbert Probst (tr). **BluePlanetArchive.com:** Gary Bell (br). **Nicole Helgason:** Photo taken at the Ocean Gardener Coral Restoration Project in Bali Indonesia (cla). **318 Alamy Stock Photo:** Hans Gert Broeder (b); Helmut Corneli (tc). **naturepl.com:** Claudio Contreras (cla). **319 Getty Images:** RooM / laurenepbath (bc). **Shutterstock.com:** lego 19861111 (cra). **320–21 © Laurent Ballesta**. **322 Alamy Stock Photo:** Nature Picture Library / Alex Mustard (cl). **323 Alamy Stock Photo:** Cultura Creative RF / Rodrigo Friscione (crb). **324–25 Getty Images / iStock:** E+ / KenCanning (bc). **324 Eiko Jones:** (tl). **Getty Images:** Photodisc / Jeff Foott (bl). **325 Alamy Stock Photo:** Minden Pictures / Ingo Arndt (crb). **naturepl.com:** Alex Mustard (tr). **Science Photo Library:** Andrew J. Martinez (cla). **326–27 Shutterstock.com:** Michael Aw / Solent News (t). **326 Alamy Stock Photo:** Arild Lillebø (br); Nature Picture Library (bl). **327 Biosphoto:** Paulo de Oliveira / Biosphoto (bl). **Dreamstime.com:** Seadam (crb). **328–29 naturepl.com:** Tony Wu. **330 Alamy Stock Photo:** Grant Henderson (bl). **© Laurent Ballesta:** (br). **naturepl. com:** Doug Perrine (tc). **331 Alamy Stock Photo:** Nature Picture Library / Alex Mustard (t). **Alfred Wegener Institute:** Alfred Wegener Institut / PS124, AWI OFOBS team (br). **Dorling Kindersley:** Artwork Adapted, Alfred Wegener Institute / PS124, AWI OFOBS team (bc). **332–33 naturepl.com:** Magnus Lundgren. **334 Getty Images:** Visuals Unlimited / E. Widder / HBOI (br). **335 Alamy Stock Photo:** Nature Picture Library / Doug Perrine (cra).

図版出典

336 **Alamy Stock Photo:** Nature Picture Library / Mark Carwardine (tl). **Dorling Kindersley:** Artwork Adapted, Image courtesy of Kyle Carothers, NOAA–OE (tr). **Nature In Stock:** George Stoyle (br). **Science Photo Library:** Wim Van Egmond (cra). 337 **Alamy Stock Photo:** WaterFrame_mus (br). **naturepl.com:** Shane Gross (t). 338–39 **Science Photo Library:** Chris & Monique Fallows / Nature Picture Library (tc). 338 **Getty Images:** Muamer Gazibegovic / 500px (br). **naturepl.com:** Alex Mustard (tl). 339 **Alamy Stock Photo:** Nature Picture Library / Markus Varesvuo (crb). **naturepl.com:** Gary Bell / Oceanwide (bc). 340 **naturepl.com:** Alex Mustard (r). 341 **Alamy Stock Photo:** Jeff Milisen (cra); Nature Picture Library / Alex Mustard (crb). 342–43 **Science Photo Library:** Expedition To The Deep Slope 2007, NOAA–OE. 344 **Science Photo Library:** Dr Ken Macdonald (bc). 345 **Alamy Stock Photo:** Adisha Pramod (cr). 346 **Chong CHEN:** (br). **Dr. Karen Osborn:** (cl). 346–47 **Ocean Exploration Trust:** Ocean Exploration Trust / NMFS (tc). 348–49 **Alamy Stock Photo:** Harold Stiver. 350–51 **Getty Images:** Moment / Poorfish. 352 **Getty Images:** The Image Bank / Ron Watts (tr). **naturepl.com:** Donald M. Jones (bl). 353 **Alamy Stock Photo:** Nature Picture Library / John Waters (b); Morley Read (tl). **Getty Images:** Moment / Larry Keller, Lititz Pa. (cra). 354 **Alamy Stock Photo:** Guiziou Franck / Hemis.fr (clb); Sebastian Kennerknecht / Minden Pictures (bc). **Science Photo Library:** Merlintuttle.org (cla). 355 **Alamy Stock Photo:** Pete Oxford / Minden Pictures (bl). **Dreamstime.com:** 30gorkor (t); Johncarnemolla (br). 356–57 **Alamy Stock Photo:** Nature Picture Library / Luke Massey. 358 **Alamy Stock Photo:** Minden Pictures / Donald M. Jones (ca); Minden Pictures / Jaymi Heimbuch (crb); Nature Picture Library / Angelo Gandolfi (bl). 359 **Alamy Stock Photo:** blickwinkel / F. Hecker (crb); Harold Stiver (t). **SuperStock:** Stephen Dalton / Minden Pictures (bl). 360 **Alamy Stock Photo:** Minden Pictures / Kevin Schafer (tr); Minden Pictures / Cyril Ruoso (cla). **naturepl.com:** Kim Taylor (bl). 360–61 **naturepl.com:** Doug Gimesy (b). 361 **Alamy Stock Photo:** Nature Picture Library / Mark MacEwen (tl). **naturepl.com:** Francisco Marquez (cra). 362–63 **Getty Images:** Photographer's Choice RF / Sylvain Cordier. 364 **Alamy Stock Photo:** mauritius images GmbH / Rolf Hicker (b). **Getty Images:** The Image Bank / Mark Newman (ca). 365 **Dorling Kindersley:** E. J. Peiker (bl). **Dreamstime.com:** Geoffrey Kuchera (br). **Getty Images / iStock:** Rezus (tr). 366 **Dreamstime.com:** Harry Collins (tl); Izanbar (bl). 366–67 **Getty Images:** Photographer's Choice RF / Sylvain Cordier (b). 368 **Dreamstime. com:** Ondej Prosick (tr). **SuperStock:** BRUSINI Aurlien / hemis.fr / Hemis (l). 369 **123RF.com:** Ana Vasileva / ABV (tr). **Alamy Stock Photo:** Thomas Marent / Minden Pictures (br). **Dreamstime.com:** Isselee (bl). 370 **Dreamstime.com:** Maria Itina (br). **naturepl.com:** Alex Hyde (t). 371 **Getty Images / iStock:** Enrico Pescantini (clb). **Shutterstock.com:** TG23 (r). 372 **Getty Images:** Moment / Javier Ghersi. 373 **Dreamstime.com:** Isselee (cr); Jeremy Richards (tl). **naturepl.com:** Tui De Roy (clb). 374 **Alamy Stock Photo:** Andrey Gudkov / Biosphoto (tl). **Dreamstime.com:** Gunter Nuyts (bc). 375 **Dreamstime.com:** Andrey Gudkov (b); Isselee (ca). 376 **Dreamstime.com:** Johannes Gerhardus Swanepoel (cra). 376–77 **Dreamstime.com:** Eric Issele / isselee (b). 377 **Alamy Stock Photo:** Johnny Madsen (tr). **naturepl.com:** Nick Garbutt (bc). 378 **Alamy Stock Photo:** Guy Edwardes / Nature Picture Library / 2020VISION (tr). **Dreamstime.com:** Marcin Wojciechowski (bc). 379 **Dreamstime.com:** Scratchart (cra). **naturepl.com:** Mateusz Piesiak (br). 380–81 **naturepl.com:** Valeriy Maleev (br). 380 **Dorling Kindersley:** Robin Chittenden (ca). 381 **Alamy Stock Photo:** agefotostock / Juan Carlos Muoz (tr). 382 **Alamy Stock Photo:** Tim Plowden (bl). **Dreamstime.com:** Liqiang Wang (ca). 383 **Alamy Stock Photo:** Nature Picture Library / Inaki Relanzon (tr). **Dreamstime.com:** Isselee (br). 384 **Dreamstime.com:** Jzehnder1 (bc). **Getty Images / iStock:** Jon Farmer (cl). 385 **Alamy Stock Photo:** Nature Picture Library (c). **naturepl.com:** George Sanker (b). 386 **123RF.com:** Eric Isselee / isselee (ca). **Getty Images:** Stone / Ignacio Palacios (b). 387 **Alamy Stock Photo:** Nature Picture Library / Pete Oxford (tr). **Dorling Kindersley:** Gary Ombler / Cotswold Wildlife Park (bl). 388–89 **Dreamstime.com:** Positivetravelart (t). 388 **123RF.com:** Tomas Sobek (bc). 389 **Dreamstime.com:** Wrangel (tc). **naturepl.com:** Constantinos Petrinos (b). 390 **Dreamstime.com:** Dalius1000 (bc). **Getty Images:** Moment / Pascal Boegli (tl). 391 **Dreamstime.com:** Ecophoto (cla). **naturepl.com:** Klein & Hubert (b). 392 **Alamy Stock Photo:** David Noton Photography (l). **Shutterstock.com:** Dimitri Coutandy (cr). 393 **Dreamstime.com:** Alslutsky (tc). **naturepl.com:** Guy Edwardes (br). 394 **naturepl.com:** Andres M. Dominguez (b); Joel Sartore / Photo Ark (tl). 395 **Alamy Stock Photo:** Phil Crean nature (tr). **Dreamstime.com:** Mikelane45 (clb). 396 **Alamy Stock Photo:** Orsolya Haarberg / naturepl.com (tl). **Dreamstime.com:** Didreklama (crb). 397 **Alamy Stock Photo:** Inge Johnsson (b). **Dreamstime.com:** Weblogiq (tr). 398 **Dreamstime. com:** Georgios Alexandris (cla). **Getty Images / iStock:** porojnicu (b). 399 **Alamy Stock Photo:** Image Source / Yevgen Timashov (tr). **Dreamstime.com:** Sergey Uryadnikov / Surz01 (clb). 400 **Dreamstime.com:** Sergey Kudryavtsev / Sergeyku (tc). **naturepl. com:** Bernard Castelein (bl). 401 **Dreamstime.com:** Michael Smith (bl); Shuvrangshu Suklabaidya (t). 402 **Alamy Stock Photo:** China Images / Liu Xiaoyang (l). 403 **Dreamstime.com:** Iakov Filimonov (clb). **Shutterstock.com:** Anuradha Marwah (br); neelsky (tr). 404–05 **Alamy Stock Photo:** Travel Wild (t). 404 **Getty Images / iStock:** 2630ben (bl). 405 **Dreamstime.com:** Alvydas Kucas (br). 406–07 **Michael Sznyi:** imageBROKER / Michael Sznyi (t). 406 **naturepl.com:** Juergen Freund (bc). 407 **Alamy Stock Photo:** Nature Picture Library / Ingo Arndt (br). **Getty Images:** Moment / Arun Roisri (tc). 408 **Alamy Stock Photo:** Thomas Marent / Minden Pictures (l). 409 **naturepl.com:** Tui De Roy (br). 410 **Dreamstime.com:** Richard Lindie (t). **Getty Images / iStock:** kekaimalie (bl). 411 **Dreamstime.com:** Mikelane45 (cla). **Getty Images:** Corbis Documentary / Patrick J. Endres (br). 412 **Dorling Kindersley:** Jerry Young (tc). 412–13 **Getty Images:** RooM / simonbyrne (b). 413 **Alamy Stock Photo:** Daniel Heuclin / Biosphoto (tr); Mike Clegg (bc). 414 **Shutterstock.com:** Marjolein Hameleers (t). 415 **Alamy Stock Photo:** Prisma by Dukas Presseagentur GmbH / Oberholzer David (tc). **Getty Images / iStock:** E+ / assalve (b). 416 **Depositphotos Inc:** TravelSync27 (b). **Dreamstime.com:** Martin Kubk (cra). 417 **Alamy Stock Photo:** Naeblys (tr). **Dreamstime.com:** Agami Photo Agency (br). 418 **Alamy Stock Photo:** PhotoStock–Israel / Eyal Bartov (tc); Dominika Zarzycka (b). **Dorling Kindersley:** Gary Hanna / Kairi Aun (cla). 419 **Depositphotos Inc:** GUDKOVANDREY (tr). **Dorling Kindersley:** Andy Crawford / Twycross Zoo (bl). 420 **Getty Images:** Moment / Photography by Mangiwau (l). **Getty Images / iStock:** RBT_3010 (cr). 421 **Dreamstime.com:** Imogen Warren (tc). **naturepl.com:** Jiri Lochman (br). 422 **Alamy Stock Photo:** Nature Picture Library / Tui De Roy (tr). **Shutterstock.com:** Anom Harya (cl). 423 **Alamy Stock Photo:** Helmut Corneli (br); Hedvika Michnova (bl). 424–25 **naturepl.com:** Gary Bell / Oceanwide (t). 424 **Alamy Stock Photo:** Stephen Dalton / Minden Pictures (bc). 425 **naturepl.com:** Emanuele Biggi (br)

All other images © Dorling Kindersley

気候と生態系でわかる 地球の生物 大図鑑

2024 年 11 月 30 日　初版発行

序文	クリス・パッカム
日本語版監修	山極壽一
同監修協力	幸塚久典／清水晶子／谷尾崇／山田格／吉田将崇
翻訳	株式会社オフィス宮崎（荻野哲矢／桑田健／竹田純子）
装丁者	岩瀬聡
発行者	小野寺優
発行所	株式会社河出書房新社
	〒162-8544 東京都新宿区東五軒町 2-13
	電話 （03）3404-1201 ［営業］　（03）3404-8611 ［編集］
	https://www.kawade.co.jp/
組版	株式会社キャップス

Printed and bound in China
ISBN978-4-309-25471-5

落丁本・乱丁本はお取り替えいたします。
本書のコピー、スキャン、デジタル化等の無断複製は著作権法上での例外を除き禁じられています。本書を代行業者等の第三者に依頼してスキャンやデジタル化することは、いかなる場合も著作権法違反となります。